「そうそうExcelにこれをやらせたかったんだ!」
ゼロから始める入門者□□□□□□□□□□□贈る決定版

マクロ記録・If文・ループによる
日常業務の自動化から
高度なアプリケーション開発まで
VBAのすべてを完全解説

［新装改訂版］

Excel VBA
本格入門

大村あつし
Atsushi Omura

Excel VBAプログラミングに必須の
22テーマがまるごとわかる。
Excel作業の自動化はもちろん、業務アプリの開発まで、
Excel VBAを使うあらゆる場面にこの1冊で対応できます。

読者
特典

書籍連動YouTube動画
200のサンプルマクロ
VBAキーワード当てゲーム

技術評論社

はじめに

　本書は、2015年5月に発売され、「入門者から上級者までが満足できる集大成」として今なお多大なご支持をいただいている『Excel VBA 本格入門 ～日常業務の自動化からアプリケーション開発まで～』（以下、前作）の新装改訂版です。

　私は、前作の冒頭で以下のように述べました。

> 本書を読めば、Excel VBA で必要なテクニックの約70%がマスターできるでしょう。Excel VBA では一生使うことのないテクニックが約30%ありますが、本書は残りの70%のすべてをわかりやすく、そして正確に網羅しました。

　本書でも、前作のこの理念はもちろん踏襲しています。その上で、4年以上にわたって前作に対するさまざまなご意見が蓄積されてきましたので、本書ではその中でも特に重要なご意見を反映させました。

　結果、前作よりもはるかにわかりやすく、また、前作では割愛したテクニックも盛り込むことができました。

　高いご評価をいただいた前作を下敷きにアップグレードさせた本書が駄作であるはずがない。手前味噌で大変恐縮ですが、この点だけは胸を張って断言させていただきます。

　さらに、本書ではもう2つの新しい試みをしています。

　1つは、Chapter 1の「マクロの記録」や「Visual Basic Editorの使い方」をYouTubeでも学習できるようにしたことです。もちろん、本書内でも丁寧に解説していますが、動画で学びたいという方は、ぜひ本書の該当ページのURL、もしくはQRコードを元にYouTube動画をご覧ください。

　もう1つは、『ロロナを救え！』という「VBAのキーワード当てゲーム」が収録されていることです。これは、「クラスモジュールとPropertyプロシージャ」という極めて高度なテクニックを用いたマクロで作成されています。そして、このレベルのマクロが作れるようになると、「VBA開発者」として収入を得ることも決して不可能な話ではありません。

　すなわち、読後にはあなたの人生が180度変わる可能性が秘められているのです。

　本書は、入門者からVBA開発者として独立したいという方にまでご満足いただける、他の追随を許さない網羅的な力作であることをお約束いたします。

　どうか、ご自身のレベルに応じて存分にご活用ください。

2020年、冬　大村あつし

目 次

Chapter 5　変数を理解する　　111

Chapter 6　条件分岐を理解する　　127

Chapter 7　繰り返し処理 (ループ) を理解する　　137

Chapter 8　対話型のマクロを作る　　151

Contents

サンプルファイルのダウンロード

ダウンロード方法

本書で使用しているファイルは以下のサポートページからダウンロードできます。

◉ サポートページ

https://gihyo.jp/book/2020/978-4-297-11101-4/support

　ダウンロードしたファイルは圧縮ファイルとなっていますので、展開してから利用してください。その際、展開によって作成された「honkaku」というフォルダーは必ず「Cドライブ」に移動してからご利用ください。

●フォルダーをCドライブにコピーする

セキュリティの警告

　ダウンロードしたサンプルファイルを開くと、マクロが無効の状態でブックが開かれます。本書で使うサンプルファイルはすべてウイルスチェックを済ませてありますので、［コンテンツの有効化］ボタンをクリックしてください。この操作でファイルが編集可能になります。詳しくは19ページの「ブックを開いてマクロを有効にする」を参照してください。

本書連動動画と
読者特典のVBAキーワード当てゲーム
『ロロナを救え！』について

　本書は、ロングセラーとなって今なお多大なご支持をいただいている『Excel VBA 本格入門』の『新装改訂版』です。当然、前作と本書の相違点はいろいろとありますが、最大の違いは以下に挙げる2点です。

Chapter 1が動画でも学習できる

　本書では、Chapter 1で解説している「マクロの記録」と「Visual Basic Editorの使い方」を動画でも学ぶことができます。「動画のほうが頭に入りやすい」「スマホで気軽に観たい」という方は、以下のページでぜひ動画で学習してみてください。

◉動画サポートページ

https://gihyo.jp/rd/honkaku

◉動画サポートページ QRコード

　肝心の動画は、プロの女性アナウンサーによる極めてクオリティの高いもので、類似動画と比較しても遜色のないものに仕上がっています。

読者特典！　VBAキーワード当てゲーム『ロロナを救え！』

　本書には、読者特典としてVBAキーワード当てゲーム『ロロナを救え！』が添付されています。『ロロナを救え！』は、本書で使用するサンプルファイルと一緒にダウンロードできますので、すぐに遊ぶことができます。

　『ロロナを救え！』の詳細は546ページに譲るとして、このゲームは絶妙な難易度のゲームに仕上がっています。どれほどの知識があっても勘が働かなければ正解できませんので、正解したときの楽しさや不正解のときの悔しさがあって、ハマること請け合いのゲームです。

　また、何よりも、『ロロナを救え！』はExcel VBAの超絶テクニックで開発されており、このマクロを理解できたら、今後はVBA開発者として活躍することも十分に可能です。

　ぜひ、楽しみながら、興味のある方はマクロコードを解析して、ご自身のスキルアップに役立ててください。

本書の効果的な学習法

　本書は『本格入門』です。このタイトルに込められた意味は、「初心者を本格的なVBAプログラマーにまで導く」ということです。もちろん、何をもって初心者、中級者、上級者と分けるのか明確な定義はありませんが、本書では、全体をPart 1とPart 2に分けて、Part 1を読み終えた時点で初心者は卒業と位置付けています。

　Part 1では、マクロの基礎の基礎である「マクロの記録」をマスターし、Visual Basic Editorの使い方を覚え、VBAの文法を理解した上でExcelの基本オブジェクトであるブック、シート、セルをVBAで操作できるようにします。さらには、あらゆるプログラミング言語の基盤とも言える「変数」「条件分岐」「繰り返し処理（ループ）」も習得します。ここまで理解すれば、もはや初心者ではないことは明白です。

　一方のPart 2は、脱初心者を果たしたみなさんを、中級者、そして上級者に導くパートです。ですから、Part 2からは1ランク上のテクニックの解説に入ります。

　実は、私は新米プログラマー時代には、「配列変数」がとても苦手でした。しかし、逆を言うと、配列変数を理解してからプログラミングの幅はぐっと広がり、また、作業効率も飛躍的に向上しました。

　Part 2は、この配列変数からスタートしますが、Part 2は基礎知識というよりも実践編ですので、順番どおりに理解していく必要はありませんし、また、すべてを理解する必要もありません。たとえば、必要もないのにユーザーフォームやコントロールを理解する必要はまったくありません。

　Part 1は、すべてを順番に理解していただけるように解説していますが、Part 2は、各個人の必要性や得手・不得手に応じて、一番自分にしっくりとくる順序で取り組んでください。たとえば、Chapter 9の配列変数を難しいと感じたら、一度読み飛ばしても一向にかまいません。案外、そのあとに登場するVBA関数のサンプルマクロを見ていたら、自然と理解できてしまう可能性もあるからです。

　繰り返しますが、Part 2からは明らかに解説の難易度が上がりますが、逆に読書姿勢のハードルを下げて、焦らずにじっくりと読み進めてください。

Chapter 1

マクロの記録と
Visual Basic Editor

1-1 マクロとは？ VBAとは？

マクロとは？

　Excelを使っていると、複雑な操作を繰り返し実行したり、似たような作業を毎日強いられることがあります。売上データを並べ替えて金額を集計し、それをグラフ化して印刷する。こんな単純な作業でも、毎日となるとうんざりするものです。

　「マクロ」とは、本来は手作業で行うべきExcelの操作を、私たちに代わって自動で実行してくれる非常に便利な機能のことです。

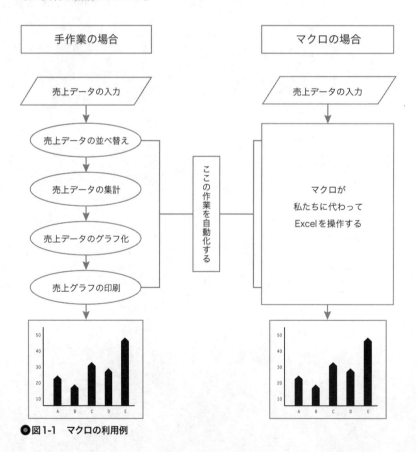

●図1-1　マクロの利用例

VBAとは？

　入門者の中には「マクロ」と「VBA」を混同している人も多いようです。マクロについて簡単に紹介したところで、今度はVBAについて少し触れることにしましょう。

　次の「マクロの機能と特徴」で紹介するように、マクロにはさまざまな機能や特徴が備わっていますが、このマクロは言うなれば、Excelの操作を自動化するための「プログラム」です。そして、このマクロというプログラムの1つひとつのコード（命令）は、VBAというプログラミング言語で記述します。

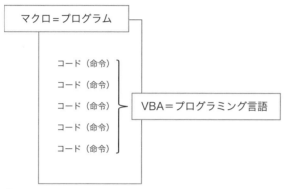

●図1-2　マクロとVBAの違い

　このVBAは、元々Excelに備わっている機能なので、Excelを普通にインストールすれば、特別な操作をしなくてもVBAでマクロを作ることができます。

マクロの機能と特徴

　マクロを使うと、主に以下のようなことができます。

■1. 繰り返し行う定型処理を自動化できる

　「マクロとは？」で解説したとおり、マクロを使うとExcelの複数の処理を1つの処理にまとめることができます。そして、マウスを1回クリックするだけで、連続処理をマクロに自動的に実行させることが可能になるのです。

　つまり、マクロを覚えると、日常のExcelの作業が格段に楽になるだけでなく、当然手作業のときのような操作ミスもなくなるわけです。マクロを使って一刻も早く退屈な定型作業から開放されたいものですね。

　この、繰り返し行う定型処理の自動化については、21ページの1-3「マクロの記録でマクロを作成する」以降で解説します。

■2. セルの内容に応じた処理を自動で実行できる

　さらにマクロの凄いところは、状況に応じて異なる処理を実行できることです。

たとえば、成績処理において、特定の点数以上のセルを手作業ではなくマクロでピックアップするようなことが可能になります。

●図1-3　条件に合うセルを塗りつぶすマクロの実行例

このように、マクロはセルの内容が何点以上だったら何をして、何点未満だったら何をする、という「条件分岐」ができるのです。また、今回の例では、セルB3:F15の内容を順番に調べる「繰り返し＝ループ」処理も行っています。

本書では、条件分岐についてはChapter 6、繰り返しについてはChapter 7で学習します。

■3. 独自のワークシート関数を作成できる

マクロで独自のワークシート関数を作成する、と言われてもピンとこないかもしれません。Excelには約330種類ものワークシート関数があります。しかし、関数を複雑に組み合わせないと求めている計算結果が得られない、というケースには頻繁に直面します。こうしたときには、マクロで作成した独自の関数が威力を発揮します。

ここでは下表のように、商品の数量によって単価が変化する場合の合計額を求める例を紹介します。なお、ここでは以下のマクロの意味を理解する必要はありません。また、マクロの書き方は27ページで学習します。

●表1-1　数量に応じて変化する単価

数量	単価
1000個以下	50円
1001〜5000個	40円
5001個以上	30円

●商品の合計金額を求めるマクロ

```
Function GOKEI(数量)
    If 数量 <= 1000 Then
        単価 = 50
    ElseIf 数量 > 1000 And 数量 <= 5000 Then
        単価 = 40
    Else
        単価 = 30
    End If

    GOKEI = 単価 * 数量
End Function
```

> マクロで作成した独自の関数を
> ワークシートに入力すると……

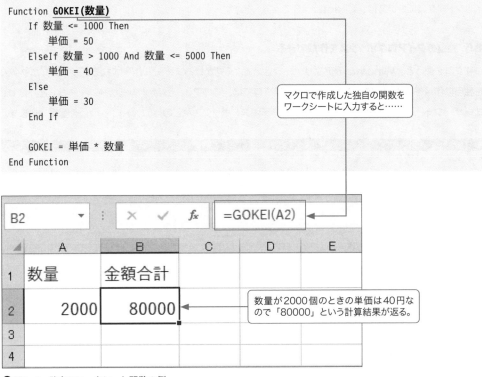

> 数量が2000個のときの単価は40円な
> ので「80000」という計算結果が返る。

●図1-4　独自のワークシート関数の例

　このように、マクロを使って独自に作成したワークシート関数のことを「ユーザー定義関数」と呼びます。ユーザー定義関数については、Chapter 17で学習します。

■4. ユーザーの特定の操作に反応するプログラムを作成できる

　「ブックを開く」「ワークシートを切り替える」「セルをダブルクリックする」などの特定のユーザー操作のことを「イベント」と呼びます。マクロを使うと、このイベントに反応して自動的に処理を実行するプログラムを作成することができます。

> セルをダブルクリック
> すると……

> イベントに反応して
> マクロが自動的にふ
> りがなを表示する。

●図1-5　ふりがなを表示するイベントマクロ

このように、イベントに反応して自動的に実行されるマクロのことを「イベントマクロ」と呼びます。イベントマクロについては、Chapter 18で学習します。

■5. 独自のダイアログボックスを作成できる

マクロを使うと、Windowsのアプリケーションでよく見かけるフォームと呼ばれるダイアログボックスを独自に作成することができます。Excelのマクロでは、このフォームは「ユーザーフォーム」と呼ばれ、ユーザーフォームの上には、コマンドボタン、テキストボックスなどの「コントロール」を配置できます。

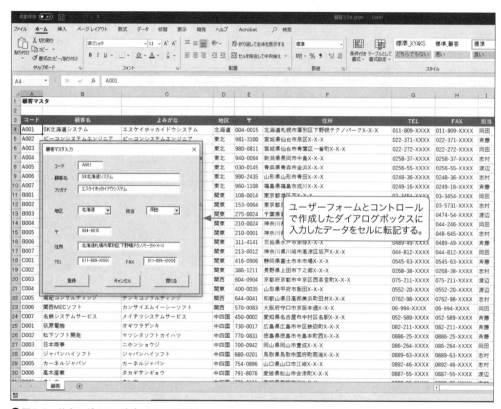

●図1-6　独自のダイアログボックスの利用例

このユーザーフォームとコントロールについては、Chapter 10〜Chapter 13で学習します。

1-2 マクロを含むブックを保存する／開く

マクロを含むブックを保存する

Excelには、下表のようにブックの保存形式がいくつか用意されていますが、マクロを含むブックについては、［名前を付けて保存］コマンドで拡張子が「.xlsm」の「Excelマクロ有効ブック」形式で保存することで、ブックにマクロが保存されます。

● 表1-2　主な保存形式

保存形式	拡張子	特徴	アイコン
Excelブック	.xlsx	Excel 2007-2019の既定のファイル形式。マクロを保存することはできない	
Excelマクロ有効ブック	.xlsm	マクロを含むことができるファイル形式	
Excel97-2003ブック	.xls	Excel 2003以前の既定のファイル形式で、マクロを含むこともできる	

ブックを開いてマクロを有効にする

Excelでは、マクロを含むブックを開くと、まずマクロが無効の状態でブックが開かれます。確かにこれで、マクロウイルスに感染する可能性はなくなりますが、これでは実行したいマクロも動きません。

マクロを有効にするときには、［コンテンツの有効化］ボタンをクリックします。これで、そのブックのマクロが実行できるようになります。

では実際に、［1-1.xlsm］を開いて確認してください。

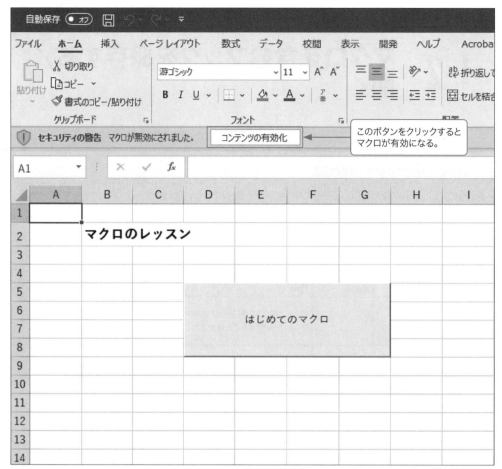

●図1-7 ［コンテンツの有効化］ボタン

> **Note** **セキュリティの警告が表示されるのは初回だけ**
>
> 　一度、［コンテンツの有効化］でマクロを有効にすると、次回からはセキュリティの警告が表示されずにマクロが実行できるようになります。しかし、そのブックを移動したりコピーして開くと、再びセキュリティの警告が表示されます。

1-3 マクロの記録でマクロを作成する

[開発] タブを表示する

　Excelには、テープレコーダーがあなたの声を記録するかのように、あなたが行った操作を記録してマクロに自動変換してくれる「マクロの記録」という機能があります。本節ではこのマクロの記録について学習しますが、まずはそのための準備から入りましょう。

　Excel 2007以降では、マクロの作成・編集・実行という基本操作から、コンピュータをマクロウイルスから守るためのセキュリティの設定まで、すべて [開発] タブで行うことができます。しかし、[開発]タブは、既定では表示されていません。そこで、[開発] タブを表示します。

　[ファイル] タブをクリックして、[オプション] をクリックしてください。

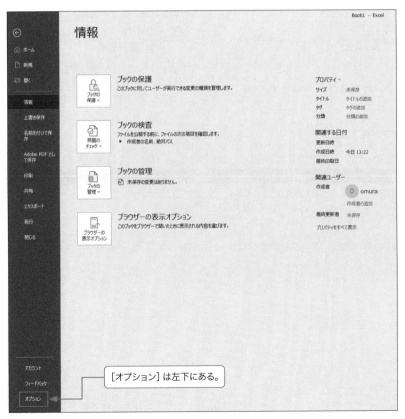

●図1-8　[オプション] をクリック

すると、［Excelのオプション］ダイアログボックスが開くので、［リボンのユーザー設定］をクリックし、［開発］チェックボックスをオンにします。

●図1-9　［Excelのオプション］ダイアログボックス

これで、［開発］タブが表示されます。

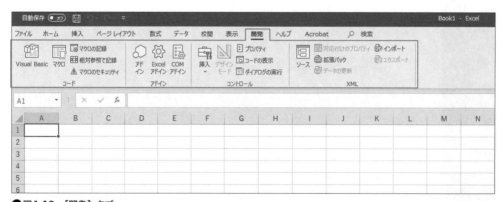

●図1-10　［開発］タブ

この［開発］タブは、一度表示したら、次回からはExcelを起動するたびに自動で表示されるようになります。

Excel 2007で［開発］タブを表示する

Excel 2007は、Excel 2010以降とは［開発］タブの表示方法が異なります。Excel 2007では、まず［Office］ボタンをクリックして［Excelのオプション］をクリックします。

●図1-11　［Excelのオプション］をクリック

［Excelのオプション］ダイアログボックスが開くので、［基本設定］をクリックし、「［開発］タブをリボンに表示する」のチェックボックスをオンにしてください。

●図1-12　［Excelのオプション］ダイアログボックス

マクロを記録する

　それでは、簡単なマクロを記録してみることにしましょう。これから作成するマクロは、セルB2に「マクロのレッスン」と入力して、フォントを「MSゴシック」「太字」「サイズ＝14」に設定するものです。

　新規ブックを用意したら、［開発］タブで［マクロの記録］ボタンをクリックしてください。

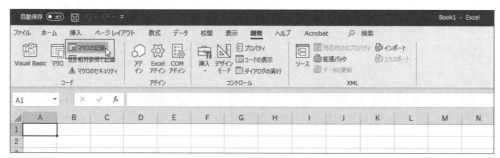

●図1-13　［マクロの記録］ボタン

　そして、表示された［マクロの記録］ダイアログボックスでは、何も変更せずに［OK］ボタンをクリックします。これで「マクロの記録」が始まります。

> 「マクロの保存先」が「作業中の
> ブック」になっていることを確認
> する。

●図1-14　［マクロの記録］ダイアログボックス

　マクロの記録が始まったら、セルB2に「マクロのレッスン」と入力して Enter キーを押してください。すると、セルB3が選択された状態になります。

●図1-15　セルB3が選択された状態

ここまではよろしいですか?

そうしたら、再びセルB2を選択して、Ctrl + 1 キーで［セルの書式設定］ダイアログボックスを開いてください。そして、［フォント］タブで、フォントを「MSゴシック」「太字」「サイズ=14」に設定します。

●図1-16　［セルの書式設定］ダイアログボックス

フォントの設定が済んだら、［セルの書式設定］ダイアログボックスで［OK］ボタンをクリックしてExcelのワークシートに戻り、［開発］タブの［記録終了］ボタンをクリックしてマクロの記録を終了します。

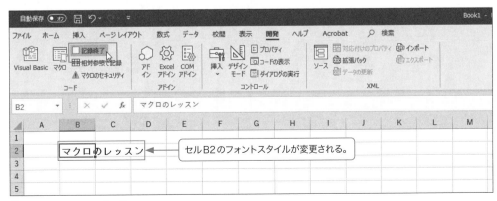

●図1-17　［記録終了］ボタン

以上の手順によって「Macro1」という名前のマクロが記録されました。マクロの記録は、このように非常に手軽な機能ですが、間違った操作までそのまま記録してしまいますので、時間をかけて慎重に記録してください。もちろん、ゆっくり操作してマクロの記録をしても、完成したマクロの速度とは無関係です（マクロの速度が遅くなるわけではありません）。

Excelには膨大なコマンドが用意されていますが、マクロの記録はそのほとんどをマクロとして記録してくれます。したがって、「こんな操作は記録できないのではないか?」と疑心暗鬼にならずに、とにかくまずはマクロを記録してみることです。当面は、自動化したい操作を次々にマクロ記録するだけで、日々の作業効率は飛躍的に向上するはずです。

Note **マクロの記録では記録されない操作**

基本的にマクロの記録はすべての操作を記録します。しかし、以下に挙げるような操作は記録されません。

・ダイアログボックスを開く操作

マクロの記録は、操作の「結果」だけを記録するという特性がありますので、[セルの書式設定]などのダイアログボックスを開いても、「開いた」という操作自体は記録されません。ダイアログボックスを開くのは、単なる操作の「過程」だからです。マクロには、ダイアログボックスで設定した内容のみが記録されます。

・IMEをオンにしたりオフにしたりする操作

日本語を入力するときには、IME（日本語入力システム）をオンにしたり、逆に英語を入力するときにはIMEをオフにしたりしますが、このIMEのオン／オフの操作はマクロにはなりません。文字が確定して [Enter] キーでセルに入力された時点で、はじめてその内容がマクロとして記録されます。

・Excel以外の操作

マクロの記録中にExcelの操作を中断して別のアプリケーションを操作したり、Windowsのエクスプローラーなどを操作してもマクロにはなりません。マクロとして記録できるのは、あくまでもExcel上の操作だけです。

1-4 マクロを編集・実行・登録する

マクロをVisual Basic Editorに表示して内容を変更する

　記録したマクロがそのまま利用できるときにはそれでいいのですが、そうでない場合は、マクロを記録したら、次にそのマクロを「Visual Basic Editor」(以下、VBE) で編集します。ここでは、先ほど記録した操作が間違っていたと仮定して、「Macro1」を編集してみることにしましょう。

　では、まずはマクロを画面に表示します。[開発] タブで [Visual Basic] ボタンをクリックしてください。

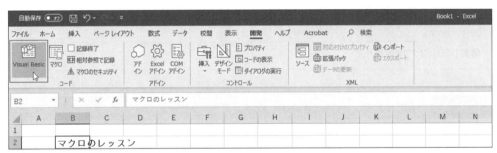

●図1-18　[Visual Basic] ボタン

　これで、記録されたマクロがVBEに表示されます。

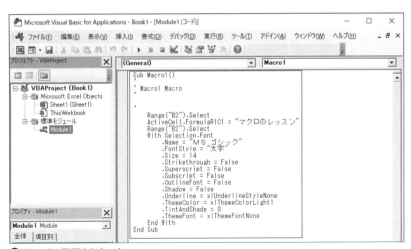

●図1-19　記録されたマクロ

Note　VBEにマクロが表示されないときは

先ほどの図のようにマクロが表示されなかったら、VBEで以下の手順でマクロを表示してください。

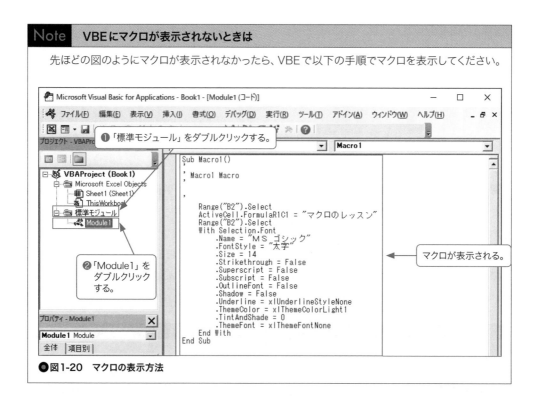

●図1-20　マクロの表示方法

Column　VBEが起動しているときのセキュリティ警告メッセージ

20ページで解説したセキュリティ警告メッセージですが、VBEが起動しているときにマクロを含むブックを開くと、以下のようにセキュリティの警告メッセージが表示されますので、[マクロを有効にする]ボタンをクリックしてマクロを有効にしてください。

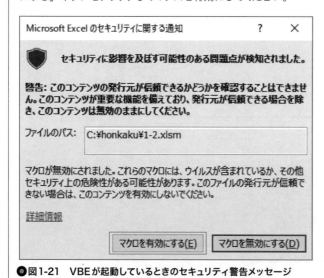

●図1-21　VBEが起動しているときのセキュリティ警告メッセージ

では、実際にマクロを編集してみましょう。VBEで図のとおりに作業してください。

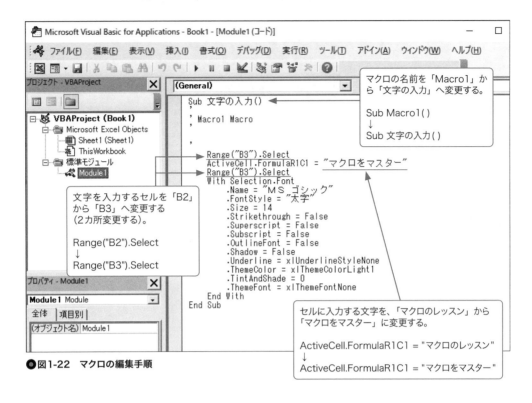

マクロの名前を「Macro1」から「文字の入力」へ変更する。

Sub Macro1( )
↓
Sub 文字の入力( )

文字を入力するセルを「B2」から「B3」へ変更する（2カ所変更する）。

Range("B2").Select
↓
Range("B3").Select

セルに入力する文字を、「マクロのレッスン」から「マクロをマスター」に変更する。

ActiveCell.FormulaR1C1 = "マクロのレッスン"
↓
ActiveCell.FormulaR1C1 = "マクロをマスター"

●図1-22　マクロの編集手順

マクロをVisual Basic Editor上で実行する

VBE上でマクロを実行するときには、マクロの中の任意の位置にカーソルを置いて F5 キーを押します。

もしくは、ツールバーの［マクロの実行］ボタンをクリックします。

●図1-23　［マクロの実行］ボタン

ここでは F5 キーを押してマクロを実行し、 Alt + F11 キーを押してExcelに表示を切り替えて、マクロの実行結果を確認してみましょう。

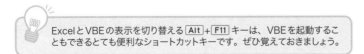

Excel とVBEの表示を切り替える Alt + F11 キーは、VBEを起動することもできるとても便利なショートカットキーです。ぜひ覚えておきましょう。

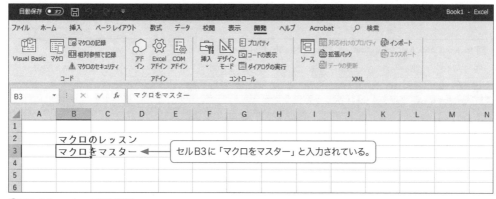

●図1-24 マクロの実行結果

> **Note** マクロの名前の規則
>
> マクロに名前を付けるときには、以下の規則に従わなければなりません。
>
> **・先頭の数字は使えない**
> × 悪い例　Sub 1Day( )
>
> **・ピリオド（.）、感嘆符（!）、疑問符（?）などの記号は使えない**
> × 悪い例　Sub OK?NG?( )
>
> **・スペースは使えない**
> 名前の中にスペースは使えません。したがって、単語を区切るときにはアンダースコア（_）を使ってください。
> ○ よい例　Sub Sort_Members( )
> × 悪い例　Sub Sort Members( )
>
> **・大文字と小文字は区別されない**
> 英字の場合には、大文字と小文字は区別されません。
>
> **・使えない単語がある**
> VBAですでに使われている単語の中には、マクロの名前として使えるものと使えないものがありますが、仮に使える単語でも使うべきではありません。
> × 悪い例（使えない名前）　Sub If( )
> × 悪い例（使えるけれど使うべきでない名前）　Sub Range( )

マクロを［フォームコントロール］のボタンに登録する

VBE上で F5 キーを押すマクロの実行方法は、あくまでも開発途上のマクロの動作を確認するための手段で、日々利用するマクロはもっと便利な方法で実行できるようにします。ここではマクロを［フォームコントロール］のボタンに登録して実行する方法を紹介します。

まず、［開発］タブの［挿入］ボタンをクリックし、［フォームコントロール］の［ボタン］をクリックしてください。

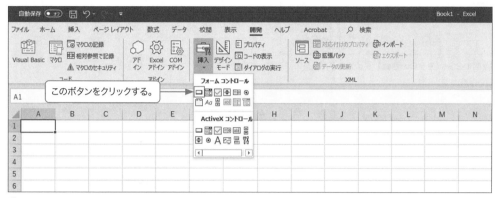

●図1-25　［フォームコントロール］のボタン

Part1 Part2

1-4 マクロを編集・実行・登録する

Note　フォームコントロールとActiveX コントロール

ここで作成するのは［フォームコントロール］のボタンです。間違って［ActiveX コントロール］のボタンを作成しないでください。両者のボタンは非常に似ていますが、その機能はまったく異なります。

そして、マウスのドラッグでセル上の任意の位置にボタンを描画すると、［マクロの登録］ダイアログボックスが表示されます。

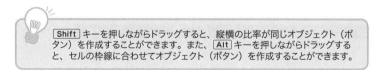

Shift キーを押しながらドラッグすると、縦横の比率が同じオブジェクト（ボタン）を作成することができます。また、Alt キーを押しながらドラッグすると、セルの枠線に合わせてオブジェクト（ボタン）を作成することができます。

次に、［マクロの登録］ダイアログボックスで目的のマクロを選択し（ここでは「文字の入力」）、［OK］ボタンをクリックしてください。

●図1-26　［マクロの登録］ダイアログボックス

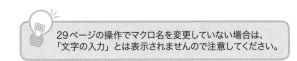

29ページの操作でマクロ名を変更していない場合は、
「文字の入力」とは表示されませんので注意してください。

最後に、「ボタン 1」というボタンのタイトルを、「はじめてのマクロ」に変更しましょう。

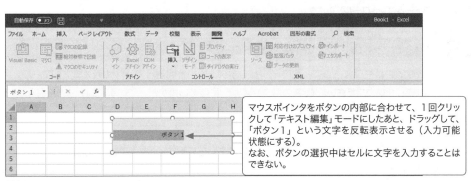

マウスポインタをボタンの内部に合わせて、1回クリック
して「テキスト編集」モードにしたあと、ドラッグして、
「ボタン1」という文字を反転表示させる（入力可能
状態にする）。
なお、ボタンの選択中はセルに文字を入力することは
できない。

●図1-27　ボタンのタイトルを選択

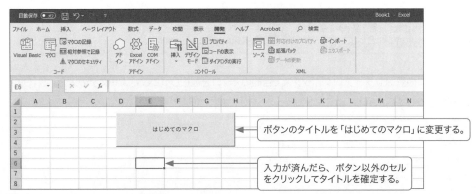

ボタンのタイトルを「はじめてのマクロ」に変更する。

入力が済んだら、ボタン以外のセル
をクリックしてタイトルを確定する。

●図1-28　ボタンのタイトルの確定

　これで、このボタン（[はじめてのマクロ] ボタン）をクリックすると、登録したマクロ（「文字の入力」マクロ）が実行されます。

　なお、この一連の作業で [フォームコントロール] のボタンにマクロを登録したものが、サンプルブック [1-1.xlsm] の「Sheet1」のボタンです。実際に、[1-1.xlsm] を開いて、[はじめてのマクロ] ボタンをクリックしてマクロを実行してみてください。

Note	ボタンのサイズやタイトルを変更する

　マクロが登録されたボタンのサイズやタイトルを変更するときには、Ctrl キーを押しながらボタンをクリックしてください。マウスポインタの形状は変わりませんが、マクロを実行することなくボタンを選択できます。

■ マクロをショートカットキーに登録する

　では、マクロの登録のテクニックとしてもう 1 つ、マクロにショートカットキーを割り当てる方法を紹介しましょう。みなさんが、[切り取り] や [コピー] コマンドをショートカットキーで実行するように、マクロをショートカットキーに登録すると、そのキーの組み合わせでマクロを実行できるようになります。

　ここでの操作は、サンプルブック [1-2.xlsm] を使って解説します。まずは、サンプルブック [1-2.xlsm] を開いてください。

　そして、[開発] タブをクリックし、[マクロの表示] ボタンをクリックします。

	A	B	C	D	E	F	G	H
1			会員名簿					
2								
3	コード	会員名	住所	TEL	性別	入会日		
4	K0001	後藤 幸子	静岡県富士市八代町XX	0545-51-XXXX	2	H10.04.02		
5	K0002	井出 登志夫	静岡県浜松市有玉南町XXXX	0543-36-XXXX	1	H10.04.09		
6	K0003	太田 光晴	静岡県富士市島田町X-XX	0545-51-XXXX	1	H10.12.09		
7	K0004	佐野 善弘	静岡県富士市本市場XX　カノウビル	0545-61-XXXX	1	H11.01.29		
8	K0005	中道 和美	静岡県清水市高新田XXXX-XX	0543-36-XXXX	2	H11.02.07		
9	K0006	石川 明	静岡県沼津市横割X-XX-XX	054-255-XXXX	1	H11.04.02		
10	K0007	大井 康央	静岡県沼津市今沢XXX-X 95ビル2F	0547-56-XXXX	1	H11.04.13		
11	K0008	亀井 由美	静岡県清水市高新田XXXX-XX	0545-52-XXXX	2	H11.04.22		
12	K0009	鈴木 孝昭	静岡県清水市駒越南町X-XX	054-255-XXXX	1	H11.12.17		
13	K0010	杉田 麻由	静岡県富士市島田町X-XX	0545-52-XXXX	2	H12.01.27		
14	K0011	望月 スミレ	静岡県清水市上力町X-X	0547-56-XXXX	2	H12.02.09		
15	K0012	影山 政則	静岡県富士市八代町XX	0545-52-XXXX	1	H12.02.21		

●図1-29　[マクロの表示] ボタン

すると、［マクロ］ダイアログボックスが開くので、目的のマクロ（ここでは「男性会員抽出」）を選択して、［オプション］ボタンをクリックします。

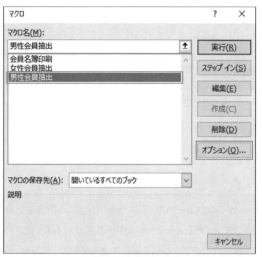

●図1-30 ［マクロ］ダイアログボックス

次に、［マクロ オプション］ダイアログボックスで、図のようにショートカットキーを入力して、［OK］ボタンをクリックします。

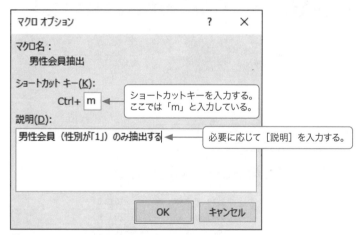

●図1-31 ［マクロ オプション］ダイアログボックス

以上の作業が終わったら、右上の［×］ボタンで［マクロ］ダイアログボックスを閉じてください。これでマクロにショートカットキーが割り当てられました。

サンプルブック［1-2.xlsm］では、Ctrl+Eキーを押すと、会員名簿の印刷プレビューを表示するマクロ「会員名簿印刷」が実行されるように設定されています。実際にCtrl+Eキーでマクロを実行してみてください。

Note ショートカットキーはExcelのコマンドよりもマクロが優先

　ショートカットキーに使用できるのはアルファベットだけです。数字や特殊文字は使用できません。

　また、Excelの既定のショートカットキーにマクロを割り当てた場合には、マクロのほうが優先されます。たとえば［切り取り］コマンドのショートカットキーである Ctrl + X キーにマクロを割り当てると、Ctrl + X キーによる［切り取り］コマンドは実行できなくなります。

　ただし、これはそのマクロが作成されているブックが開いている間だけの現象で、そのブックを閉じれば Ctrl + X キーによる［切り取り］コマンドは復活します。

Note 「Shift」キーを組み合わせたショートカットキー

　［マクロ オプション］ダイアログボックスでショートカットキーを入力するとき、図のようにアルファベットを大文字で入力すると、Ctrl + Shift + E キーがショートカットキーになります。

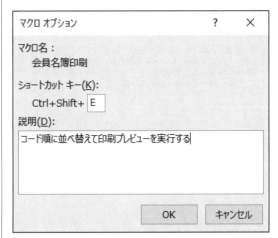

●図1-32　「Shift」キーを組み合わせたショートカットキー

　Excelでは、膨大なコマンドが Ctrl ＋英字キーに割り当てられていますので、ショートカットキーがなるべくかち合わないように、マクロを登録するショートカットキーは Ctrl + Shift ＋英字キーにしたほうが無難です。

1-5 マクロの構成と基本用語

マクロの構成

ここでは、マクロの構成と基本用語を簡単に紹介します。とは言っても、VBAの文法といった大げさなものではありません。マクロの記録で作成したマクロを眺めるときに最低限知っておきたい初歩的な知識をマスターすることが目的です。

では、29ページで編集したマクロの中身を見てみましょう。

● 29ページで編集したマクロ

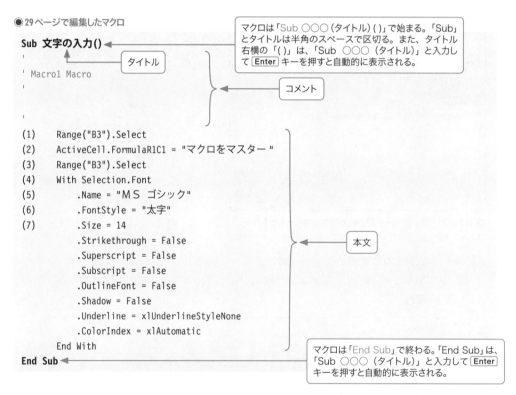

```
Sub 文字の入力()
' Macro1 Macro
'

(1)     Range("B3").Select
(2)     ActiveCell.FormulaR1C1 = "マクロをマスター "
(3)     Range("B3").Select
(4)     With Selection.Font
(5)         .Name = "ＭＳ ゴシック"
(6)         .FontStyle = "太字"
(7)         .Size = 14
            .Strikethrough = False
            .Superscript = False
            .Subscript = False
            .OutlineFont = False
            .Shadow = False
            .Underline = xlUnderlineStyleNone
            .ColorIndex = xlAutomatic
        End With
End Sub
```

タイトル

コメント

本文

マクロは「Sub ○○○(タイトル)( )」で始まる。「Sub」とタイトルは半角のスペースで区切る。また、タイトル右横の「( )」は、「Sub ○○○(タイトル)」と入力して Enter キーを押すと自動的に表示される。

マクロは「End Sub」で終わる。「End Sub」は、「Sub ○○○(タイトル)」と入力して Enter キーを押すと自動的に表示される。

どうですか。「マクロはプログラム」とは言っても、意外に人間の言葉に近いことがわかると思います。このマクロの(1)～(7)までの命令を日本語に置き換えると以下のようになります。

● 日本語に置き換えたマクロ

```
Sub 文字の入力()
(1)      セルB3を選択する
(2)      アクティブセルに"マクロをマスター "と入力する
(3)      セルB3を選択する
(4)      選択されているセルのフォントを……
(5)          MS ゴシックにする
(6)          太字にする
(7)          14ポイントにする
End Sub
```

マクロの基本用語

マクロを使用する上で、理解しておいたほうがよい基本用語を、ここで簡単に解説しておきます。

■キーワード

「Sub」や「Range」のように、マクロのためにあらかじめ用意されている単語を「キーワード」と呼びます。

● キーワード

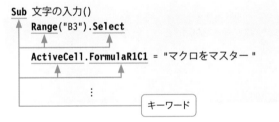

また、「With」や「False」などのいくつかのキーワードは青で表示されます。これらは、VBAによって予約済みということで「予約キーワード」と呼ばれますが、通常のキーワードと予約キーワードの違いを意識する必要はまったくありません。

■ステートメント

マクロの中の個々の命令文のことを「ステートメント」と呼びます。

● ステートメント

```
Sub 文字の入力()
    Range("B3").Select          ◄───────┐
    ActiveCell.FormulaR1C1 = "マクロをマスター "  ◄───┤  ステートメント
    Range("B3").Select          ◄───────┘
        ⋮
```

マクロは、ステートメント単位で命令を実行していきます。たとえば、

```
ActiveCell.FormulaR1C1 = "マクロをマスター "
```

という一文がリストの中にありますが、このステートメントが実行されたときに、アクティブセルに「マクロをマスター」と入力されます。

■コメント

シングルクォーテーション（'）で始まる文は「コメント行」です。マクロの動作とは無関係で、本文と区別するために緑で表示されます。

コメントは、以下のように、主にマクロの動作を誰が見てもわかるように説明文を添えるときなどに使用します。

◉ コメント

```
Sub シートを削除する()

    '2018年5月10日作成                          ―❶
    '2019年1月22日修正                          ―❷

    Worksheets("売上金額").Delete  'まずワークシートを削除する  ―❸
    Charts(1).Delete             '次にグラフシートを削除する  ―❹

End Sub
```

色文字にしているのがコメント行で、❶と❷の2行は実行されません。もし、先頭のシングルクォーテーション（'）を削除してしまうと、この2行が実行されるので、エラーが発生してマクロは動作しません。

また、コメントは❸・❹のようにステートメントの横にも書き込むことができます。

1-6 Visual Basic Editorの基礎知識

VBEを起動した直後に表示されるウィンドウ

まずはサンプルブック［1-3.xlsm］を開き、VBEを起動してください。

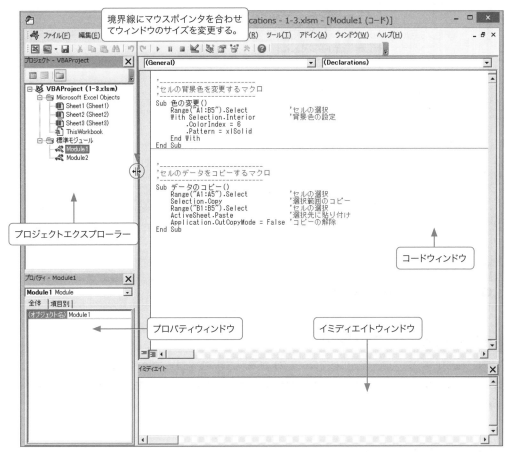

●図1-33　VBEの各部の名称

Note　イミディエイトウィンドウの表示方法

「イミディエイトウィンドウ」は表示されない場合がありますが、Ctrl＋Gキーで表示できます。
本書では54ページでイミディエイトウィンドウについて解説します。

　また、コードウィンドウは、28ページで紹介した、モジュール名（「Module1」など）をダブル
クリックする方法のほかに、プロジェクトエクスプローラーでモジュールを選択して［コードの表示］
ボタンをクリックしても表示できます。

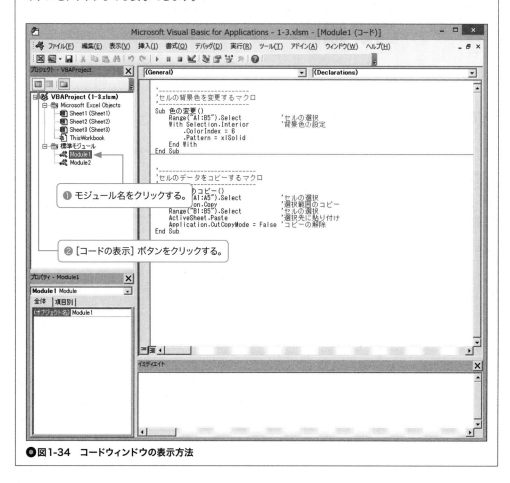

●図1-34　コードウィンドウの表示方法

モジュールとは？　プロジェクトとは？

　プロジェクトエクスプローラーにはプロジェクトが表示されています。では、この「プロジェクト」と
は一体何なのでしょうか。今からその正体を明かしますが、その前にまず、「モジュール」について触れ
ておかなければなりません。

■モジュールはマクロを記述するためのシート

　マクロを作成するときにはマクロを記述するためのシートが必要になりますが、ワークシートやグラフ
シートではその役割は果たせません。そのため、Excelには「モジュール」と呼ばれるマクロ記述用の
専用シートが用意されています。

　24ページで記録したマクロは、「Module1」という名前のモジュールに作成されました。すなわち、

マクロはモジュールにしか作成することができないのです。

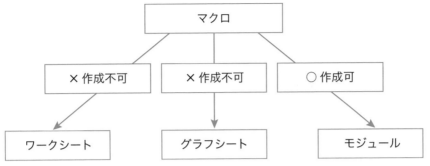

●図1-35　マクロとモジュールの関係

■プロジェクトはモジュールの集まり

　マクロの記録でマクロを自動作成したり、また、本書内で当面みなさんがVBAを記述するモジュールは、厳密には「標準モジュール」と呼ばれるものです（そのほかのモジュールが登場するのはChapter 10の「ユーザーフォーム」以降です）。

　Excelには、標準モジュールも含めて全部で4種類のモジュールがあります。そして、この4種類のモジュールを集めて1つに束ねたものを「プロジェクト」と呼ぶのです。これは、ワークシートとグラフシートの2種類を集めて1つに束ねたものがExcelブックであるという関係に置き換えればわかりやすいでしょう。

　そして、プロジェクトエクスプローラーにはこのプロジェクトが表示されているわけです。

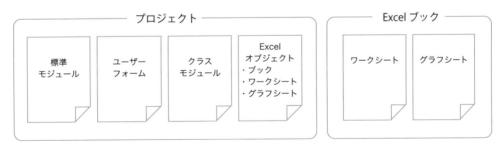

●図1-36　プロジェクトとモジュールの関係

Column	プロジェクトは標準モジュールの集まり

　本書で当面マクロを記述するのは「標準モジュール」だけです。しかし、プロジェクトエクスプローラーを見ると、図1-37のように、「標準モジュール」以外にもワークシートやブックといった「Excelオブジェクト」が表示されていますし、図1-36に示したように、「ユーザーフォーム」や「クラスモジュール」というモジュールもありますが、これらはExcel VBAで多機能なアプリケーションを作成するような高度な開発をするときに使うモジュールで、本書ではChapter 10の「ユーザーフォーム」以降で学習します。

ですから、ここでは一旦、「プロジェクトは標準モジュールの集まり」と覚えたほうが理解しやすいでしょう。そして、プロジェクトエクスプローラーにその標準モジュールが表示されていることに意識を向けてください。

そのほかのモジュールに関しては、Chapter 10の「ユーザーフォーム」以降で徐々に学習していきましょう。

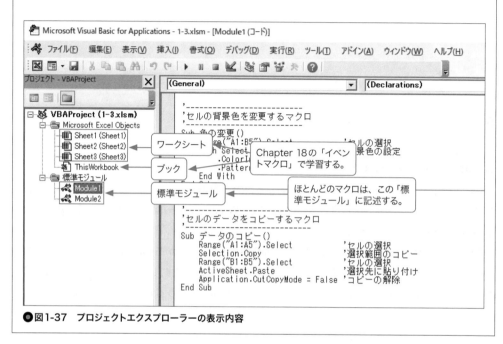

●図1-37　プロジェクトエクスプローラーの表示内容

標準モジュールを挿入する

標準モジュールは、マクロの記録を実行すると自動的に挿入されますが、手動で挿入することもできます。以下の手順に従って、［1-3.xlsm］に「Module3」を挿入してみましょう。

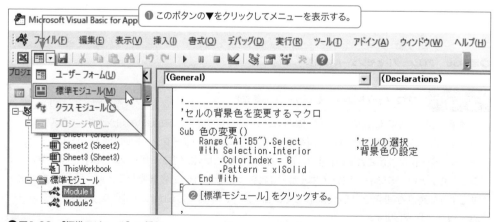

●図1-38　［標準モジュール］の挿入

| Note | 再度[標準モジュール]を挿入する |

　一度、[標準モジュールの挿入]コマンドを実行すると、ツールバーボタンが図のように標準モジュールのアイコンに変化します。変化したら、そのボタンを直接クリックするだけで標準モジュールが挿入できます。

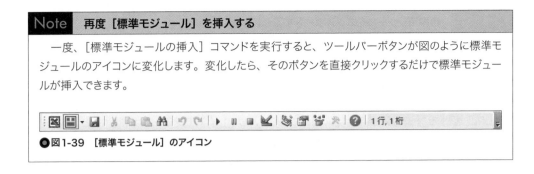

●図1-39　[標準モジュール]のアイコン

標準モジュールを削除する

以下のような手順で、先ほど作成した[1-3.xlsm]の「Module3」を削除してみましょう。

❶「Module3」を右クリックしてショートカットメニューを表示する。

❷[Module3の解放]をクリックする。

●図1-40　[標準モジュール]を削除する手順

すると、下図のようにエクスポートの確認メッセージが表示されるので、[いいえ]ボタンを選択します。

●図1-41　エクスポートの確認メッセージ

これで、「Module3」が削除されます。

　標準モジュールを削除するときに確認メッセージが表示される「エクスポート」とは、標準モジュールを別ファイルとして保存する機能のことです。

　しかし、不要だから削除するわけですから、そもそもエクスポートする必要性はほとんどありません。

　また、標準モジュールの内容は念のために残して、しかし標準モジュールは削除するというケースでも、VBEではWordやメモ帳のように、標準モジュールの内容を Ctrl + C キーでコピーして、Ctrl + V キーで別の標準モジュールやメモ帳などにペーストができますので、この機能を使えばいいだけの話です。

　さらには、下図のケースで、[1-3.xlsm]の「Module2」を[1-2.xlsm]に取り込みたいというケースでも、エクスポートなどをする必要はまったくなく、図のように操作するだけです。

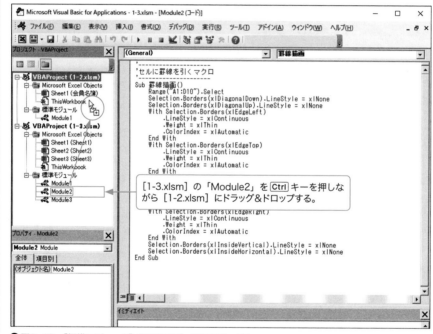

> [1-3.xlsm]の「Module2」を Ctrl キーを押しながら[1-2.xlsm]にドラッグ&ドロップする。

●図1-42　[標準モジュール]をほかのブックにコピーする

　ですから、エクスポートの確認メッセージボックスでは迷わず[いいえ]ボタンを選択してください。

■キーワードのスペルは自動的に変換される

　ここからは、VBEの基礎知識として、効率よくコーディングするテクニックを3つ紹介します。1つ目は、キーワードのスペルについての話です。

　VBEのコードウィンドウでキーワードを入力するときに、アルファベットの大文字、小文字を意識する必要はありません。スペルが正しければ、大文字、小文字は自動的に変換されるからです。

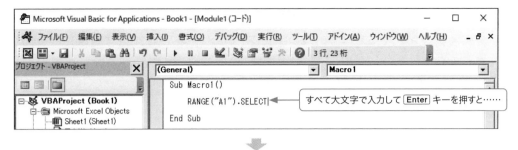

すべて大文字で入力して Enter キーを押すと……

大文字、小文字が自動変換される。

●図1-43　大文字、小文字の自動変換

大文字、小文字の自動変換が行われないときは、スペルを間違えているときです。したがって、容易にスペルミスを発見することができます。
また、全角で入力したキーワードも半角に自動変換されます。

VBAのステートメントには、65ページで紹介する「引数（ひきすう）」というコマンドがあります。
たとえば、現時点では理解する必要はありませんが、以下のステートメントは「Sheet1」を2枚目のシートの後ろに移動するものです。

Sheets("Sheet1").Move After:=Sheets(2)

そして、このステートメントの「After」が「後ろ」を意味する引数の名前なのですが、この引数名を入力するときには大文字と小文字の自動変換は行われません。
ただし、引数の場合には大文字と小文字を区別しませんので、仮に「AFTER」と引数をすべて大文字で書いてもマクロは問題なく動きます。

Column	""で囲んだ文字列は自動変換されない

　VBEでは、""で囲んだ文字列の大文字、小文字は自動変換されません。

　もし、全部小文字で「range("a1")」と入力した場合、「range」は「Range」と自動変換されますが、「a1」は「A1」には変換されません。この場合、「a1」でも動作はしますが、読みやすさを考えて、自分で「A1」と入力するようにしましょう。

自動クイックヒントと自動メンバー表示

効率よくコーディングするテクニックの2つ目は、ステートメントの入力を支援してくれるヒントの表示についてです。

VBEには、マクロのコマンドを入力する際に、構文を自動的にヒントとして表示してくれる機能があります。

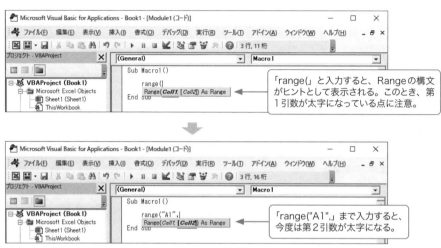

●図1-44　自動クイックヒント

そして、下図のように操作すると、「自動メンバー表示」機能が働きます。

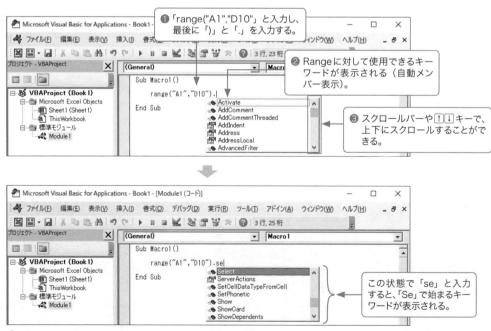

●図1-45　自動メンバー表示

そして、図1-45の2つ目の図の状況で Tab キーを押すと、リストボックスで選択されていた「Select」が入力されて、ステートメントが完成します。

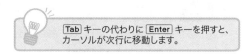

Tab キーの代わりに Enter キーを押すと、カーソルが次行に移動します。

▌入力候補

では、効率よくコーディングする3つ目のテクニックです。これは、自動メンバー表示とよく似た「入力候補」と呼ばれる機能です。

入力候補は、マクロで使うキーワードの一部を入力すると、キーワードを一覧で表示してくれる機能で、コーディングの効率を上げるためにも積極的に活用したい機能です。鍵を握るのは、Ctrl ＋ Space キーです。

試しに「msg」と入力して Ctrl ＋ Space キーを押してみてください。マクロで頻繁に使用される「MsgBox」というキーワードが瞬時に入力されます。

●図1-46　入力候補

また、VBAでもっともよく使うキーワードは間違いなく「セル」を意味する「Range」ですが、この「Range」も「r」と入力したら、Ctrl＋Space キーを押してください。そうすると、上から2番目に「Range」がありますので、これを ↓ キーで選んで Tab キーを押すだけで「Range」と入力できます。

もちろん、「Range」とすべて入力したほうが速いという人はそれでもかまいませんが、いずれにしても、Ctrl＋Space キーの入力候補をどれくらい使いこなせるかで、みなさんの作業効率には雲泥の差が出ることを覚えておいてください。

Column VBEで使えるショートカットキー

　VBEのコードウィンドウでは、下表のように、ほとんどのWindowsアプリケーションと共通の
ショートカットキーを使うことができます。

●表1-3　共通のショートカットキー

上書き保存	Ctrl + S キー
切り取り	Ctrl + X キー
コピー	Ctrl + C キー
貼り付け	Ctrl + V キー
検索	Ctrl + F キー
元に戻す	Ctrl + Z キー

1-7 エラーへの対処とイミディエイトウィンドウ

コンパイルエラー

マクロが意図したとおりに動かない。このようなエラーに直面したら、その原因を突き止めてマクロを修正しなければなりません。この一連の作業のことを「デバッグ」といいます。ここでは、このエラーの種類を3つに分けて解説します。

最初に紹介するのは「コンパイルエラー（構文エラー）」です。

コーディング中に間違った構文でステートメントを記述して入力を確定すると、自動的にコンパイルエラーを知らせるエラーメッセージが表示され、エラーを含むステートメントは赤く表示されます。

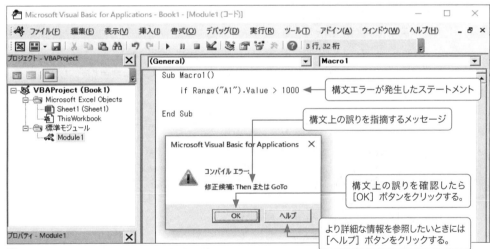

●図1-47　コンパイルエラーのエラーメッセージ

このように、VBEには構文エラーを自動的に検出する「自動構文チェック」機能が備わっています。

実行時エラー

コーディング中に発生するエラーではなく、マクロを実行したときに発生するエラーを「実行時エラー」と呼びます。ブック内にグラフシートがないのにグラフシートを選択する、というマクロを実行して、意図的に実行時エラーを発生させてみましょう。

新規ブックを作成してVBEを起動したら、標準モジュールに以下のマクロを作成してください。でき

たら、マクロ内にカーソルを置いて F5 キーを押してマクロを実行しましょう。

● 「実行時エラー」を意図的に起こすマクロ

```
Sub Macro1()
    Charts(1).Activate
End Sub
```

　すると、実行時エラーが発生します。実行時エラーが発生すると、マクロの実行は「終了」ではなく、「中断」状態になりますので、マクロを終了するときは［終了］ボタンをクリックします。ここではエラーの原因となったステートメントを特定するので、［デバッグ］ボタンをクリックしてください。

● 図1-48　実行時エラーのエラーメッセージ

　［デバッグ］ボタンをクリックすると、エラーの原因となったステートメントは黄色く反転し、余白インジケーターバーには矢印が表示されます。

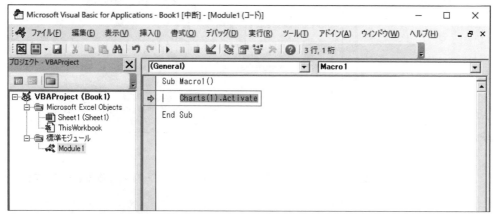

● 図1-49　エラーの原因になっているステートメント

　エラーの原因が特定できたら、標準ツールバーの［リセット］ボタンでマクロの実行を終了します。

● 図1-50　リセットボタン

デバッグと論理エラー

　実行時エラーを知らせるダイアログボックスには［デバッグ］ボタンがあり、このボタンをクリックすると、実行時エラーの原因となったステートメントを特定できます。

　このように、マクロの誤動作の原因となるようなエラーを「バグ」と呼びます。そして、「デバッグ」とは、そのバグを発見して取り除く作業のことです。

　プログラミングのミスには、単純な構文エラーや実行時エラーのほかに、「論理エラー」と呼ばれるものがあります。たとえば、セルの背景色を「赤」に塗りつぶすマクロを作るつもりが、誤って「青」に塗りつぶすマクロを作ってしまっても、そのマクロは問題なく実行できます。しかし、その実行結果は期待したものではありません。これが、プログラマーの意図どおりにマクロが動かない論理エラーです。

Column　デバッグとイミディエイトウィンドウは後回しでもよい

　ここから56ページまでは、「デバッグの方法」と「イミディエイトウィンドウ」という機能について解説します。

　ここで解説する理由は、これらの機能がVBEに備わっているからですが、まだVBAでマクロを作ったことがない人にはどうしても難解な話になります。

　ですから、ここから56ページまでを読み飛ばしてChapter 2に進み、実際にVBAでマクロを作るようになってからこのページに戻って来て、「デバッグの方法」と「イミディエイトウィンドウ」を学習するという手順でも一向にかまいません。

　少なくとも、今の段階で「デバッグの方法」と「イミディエイトウィンドウ」を完璧に理解する必要はありません。それよりも、この2つを理解したらVBEに関しては必要な機能はすべて理解したという認識で結構ですので、自信を持って本書を読み進めてください。

ステップ実行でステートメントの動作を確認する

　論理エラーは、決してエラーメッセージを返してはくれません。プログラマー自らがそのエラー原因を特定しなければならないのです。そのため、VBEにはプログラマーのデバッグ作業を支援するための多様なツールが用意されていますが、通常は、［ブレークポイントの設定／解除］コマンドと、［ステップイン］コマンドだけ理解しておけば十分です。そこで、この2つのコマンドについて解説することにします。

　バグを発見する一般的な方法は、疑わしいと思われる位置でマクロの実行を中断することです。そして、それ以降のステートメントの動作を確認しながら1ステップずつ実行していくと、意外と簡単にバグを含むステートメントを特定できるものです。

　ここでは、［1-2.xlsm］を使用して、実際にステップ実行によるエラーの特定作業を体験してみましょう。［1-2.xlsm］を開いてからVBEを起動してください。さらに、「Module1」を表示して「会員名簿印刷」のマクロを表示してください。

　次に、デバッグは［デバッグ］ツールバーで行いますので、以下の手順で［デバッグ］ツールバーを表示してください。

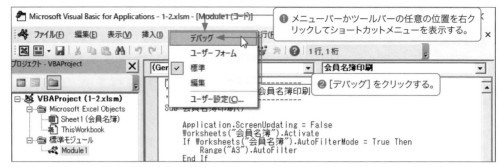

●図1-51 ［デバッグ］ツールバーの表示方法

では、余白インジケーターバーをクリックしてブレークポイントを設定してください。

●図1-52 ブレークポイントの設定

ブレークポイントとは、そのステートメントに差しかかるとマクロの実行が中断するポイントのことです。ブレークポイントが設定されると、そのステートメントは赤く反転します。

では、マクロ内にカーソルを置いて［F5］キーを押し、ブレークポイントの位置でマクロの実行が中断することを確認してください。

●図1-53 実行が中断したステートメントの強調表示

この状態で、［デバッグ］ツールバーの［ステップイン］ボタンをクリックすると、フォーカスが次のステートメントに移動します。

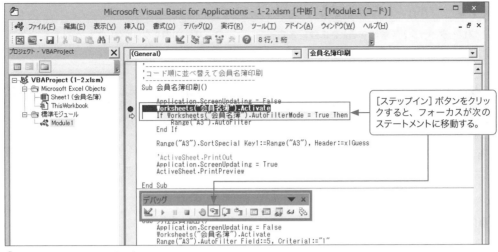

[ステップイン] ボタンをクリックすると、フォーカスが次のステートメントに移動する。

●図1-54 ［ステップイン］ボタン

　このように、［ステップイン］ボタンでフォーカスが次のステートメントに移動したら、Excel上でその1つ前のステートメントが期待どおりに動作したのかを確認します。そして、この作業をエラー原因が特定できるまで繰り返します。

　エラーが特定できたら、［デバッグ］ツールバーの［継続］ボタンか、［リセット］ボタンをクリックします。

●図1-55　［継続］ボタンと［リセット］ボタン

> **Note**　**マクロ全体をステップ実行する**
>
> 　マクロ全体をステップ実行するときには、ブレークポイントを設定する必要はありません。F5キーの代わりに［ステップイン］ボタンでマクロを実行してください。
>
>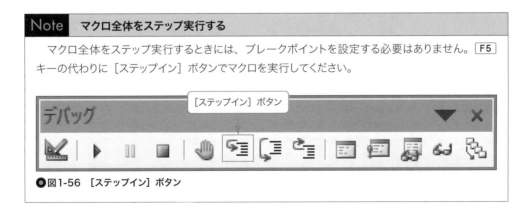
>
> ●図1-56　［ステップイン］ボタン

ブレークポイントを解除する

ブレークポイントを解除するときには、余白インジケーターバーの●をクリックしてください。

●図1-57　ブレークポイントの解除

イミディエイトウィンドウ

　VBEの機能説明の最後として紹介する「イミディエイトウィンドウ」を使うと、わざわざマクロを作成しなくても簡単なステートメントを実行することができます。したがって、マクロの実行を中断していてマクロが作成できないようなときには、特に重宝する機能です。

●図1-58　イミディエイトウィンドウの開き方

では次に、イミディエイトウィンドウで実際にステートメントを実行してみましょう。

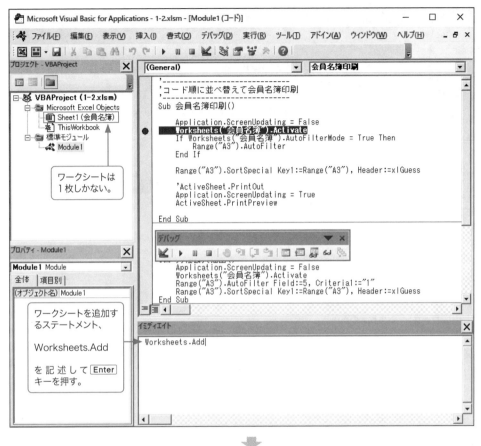

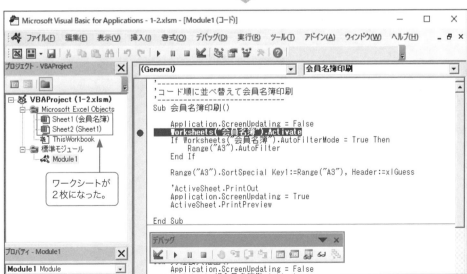

●図1-59　イミディエイトウィンドウを使ったワークシートの追加方法

また、ブック内のシート数などの結果を求めるときには、「?」を使います。

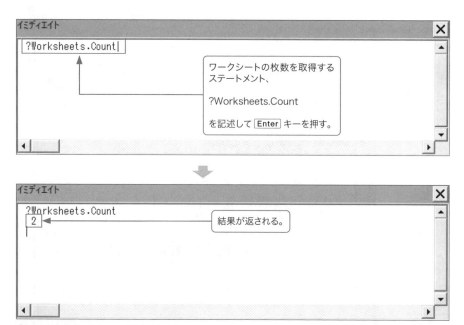

ワークシートの枚数を取得する
ステートメント、

?Worksheets.Count

を記述して Enter キーを押す。

結果が返される。

●図1-60　ワークシートの枚数の取得

　イミディエイトウィンドウに出力された結果を消去するときには、Ctrl+A キーですべての文字列を選択してから Delete キーを押してください。

Chapter 2

VBAの基本構文を理解する

2-1 マクロの記録の限界

無駄な操作が記録される

マクロの記録は、Excelのほとんどの操作をマクロに変換してくれる驚異的なツールですが、残念ながら万能ではありません。マクロの記録では何ができないのか。VBAを効率よく学習するためにも、ここではマクロの記録の主な欠点を4つ簡潔に取り上げます。

では、早速1つずつ紹介していきましょう。

以下のマクロは、「セルB2にデータを入力する」操作をマクロ記録したものです。

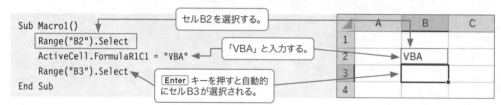

●図2-1　マクロの記録で作成したマクロ

しかし、これは実に無駄の多いマクロです。なぜなら、VBAでは以下の1つのステートメントでセルにデータを入力できるからです。

●無駄のないマクロ

```
Sub Macro1()
    Range("B2").Value = "VBA"
End Sub
```

VBAを学習すると、このように無駄のないスマートなマクロが記述できるようになります。無駄な記述をする。これはマクロの記録の限界の1つです。

デフォルト値が記録される

以下のマクロは、Chapter 1で記録したマクロからの抜粋です。

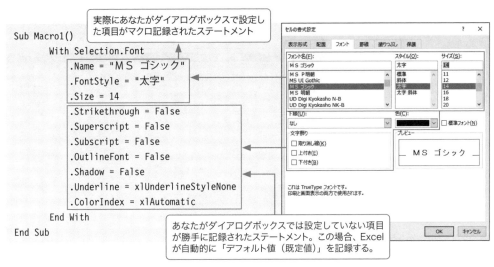

●図2-2　デフォルト値が記録されたマクロ

　しかし、このデフォルト値は省略することができます。デフォルト値を削除すると、以下のように読みやすく処理の速いマクロになります。

●デフォルト値を省略したマクロ

```
Sub Macro1()
    With Selection.Font
        .Name = "ＭＳ ゴシック"
        .FontStyle = "太字"
        .Size = 14
    End With
End Sub
```

　デフォルト値まで記録してしまうこの問題は、ほとんどのダイアログボックスで設定するときに発生するマクロの記録の弱点であり、またマクロの記録の限界でもあります。

汎用性のあるマクロが作成できない

　オートフィルタを使って特定の日付、たとえば「2019/5/20以前」の売上データを抽出するマクロはマクロの記録で作成できます。しかし、毎回ユーザーが任意の日付でデータを抽出できる、いわゆる対話型のマクロは、マクロの記録だけではとても作成できません。VBAに関する知識が要求される場面です。

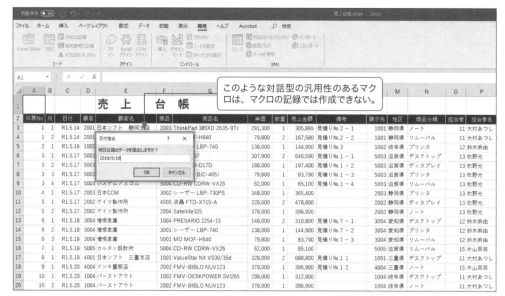

● 図2-3　対話型のマクロの実行例

条件分岐や繰り返しを行うマクロが作成できない

　マクロを使うと、「もし〜だったら、〜という処理を実行する」という「条件分岐」や、あるセル範囲に対して「同一処理を〜回行う」という「繰り返し（ループ）」が可能になります。しかし、こうした条件分岐や繰り返しを行うマクロは、マクロの記録では作成できません。VBAでマクロの実行を制御する方法について学習しなければなりません。

2-2 VBAの基本用語と基本構文

▌Excelの部品＝オブジェクト

ではVBAの学習を始めましょう。最初にVBAの基本用語と基本構文について解説しますが、「自動車」というとても身近な例に置き換えて解説しますので、難しいことは何もありません。不安を取り除いて楽しく読み進めてください。

みなさんは、Excelを起動したら、普通は以下のような作業を行いますね。

- ❶ ブックを開く
- ❷ シートを表示する
- ❸ セルにデータを入力する

●図2-4　Excelの標準的な使い方

このように、私たちが「Excelを使う」ときには、ブックやシートやセルなどの「Excelを構成しているモノ」、言い換えれば「Excelの部品」を操作しているわけです。そして、VBAではこの「Excelの部品」のことを「オブジェクト」と呼びます。

自動車がボディー、タイヤ、エンジンなどのオブジェクト（部品）から構成されているように、Excelもさまざまなオブジェクトの集合体なのです。

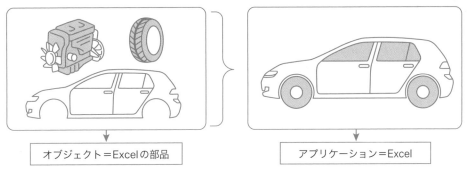

オブジェクト＝Excelの部品　　　　　アプリケーション＝Excel

●図2-5　オブジェクトのイメージ

▌オブジェクトの特徴＝プロパティ

少し、自動車を思い浮かべてください。たとえば、自動車には下表のような特徴がありますね。

●表2-1　自動車の場合

特徴	値
名前	アクア
車体の全長	4050mm
ボディーの色	黒

　この自動車の場合と同じく、Excelのオブジェクトにも下表のようなさまざまな特徴があります。

●表2-2　Excelの場合

特徴	値
シートの名前	Sheet1
セル幅	72ピクセル
フォントの色	赤

　このようなExcelのオブジェクトの「特徴」のことを「プロパティ」と呼びます。そして、以下に述べるように、VBAでマクロを作ると、オブジェクトのプロパティの値を調べたり、変更したりすることができるのです。

プロパティの値を調べる

　では早速、オブジェクトのプロパティの値を取得する構文をご紹介しましょう。その構文は以下のとおりです。

●プロパティの値を取得する構文　－VBAの基本構文　その1－

```
変数 ＝ オブジェクト.プロパティ
```

半角のスペース

Note	「変数」とは？

　ここで、「取得する」と「変数」という聞き慣れない用語が2つ出てきました。
　まず、「取得する」ですが、これはオブジェクトの特徴を調べて、その調査結果を紙に記入する作業だと考えてください。そして、もう1つの「変数」ですが、ここでは理解する必要はありません。取得したオブジェクトのプロパティの値を入れておく「箱」だと思ってください。変数については Chapter 5で詳しく解説します。

　この構文を使った例を2つ紹介します。ただし、最初は自動車という架空のアプリケーションが題材です。「自動車のボディーの色を調べて用紙に記入する」という作業をこの構文に当てはめれば、きっと以下のようなステートメントになるでしょう。

●自動車の例

```
Paper = Body.Color
```

もしボディーの色が白ならば、この構文によって用紙には「白」と記入されます。

　それでは次に、実際のExcelのオブジェクトを題材にしましょう。今度は本当に動くステートメントです。たとえばですが、VBAを使ってワークシート名を調べる、つまりワークシートのNameプロパティの値を取得するときには以下のように記述します。

◉実際のVBA

```
myName = Worksheets(1).Name
変数     オブジェクト  プロパティ
```

　Worksheets(1)は、「1番左のワークシート」を意味するオブジェクトです。そして、そのNameプロパティを調べれば、その名前を取得できます。

プロパティの値を変更する

　今度は、オブジェクトのプロパティの値を変更するVBAの基本構文です。

◉プロパティの値を変更する構文　－VBAの基本構文　その2－

```
オブジェクト.プロパティ = プロパティの値
```

　　　　　　　　　　　　　　半角のスペース

　ここでも、自動車とワークシートの登場です。

　「自動車のボディーの色を変更する」という作業を、この構文に当てはめると以下のようになります。

◉自動車の例

```
Body.Color = "Red"
```

　これで、ボディーの色は赤に変わります。

　一方、現実のVBAの構文でワークシート名を変更するときには以下のように記述します。今度は本当に動くステートメントです。

◉実際のVBA

```
Worksheets(1).Name = "顧客データ"
オブジェクト プロパティ   プロパティの値
```

　このステートメントを実行すれば、Worksheets(1)、すなわち「1番左のワークシート」の名前は「顧客データ」に変更されます。

Note	VBAでは文字列は""で囲む

　Excelで数式を入力するときに、たとえばA列に氏名が入力されていて、B列に「A列の名前」と「様」と表示したいときには、B列には「=A1&"様"」と「様」を""で囲んで入力します。

63

同様に、VBAの場合も文字列は""で囲みます。ただし、変数は""で囲んではいけません。みなさんはまだ変数については学習していませんが、Excelの数式でセル番地を""で囲んではいけないのと同様に、変数も""で囲んではいけないと覚えてください。

また、Excelの数式で「=A1*100」のように、数値の「100」は""で囲みませんが、これについても同様で、数値は""で囲みません。

このあたりは本書を読み進めながらマクロを組んでいるうちに自然に身に付きますが、ここで一度軽く理解しておいてください。

■ オブジェクトを操作する＝メソッド

エンジンという自動車のオブジェクトの場合には、スタートしたりストップすることができます。これは自動車の例ですが、この「スタート」や「ストップ」のように、VBAがオブジェクトに対して実行できる操作のことを「メソッド」と呼びます。現実のVBAでは、ワークシートというExcelのオブジェクトを追加したり削除したりできますが、この「追加」や「削除」のような操作をメソッドと呼ぶのです。

■ メソッドの構文

VBAは、以下の構文でメソッドを使ってオブジェクトを操作します。

◉ メソッドでオブジェクトを操作する構文　－VBAの基本構文　その3－

```
オブジェクト.メソッド
```

それでは、自動車のエンジンをスタートするという架空のVBA構文を見てください。

◉ 自動車の例

```
Engine.Start
```

これで、あとはアクセルを踏めばこの自動車は走り出します。

一方、以下の例は、Deleteメソッドを使ってワークシートを削除する現実のVBA構文です。

◉ 実際のVBA

```
Worksheets(1).Delete
オブジェクト    メソッド
```

このステートメントを実行すれば、Worksheets(1)、すなわち「1番左のワークシート」が削除されます。

■ メソッドの動作を細かく指示する

今見たように、メソッドの構文は極めてシンプルですが、メソッドの種類やマクロを実行する状況によっては、もう少し複雑なものになります。たとえば、「アクセル」というオブジェクトと「踏む」という

メソッドを考えた場合、「アクセルを踏みなさい」だけでは命令としては不十分です。実際には、「スピードが50km/hになるようにアクセルを踏みなさい」と命令しなければなりません。

このように、メソッドに対して「何を（スピードを）」「どのように（50km/hに）」とより細かな指示をするときには、メソッドの後ろに「引数（ひきすう）」を付け加えます。

● 引数を使ってメソッドの動作を細かく指示する構文 － VBAの基本構文 その4 －

オブジェクト.メソッド 引数

↑
半角のスペース

以下は、「スピードが50km/hになるようアクセルを踏みなさい」という架空のVBA構文です。

● 自動車の例

```
Accelerator.Step Speed:=50
                 引数
```

今度は、現実世界でワークシートを追加する場合を考えてみましょう。普通に追加したときには、ワークシートはアクティブシートの右に挿入されますが、以下のVBA構文では「2番目のシートの左に」と、細かな指示をAddメソッドに与えてワークシートを挿入しています。

● 実際のVBA

```
Worksheets.Add  Before:=Worksheets(2)
オブジェクト メソッド     引数
```

逆に、「2番目のシートの右に」ワークシートを追加するときには、以下のようにAddメソッドに対して引数「After」を使います。

● 右側にワークシートを追加するVBA

```
Worksheets.Add  After:=Worksheets(2)
オブジェクト メソッド     引数
```

Note **オブジェクト、プロパティ、メソッド以外のキーワード**

VBAは、Excelのオブジェクトを操作するプログラミング言語です。ここまで、4つの基本構文を紹介しながら、VBAとはオブジェクト、プロパティ、メソッドの各キーワードを組み合わせて命令を実行するプログラミング言語であることを説明してきました。

しかし、VBAのキーワードはこれですべてではありません。そのほかにも、四則演算などの計算をする「演算子」や、文字列抽出や日付処理などを行う「VBA関数」、条件判断などをする「ステートメント」が用意されています。

本書では、これらのキーワードについてはChapter 5以降で解説しています。

2-3 オブジェクトの親子関係

Excelオブジェクトの階層構造

　セルというオブジェクトに注目してみましょう。セルは、ワークシート上に存在します。グラフシート上には存在しません。

　これは、セルというオブジェクトが、ワークシートというオブジェクトに属していることを意味します。両者を親子関係にたとえれば、ワークシートが「親」でセルがその「子」です。

　また、このワークシートにも「親」があります。ブックがそれです。ワークシートは必ずブック上に存在するからです。

　このように、Excelのオブジェクト同士は階層的につながっています。

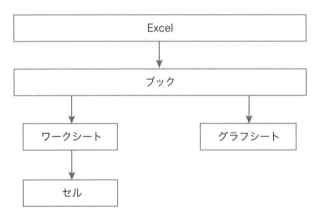

●図2-6　Excelオブジェクトの階層構造

親オブジェクトを指定する

　たとえば、A車とB車の2台の自動車があり、ドライバーはA車に乗っているとします。その状況であなたが「エンジンをスタートしなさい」と命令すれば、ドライバーは迷わずA車のエンジンをスタートするでしょう。もし、B車のエンジンをスタートさせたければ、「B車のエンジンをスタートしなさい」と命令しなければなりません。

ドライバーに対する以上の命令を2つ、VBA風に書いてみましょう。

● 自動車の例

```
Engine.Start          →  A車のエンジンをスタートする
Cars("B").Engine.Start  →  B車のエンジンをスタートする
自動車名
```

それでは、Excelに話を戻しましょう。

● 実際のVBA

```
Range("A1").Value = "VBA"
```

これは、セルA1に「VBA」と入力するステートメントですが、この命令によって文字が入力されるのは「どのワークシート」のセルA1でしょうか。答えは「アクティブシートのセルA1」です。

言いたいことはわかりますね。別の自動車のエンジンをスタートさせたければ、エンジンの前に自動車名を指定しなければならなかったように、別のワークシート（アクティブではないワークシート）のセルに文字を入力したければ、ブック名やワークシート名をセルの前に指定する必要があるのです。

以下の例は、「Book1.xlsmのSheet1のセルA1」にデータを入力します。

● (1) 親オブジェクトを指定したステートメント

```
Workbooks("Book1.xlsm").Worksheets("Sheet1").Range("A1").Value = "VBA"
        親オブジェクト        親オブジェクト
```

先ほど、Excelのオブジェクトは階層構造になっていると述べましたが、この例文のように親オブジェクトを指定すると、1つのステートメントで別のブックの別のシートのセルにデータを入力できるのです。

ここが、VBAの優れている点です。ユーザー操作では、アクティブではないシートにデータを直接入力することはできません。

ちなみに、（1）のステートメントを親オブジェクトを指定せずにプログラミングする場合には、以下のように目的のブックとワークシートをまずアクティブにしなければなりません。

● (2) 親オブジェクトを指定しないステートメント

```
Workbooks("Book1.xlsm").Activate      ─❶  目的のブックをアクティブにする
Worksheets("Sheet1").Activate         ─❷  目的のシートをアクティブにする
Range("A1").Value = "VBA"             ─❸  セルにデータを入力する
```

2-4 コレクションを操作する (すべてのブックを閉じる)

オブジェクトの集合体=コレクション

たとえば、複数のブックを開いているときに、[Shift] キーを押しながら [閉じる] ボタンをクリックすると、すべてのブックを1回の操作で閉じることができます。これは、ブック単体に対してではなく、「開いているブックすべて」という集合体に対しての操作です。

同様に、VBAでも同じ種類のオブジェクトの集合体を扱うことができます。そして、この集合体のことを「コレクション」と呼びます。

たとえば、Workbookオブジェクトの集合体は、Workbooksコレクションになります。

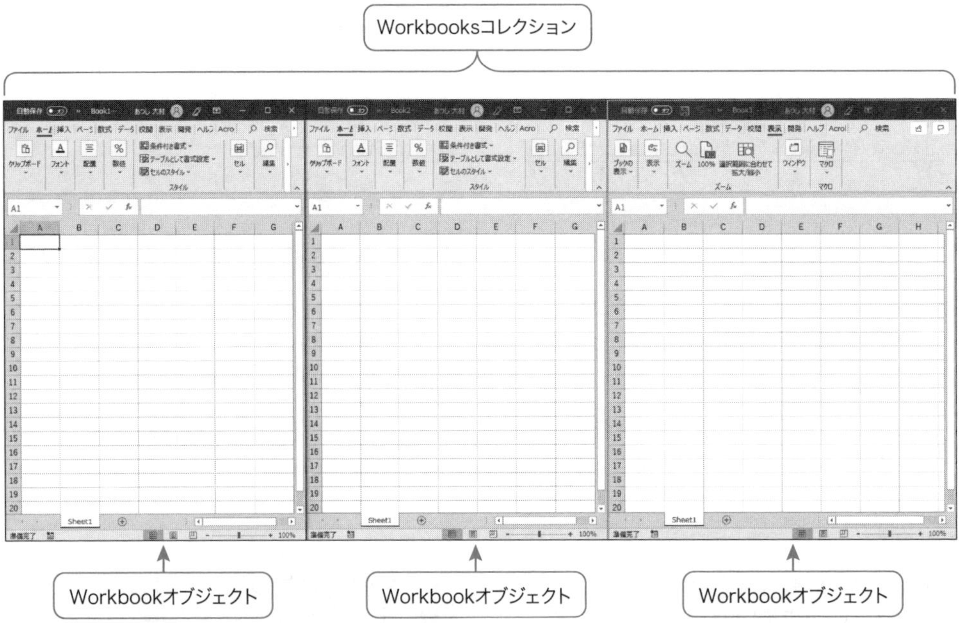

●図2-7 Workbooksコレクションとworkbookオブジェクト

同様に、Worksheetオブジェクトの集合体はWorksheetsコレクションになります。

2 VBAの基本構文を理解する

68

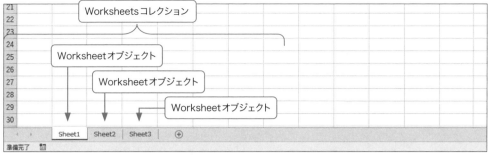

● 図2-8　Worksheets コレクションと Worksheet オブジェクト

すべてのブックと1つのブックを閉じる

では、コレクションを操作するマクロを見てみましょう。

以下は、すべてのブック（Workbooks コレクション）を一度に閉じるマクロです。

● すべてのブックを閉じるマクロ

```
Workbooks.Close
```

とても簡単ですね。

では今度は、最初に開いたブック（Workbook オブジェクト）を閉じるマクロを見てみましょう。

● 正しいステートメント（❶）

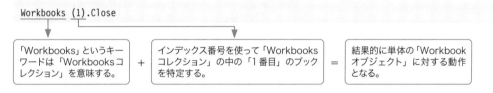

いかがですか？　実は、VBAの入門者の大半がここで一度つまずくのです。「最初に開いたブック」は1つしか存在しません。つまりオブジェクトです。コレクションではありません。そこで、多くの人は以下のようなステートメントを頭に思い描くのです。

● 間違ったステートメント（❷）

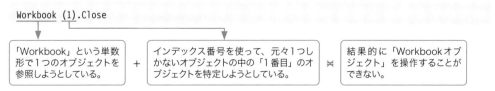

❶の正しいマクロは、「Workbooks」と複数形を使っています。一方、❷の間違っているマクロでは、「Workbook」と単数形を使っています。この場合、閉じようとしているブックは1つですから、❷の単

69

数形を使いたくなります。

　しかし、ここは次のように発想を転換してください。❶のステートメントでは、「Workbooks」という
キーワードに「1」というインデックス番号を指定しています。その結果、「Workbooksコレクション（開
いているブック全体）」の中から、「最初に開いたブック」という「単体のWorkbookオブジェクト」を
特定しているのです。これが、VBA流のオブジェクトの特定方法なのです。

| コレクション | + | インデックス番号 | = | 単体のオブジェクト |

●図2-9　VBAのオブジェクトの特定方法

Column　プロパティのもう1つの役割

　コレクションとオブジェクトに関する解説は以上です。あとは、実践を積みながら理解を深めて
いってください。最後に、今後本書を読み進める上でみなさんが混乱しないよう、1つ補足しておき
ます。

　たとえば、「Workbooks」という用語が「Workbooksコレクション」のことであることはすでに
理解していますね。しかし、VBAの世界では、「Workbooksプロパティ」という表現が登場します。
では、この「Workbooksプロパティ」とは一体何なのでしょうか。

　実は、VBAでは、「Workbooks」のようなコレクションを特定するためのキーワードはプロパティ
に分類されています。

　つまり、以下のように「Workbooksプロパティに引数（以下のステートメントでは「1」という
インデックス番号）を指定すると、Workbookオブジェクトが特定できる」というわけです。

●図2-10　Workbooksプロパティの仕組み

　もちろん、プロパティというのは、本来はフォントの色とかセルの幅などの「オブジェクトの特徴」
のことです。ただ、プログラミング言語の世界では、キーワードは必ず「何か」に分類されていな
ければ都合が悪いので、コレクションを特定するための「Workbooks」のようなキーワードは、
VBAではプロパティに分類されています。

　この点に関しては、「なぜ?」と考えてもしかたありませんし、実践を積んでいくうちに必ず気にな
らなくなりますので、みなさんもこの件に関してはあまり意識しないほうがいいでしょう。

　ちなみに、本書で87ページのCellsや、92ページのActiveCell、93ページのOffsetといった
「セルというオブジェクトを特定するキーワード」を「Cellsプロパティ」「ActiveCellプロパティ」
「Offsetプロパティ」と記述しているのもこうした理由によるものです。

Chapter 3

ブックとシートを
VBAで操作する

3-1 ブックを開く／閉じる

保存場所を特定してブックを開く

ブックを開くときには、Workbooksコレクションに対してOpenメソッドを使います。

以下のマクロは、「C:¥honkaku」フォルダーの［Dummy.xlsx］を開きます。

●事例1 保存場所を特定してブックを開く（[3-1.xlsm] Module1）

```
Sub ブックを開く()
    Workbooks.Open FileName:="C:¥honkaku¥Dummy.xlsx"
End Sub
```

> 保存場所を特定してブックを開く
> ときには、ブック名の前にドライブ
> 名とフォルダー名を指定する。

カレントフォルダーのブックを開く

「カレントフォルダー」とは、現在選択されているフォルダーのことで、Excelの操作では、［ファイル
を開く］ダイアログボックスに表示されているフォルダーのことです。

●図3-1 カレントフォルダー

同様に、現在選択されているドライブを「カレントドライブ」と呼びます。

　カレントフォルダーに保存されているブックを開くときには、ドライブやフォルダー名を省略できます。以下のマクロはカレントフォルダーの［Dummy.xlsx］を開きます。

●事例2　カレントフォルダーのブックを開く（[3-1.xlsm] Module1）

```
Sub ブックを開く2()
    Workbooks.Open FileName:="Dummy.xlsx"
End Sub
```

> カレントフォルダーのブックを開くときには、ドライブ名やフォルダー名を指定する必要はない。

> 事例2のマクロは、［Dummy.xlsx］があるフォルダーをカレントフォルダーにしてから実行してください。

Note　名前付き引数と標準引数

　もう一度、事例2のステートメントを見てください。

❶　`Workbooks.Open FileName:="Dummy.xlsx"`　← 名前付き引数

引数名　　引数の値

　Openメソッドの引数にファイル名を指定してブックを開いていますが、このステートメントは以下のように記述することもできます。

❷　`Workbooks.Open "Dummy.xlsx"`　← 標準引数

　❶では、「FileName:=」と、引数の役割を連想できる引数名を記述して、そこに値"Dummy.xlsx"を代入しています。このような引数の使用法を「名前付き引数」と呼びます。なお、引数名は自動クイックヒントやヘルプを活用して、決められた引数名を記述してください。勝手に作った引数名を使っても、そのマクロを実行することはできません。

　一方、❷では、「FileName:=」という引数名を省略して、Openメソッドのすぐあとに引数の値を指定しています。このような引数の使用法を「標準引数」と呼びます。
　本書では、状況に応じて名前付き引数と標準引数を使い分けています。

確認メッセージを表示せずにブックを閉じる

ブックに変更を加えたのに上書き保存していないと、閉じるときに保存確認メッセージが表示されます。

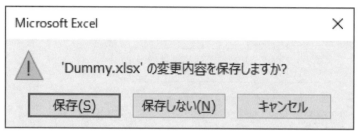

●図3-2　保存確認メッセージ

しかし、VBAを使うと、この確認メッセージを表示せずに変更が加えられたブックを閉じることができます。

●事例3　ブックを保存して閉じる（[3-1.xlsm] Module1）

```
Sub ブックを閉じる()
    Workbooks("Dummy.xlsx").Close SaveChanges:=True
End Sub
```

事例3のマクロは、[Dummy.xlsx] を開いてから実行してください。

確認メッセージを表示せずにブックを閉じるときには、Closeメソッドに引数「SaveChanges」を指定します。そして、このマクロのように引数にTrueを指定すると、ブックは自動的に保存されて閉じられます。逆に、引数にFalseを指定すると、ブックは保存されずに閉じられます。

なお、この「SaveChanges」を省略して、名前付き引数ではなく標準引数で記述してもかまいません。

3-2 ワークシートの印刷プレビューを実行する

印刷プレビューを実行する

　Excel 2007以降では、［印刷］と［印刷の設定］と［印刷プレビュー］を1つの画面で管理するようになりました。その結果、クイックアクセスツールバーを変更しない限り、マクロの記録で印刷プレビューを記録することができなくなりました。

　ちなみに、ワークシートの印刷プレビューを実行するときには、以下のようにPrintPreviewメソッドを使います。

◉事例4　印刷プレビューを実行する（[3-2.xlsm] Module1）

```
Sub 印刷プレビューを表示する()
    Worksheets("売上台帳").PrintPreview
End Sub
```

　このマクロを実行すると、以下のような印刷プレビュー画面が表示されます。

◉図3-3　印刷プレビュー

　ちなみに、マクロの記録で作成できますが、印刷プレビューではなく、印刷するときには、以下のようにPrintOutメソッドを使います。

◉印刷を実行する

```
Worksheets("売上台帳").PrintOut
```

3-3　ワークシートを削除する

確認メッセージを表示せずにワークシートを削除する

　すでにデータが入力されているワークシートを削除しようとすると、以下の「シートの削除確認」のメッセージが表示されます。

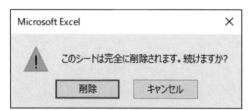

●図3-4　「シートの削除確認」メッセージ

●事例5　ワークシートを削除する（[3-2.xlsm] Module1）

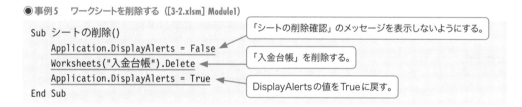

```
Sub シートの削除()
    Application.DisplayAlerts = False
    Worksheets("入金台帳").Delete
    Application.DisplayAlerts = True
End Sub
```

「シートの削除確認」のメッセージを表示しないようにする。

「入金台帳」を削除する。

DisplayAlertsの値をTrueに戻す。

| Note | DisplayAlerts プロパティ |

　DisplayAlertsプロパティにFalseを指定すると、シートを削除するときだけでなく、すでにあるファイル名でブックに名前を付けて保存するときなどに表示されるさまざまな確認・警告メッセージを非表示にすることができます。

　ただし、マクロを含むブックを開いたときに表示される「セキュリティの警告」メッセージを非表示にすることはできません。

3-4 ワークシートを表示／非表示にする

ワークシートを非表示にする

みなさんは、非表示にしたシートは必ず再表示できると思っていませんか。しかし、VBAを使うと、ユーザーが再表示できないようにシートを隠すことができるのです。ここでは、その方法を紹介します。

以下のマクロは、「Sheet2」を非表示にするものです。Visibleプロパティに「xlSheetHidden」を代入しています。

```
Sub シートの非表示()
    Worksheets("Sheet2").Visible = xlSheetHidden
End Sub
```

こうして非表示になったワークシートは、ユーザー操作で普通に再表示できます。

一方、以下のマクロも「Sheet2」を非表示にするものですが、このマクロを実行すると、ユーザー操作ではワークシートを再表示することができません。

◉事例6　ワークシートを非表示にする（[3-2.xlsm] Module1）

```
Sub シートの非表示()
    Worksheets("Sheet2").Visible = xlSheetVeryHidden
End Sub
```

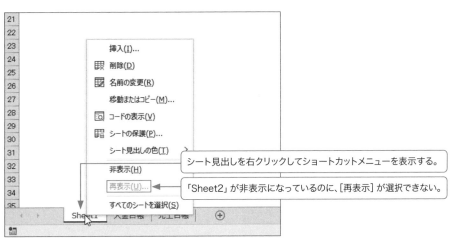

◉図3-5　再表示できなくなったシート

77

ワークシートを再表示する

ワークシートを再表示するには、Visible プロパティに「xlSheetVisible」を指定します。

●事例7　ワークシートを再表示する（[3-2.xlsm] Module1）

```
Sub シートの再表示()
    Worksheets("Sheet2").Visible = xlSheetVisible
End Sub
```

3-5 シートを扱うときの注意点

Sheetsコレクションの正体

VBAでは、「Worksheetsプロパティ」でワークシートを、「Chartsプロパティ」でグラフシートを特定しますが、そのほかに、シートの種類を問わない「Sheetsコレクション」という考え方があります。

それを図で表します。

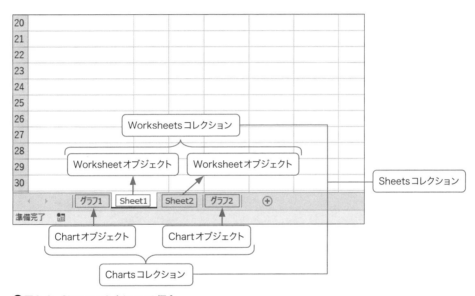

●図3-6　Sheetsコレクションの概念

それでは、具体的な例を見てみましょう。

● 図 3-7　Worksheets プロパティで削除する例

● 図 3-8　Charts プロパティで削除する例

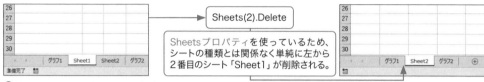

● 図 3-9　Sheets プロパティで削除する例

Chapter 4

セルをVBAで操作する

4-1 セルはRangeオブジェクト

セルをVBAで操作する

VBAでは、セルは「Rangeオブジェクト」で操作します。

このRangeオブジェクトには、前述のWorkbookオブジェクトやWorksheetオブジェクトとは大きく異なる点があります。ブックの場合には、単体であればWorkbookオブジェクトとして扱い、その集合体であればWorkbooksコレクションとして扱います。ワークシートの場合にも、WorksheetオブジェクトとWorksheetsコレクションが存在します。

しかし、セルの場合には、単体のセルであっても、また、たとえ複数のセル範囲であっても、それはRangeオブジェクトとして扱われます。つまり、Rangesコレクションというコレクションは存在しないのです。

まずは、Rangeオブジェクトのこの特徴についてきちんと理解しておきましょう。

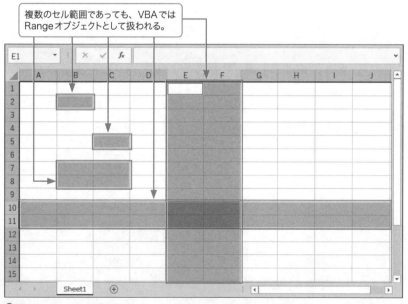

●図4-1　Rangeオブジェクト

4-2 セルを選択する

セル番地でセルを選択する

Excelの本質がセルであるように、VBAの本質はRangeオブジェクトです。VBAでセルを自在に操れるように学習を進めましょう。そのための第一歩は、やはり「セルの選択」です。

セルは、Rangeオブジェクトに対してSelectメソッドを使って選択します。

◉事例8 1つのセルを選択する ([4-1.xlsm] Module1)

```
Sub RangeSel1()
    Range("C3").Select
End Sub
```

1つのセルが選択される。

◉図4-2 事例8の実行結果

◉事例9 連続するセル範囲を選択する ([4-1.xlsm] Module1)

```
Sub RangeSel2()
    Range("B2:C5").Select
End Sub
```

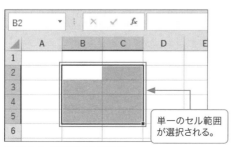

単一のセル範囲が選択される。

◉図4-3 事例9の実行結果

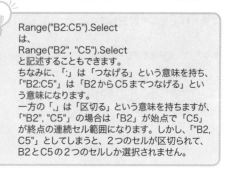

Range("B2:C5").Select
は、
Range("B2", "C5").Select
と記述することもできます。
ちなみに、「:」は「つなげる」という意味を持ち、「"B2:C5"」は「B2からC5までつなげる」という意味になります。
一方の「,」は「区切る」という意味を持ちますが、「"B2", "C5"」の場合は「B2」が始点で「C5」が終点の連続セル範囲になります。しかし、「"B2, C5"」としてしまうと、2つのセルが区切られて、B2とC5の2つのセルしか選択されません。

83

◉事例10 非連続のセル範囲を選択する（[4-1.xlsm] Module1）

```
Sub RangeSel3()
    Range("B2,B4,D2,D4").Select      ─❶
    Range("B6:D7,B9:D10").Select     ─❷
End Sub
```

◉図4-4 事例10 ❶の実行結果

◉図4-5 事例10 ❷の実行結果

定義された名前でセルを選択する

VBAでは、セルに定義された名前でもセルを選択できます。以下のマクロは、「売上合計」と名前が定義されたセルを選択します。

◉事例11 名前が定義されたセルを選択する（[4-1.xlsm] Module1）

```
Sub RangeSel4()
    Range("売上合計").Select
End Sub
```

（左余白）
4
セルをVBAで操作する

84

Note セルに名前を定義する

　セルにユーザー操作で名前を定義するときには、まず、名前を定義したいセルを右クリックで選択してショートカットメニューを表示し、[名前の定義] をクリックします。

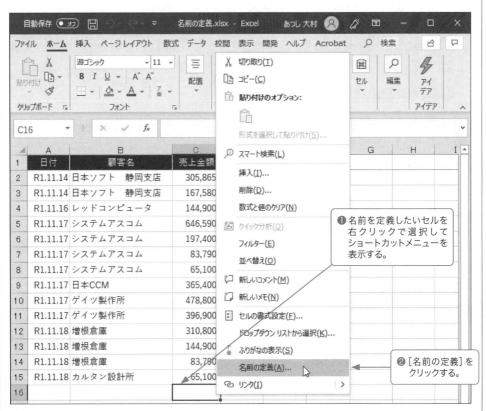

●図4-6　セルに名前を定義する方法

　すると、[新しい名前] ダイアログボックスが開きますので、[名前] にセルに定義したい名前を入力して [OK] ボタンをクリックしてください。

●図4-7　[新しい名前] ダイアログボックス

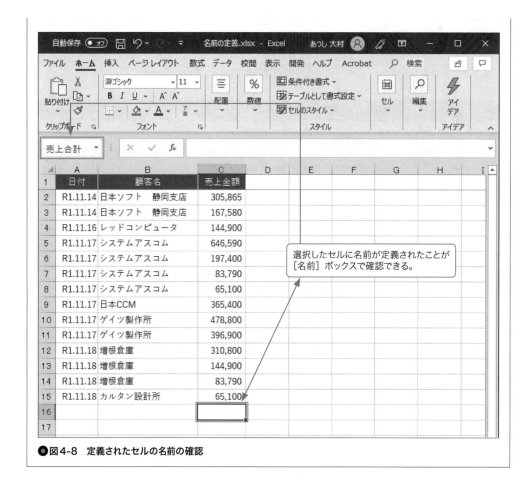

●図4-8　定義されたセルの名前の確認

行や列全体を選択する

VBAでは、ユーザー操作同様に行／列全体を選択できます。下表を参考にしてください。

●事例12　行／列全体を選択する（[4-1.xlsm] Module1）

例	選択範囲
Range("1:1").Select	行1
Range("A:A").Select	列A
Range("1:3").Select	行1から行3まで
Range("A:C").Select	列Aから列Cまで
Range("1:3,6:6").Select	行1から行3および行6
Range("A:C,F:F").Select	列Aから列Cおよび列F

　サンプルブック［4-1.xlsm］には、事例12のステートメントを集めたマクロ「RangeSel5」を用意しています。動作を確認したいステートメントの前のシングルクォーテーション（'）を取り除いてマクロを実行してください。

すべてのセルを選択する

Excelでは、[全セル選択] ボタンをクリックすると、ワークシートのすべてのセルが選択されます。

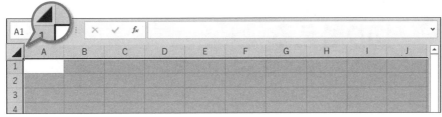

●図4-9 [全セル選択] ボタン

この操作は、以下のマクロのように「Cellsプロパティ」を使うと簡単に実現できます。

●事例13 Cellsプロパティですべてのセルを選択する([4-1.xlsm] Module1)

```
Sub CellsSel()
    Cells.Select
End Sub
```

■アクティブシートのセルしか選択できない

66ページの2-3 「オブジェクトの親子関係」で解説したように、セルのような下位オブジェクトを操作するときには、ブック→ワークシート→セルと階層を上からたどって来ると、非常にスマートなマクロが作成できるようになります。

しかし、Rangeオブジェクトに対してSelectメソッドを使うときには注意が必要です。

たとえば、[売上.xlsx] がアクティブになっていて、[入金.xlsx] はアクティブではない状況で以下のステートメントを実行したとします。

●[入金.xlsx] の「入金台帳」シートのセルA1:C25を選択するステートメント

```
Workbooks("入金.xlsx").Worksheets("入金台帳").Range("A1:C25").Select
```

すると、一見何の問題もないステートメントですが、実行時エラーが発生してしまいます。

実は、Rangeオブジェクトに対してSelectメソッドを使用するときには、その親オブジェクト、すなわちそのセルを含むワークシートがアクティブになっていなければならないのです。

今回の例では、以下のマクロのように前もって「入金台帳」シートをアクティブにしておく必要があります（マクロの❶）。そして、セルを選択します（マクロの❷）。

●正しい使用例

```
Workbooks("入金.xlsx").Worksheets("入金台帳").Activate        ―❶
Range("A1:C25").Select                                       ―❷
```

4-3 行や列の表示と非表示を切り替える

Withステートメントの基本構文

ここで少し話題がそれますが、同じオブジェクトに対して連続的に処理を行うときにマクロの記述を簡略化するWithステートメントを学習することにします。Withステートメントは、マクロの記録でも非常によく見かけます。

では、以下のマクロを見てください。セルB2に「顧客コード」という文字列を入力して、フォントを「MSゴシック」「太字」「サイズ=14」に設定しています。

● Withステートメントを使わないマクロ

```
Sub TestWith()
    Range("B2").Value = "顧客コード"
    Range("B2").Font.Name = "ＭＳ ゴシック"
    Range("B2").Font.Bold = True
    Range("B2").Font.Size = 14
End Sub
```

これらのステートメントは、すべてセルB2に対する処理です。このように、同じオブジェクトを対象に連続して処理を行うときには、Withステートメントを使って以下のように簡略化できます。

● Withステートメントを使って簡略化したマクロ

```
Sub TestWith()
    With Range("B2")
        .Value = "顧客コード"
        .Font.Name = "ＭＳ ゴシック"
        .Font.Bold = True
        .Font.Size = 14
    End With
End Sub
```

> Range("B2")に対する処理

> ValueプロパティがRange("B2")に対するものであることを明示するためにピリオド（.）を付ける。

このように、Withステートメントは、「With」で始まり、「End With」で終わります。

さらに、Withステートメントは「入れ子」にして、Withステートメントの中にさらにWithステートメントを入れることができます。

先のマクロ「TestWith」を見ると、Fontオブジェクトを立て続けに3回操作していますので、この部分もWithステートメントでまとめると、マクロは以下のようにさらに簡略化されます。

◉事例14　Withステートメントを入れ子にする（[4-1.xlsm] Module2）

```
Sub TestWith()
    With Range("B2")                    ┤Range("B2")に対する処理
        .Value = "顧客コード"
        With .Font                      ┤Fontオブジェクトに対する処理
            .Name = "ＭＳ ゴシック"
            .Bold = True                 FontオブジェクトがRange("B2")の下位オブジェク
            .Size = 14                   トであることを明示するためにピリオド（.）を付ける。
        End With
    End With
End Sub
```

Not演算子によるプロパティの切り替え

電源のオン／オフを1つのスイッチで切り替えるように、WithステートメントとNot演算子を併用すると、1つのステートメントでプロパティのTrue／Falseを切り替えるオン／オフマクロが作成できます。

以下のステートメントは、列Cが非表示だったら再表示するものです。

```
If Columns("C").Hidden = True Then Columns("C").Hidden = False
```

逆に、以下のステートメントは、列Cが表示されていたら非表示にするものです。

```
If Columns("C").Hidden = False Then Columns("C").Hidden = True
```

このように条件によって処理を分岐するIfステートメントはChapter 6で解説します。
この正反対の2つのステートメントは、WithステートメントとNot演算子を使って、以下のマクロのように1つのステートメントに簡略化できます。

◉事例15　列の表示／非表示を切り替える（[4-1.xlsm] Module2）

```
Sub ToggleColumn()
    With Columns("D")
        .Hidden = Not .Hidden        ┤このピリオドは忘れやすいので注意する。
    End With
End Sub
```

このマクロをボタンに登録すれば、それは列の表示／非表示を切り替えるオン／オフボタンになります。
サンプルブック[4-1.xlsm]の「Sheet2」の「事例15」のボタンをクリックするたびに、列Dの表示／非表示が切り替わることを確認してください。

4-4 セルの値を取得／設定する

セルの値を取得する

VBAでは、セルの値を調べたり、セルの値を変更するために、わざわざそのセルを選択する必要はありません。ここでは一度「セルの選択」、つまりSelectメソッドのことは忘れて、気持ちを白紙に戻してこのテーマに臨んでください。

セルの値を取得するときにはValueプロパティを使います。以下のマクロは、セルA1の値をメッセージボックスに表示するものです。

●事例16　セルの値をメッセージボックスに表示する（[4-1.xlsm] Module2）

```vba
Sub ValueRange1()
    MsgBox Range("A1").Value
End Sub
```

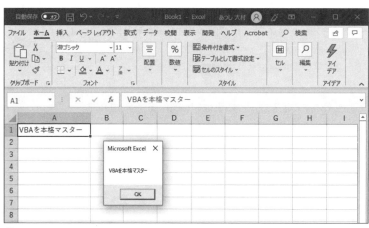

●図4-10　事例16の実行結果

MsgBox（メッセージボックス）関数は、代入された値をメッセージボックスに表示する関数です。

Chapter 2では、「VBAの基本構文　－その1－」として、プロパティの値を変数に代入する構文を紹介しましたが、変数に値を代入する代わりにMsgBox関数を使うと、取得したプロパティの値をメッセージボックスで確認することができます。

```
myName = Worksheets(1).Name
  変数      オブジェクト  プロパティ
  ↓
MsgBox Worksheets(1).Name
```

MsgBox関数については、マクロの実行結果を確認する手段として今後も解説の中で使用しながら、Chapter 8で本格的に学習します。

セルにさまざまな種類の値を設定する

以下のマクロは、セルにさまざまな種類の値を入力するものです。

◉事例17　セルにさまざまな種類の値を入力する（[4-1.xlsm] Module2）

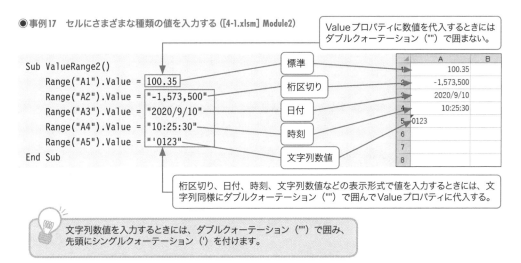

Valueプロパティに数値を代入するときにはダブルクォーテーション（""）で囲まない。

```
Sub ValueRange2()
    Range("A1").Value = 100.35
    Range("A2").Value = "-1,573,500"
    Range("A3").Value = "2020/9/10"
    Range("A4").Value = "10:25:30"
    Range("A5").Value = "'0123"
End Sub
```

標準
桁区切り
日付
時刻
文字列数値

桁区切り、日付、時刻、文字列数値などの表示形式で値を入力するときには、文字列同様にダブルクォーテーション（""）で囲んでValueプロパティに代入する。

文字列数値を入力するときには、ダブルクォーテーション（""）で囲み、先頭にシングルクォーテーション（'）を付けます。

■セルの値を別のセルに設定する

ここまでは、セルに特定の値を入力する例を紹介しましたが、セルの値を別のセルに入力することもできます。

以下のマクロは、セルA1の値をセルB1:C5に入力するものです。

◉事例18　セルの値を別のセルに入力する（[4-1.xlsm] Module2）

```
Sub ValueRange4()
    Range("B1:C5").Value = Range("A1").Value
End Sub
```

●図4-11　事例18の実行結果

■セルの数式と値をクリアする

セルの数式と値をクリアする方法は2種類あります。1つは、Valueプロパティに空の文字列("")を代入する方法です。もう1つは、ClearContentsメソッドを使う方法です。

● 事例19-1　セルの数式と値をクリアする（[4-1.xlsm] Module2）

```
Sub ClearRange1()
    Range("A1").Select
    ActiveCell.Value = ""
End Sub
```

● 事例19-2　セルの数式と値をクリアする（[4-1.xlsm] Module2）

```
Sub ClearRange2()
    Range("A1:D5").Select
    Selection.ClearContents
End Sub
```

> **Note**　**ActiveCellプロパティとSelectionプロパティ**
>
> VBAでは、選択されているセルを特定するときにはActiveCellプロパティかSelectionプロパティを使います。ActiveCellプロパティは「1つのセル（アクティブセル）」を特定でき、Selectionプロパティは、「アクティブセル」も「選択されている複数のセル範囲」も、ともに特定することができます。
>
> 上述のマクロ「ClearRange1」は、ActiveCellプロパティで単一のセルA1を特定しています。一方、マクロ「ClearRange2」は、Selectionプロパティでセル範囲A1:D5を特定しています。

そのほかのセルの内容を削除するときは以下のメソッドを使います。

● セルの書式を削除するときにはClearFormatsメソッドを使います。

● セルのコメントを削除するときにはClearCommentsメソッドを使います。

● セルの数式、値、コメント、書式をすべて削除するときにはClearメソッドを使います。

4-5 選択セル範囲の位置を変更する

選択セル範囲の行列位置を変更する

　ここまでは「絶対参照」、すなわち「A1:D10」のようにセル番地を使ってワークシートのセルを特定してきました。しかし、これからしばらくは、「相対参照」でセルを操作します。頭を切り替えて取り組んでください。

　あるセル範囲を基準に、相対的に移動して別のセル範囲を選択するときには、Offsetプロパティを使用します。

◉ 事例20　選択セル範囲の行列位置を変更する（[4-2.xlsm] Module1）

```
Sub OffRange1()
    Selection.Offset(-1, 2).Select
End Sub
```

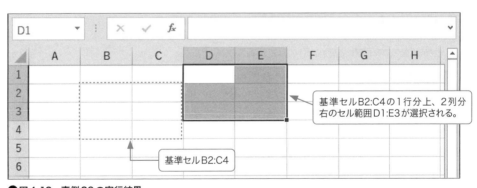

◉ 図4-12　事例20の実行結果

　このように、Offsetプロパティは移動する大きさを引数に指定します。

◉ Offsetプロパティの引数

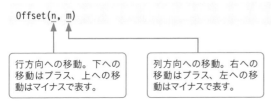

93

選択セル範囲の行位置を変更する

列方向の移動がないときには、行方向の移動量だけを指定できます。

●事例21　選択セル範囲の行位置を変更する（[4-2.xlsm] Module1）

```
Sub OffRange2()
    Selection.Offset(2, 0).Select          ―❶
    Selection.Offset(2).Select             ―❷
End Sub
```

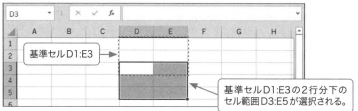

●図4-13　事例21の実行結果

基準セルD1:E3

基準セルD1:E3の2行分下の
セル範囲D3:E5が選択される。

筆者としては、わかりやすい❶のステートメントをお勧めします。

選択セル範囲の列位置を変更する

行方向の移動がないときには、列方向の移動量だけを指定できます。

●事例22　選択セル範囲の列位置を変更する（[4-2.xlsm] Module1）

```
Sub OffRange3()
    Selection.Offset(0, -1).Select         ―❶
    Selection.Offset(, -1).Select          ―❷
End Sub
```

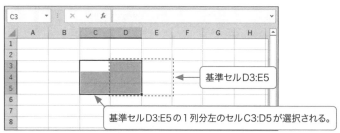

●図4-14　事例22の実行結果

基準セルD3:E5

基準セルD3:E5の1列分左のセルC3:D5が選択される。

筆者としては、わかりやすい❶のステートメントをお勧めします。

Column 絶対参照と相対参照

　絶対参照と相対参照は、テクニカルライターやインストラクター泣かせの概念です。杓子定規に解説しても、その違いが理解できない入門者が非常に多いからです。とりあえず筆者は、絶対参照と相対参照の違いを問われたら、道案内にたとえて解説するようにしています。

　「あなたの家はどこですか」と聞かれたときに、「静岡県富士市ＸＸ町ＸＸＸ-Ｘ」と住所で道案内するのが絶対参照です。この説明なら、尋ね人が世界のどこにいても、私の家の所在地を特定することができます。

　しかし、私の家のすぐそばまで来ている人に同じ質問をされたら、「2つ先の信号を左折して、次の信号を右折して……」と説明することでしょう。これが相対参照です。ただし、相対参照の場合には、尋ね人のいる場所によって、当然道案内の内容も変化していきます。

　いかがでしょうか。この日常的な会話がExcelのワークシート上でユーザーとVBAの間で交わされていると考えれば、敬遠しがちな相対参照も身近に感じられるのではないでしょうか。

4-6 選択セル範囲のサイズを変更する

選択されているセルの行数を取得する

83ページの4-2 「セルを選択する」で解説したとおり、Rangeプロパティを使えば行や列全体を特定できます。一方で、ここで紹介するRowsプロパティとColumnsプロパティも行列を特定するものです。

まずは、行を特定するRowsプロパティについて解説しましょう。

以下のマクロを実行すると、行5:7が非表示になります。実際に、サンプルブック[4-2.xlsm]の「事例23」のボタンをクリックして確認してください。

◉事例23 行を非表示にする ([4-2.xlsm] Module1)

```
Sub HideRows()
    Worksheets("Sheet2").Rows("5:7").Hidden = True
End Sub
```

このようにHiddenプロパティにTrueを代入すれば非表示となり、逆にFalseを代入すると再表示されます。また、「Worksheets("Sheet2")」のキーワードを省略すると、アクティブシートが操作の対象となります。

Note	離れた行は選択できない

Rowsプロパティは、Rangeプロパティのように離れた複数行を引数に指定することはできません。

◉間違った使用例

```
Rows("1:3,6:6").Select
```

行5:7が非表示になることが確認できたら、行4:8を選択して、ショートカットメニューから [再表示] コマンドをクリックして行5:7を再表示し、次の操作に備えてください。

以下のマクロは、選択されているセル範囲の行数を取得するものです。

●事例24　選択されているセル範囲の行数を取得する（[4-2.xlsm] Module1）

```
Sub CountRows()
    Range("B5:D7").Select
    MsgBox Selection.Rows.Count
End Sub
```

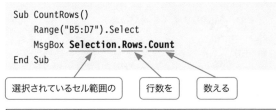

選択されているセル範囲の　　行数を　　数える

●図4-15　事例24の実行結果

> Rowsプロパティとよく似たプロパティにRowプロパティがありますが、Row
> プロパティは選択されているセルの行番号を数値で返すプロパティです。両者
> はまったく異なるプロパティですので、混同しないように注意してください。

選択されているセルの列数を取得する

　では、今度は、列を特定するColumnsプロパティについて見てみましょう。使い方はRowsプロパ
ティと同じですので、難しいことは何もありません。

　以下のマクロは、選択されているセル範囲の列数を取得するものです。

●事例25　選択されているセル範囲の列数を取得する（[4-2.xlsm] Module1）

```
Sub CountColumns()
    Range("B2:C5").Select
    MsgBox Selection.Columns.Count
End Sub
```

選択されているセル範囲の　　列数を　　数える

●図4-16　事例25の実行結果

> Columnsプロパティとよく似たプロパティに
> Columnプロパティがありますが、Column
> プロパティは現在選択されているセルの列番
> 号を数値で返すプロパティです。両者はまった
> く異なるプロパティですので、混同しないよう
> に注意してください。

行数や列数を変更してセル範囲のサイズを変更する

行数や列数が取得できたら、Resizeプロパティでセル範囲のサイズを変更します。

● 事例26 選択セル範囲のサイズを変更する（[4-2.xlsm] Module1）

```
Sub ResizeRange1()
    Range("B2:C4").Select
    MsgBox "選択セル範囲のサイズを変更します"
    Selection. _
        Resize(Selection.Rows.Count + 2, Selection.Columns.Count - 1).Select
End Sub
```

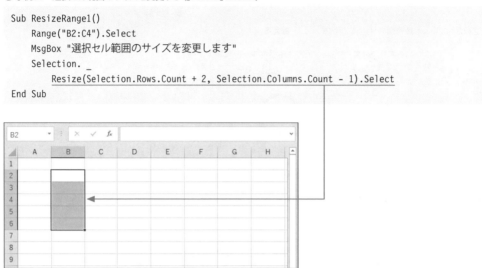

● 図4-17 事例26の実行結果

セル範囲のサイズを変更するResizeプロパティの引数には、セル範囲の行数と列数を指定します。

● Resizeプロパティの引数

Resizeプロパティの引数には「Resize(5, 3)」のように直接数値を指定することもできますが、一般的には、選択されているセル範囲の行数や列数を求めてから、変更量を足し算か引き算で指定してセル範囲のサイズを変更します。

● Resizeプロパティの使用例

この例では、「Selection.Rows.Count」で選択されているセル範囲の行数を算出して、その数を「2」大きくしています。また、列数を見ると、「Selection.Columns.Count」で選択されているセル範囲の列数を算出して、その数を「1」小さくしています。

なお、もし行数だけを変更するのであれば、以下のように記述します。

```
Selection.Resize(Selection.Rows.Count + 2).Select
```

また、列数だけを変更するのであれば、以下のように記述します。

```
Selection.Resize(, Selection.Columns.Count - 1).Select
```

OffsetプロパティとResizeプロパティを併用する

1つのステートメントの中で、OffsetプロパティとResizeプロパティを連続して使うことができます。以下のマクロは、最終的にセル範囲B4:E6を選択します。

● 事例27　OffsetとResizeを併用する（[4-2.xlsm] Module1)

```
Sub ResizeRange2()
    Range("B2:C4").Select
    MsgBox "選択セル範囲のサイズを変更します"
    Selection.Offset(2).Resize(, Selection.Columns.Count + 2).Select
End Sub
```

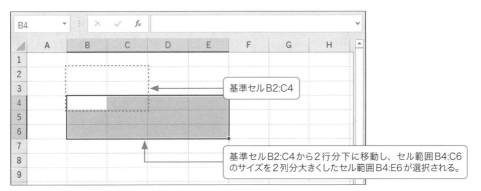

● 図4-18　事例27の実行結果

4-7 アクティブセル領域を参照する

アクティブセル領域とは?

みなさんの中には、住所録や売上台帳などを管理するために、Excelをデータベースソフトとして使っている人も多いのではないでしょうか。本節と次節では、データベースをVBAで操作するためのテクニックを解説します。

下図のセル範囲C4:E7のように、空白の行と列に囲まれたセル範囲を「アクティブセル領域」と呼びます。

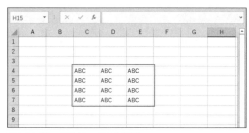

●図4-19　アクティブセル領域

アクティブセル領域は、CurrentRegionプロパティで特定することができます。

●事例28　アクティブセル領域を選択する ([4-3.xlsm] Module1)

```
Sub SelActRange()
    Range("C4").CurrentRegion.Select
End Sub
```

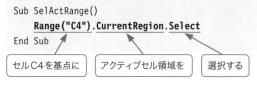

| セルC4を基点に | アクティブセル領域を | 選択する |

「Range("C4")」の部分は、D5でもE7でも、「ABC」と入力されているセルであれば同じ結果が得られます。

●図4-20　事例28の実行結果

CurrentRegionプロパティでデータベース範囲を選択する

下図を見ると、ワークシートに顧客データベースが作成されています。行1が見出し、行2以降がデータ部です。

●図4-21　顧客データベースの構成

それでは、このデータベース範囲を選択するマクロを見てみましょう。

●事例29　データベース範囲を選択する（[4-3.xlsm] Module1）

```
Sub SelDatabase()
    Range("A1").CurrentRegion.Select
End Sub
```

●図4-22　事例29の実行結果

「Range("A1")」の部分は、B1でもC1でもかまいません。ただし、見出し行（行1）のセルを指定してください。なぜなら、見出し行のセルには必ず文字（見出し）が入力されているからです。

一方、行2以降のデータ部には、1件もデータがない可能性があります。空白のセルを基点にCurrentRegionプロパティを使ってもアクティブセル領域は参照できませんので、基点となるセルは見出し行のセルでなければならないのです。

CurrentRegionプロパティでデータベース範囲を印刷する

以下の例は、データベース範囲に「顧客」と名前を定義して、セル範囲「顧客」を印刷するものです。

● 事例30　データベース範囲を印刷する ([4-3.xlsm] Module1)

```
Sub PrintDatabase()
    Range("A1").CurrentRegion.Select
    ActiveWorkbook.Names.Add Name:="顧客", RefersToR1C1:=Selection
    ActiveSheet.PageSetup.PrintArea = "顧客"
    'ActiveSheet.PrintOut
    ActiveSheet.PrintPreview
End Sub
```

このマクロでは、

ActiveSheet.PrintOut

は、コメントとして記述しています。

ActiveSheet.PrintPreview

というステートメントが実行されますので、実際には印刷ではなく、印刷プレビューが表示されます。

このマクロの、

```
Range("A1").CurrentRegion.Select
ActiveWorkbook.Names.Add Name:="顧客", RefersToR1C1:=Selection
```

の2行は、以下のように1行に簡略化できます。

```
Range("A1").CurrentRegion.Name = "顧客"
```

CurretRegionプロパティでデータの登録件数を取得する

以下の例は、データベース範囲の総行数から1減算しています。これは、見出し行（行1）を除くための処理で、結果的に顧客の登録件数を取得しています。

● 事例31 データの登録件数を取得する（[4-3.xlsm] Module1）

```
Sub CountDatabase()
    MsgBox Range("A1").CurrentRegion.Rows.Count - 1
End Sub
```

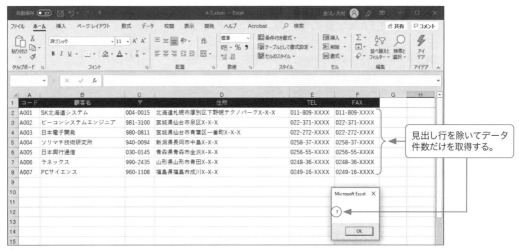

見出し行を除いてデータ件数だけを取得する。

● 図4-23 事例31の実行結果

Column アクティブセル領域に外枠を付ける

アクティブセル領域に罫線（外枠）を引くときには、以下のステートメントを実行します。

● アクティブセル領域に罫線を引くステートメント

```
Range("A1").CurrentRegion.BorderAround Weight:=xlThick
```

外枠　　　　太い罫線

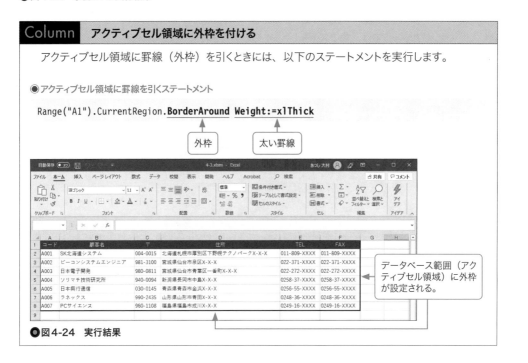

データベース範囲（アクティブセル領域）に外枠が設定される。

● 図4-24 実行結果

103

4-8 データベースの最後のセルを特定する

領域の最後のセルとは?

下図では、セルC4:E7に文字列「ABC」が入力されています。

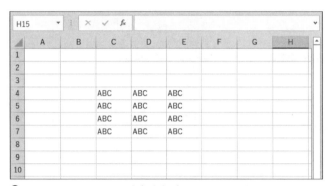

●図4-25 セルC4：E7に文字列が入力されているワークシート

この状況で、セルC1、C2、C3のいずれかを基準セルにして、下方向にEndプロパティを使ってみましょう（サンプルブックでは、❶のステートメントのみ実行されます）。

●事例32 領域の最後のセルを取得する（[4-3.xlsm] Module2）

```vba
Sub SelEndCell()
    Range("C1").End(xlDown).Select        ─❶
    Range("C2").End(xlDown).Select
    Range("C3").End(xlDown).Select        下方向の最後のセルを特定する。
End Sub
```

3つのステートメントのどれを実行してもセルC4が選択される。つまり、このケースでは、セルC4がセルC1、C2、C3を基準セルにした下方向の最後のセルとなる。

●図4-26 事例32の実行結果

Note	Endプロパティと End ステートメント

ここで使っている「Endプロパティ」はRangeオブジェクトに対するものです。

ヘルプで「End」というキーワードを検索すると、このEndプロパティのほかに「Endステートメント」という用語がヒットしますが、Endステートメントは、マクロの実行を強制的に終了するステートメントで、ここで解説しているEndプロパティとはまったく異なりますので注意してください。

　同じ状況で、以下のように、セルC4、C5、C6のいずれかを基準セルに「End(xlDown)」を使った場合にはセルC7を取得します。

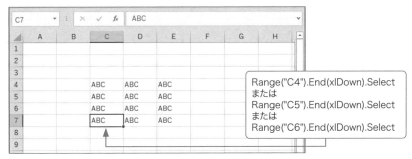

●図4-27　セルC4、C5、C6のいずれかを基準セルにした場合

　そして、セルC7以降のセルを基準セルに「End(xlDown)」を使うと、セルC1048576（最終行のセル）を取得します。

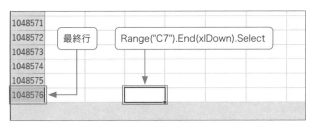

●図4-28　セルC7以降のセルを基準セルにした場合

■Endプロパティの引数

　Endプロパティは、キー入力の Ctrl +方向キーに相当します。

●表4-1　Endプロパティの引数

キー入力	Endの引数
Ctrl + ↑	End(xlUp)
Ctrl + ↓	End(xlDown)
Ctrl + ←	End(xlToLeft)
Ctrl + →	End(xlToRight)

下図のように、データベースの5行目（セル範囲A5:D5）を、Endプロパティを使って選択するとします。

●図4-29　データベースの5行目を選択

この場合には、以下のステートメントを実行します。

```
Range("A5", Range("A5").End(xlToRight)).Select
```

Endプロパティで最終データ行に移動する

それでは次に、データベース範囲に対してEndプロパティを使用する応用例を解説しましょう。再び、下図のような顧客データベースを想定します。

●図4-30　顧客データベースの例

Endプロパティで最終データが入力されているセルに移動するときには、以下のようなマクロを作成します。ここでは、Rangeプロパティの代わりにCellsプロパティを使用してみましょう。

● 事例33　最終データが入力されているセルに移動する（[4-3.xlsm] Module2）

```
Sub SelLastCell()
    r = ActiveSheet.Rows.Count                    ─❶
    Cells(r, 1).End(xlUp).Select                  ─❷
End Sub
```

　では、このマクロについて解説します。

　まず❶のステートメントですが、これはワークシートの行数を求めて、「r」という「変数」に代入するものです。変数についてはChapter 5で詳しく解説しますが、この❶のステートメントで、変数「r」にはワークシートの行数である「1048576」という数字が入ります（Excel 2019の場合）。

　そして、❷のステートメントですが、単一のセルの場合は、このようにCellsプロパティでもセルを特定できます。しかし、Cellsプロパティの場合には、「Cells(行，列)」の形式で表記します。これは、Rangeプロパティとは逆の表記となるので注意が必要です。

● **Range** プロパティの引数の形式

Range("C 5")

列　行

● **Cells** プロパティの引数の形式

Cells(5, 3)

行　列

　すなわち、

```
Cells(r, 1).End(xlUp).Select
```

というステートメントは、

```
Cells(1048576, 1).End(xlUp).Select
```

と同じ意味で、結果として下図のようにデータベースの最終行のセルが選択されます。

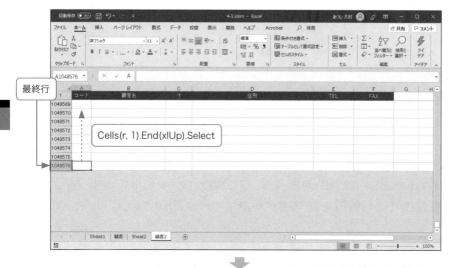

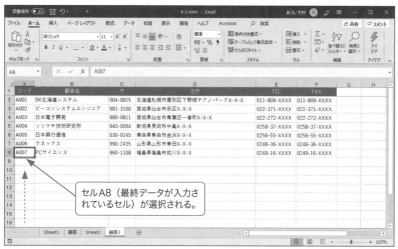

●図4-31 事例33の実行結果

Column　なぜ、Cells(1048576, 1)　を使わないのか?

ワークシートの最終行は「1048576」ですから、普通に、

```
Cells(1048576, 1).End(xlUp).Select
```

と書けばいいと思いますが、なぜ107ページの事例33の「SelLastCell」のようなマクロになるのでしょうか?

それは、Excelのバージョンによってワークシートの最終行が違うからです。また、今後、Excelがバージョンアップしたら、ワークシートの最終行が変わるかもしれません。

ですから、どのバージョンのExcelでも動くように、ワークシートの行数を求めてから、それをCellsプロパティの引数にするのです。

事例33のマクロは、以下のように変数を使わずに1行で書くこともできます。

Range("A" & Rows.Count).End(xlUp).Select

「Rows.Count」でワークシートの行数を求めている点は同じですが、このステートメントでは、A列とワークシートの行数を「&」で連結して、結果的にセルA1048576を特定しています。このように、「&」は文字列を連結するときに使用します。「&」については、すぐあとの113ページで解説します。

Endプロパティで新規データを入力するセルに移動する

事例33のステートメントにOffsetプロパティを組み合わせると、新規データを入力したいセルに移動できます。

●事例34　新規データを入力するセルに移動する（[4-3.xlsm] Module2）

```
Sub SelNewCell()
    r = ActiveSheet.Rows.Count
    Cells(r, 1).End(xlUp).Offset(1, 0).Select
         ❶                    ❷
End Sub
```

セルA8（最終データが入力されているセル）に移動して（❶）
Offset(1, 0).Select
で、新規データを入力するセルに移動する（❷）。

●図4-32　事例34の実行結果

Column　なぜ、End(xlDown) を使わないのか？

　事例33や34では、

```
Cells(r, 1).End(xlUp)
```

と、Endプロパティの引数に「xlUp」を指定して、ワークシートの最終行から上に向かって移動しています。

　しかし、そんな面倒なことをしなくても、以下のステートメントでも目的のセルは選択できると考える人もいるでしょう。

```
Range("A1").End(xlDown).Offset(1, 0).Select
```

　実際に、サンプルブックの場合はこのステートメントでも問題なく動きますが、このステートメントでは、下図のようにデータベースにデータが1件もないときにはエラーが発生してしまいます。

●図4-33　データベースに1件もデータがない場合

　ですから、データベースに対して、

```
Range("A1").End(xlDown).Offset(1, 0).Select
```

というステートメントは使用しないほうがよいのです。

Chapter 5

変数を理解する

5-1 変数とは？

ブック名をメッセージボックスに表示する

ユーザーがどのブックを最初に開くのかは本人にしかわかりません。しかし、変数を利用すると、ユーザーが最初に開いたブック名をメッセージボックスに表示するマクロが作成できるようになります。

それが以下のマクロです。

●事例35　ブック名をメッセージボックスに表示する（[5.xlsm] Module1）

```
Sub DisplayWBName()
    myWBName = Workbooks(1).Name                              ─❶

    MsgBox "最初に開いたブックは " & myWBName & " です"      ─❷
End Sub
```

❶では、最初に開いたブックの名前をNameプロパティで取得して、左辺の変数「myWBName」に代入しています。このステートメントによって、変数「myWBName」にはブックの名前が格納されます。

そして、❷で変数「myWBName」に格納された値を利用して、ブックの名前をメッセージボックスに表示しています。

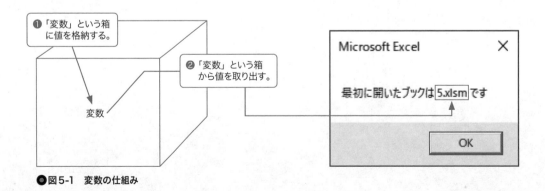

❶「変数」という箱に値を格納する。

❷「変数」という箱から値を取り出す。

変数

Microsoft Excel　✕

最初に開いたブックは 5.xlsm です

OK

●図5-1　変数の仕組み

厳密には、事例35のマクロは、

```
MsgBox "最初に開いたブックは " & Workbooks(1).Name & " です"
```

と、変数を使わずに作成することもできますが、ここでは変数の学習のために変数を使用しています。

MsgBox関数で文字列と変数を連結する

　メッセージボックスに値を表示する手段として、ここでもMsgBox（メッセージボックス）関数を利用していますが、このMsgBox関数と切っても切れないのが、文字列を連結する「&演算子」です。

　事例35のマクロ「DisplayWBName」では、2つの固定文字列と変数「myWBName」を&演算子で連結して、メッセージをわかりやすいものにしています。

　連結する際には、ダブルクォーテーション（""）で囲むのは固定文字列だけで、変数をダブルクォーテーションで囲んではいけない点に注意してください。

```
"最初に開いたブックは " & myWBName & " です"
   固定文字列          変数      固定文字列
```

変数はダブルクォーテーションで囲まない。

Column &演算子と+演算子

　&演算子の代わりに、以下のように+演算子で文字列と変数を連結することもできます。

```
MsgBox "最初に開いたブックは " + myWBName + " です"
```

　しかし、+演算子は本来数値を加算するときに使うものですから、文字列の連結に利用するのはあまり感心できません。

　ちなみに、

```
MsgBox 1 + 1
```

の場合は、「1」を「数値」と判断して加算するので、実行結果は「2」になります。

　一方、

```
MsgBox 1 & 1
```

の場合は、「1」を「文字列」と判断して結合するので、実行結果は「11」になります。

　すなわち、両者はまったく異なる演算子なのです。

演算子

「演算子」と言うと、「+」や「-」のような計算をするためのキーワードがすぐに思い浮かびます。しかし、これらのキーワードは「算術演算子」と呼ばれるもので、演算子の一種に過ぎません。VBAでは、以下の4種類の演算子が用意されています。

■ 1. 算術演算子

算術演算をするときに使う演算子です。

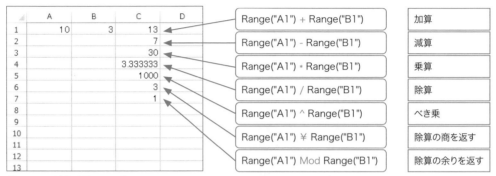

● 図5-2　算術演算子の一覧

> これらの算術演算子では不可能な高度な算術には関数を利用します。

> 上図では、Valueプロパティを省略していますが、この点については次ページのNoteを参照してください。

■ 2. 比較演算子

If...Then...Elseステートメントの中で条件の比較を行うときに使用する演算子です。詳細は、128ページの6-1「If...Then...Elseステートメント」で解説します。

■ 3. 文字列連結演算子

今回紹介した文字列を連結するときに使用する「&演算子」で、主にMsgBox関数と一緒に使用します。

■ 4. 論理演算子

And演算子とOr演算子は、If...Then...Elseステートメントの中で条件を連結するときに使用します。詳細は、6-1「If...Then...Elseステートメント」を参照してください。

また、状態を反転させるNot演算子は、Withステートメントの中でよく使用されます。本書では、89ページの「Not演算子によるプロパティの切り替え」で紹介しました。

Note　Valueプロパティの省略

前ページでは、以下のようにセルA1とセルB1の値を加算しました。

```
Range("A1") + Range("B1")                  ─❶
```

　これは、セルA1とB1の値で減算や乗算などをする場合も同様でしたが、なぜ、Valueプロパティがないのだろうという疑問を抱きませんでしたか。

　実は、VBAでは、Rangeオブジェクトのあとに何も指定しないと、Valueプロパティを指定したものとみなされるのです。
　ですから、上述のステートメントは、もちろん以下のようにValueプロパティを指定して書くこともできます。

```
Range("A1").Value + Range("B1").Value          ─❷
```

　前ページでは、❶と❷のステートメントを比較した場合に、明らかに❶のステートメントのほうが読みやすいと判断してValueプロパティを省略しましたが、省略できるからといってValueプロパティを一切記述しない方法はあまりお勧めできません。なぜなら、省略することによってむしろマクロが読みづらくなるケースが非常に多いからです。

　少なくとも筆者は、Valueプロパティを省略するのは、そのほうがマクロが読みやすくなる場合だけに絞っています。

5-2 変数の名前付け規則

自分流の名前付け規則を作る

変数に名前を付けるときの規則についてはあまり意識する必要はありません。エラーが出たら、「あ、これは変数名としては使えないんだ」という認識で十分です。

ここでは、重要な事項として以下の3点を覚えてください。

1. 変数であることが明確である名前を付ける

2. マクロのタイトルやVBAのキーワードと一致しない名前を付ける

3. どのような値を格納するための変数なのかが連想できる名前を付ける

たとえば、事例35のマクロ「DisplayWBName」では、変数に「myWBName」と名付けています。「my」の文字列で始まることにより、ユーザーが独自に定義した名前であることが明確になっています。

また、VBAのキーワードには、「my」で始まるものがありませんので、これでVBAに用意されているキーワードと重複してしまう心配が一切なくなります。あとは、マクロのタイトルと一致していなければOKです。

さらに、「myWBName」という変数名全体から、「ワークブックの名前を格納する変数ではないか」と連想することができます。

以上の3点に留意して、自分流の名前付け規則を作ってください。

Column 日本語の変数名

VBAでは、「my商品コード」「顧客名」のような日本語の変数名を付けることもできます。

確かに、日本語の変数名を付けても問題なくマクロは動きますが、漢字変換の手間やプログラミングミスのことを考えると、あまり感心できる変数名ではありません。何よりも、47ページで解説した Ctrl + Space キーによる「入力候補」機能を存分に生かせないので、作業効率が著しく落ちてしまいます。この点からも、筆者はお勧めしません。

なお、変数のスペルミスについては5-3「変数を明示的に宣言する」で解説します。

5-3 変数を明示的に宣言する

変数の明示的な宣言とは?

変数を使うときに一番気を付けなければいけないのは変数名のスペルミスです。

以下のマクロは、事例35の「DisplayWBName」とは若干違っていますので注意してください。

◉ スペルミスがあるマクロ

```
Sub DisplayWBName()
    myWBName = Workbooks(1).Name                          ―❶
    MsgBox "最初に開いたブックは " & myWBNama & " です"      ―❷
End Sub
```

スペルミス

よく見ると、❷では変数「myWBName」のスペルが間違っています。これでは、せっかく❶で変数「myWBName」に値を代入しても、❷の変数「myWBNama」には何も値が格納されていませんので、メッセージボックスには何も表示されません。

スペルミスをしたためブック名が表示されない。

◉図5-3　スペルミスがあるマクロの実行結果

VBAは、マクロの中にキーワード以外の用語を見つけたら、すべてユーザーが独自に定義した変数と判断して処理を進めてしまいます。そのため、この例のようなスペルミスをしても、マクロは何のエラーも返してはくれません。

こうしたトラブルを回避するために、VBAでは「この用語は私が定義する変数です」とあらかじめ変数を宣言することを義務づけて、宣言されていない用語はエラーとみなすように設定することができます。これを、「変数の明示的な宣言」と呼びます。

変数を明示的に宣言する（1）－Dimステートメント

変数は、Dimステートメントを使って明示的に宣言します。

Dimステートメントは、「この用語は私が定義する変数です」と、変数を明示的に宣言するもので、通常はマクロタイトルのすぐあとに記述します。Dimステートメントで変数を宣言すれば、「myWBName」が変数であることは誰の目にも明らかになります。

しかし、実はDimステートメントで変数を宣言しただけでは、「myWBNama」のようなスペルをミスした変数、つまり「明示的に宣言されていない変数」が使用できなくなるわけではありません。なぜなら、Dimステートメントはただ変数を宣言するためだけのキーワードで、宣言されていない変数（スペルミスをした変数）をエラーと判断する機能はないからです。

このマクロは、まだ誤動作してしまいます。

変数を明示的に宣言する（2）－Option Explicitステートメント

モジュールの先頭にOption Explicitステートメントを記述すると、そのモジュール内では、「明示的に宣言した変数」、つまり「Dimステートメントで宣言した変数」以外の用語を使うことができなくなります。

下図では、Option Explicitステートメントをモジュールの先頭に記述していますので、マクロ「DisplayWBName」を実行するとコンパイルエラーが発生します。「myWBNama」というスペルミスをした用語は、変数として宣言されていないからです。

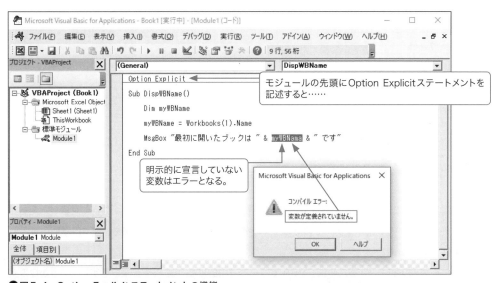

● 図5-4　Option Explicitステートメントの機能

マクロが複雑になるにつれ、どうしてもプログラミングミスは増加します。しかし、変数名のスペルミスのようなケアレスミスで頭を悩ませるのは賢いことではありません。

　今後は、モジュールの先頭には必ずOption Explicitステートメントを記述することを心掛けてください。スペルミスは、マクロ自身に発見してもらいましょう。

| Note | Option Explicitステートメントを自動的に記述する |

　新規モジュールを作成するたびにOption Explicitステートメントを自分で記述するのはとても面倒なものです。そこで、VBEでは、Option Explicitステートメントが自動的に挿入されるように設定することができます。

　まず、［ツール］−［オプション］コマンドを実行して、［オプション］ダイアログボックスを表示します。
　そして、［編集］パネルの［変数の宣言を強制する］チェックボックスをオンにすれば設定は完了です。
　これで、新規モジュールを作成するたびにOption Explicitステートメントが自動的に挿入されます。

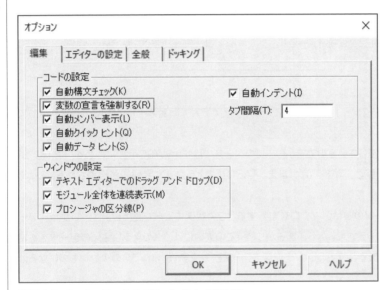

●図5-5　Option Explicitステートメントの自動挿入

　では、早速［変数の宣言を強制する］チェックボックスをオンに設定してください。そして、今後はその状態でVBEを使うようにしてください。

5-4 変数のデータ型

変数のデータ型を宣言する

　変数には「データ型」があります。データ型とは、変数に格納するデータの種類を意味します。以下のマクロを見てください。

◉ 事例36　ワークシート数を数える（[5.xlsm] Module2）

```
Sub DisplayWSCnt()
    Dim myWSCnt As Integer

    myWSCnt = ActiveWorkbook.Worksheets.Count
    MsgBox myWSCnt
End Sub
```

> 「ワークシートの枚数」という「整数」を取得している。

　アクティブブックのワークシート数をCountプロパティで数えて、変数「myWSCnt」に代入しています。

　ワークシートの数を取得しているのですから、このケースでは「myWSCnt」には必ず「数値」が格納されます。厳密には「整数」が格納されます。「ABC」のような「文字列」が格納されることはあり得ません。

　変数に格納されるデータの値は、マクロを実行するときの状況によって変化します。しかし、データの種類は変化しません。そうであるなら、あらかじめ「この変数には、このような種類のデータを格納します」と変数のデータ型を宣言すれば、マクロはより一層読みやすく、またミスの少ないものになるはずです。

　変数のデータ型は、Asキーワードを使った以下の構文で変数と一緒に宣言します。

◉ Asキーワードを使った変数のデータ型を宣言する構文

```
Dim 変数 As データ型
```

　事例36のマクロ「DisplayWSCnt」では、変数を「整数型（Integer）」で宣言して、変数に代入するデータは整数であることを明示しています。

データ型の宣言によりプログラミングミスを回避する

変数のデータ型を宣言すると、プログラミングミスを回避しやすくなります。宣言された型と違う種類のデータを変数に代入すると、マクロが実行時エラーを返すからです。

以下のマクロでは、「整数型」変数に「ワークシートの名前」という「文字列」を代入しているため、実行するとエラーが発生します。

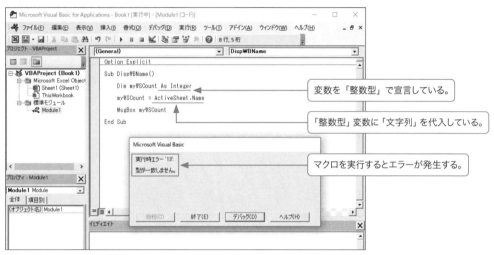

●図5-6　変数のデータ型が一致しないときのエラー

主なデータ型

下表は、変数の主なデータ型についてまとめたものです。

●表5-1　変数のデータ型とその概要

データ型	値の範囲
バイト型（Byte）	0〜255の正の整数値を保存する
ブール型（Boolean）	TrueまたはFalseを保存する（166ページ参照）
整数型（Integer）	-32,768〜32,767の整数値を保存する
長整数型（Long）	Integerよりも桁の大きな整数値を保存する -2,147,483,648〜2,147,483,647
通貨型（Currency）	Longよりも桁の大きな小数点を含む数値を保存する -922,337,203,685,477.5808〜922,337,203,685,477.5807
単精度浮動小数点数型 （Single）	小数点を含む数値を保存する 正の値：約 1.4×10^{-45} 〜 1.8×10^{38} 負の値：約 -3.4×10^{38} 〜 -1.4×10^{-45}
倍精度浮動小数点数型 （Double）	Singleよりも桁の大きな小数点を含む数値を保存する 正の値：約 4.9×10^{-324} 〜 1.8×10^{308} 負の値：約 -1.8×10^{308} 〜 -4.0×10^{-324}
日付型（Date）	日付と時刻を格納する
文字列型（String）	文字列を格納する
オブジェクト型（Object）	オブジェクトへの参照を格納する
バリアント型（Variant）	あらゆる種類の値を格納する

「整数型（Integer）」の事例はすでに紹介しましたので、ここではあと3つ、「文字列型（String）」「バリアント型（Variant）」「オブジェクト型（Object）」について解説することにしましょう。

文字列型－String

「文字列型（String）」変数には文字列を格納できます。112ページの事例35のマクロ「DisplayWBName」の変数「myWBName」は、ブック名を格納するための変数ですから、以下のように文字列型で宣言できます。

● 変数を文字列型で宣言するマクロ

```
Sub DisplayWBName()
    Dim myWBName As String

    myWBName = Workbooks(1).Name
    MsgBox "最初に開いたブックは " & myWBName & " です"
End Sub
```

文字列変数には数値も格納できます。

しかし、その数値はあくまでも電話番号のような「文字列としての数値」であって「演算用の数値」ではありません。変数を演算の対象にするときには、整数型（Integer）や長整数型（Long）のような数値型で変数を宣言してください。

バリアント型－Variant

「バリアント型（Variant）」変数には、「整数」「文字列」「日付」などのあらゆるデータ型を格納できます。つまり、データ型を意識する必要がないという点では初級者向きの変数です。

しかし、マクロを読むときに、どのような型のデータを格納するための変数であるのかがわからない上に、当然、プログラミングのミスも増えますので、バリアント型は使わないのが定石です。

ちなみに、変数を宣言するときにデータ型の指定を省略すると、その変数はバリアント型になります。

● 変数のデータ型を省略するとバリアント型になる

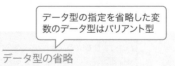

```
Dim myWSCnt As Variant  =  Dim myWSCnt
        バリアント型の宣言    ＝    データ型の省略
```

データ型の指定を省略した変数のデータ型はバリアント型

オブジェクト型（1）－Setステートメント

データ型に「オブジェクトの型」を指定すると、その変数は「オブジェクト型」変数になります。

以下のマクロを見てください。

● 事例37　オブジェクト変数を使ったマクロ（[5.xlsm] Module2）

```
Sub SetObject()
    Dim myWSheet As Worksheet                                      ─❶

    Set myWSheet = Workbooks("Dummy.xlsx").Worksheets("Sheet2")    ─❷

    myWSheet.Range("A1:D10").Value = "ABC"                         ─❸
End Sub
```

■オブジェクト変数を宣言する（❶）

この宣言によって「myWSheet」はオブジェクト変数となります。

■オブジェクト変数にオブジェクトを格納する（❷）

Setステートメントを使って変数「myWSheet」に「Workbooks("Dummy.xlsx").Worksheets("Sheet2")」というオブジェクトを格納しています。

Setステートメントは、変数にオブジェクトを格納するためのキーワードで、必ず❷のステートメントのように、変数の前、命令文の冒頭に記述します。ですから、以下のSetステートメントを使用していない命令文は間違いです。

● 間違った命令文

```
    myWSheet = Workbooks("Dummy.xlsx").Worksheets("Sheet2")
```
↑
ここにSetステートメントがないので、変数「myWSheet」にはオブジェクトが格納されない。

以上の結果、このマクロの❷以降のステートメントでは、変数「myWSheet」を使って「Workbooks("Dummy.xlsx").Worksheets("Sheet2")」というオブジェクトを操作できるようになります。

変数に代入しているのは「Workbooks("Dummy.xlsx").Worksheets("Sheet2")」という文字列ではありません。「Workbooks("Dummy.xlsx").Worksheets("Sheet2")」というオブジェクトを格納しているのです。ここはくれぐれも間違えないようにしてください。

■オブジェクト変数を使ってオブジェクトを操作する（❸）

このケースでは、変数「myWSheet」は「Workbooks("Dummy.xlsx").Worksheets("Sheet2")」というWorksheetオブジェクトと同義です。したがって、変数「myWSheet」に対して「Range」が使えるのです。

このマクロを実行すると、[Dummy.xlsx] の「Sheet2」のセルA1:D10には「ABC」と入力されます。サンプルブックの [Dummy.xlsx] を開いてから、[5.xlsm] の「事例37」のボタンをクリックして、実行結果を確認してください。

オブジェクト型（2）－固有オブジェクト型と総称オブジェクト型

オブジェクト変数が使えるのはWorksheetオブジェクトだけではありません。以下の例のように、Workbookオブジェクトや Range オブジェクトなどのさまざまなオブジェクトも扱うことができます。

◉ オブジェクト変数で **Workbook** オブジェクトや **Range** オブジェクトを扱うマクロ

```
Sub SetObject2()
    Dim myWBook As Workbook
    Dim myWSheet As Worksheet
    Dim myCell As Range

    Set myWBook = Workbooks("Dummy.xlsx")
    Set myWSheet = Workbooks("Dummy.xlsx").Worksheets("Sheet2")
    Set myCell = Workbooks("Dummy.xlsx").Worksheets("Sheet2").Range("A1:D10")

    myWBook.Activate
    myWSheet.Activate
    myCell.Value = "ABC"
End Sub
```

このマクロは、各オブジェクト変数を個別に定義しただけのもので、事例37のマクロ「SetObject」とまったく同じ動作をします。

マクロ「SetObject2」では、データ型を「As Workbook」「As Worksheet」「As Range」のように、オブジェクトの種類を特定して宣言していますが、このように宣言された変数を「固有オブジェクト型変数」と呼びます。

その一方で、オブジェクト変数を宣言するときには、オブジェクトの種類を特定せずに、以下のようにすべてObjectキーワードを使用して宣言することもできます。

◉ **Object** キーワードを使ったマクロ

```
Sub SetObject3()
    Dim myWBook As Object
    Dim myWSheet As Object
    Dim myCell As Object

    Set myWBook = Workbooks("Dummy.xlsx")
    Set myWSheet = Workbooks("Dummy.xlsx").Worksheets("Sheet2")
    Set myCell = Workbooks("Dummy.xlsx").Worksheets("Sheet2").Range("A1:D10")

    myWBook.Activate
    myWSheet.Activate
    myCell.Value = "ABC"
End Sub
```

このように、Objectキーワードで宣言した変数を「総称オブジェクト型変数」と呼びます。どちらも、機能的には大きな差異はありませんが、固有オブジェクト型には、マクロが読みやすい、エラーが発見しやすい、実行速度が若干向上するなどの利点がありますので、なるべく固有オブジェクト型変数を使ってください。

■ 複数の変数を1行で宣言する

複数の変数を宣言するときには、これまで見てきたように、複数行に分割して記述する方法のほかに、以下のようにカンマで区切って1行で記述する方法もあります。

```
Dim myWBCnt As Integer, myWSCnt As Integer
```

このケースでは、「myWBCnt」と「myWSCnt」をどちらも、「As Integer」を使って整数型（Integer）の変数として宣言しています。

このように記述すればいいのですが、どちらも同じデータ型だからといって、以下のように1つ目のデータ型の宣言を省略すると、1つ目の変数はバリアント型になってしまいますので、この点はくれぐれも注意してください。

```
Dim myWBCnt, myWSCnt As Integer
```

> データ型を省略したこの宣言方法では、「myWBCnt」はバリアント型になる。

Column　IntegerはLongに。SingleはDoubleに

121ページの表に示したとおり、整数型には「Integer」と「Long」があります。そして、1990年代半ばにExcel VBAが誕生してからの20年ほどは、この両者を使い分けるというのがプログラミングの主流とされてきました。

しかし、「大は小を兼ねる」で、整数型のときには大きな値を扱える「Long」だけを使うというプログラミングが昨今流行し始めており、筆者が書いた入門者向けの書籍ではそのように解説しているものもあります。

同様に、小数点を含む数値は「Single」を一切使わずに、大きな値を扱える「Double」だけを使うという風潮もあります。

すなわち、もはや「Integer」と「Single」は不要なデータ型と考える人もいるということです。

筆者もこの点は否定はしませんが、今後みなさんが「Integer」や「Single」を見たときに何のことかわからないのでは困りますので、本書では「Integer」や「Single」も使用しています。

ですから、「Long」と「Double」だけを使いたい人は、本書のサンプルの「Integer」は「Long」に、「Single」は「Double」にご自身で修正してください。そのように修正しても、そのマクロは問題なく動きます。

変数に「1」を加算する以下のステートメント、

```
i = i + 1
```

は、マクロの入門者にはかなり抵抗があるようです。数学の世界では、

```
i = i + 1
```

などという等式は成り立たないからです。

　しかし、ここまで学習を進めてきたみなさんはもう入門者ではありません。
　したがって、恐らくこのステートメントに違和感を覚えることはないでしょう。このステートメント
は言うまでもなく、右辺の値を左辺に代入しているもので、「=」は決して等号を意味するものでは
ありません。本来は、

```
i ← i + 1
```

と表せれば混乱することはないのでしょうが、この表記が許されないために「=」を使っているに過
ぎないのです。

```
i = i + 1
```

　このステートメントを違和感なく受け入れられるようになったら、あなたも立派なVBAプログラ
マーです。

Chapter 6

条件分岐を理解する

6-1 If...Then...Else ステートメント

■ 単一条件判断 (1) −1行形式のIf ステートメント

「もし状況がAだったら処理Xを実行し、もし状況がBだったら処理Yを実行する」。このように「状況に応じて処理を選択する」手法を「条件分岐」と呼びます。

「条件分岐」を実現するもっともシンプルなIf...Then...Elseステートメント（以下、Ifステートメント）の構文は、1行形式のものです。

以下の例は、89ページで登場した「もし列Cが非表示だったら再表示する」ものです。

● 1行形式のIf ステートメント

```
If Columns("C").Hidden = True Then Columns("C").Hidden = False
```

条件判断 → もし条件に一致したら	列Cが非表示だったら、Thenキーワード以下のステートメントを実行する（列Cが再表示される）。
もし条件に一致しなかったら	列Cが非表示でなかったら、何も処理は実行されない。

「＝」の右辺にTrueというプロパティの値があるが、これはHiddenプロパティにTrueを代入しているのではなく、Hiddenプロパティの値がTrueかどうかを判断しているだけ。この場合の「＝」は、数学の等号と同じ意味。

■ 単一条件判断 (2) −ブロック形式のIf ステートメント

今紹介した1行形式のステートメントは、以下のような2行以上のブロック形式にすることもできます。

● ブロック形式のIf ステートメント

```
If Columns("C").Hidden = True Then
    Columns("C").Hidden = False
End If
```

ブロック形式の場合には、最初の行で条件判断をして、次行以降で処理を実行します。

そして、最終行には、ブロックの終わりを明示するキーワード「End If」を記述します。

なお、Thenキーワード以降の命令が複数あるときは、必然的にブロック形式となります。

● 複数の命令があるIf ステートメント

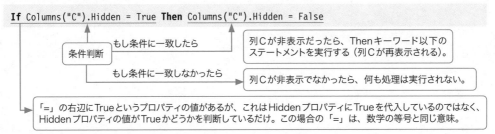

```
If Columns("C").Hidden = True Then          ブロック形式
    MsgBox "C列を表示します"
    Columns("C").Hidden = False             複数の命令
End If
```

複数条件判断

Ifステートメントは、「もし状況がAだったら処理Xを実行しなさい、もし状況がBだったら処理Yを実行しなさい、……」と、複数の条件を判断して処理を分岐することも可能です。

以下のマクロを見てください。

● 事例38　複数の条件を判断するIfステートメント ([6.xlsm] Module1)

```
Sub TestIf()
    If Range("A1").Value = "特" Then
        MsgBox "あなたは特別会員ですね"        ―❶

    ElseIf Range("A1").Value = "正" Then
        MsgBox "あなたは正会員ですね"          ―❷

    ElseIf Range("A1").Value = "準" Then
        MsgBox "あなたは準会員ですね"          ―❸

    Else
        MsgBox "会員種別を入力してください"    ―❹
    End If
End Sub
```

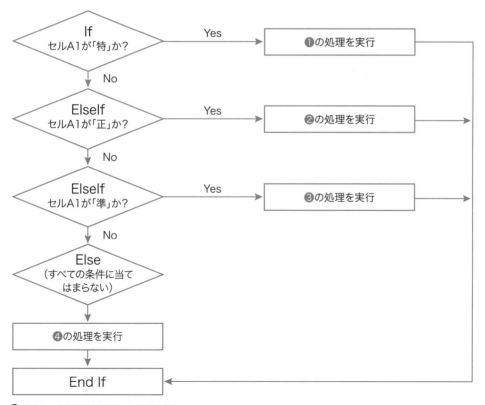

● 図6-1　事例38のマクロの処理の流れ

このように、Elseif節を使うと条件の数を無制限に増やせます。上から順に条件判断をし、一致した時点で処理が実行されるのです。

ただし、対象がいずれの条件にも該当しないという状況も考えられます。こうした場合には、構文の最後にElse節を記述して、そこでしかるべき処理を実行します。

マクロ「TestIf」では、セルA1の値が「特」でも「正」でも「準」でもないときには、Else節で会員種別の入力を促すメッセージを表示しています。このElse節は、必要なときのみ記述します。

条件分岐のための演算子 (1) −比較演算子

比較演算子や論理演算子は、より高度に、またより複雑に条件を判断して処理を分岐するために必要な演算子です。

まずは比較演算子を表にしてみます。

●表6-1　比較演算子

比較演算子	例	意味
=	If Range("A1") = 100 Then ...	100と等しければ
>	If Range("A1") > 100 Then ...	100より大きければ
<	If Range("A1") < 100 Then ...	100未満ならば
>=	If Range("A1") >= 100 Then ...	100以上ならば
<=	If Range("A1") <= 100 Then ...	100以下ならば
<>	If Range("A1") <> 100 Then ...	100でなければ

条件分岐のための演算子 (2) −And演算子

「もし条件AがXで、なおかつ条件BがYだったら処理を実行しなさい」のように、同時に複数の条件を判断してはじめて処理を分岐できる場合もあります。こうしたケースでは一般的に、論理演算子と呼ばれるものの中から、And演算子かOr演算子を使って条件を連結します。

まずは、And演算子について学びましょう。

And演算子で連結されたIfステートメントでは、個々の条件がすべて満たされた場合にのみTrueが返され、Thenキーワード以降のステートメントが実行されます。

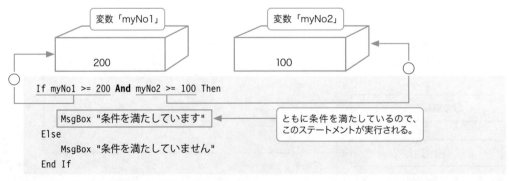

●図6-2　2つとも条件を満たしているIfステートメント

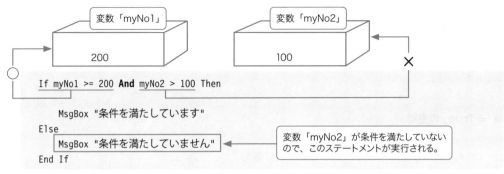

●図6-3　一方が条件を満たしていないIfステートメント

条件分岐のための演算子（3）－Or演算子

次は、Or演算子です。

Or演算子で連結されたIfステートメントでは、個々の条件のいずれかが満たされていればTrueが返され、Thenキーワード以降のステートメントが実行されます。

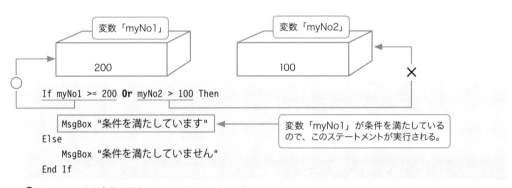

●図6-4　一方が条件を満たしているIfステートメント

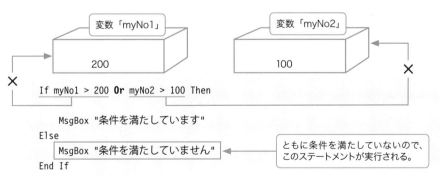

●図6-5　両方とも条件を満たしていないIfステートメント

「= True」「= False」の省略

条件がTrueかFalseかを判断するIfステートメントの場合、「= True」、「= False」の記述を省略することができます。あわせて、And演算子やOr演算子同様に論理演算子であるNot演算子についても学習しましょう。

■「= True」の省略

```
If Columns("C").Hidden = True Then MsgBox "非表示です"
```

「= True」を省略する。

```
If Columns("C").Hidden Then MsgBox "非表示です"
```

■「= False」の省略

```
If Columns("C").Hidden = False Then MsgBox "表示されています"
```

「= False」を省略する。

```
If Not Columns("C").Hidden Then MsgBox "表示されています"
```

状態を反転させるNot演算子を使うと、このように「= False」を省略することができる。

Column　Ifステートメントを入れ子にする

VBAでは、Ifステートメントの中でさらにIfステートメントを使う「入れ子」のテクニックが使えます。

たとえば、130ページでは以下のようにAnd演算子を使っていましたが、

```
If myNo1 >= 200 And myNo2 >= 100 Then
    MsgBox "条件を満たしています"
Else
    MsgBox "条件を満たしていません"
End If
```

これは、以下のようにIfステートメントの入れ子で記述することもできます。

```
If myNo1 >= 200 Then
    If myNo2 >= 100 Then
        MsgBox "ともに条件を満たしています"
    Else
        MsgBox "変数myNo2が条件を満たしていません"
    End If
Else
    MsgBox "条件を満たしていません"
End If
```

1行目のIfステートメントの条件を満たしていたら、このブロックのIfステートメントが実行される。

この「End If」は忘れやすいので注意すること。

　このたった1つの例題ではまだピンとこないかもしれませんが、Ifステートメントの入れ子は非常に汎用性が高く、また入れ子にしなければならないケースもあり、頻繁に使う極めて重要なテクニックです。

　今後、マクロを作りながら、体に沁み込ませてください。

6-2 Select Case ステートメント

比較演算子を使った Select Case ステートメント

If ステートメントの中で ElseIf 節を使えば、条件の数は無制限に増やせます。しかし、あまりに ElseIf 節を列挙してしまうと、マクロは読みづらいものになります。こうしたときには Select Case ステートメントを使いましょう。

以下のマクロは、セルA1の得点によってセルB1にさまざまなメッセージを表示するものですが、セルA1の内容を ElseIf 節で繰り返し判断しているため、冗長なマクロとなっています。

●ElseIf 節の繰り返しで読みづらくなったマクロ

```
Sub TestResult()
    If Range("A1") > 80 Then
        Range("B1").Value = "優"
    ElseIf Range("A1") > 60 Then
        Range("B1").Value = "良"
    ElseIf Range("A1") > 40 Then
        Range("B1").Value = "可"
    Else
        Range("B1").Value = "不可"
    End If
End Sub
```

このように、単独の対象（ここでは「Range("A1")」）の条件を繰り返し判断するときには、Select Case ステートメントを使うと以下のようにシンプルになります。

●事例39　Select Case ステートメントで条件分岐を簡略化する（[6.xlsm] Module1）

```
Sub TestResult()
    Select Case Range("A1")
        Case Is > 80
            Range("B1").Value = "優"
        Case Is > 60
            Range("B1").Value = "良"
        Case Is > 40
            Range("B1").Value = "可"
        Case Else
            Range("B1").Value = "不可"
    End Select
End Sub
```

「Select Case」で始まって「End Select」で終了する。

条件判断の対象は1つ記述するだけでよい。

いずれの条件も満たさなかった場合に実行される Case Else 節は、不要であれば省略できる。

Select Caseステートメントのポイントは、

```
Case Is > 80
```

と、「Is 比較演算子 値」になる点です。この「Is」は省略できませんが、手入力する必要もありません。

```
Case > 80
```

と入力しても、Enterキーを押せば自動的に「Is」が入力されるからです。

比較演算子を使わないSelect Caseステートメント

Select Caseステートメント内では、比較演算子を使わない記述も許されています。

事例39のマクロ「TestResult」を、比較演算子を使わない形式にしてみましょう。

●比較演算子を使わないSelect Caseステートメント

```
Sub TestResult()
    Select Case Range("A1")
        Case 81 To 100
            Range("B1").Value = "優"
        Case 61 To 80
            Range("B1").Value = "良"
        Case 41 To 60
            Range("B1").Value = "可"
        Case Else
            Range("B1").Value = "不可"
    End Select
End Sub
```

このケースでは、比較演算子を使わずに、なおかつ「To」で範囲を指定しています。

また、範囲を指定する必要がないときには、

```
Case 80
```

のように記述します。

Select Caseステートメントでは、アルファベットも範囲指定することができます。

◉アルファベットの範囲指定

```
Select Case myResult
    Case "A"
        MsgBox "最上位です"
    Case "B", "C", "D"  ◀
        MsgBox "中〜上位です"
    Case "E"
        MsgBox "下位です"
    Case "F"
        MsgBox "もっと頑張りましょう"
End Select
```

> この行は、
> Case "B" To "D"
> と記述できる。

　数値に順序があるように、アルファベットにも順序がありますので、この例のように「To」で範囲が指定できるのです。

繰り返し処理（ループ）を理解する

7-1 For...Nextステートメント

For...Nextステートメントとは?

同一処理を何度も繰り返すことを「ループ」と呼びます。ループには、指定した回数だけ処理を繰り返す方法や、ある特定の状況が発生するまで処理を繰り返す方法があります。

同一処理を指定した回数だけ繰り返すときには、For...Nextステートメントを使います。
以下のマクロは、メッセージを10回表示するものです。

●事例40　For...Nextステートメントでメッセージを10回表示する([7.xlsm] Module1)

```
Sub TenMessages()
    Dim i As Integer                               ─❶

    For i = 1 To 10                                ─❷
        MsgBox "メッセージを10回表示します"
    Next i                                         ─❸
End Sub
```

■カウンタ変数の宣言 (❶)

For...Nextステートメントには、ループ回数をカウントするための「カウンタ変数」が不可欠です。一般的に、カウンタ変数は、「i」や「n」などの名前で整数型として定義します。

■ループ回数の指定 (❷)

このステートメントで、ループ回数を10回に指定しています。

■Nextステートメント (❸)

Nextステートメントによってカウンタ変数は1つ加算され、再びループに入ります。なお、Nextステートメントのあとのカウンタ変数(ここでは「i」)は省略可能です。

カウンタ変数の最低値とStepキーワード

通常は、カウンタ変数の最低値には「1」を指定しますが、状況しだいでは以下のような最低値も指定可能です。

● カウンタ変数の最低値を「3」としたステートメント

```
For i = 3 To 10
```

この場合は、「3」〜「10」まで処理は8回繰り返されます。

また、Stepキーワードを使うと、カウンタ変数の増減値を自由に設定することができます。

● カウンタ変数の増加値を「2」としたステートメント

```
For i = 1 To 10 Step 2
```

この場合は、カウンタ変数は「2」ずつ増加するので、処理は計5回繰り返されます。

さらに、以下のステートメントのように、カウンタ変数を減少させながらループすることもできます。

● カウンタ変数を減少させながらループするステートメント

```
For i = 10 To 1 Step -1
```

カウンタ変数を減少させながらループするテクニックを習得すると、こんなマクロが作れます。

たとえば、下図のようにワークシートが5枚あって、この中で1枚目のワークシートを残して、残りのすべてのワークシートを削除するマクロを考えてみましょう。

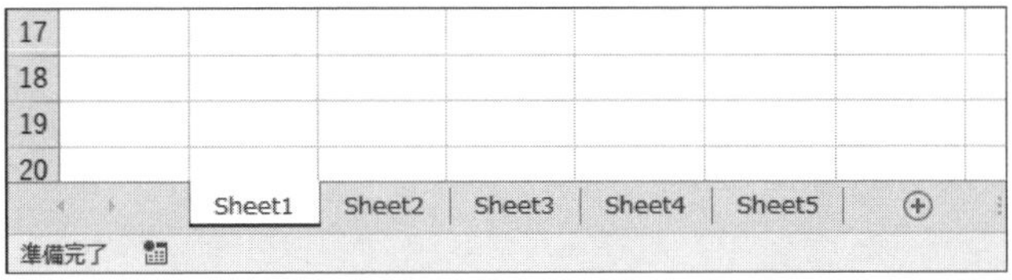

17					
18					
19					
20					

Sheet1 | Sheet2 | Sheet3 | Sheet4 | Sheet5 | ⊕

準備完了

● 図7-1　削除するワークシート

この状況で、一見正しい以下のステートメントを実行します（Countプロパティで取得した全ワークシートの数をループの最高回数としています）。

● 一見正しそうなステートメント

```
For i = 2 To Worksheets.Count
    Worksheets(i).Delete
Next
```

この場合、最初にWorksheets(2)が削除されて、ワークシートは下図の状態になります。

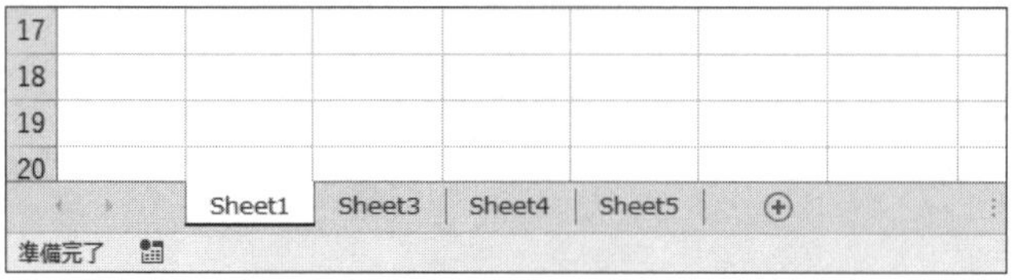

●図7-2　Worksheets(2)が削除された状態

次に、「i」の値は「3」になっているので、

```
Worksheets(i).Delete
```

で削除されるのは左から3番目の「Sheet4」で、「Sheet3」が削除されずに残ってしまいます。

　したがって、このようなケースでは、シートを後ろから削除しなければなりません。そして、それを実現するには、以下のようにカウンタ変数を減少させながらループするテクニックを知らなければなりません。

◉正しいステートメント
```
For i = Worksheets.Count To 2 Step -1
    Worksheets(i).Delete
Next
```

For...Nextステートメントの中でカウンタ変数を利用する

　以下のマクロは、ワークシートの名前を、左から順に「WORK1、WORK2、...」と変更します。なお、Countプロパティで取得した全ワークシートの数がループの最高回数となります。

◉事例41　For...Nextステートメントでワークシート名を変更する（[7.xlsm] Module1）
```
Sub NameWorkSheets()
    Dim i As Integer
    Dim myWSCnt As Integer

    myWSCnt = Worksheets.Count

    For i = 1 To myWSCnt
        Worksheets(i).Name = "WORK" & i
    Next i
End Sub
```

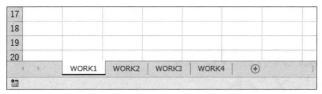

●図7-3　事例41の実行結果

　このように、カウンタ変数をループのカウント以外の目的にも利用すると、マクロの幅がさらに広がります。

For...Nextステートメントの中で条件分岐する

　今度は、For...Nextステートメントの中で条件分岐が発生するケースを紹介します。

　以下のマクロは、全シートの中に「Sheet4」という名前のシートを見つけた時点で、そのシートを削除してそのまま「Exit Forステートメント」でループを抜けてしまいます。

　ここでも、Countプロパティで取得した全シートの数がループの最高回数となります。

◉特定のシートを削除するマクロ

```
Sub DeleteSheet()
    Dim i As Integer
    Dim myWSCnt As Integer

    myWSCnt = Worksheets.Count

    For i = 1 To myWSCnt
        If Worksheets(i).Name = "Sheet4" Then
            Worksheets(i).Delete
            Exit For
        End If
    Next i
        ⋮
End Sub
```

Sheet4を削除したら、それ以上ループをする必要がないので……

For...Nextステートメントから抜けて次の処理に進む。

141

7-2 For Each...Next ステートメント

For Each...Next ステートメントでワークシートに対してループする

141ページのマクロ「DeleteSheet」は、全ワークシートの中から「Sheet4」という名前のシートを削除するものでした。「DeleteSheet」では、「全ワークシートの数」がループの最高回数です。そして、ループの最高回数を指定するために、WorksheetsコレクションのCountプロパティでワークシートの数を取得しています。

しかし、このマクロのように、コレクションに含まれる個々のオブジェクトを連続して処理するときには、For Each...Nextステートメントを使えば、コレクションに含まれるオブジェクト数を意識することなく、コレクションを対象にループするマクロが作成できます。

それでは、「DeleteSheet」を、For Each...Next ステートメントで書き換えてみましょう。

●事例42　For Each...Next ステートメントで特定のワークシートを削除する（[7.xlsm] Module1）

```
Sub DeleteSheet()
    Dim mySheet As Worksheet            ─❶

    For Each mySheet In Worksheets      ─❷
        If mySheet.Name = "Sheet4" Then
            mySheet.Delete
            Exit For
        End If
    Next mySheet                        ─❸
End Sub
```

■オブジェクト変数の宣言（❶）

For Each...Next ステートメントの中で使うオブジェクト変数を定義します（オブジェクト変数については122ページ参照）。

■For Each節の構文（❷）

```
For Each（オブジェクト変数）In（コレクション）
```

■Nextステートメント（❸）

Nextステートメントによって、コレクション内の次のオブジェクト（ここではWorksheetsコレクション内のWorksheetオブジェクト）を参照します。そして、すべてのオブジェクトを参照した時点でループは終了します。

なお、Nextステートメントのあとのオブジェクト変数（ここでは「mySheet」）は省略可能です。

> **Note**　**For Each...Nextステートメントの場合はSetステートメントは不要**
>
> オブジェクト変数にオブジェクトを代入する場合には、必ずSetステートメントを使わなければなりませんが、For Each...Nextステートメントの場合は、そもそもループしながらオブジェクト変数にオブジェクトを代入していきますので、Setステートメントは必要ありません。
>
> 以下の、開いているブックをすべて調べて、変更されている場合には上書き保存するマクロでは、❶のステートメントはまったく意味のない、不要なものです。
>
> ◉変更されているブックを上書き保存するマクロ
>
> ```
> Sub SaveWB()
>     Dim myBook As Workbook
>
>     Set myBook = Workbook          ─❶
>
>     For Each myBook In Workbooks
>         If myBook.Saved = False Then
>             myBook.Save
>         End If
>     Next
> End Sub
> ```

For Each...Next ステートメントでセル範囲に対してループする

以下のマクロは、セルA1:D10の値を調べ、70以上だったらセルの背景色を黄色にするものです。

◉事例43　**For Each...Next**ステートメントで特定のセルの背景色を黄色にする（[7.xlsm] Module1）

```
Sub InteriorYellow()
    Dim myRange As Range ◄

    For Each myRange In Worksheets(2).Range("A1:D10")
        If myRange.Value >= 70 Then myRange.Interior.Color = vbYellow
    Next
End Sub
```

> ここでは、変数「myRange」を、セルを表すRange型のオブジェクト変数で定義している。

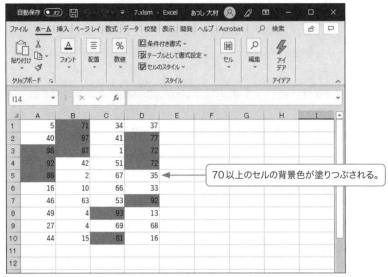

70以上のセルの背景色が塗りつぶされる。

●図7-4　事例43の実行結果

Column　組み込み定数の入力には入力候補を活用する

　事例43では、VBAの「組み込み定数」である「vbYellow」を代入してセルの背景色を黄色にしていますが、この組み込み定数については159ページの8-2「組み込み定数とオブジェクトブラウザー」で詳細に解説します。

　それよりも、ここでは2つのことだけ覚えてください。。

　1つは、組み込み定数の正体は「整数」で、たとえば「vbYellow」とは「65535」のことです。しかし、「65535」では何のことかわかりませんので、「vbYellow」という組み込み定数が用意されているという点です。

　もう1点は、この組み込み定数には、「vb」で始まるものと「xl」で始まるものがありますが、スペルが長いものが多数あります。ですから、組み込み定数を入力するときには、最初の数文字だけを入力して、 Ctrl + Space キーで入力候補機能を活用してください。

　ちなみに、「vbYellow」であれば、「vby」と入力して Ctrl + Space キーを押せば、入力候補機能が働いて簡単に「vbYellow」と入力できます。

7-3 Do...Loopステートメント

Do...Loopステートメントとは?

もう1つのループのテクニックであるDo...Loopステートメントは、ループ回数の上限を指定するFor...Nextステートメントとは違って、ある条件が満たされるまで、もしくはある条件が満たされている間は処理を繰り返すものです。

For...Nextステートメントの場合には、指定した回数だけループします。For Each...Nextステートメントの場合には、コレクションのオブジェクトの数だけループします。

Do...Loopステートメントもループを実行する手段の1つです。しかしこれは、「条件が満たされるまで」、もしくは「条件が満たされている間」ループを継続するステートメントです。

厳密には、Do...Loopステートメントは、下表のように4種類に区別されます。

● 表7-1 Do...Loopステートメントの種類

	ループの前で条件判断	ループのあとで条件判断
条件を満たすまでループ	Do Until...Loop	Do...Loop Until
条件を満たす間はループ	Do While...Loop	Do...Loop While

それでは、個別に解説を進めていきましょう。

条件が満たされるまでループする －Untilキーワード

「条件が満たされるまで処理を繰り返す」ときには、Untilキーワードを使います。

■ Do Until...Loop (ループの前で条件判断)

以下のマクロは、セルA1から縦方向にフォントを太字にする処理を、空白のセルが登場するまで(条件が満たされるまで)繰り返します。

◉ 事例44 空白のセルが登場するまでフォントを太字にする ([7.xlsm] Module2)

```
Sub FontBold()
    Range("A1").Select

    Do Until ActiveCell.Value = ""          ─❶
        ActiveCell.Font.Bold = True
```

145

```
        ActiveCell.Offset(1, 0).Select
    Loop
End Sub
```

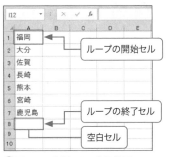

●図7-5　事例44の実行結果

このケースでは、❶でループに入る前に条件判断をしているので、もしセルA1が空白だったら、ループ処理は1回も実行されません。

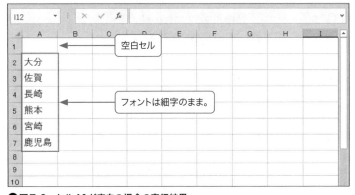

●図7-6　セルA1が空白の場合の実行結果

■Do…Loop Until（ループのあとで条件判断）

以下のマクロも、空白のセルが登場するまで（条件が満たされるまで）ループするものですが、ループのあとに条件判断をしていますので、無条件で最低1回は処理が実行されます。

●事例45　空白のセルが登場するまでフォントを斜体にする（[7.xlsm] Module2）

```
Sub FontItalic()
    Range("A1").Select

    Do
        ActiveCell.Font.Italic = True
        ActiveCell.Offset(1, 0).Select
    Loop Until ActiveCell.Value = ""        ─❶
End Sub
```

 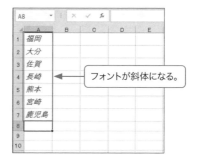

●図7-7 事例45の実行結果

このケースでは、❶でループのあとに条件判断をしているので、たとえセルA1が空白セルでもループ処理は実行され、セルA2以降で空白セルを検出した時点でループが終了します。

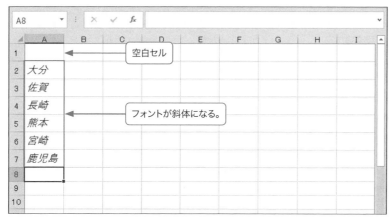

●図7-8 セルA1が空白セルの場合の実行結果

条件を満たす間はループする －Whileキーワード

「条件が満たされている間は処理を繰り返す」ときには、Whileキーワードを使います。

■Do While...Loop（ループの前で条件判断）

以下のマクロは、セルB1から縦方向に文字列を入力する処理を、アクティブセルが空白の間は（条件が満たされている間は）繰り返します。

● 事例46　セルが空白の間は「ABC」と入力する（[7.xlsm] Module2）

```
Sub WriteABC()
    Range("B1").Select

    Do While ActiveCell.Value = ""          ─❶
        ActiveCell.Value = "ABC"
        ActiveCell.Offset(1, 0).Select
    Loop
End Sub
```

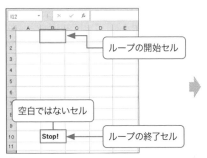
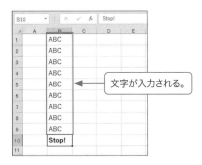

● 図7-9　事例46の実行結果

このケースでは、❶でループに入る前に条件判断をしているので、もしセルB1が空白でなかったら、ループ処理は1回も実行されません。

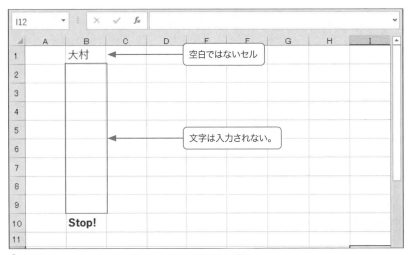

● 図7-10　セルB1に文字が入力されている場合の実行結果

■ Do...Loop While (ループのあとで条件判断)

以下のマクロも、アクティブセルが空白の間は（条件が満たされている間は）処理を繰り返しますが、ループのあとに条件判断をしていますので、無条件で最低1回は処理が実行されます。

● 事例47 セルが空白の間は「DEF」と入力する ([7.xlsm] Module2)

```
Sub WriteDEF()
    Range("B1").Select

    Do
        ActiveCell.Value = "DEF"
        ActiveCell.Offset(1, 0).Select
    Loop While ActiveCell.Value = ""          —❶
End Sub
```

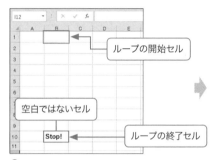

● 図7-11　事例47の実行結果

このケースでは、❶でループのあとに条件判断をしているので、たとえセルB1が空白セルでなくてもループ処理は実行され、セルB2以降で空白でないセルを検出した時点でループが終了します。

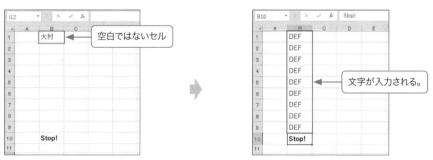

● 図7-12　セルB1に文字が入力されている場合の実行結果

なお、いずれのDo...Loopステートメントの場合も、途中でループをする必要がなくなったときには、「Exit Doステートメント」でDo...Loopステートメントを抜けることができます。

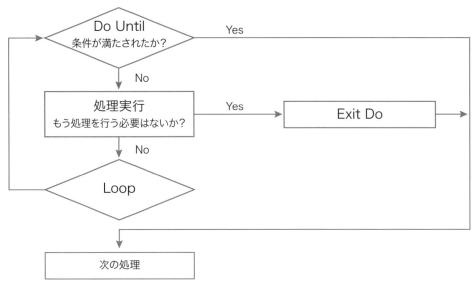

●図7-13 「Exit Doステートメント」を使う場合の処理の流れ

Column	無限ループ

　Do...Loopステートメントの場合には、For...Nextステートメントのようにループの上限が決まっているわけではありません。Do Until...Loopステートメントの場合には、ループが終了するのは、あくまでも条件が満たされた場合です。一方、Do While...Loopステートメントの場合には、満たされていた条件が終了したときにループが終了します。

　したがって、もし条件が永遠に満たされることのない状況で（もしくは、条件が永遠に満たされている状況で）Do...Loopステートメントを実行してしまうと、永久にループし続ける「無限ループ」が発生してしまいます。

　たとえば、アクティブセルが空白になるまでループする場合に、Offsetプロパティでアクティブセルを移動する処理❶を忘れると、アクティブセルは永久に空白にはなりませんので、その処理は無限に継続してしまいます。

●アクティブセルが空白になるまでループするマクロ

```
Sub FontBold()
    Range("A1").Select

    Do Until ActiveCell.Value = ""
        ActiveCell.Font.Bold = True
        ActiveCell.Offset(1, 0).Select        ─❶
    Loop
End Sub
```

　無限ループに陥ったら、まず Esc キーでマクロの実行を強制中断し、そのあとでエラーの原因に対処してください。

Chapter 8

対話型のマクロを作る

8-1 メッセージボックスで押された ボタンを判断する

ユーザーに処理を選択させる

私たちがExcelを使用していると、以下のようなメッセージボックスでボタンを選択しなければならないケースにしばしば直面します。

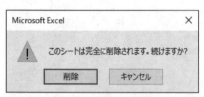

●図8-1　メッセージボックスの例

このメッセージボックスで［削除］ボタンを選択するとシートは削除されますが、［キャンセル］ボタンを選択した場合はシートは削除されません。つまり、ユーザーは複数の処理の中から任意の処理を選択できるわけです。

これまでは、MsgBox関数を単にメッセージを表示する手段として用いてきました。しかし、MsgBox関数の利用法はそれだけではありません。上図のように、さまざまなボタンを配置して、ユーザーにその後の処理を選択させるメッセージボックスを作成することもできるのです。

MsgBox関数の構文

MsgBox関数の構文は、以下の引数から構成されます。

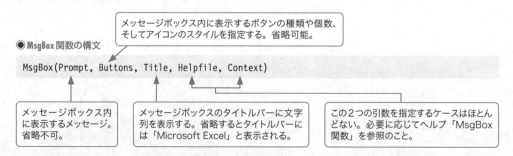

これまでに紹介したMsgBox関数の使用例でもそうでしたが、以下の使用例でも、「Prompt:=」のような引数名は省略して、名前付き引数ではなく標準引数で解説を進めます。

MsgBox関数でメッセージボックスにボタンを配置する

　MsgBox関数によってメッセージボックスに配置できるボタンの種類とその組み合わせは以下のとおりです。

● 表8-1　MsgBox関数のボタンの組み合わせ

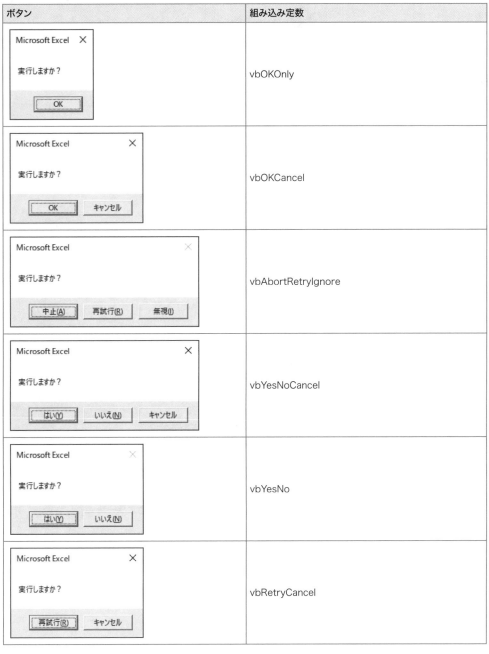

ボタン	組み込み定数
	vbOKOnly
	vbOKCancel
	vbAbortRetryIgnore
	vbYesNoCancel
	vbYesNo
	vbRetryCancel

MsgBox関数でメッセージボックスにアイコンを表示する

MsgBox関数は、メッセージ、ボタンのほかに、以下のアイコンのいずれかを表示することができます。

●表8-2　MsgBox関数のアイコン

内容	イメージ	組み込み定数
警告メッセージアイコン		vbCritical
問い合わせメッセージアイコン		vbQuestion
注意メッセージアイコン		vbExclamation
情報メッセージアイコン		vbInformation

アイコンを表示するときには、以下のように、ボタンの種類にアイコンの種類を加算（+）します。

● [OK] ボタンと注意メッセージアイコンを表示するステートメント

```
MsgBox "入力内容を確認してください", vbOKOnly + vbExclamation
```

●図8-2　ステートメントの実行結果

MsgBox関数でメッセージボックスにタイトルを表示する

MsgBox関数の引数 Title に文字列を代入すると、メッセージボックスにタイトルを表示できます。

● メッセージボックスにタイトルを表示するステートメント

```
MsgBox "入力内容を確認してください", vbOKOnly + vbExclamation, "入力エラー "
```

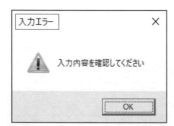

●図8-3　ステートメントの実行結果

MsgBox 関数の対話型マクロを体験する

それでは、MsgBox 関数でメッセージボックスにボタンを配置し、ユーザーによって選択されたボタンによって処理を分岐する事例を紹介することにしましょう。これは対話型のマクロを作成するための必須テクニックです。

以下のマクロは、データ削除の確認メッセージを表示し、ユーザーが［はい］ボタンを選択したらワークシートの全データを削除し、［いいえ］ボタンを選択したら何も処理を実行しません。

● 事例48　MsgBox 関数で顧客データの削除を確認する（[8.xlsm] Module1）

```
Sub ClearAllData()
    Dim myBtn As Integer                                    —❶
    Dim myMsg As String, myTitle As String

    myMsg = "全データを削除しますか？"                        —❷
    myTitle = "データの削除確認"                             —❸

    myBtn = MsgBox(myMsg, vbYesNo + vbExclamation, myTitle)  —❹

    If myBtn = vbYes Then                                    —❺
        Worksheets("Sheet1").Activate
        Cells.ClearContents
        ＜見出しの再作成＞
    End If
End Sub
```

このマクロの動作を、サンプルブック［8.xlsm］の「事例48」のボタンをクリックして確認してください。

MsgBox 関数の対話型マクロの特徴

それでは、事例48の対話型マクロ「ClearAllData」について解説していきましょう。

● 変数を定義する（❶）

```
Dim myBtn As Integer
```

MsgBox 関数は、ユーザーが選択したボタンを数値で返します。「vbYes」や「vbNo」のような文字列を返すと思いがちですが、MsgBox 関数で使用する「vbYesNo」のような「vb」で始まるキーワードは「組み込み定数」（159ページ参照）と呼ばれるもので、その正体は整数です。そこで、その数値を代入するための変数を「整数型（Integer）」で定義します。

◉ **メッセージボックスに表示するメッセージとタイトルを変数に代入する（❷・❸）**

```
myMsg = "全データを削除しますか？"
myTitle = "データの削除確認"
```

　メッセージボックスに表示するメッセージとタイトルは、直接MsgBox関数の引数に指定できますが、それではステートメントが長くなってしまうので、ひとまず変数に格納しておくことにします。

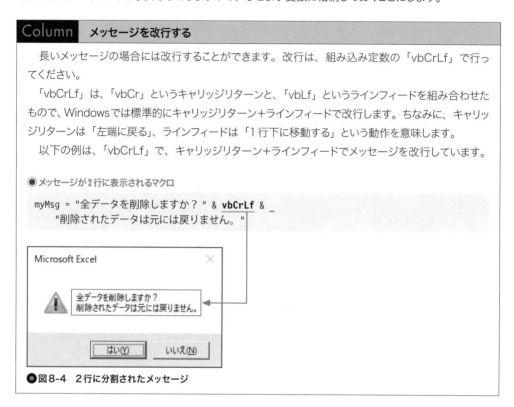

> **Column　メッセージを改行する**
>
> 　長いメッセージの場合には改行することができます。改行は、組み込み定数の「vbCrLf」で行ってください。
>
> 　「vbCrLf」は、「vbCr」というキャリッジリターンと、「vbLf」というラインフィードを組み合わせたもので、Windowsでは標準的にキャリッジリターン＋ラインフィードで改行します。ちなみに、キャリッジリターンは「左端に戻る」、ラインフィードは「1行下に移動する」という動作を意味します。
>
> 　以下の例は、「vbCrLf」で、キャリッジリターン＋ラインフィードでメッセージを改行しています。
>
> ◉ **メッセージが2行に表示されるマクロ**
>
> ```
> myMsg = "全データを削除しますか？" & vbCrLf & _
>     "削除されたデータは元には戻りません。"
> ```
>
> ●図8-4　2行に分割されたメッセージ

◉ **メッセージボックスを表示する（❹）**

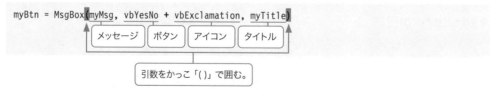

　このMsgBox関数の構文は、以下の点が今までと大きく異なっています。

▶ 等式の左辺に変数、右辺にMsgBox関数を使用している

　MsgBox関数に複数のボタンを配置する目的は、選択されたボタンに応じて処理を分岐するためです。

　配置するボタンが［OK］ボタンだけでしたら、処理を分岐する必要もなければ、もちろん選択されたボタンを識別する必要もありません。しかし、複数のボタンを配置したときには、MsgBox関数は選択

されたボタンの種類を数値として返すので、その数値を格納するための変数を等式の左辺に記述しなければなりません。変数「myBtn」に代入される値の種類については、このあとですぐに解説します。

▶ 引数をかっこで囲んでいる

この使用例では、選択されたボタンの種類を「戻り値」として左辺の変数が取得します。このような場合には、MsgBox関数の引数はかっこで囲まなければなりません。

 MsgBox関数に限らず、プロパティでもメソッドでも、その戻り値を取得するときには、やはり引数をかっこで囲まなければなりません。

▶ ボタンとアイコンを表示している

組み込み定数を使って、ボタンと注意メッセージアイコンを配置している点に注目してください。

▶ タイトルを表示している

第3引数として、メッセージボックスにタイトルを指定しています。

● 処理を分岐する (**⑤**)

```
If myBtn = vbYes Then
    Worksheets("Sheet1").Activate
    Cells.ClearContents
    ＜見出しの再作成＞
End If
```

ユーザーが選択したボタンに応じて処理を分岐します。❹のステートメントの時点で、選択されたボタンの種類に応じてMsgBox関数が返した数値が変数「myBtn」に格納されています。したがって、その変数の値によって選択されたボタンを識別し、処理を分岐することができるのです。

ここではボタンの戻り値が「vbYes」([はい] ボタン) の場合にのみデータを削除しています。

MsgBox関数の標準ボタン

下図のメッセージボックスは、MsgBox関数を使って表示したものです。よく見るとわかりますが、[はい] ボタンが浮き出ています。

● 図8-5 [はい] ボタンが標準ボタンになっているメッセージボックス

これは、［はい］ボタンが「標準ボタン」になっていることを意味します。そして、このメッセージボックスで Enter キーを押すと、標準ボタンである［はい］ボタンがクリックされたとみなされます。

通常、このようなデータの削除を確認するメッセージボックスでは、誤って Enter キーでデータを削除してしまわないように、［いいえ］ボタンを標準ボタンにするのが定石です。

そのためには、MsgBox関数の第2引数に、「vbDefaultButton2」を指定します。以下のマクロを見てください。

◉［いいえ］ボタンを標準ボタンにするマクロ

```
Sub Macro1()
    Dim myBtn As Integer
    Dim myMsg As String, myTitle As String

    myMsg = "全データを削除しますか？"
    myTitle = "データの削除確認"

    myBtn = MsgBox(myMsg, vbYesNo + vbExclamation + vbDefaultButton2, myTitle)

    If myBtn = vbNo Then Exit Sub  ◀──  マクロを終了するステートメント

    ＜データの削除処理実行＞

End Sub
```

このように「vbDefaultButton2」を指定すれば、Enter キーが押されたら、第2ボタンである［いいえ］ボタンがクリックされたことになります。

◉図8-6　［いいえ］ボタンが標準ボタンになっているメッセージボックス

8-2 組み込み定数とオブジェクトブラウザー

組み込み定数とは?

これまでの解説から、「組み込み定数」がプロパティや引数に代入する「値」であることに疑問を感じる人はいないでしょう。

しかし、MsgBox 関数を詳細に取り上げた今、組み込み定数についてもっと踏み込んだ学習をしておくいい機会が訪れました。また、あわせて、「オブジェクトブラウザー」という重要なツールについても学習します。

「組み込み定数」とは、プロパティや引数に代入するために、Excel VBA にあらかじめ用意されているキーワードのことです。

77 ページの 3-4「ワークシートを表示／非表示にする」では、Worksheet オブジェクトの Visible プロパティに組み込み定数「xlSheetVeryHidden」を代入して、ワークシートを非表示にする以下の例を紹介しました。

◉ ワークシートを非表示にするマクロ

```
Sub シートの非表示()
    Worksheets("Sheet2").Visible = xlSheetVeryHidden
End Sub
```

この「xlSheetVeryHidden」は、ユーザーが勝手に作った用語ではなく、Excel VBA のために予約されたキーワードです。

8-1 で取り上げた MsgBox 関数は、この組み込み定数を理解するには最適の素材です。下表を見てください。

◉ 表8-3 MsgBox 関数の戻り値と組み込み定数の対応表

ボタン	組み込み定数	値
[OK]	vbOK	1
[キャンセル]	vbCancel	2
[中止]	vbAbort	3
[再試行]	vbRetry	4
[無視]	vbIgnore	5
[はい]	vbYes	6
[いいえ]	vbNo	7

159

MsgBox関数は、ユーザーが選択したボタンを「数値」で返します。もし、ユーザーが［はい］ボタンを選択すれば、MsgBox関数は「6」を返すのです。

この「6」をそのまま使って事例48のマクロ「ClearAllData」のIfステートメントの部分を書き換えると以下のようになります。

```
If myBtn = 6 Then
    Worksheets("Sheet1").Activate
    Cells.ClearContents
    ＜見出しの再作成＞
End If
```

しかし、「6」という数値から［はい］ボタンをイメージすることはできません。そこで、「6」という数値の代わりに「vbYes」という組み込み定数を使って、マクロをわかりやすいものにするのです。

■ オブジェクトブラウザー

組み込み定数には、厳密にはExcel VBAのために用意されたものと、Visual BasicというVBAの元になっているプログラミング言語のために用意されたものがあります。

そして、Excel VBAの組み込み定数は、先の「xlSheetVeryHidden」のように「xl」という文字で始まります。

一方、Visual Basicの組み込み定数は、MsgBox関数の構文のように「vb」という文字で始まります。ただ、「xl」と「vb」の両者の違いを意識する必要はまったくありません。

ここでは、膨大に用意された組み込み定数を「オブジェクトブラウザー」というツールで確認する方法を紹介します。

オブジェクトブラウザーは、VBEの標準ツールバーの［オブジェクトブラウザー］ボタンで表示します。

●図8-7　標準ツールバーの［オブジェクトブラウザー］ボタン

Note	**VBAとVisual Basic**

VBAの正式名称は「Visual Basic for Applications」で、VBAとは「ExcelやWordなどのApplicationsのために開発されたVisual Basic」のことですが、VBAだけを学んで、Visual Basicを学ぶ必要のない人は、ここでこの件について深く考える必要はありません。

■オブジェクトブラウザーで組み込み定数を調べる

オブジェクトブラウザーで組み込み定数を調べるときには、［検索文字列］ボックスにオブジェクトや
プロパティ、メソッド、関数名などを入力し、［説明］ペインのハイパーリンクをクリックします。

たとえば、MsgBox関数の組み込み定数を調べたいときには下図のように操作します。

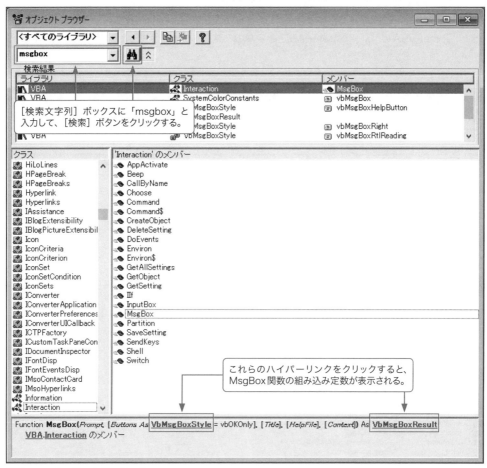

●図8-8　組み込み定数の調べ方

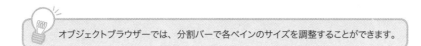

オブジェクトブラウザーでは、分割バーで各ペインのサイズを調整することができます。

161

ここでは、MsgBox関数の戻り値にはどのような組み込み定数があるかを調べるために、「VbMsgBoxResult」のハイパーリンクをクリックしてみましょう。

　159ページの表で紹介したMsgBox関数の戻り値の組み込み定数が表示されます。そして、画面右で「vbAbort」をクリックすると、画面下の説明ペインに「Const vbAbort = 3」と表示され、組み込み定数「vbAbort」の正体が数値の「3」であることがわかります。

　また、Excel VBAの「xl」で始まる組み込み定数の一覧をすべて表示するときには下図のように操作します。

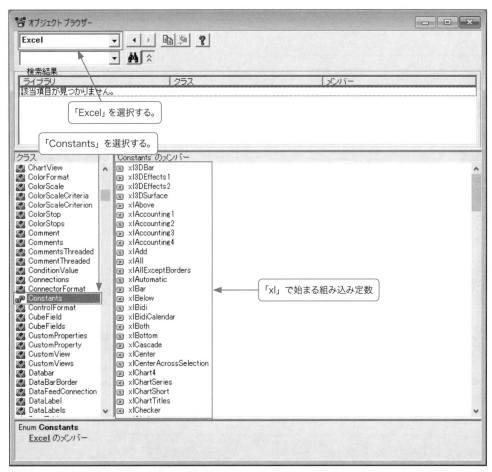

●図8-9　「xl」で始まる組み込み定数の一覧の表示方法

8-3 ダイアログボックスでデータの入力を促す

InputBox メソッドの対話型マクロを体験する

InputBoxメソッドを使うと、テキストボックスが配置されたダイアログボックスを表示して、ユーザーが任意に入力したデータを取得することができます。

以下のマクロは、顧客名簿の印刷部数の入力を促すダイアログボックスを表示するものです。

●事例49 InputBox メソッドで印刷部数の入力を促す ([8.xlsm] Module1)

```
Sub PrintMember()
    Dim myCopy As Integer                                              ―❶
    Dim myMsg As String, myTitle As String

    myMsg = "印刷部数を指定してください"
    myTitle = "顧客名簿印刷"
    myCopy = Application.InputBox(Prompt:=myMsg, Title:=myTitle, _
        Default:=1, Type:=1)                                           ―❷

    If myCopy <> 0 Then                                                ―❸
        Worksheets("Sheet2").PrintOut Copies:=myCopy
    Else
        MsgBox "印刷指定はキャンセルされました"
    End If
End Sub
```

	A	B	C	D	E	F	G	H	I
1					顧客名簿				
2	コード	顧客名	フリガナ	〒	住所	TEL			
3	A001	相場 隆志	アイバ タカシ	422	静岡県静岡市岩本XX 静岡本町ビル1F	0545-52-XXXX			
4	A002	石田 あかね	イシダ アカネ	422	静岡県静岡市稲川X-X-XX	054-285-XXXX			
5	B001	小山内 健人	オサナイケント	424-02	静岡県清水市高新田XXXX-XX	0545-52-XXXX			
6	A003	金子 沙織	カネコサオリ	420	静岡県静岡市瀬名XXX-X	0545-63-XXXX			
7	A004	木元 義人	キモトヨシト	422	静岡県静岡市中田XX-XX	0542-85-XXXX			
8	A005	近藤 剛	コンドウ ツヨシ	420	静岡県静岡市横割X-XX-XX	054-286-XXXX			
9	A006	新庄 良雄	シンジョウヨシオ	431-31	静岡県浜松市有玉				
10	B012	瀬田 展子	セタノリコ	424	静岡県清水市上力				
11	B016	徳井 英樹	トクイヒデキ	424	静岡県清水市大昌				
12	A019	中村 直子	ナカムラナオコ	416	静岡県富士市本市				
13	A020	宮本 弘江	ミヤモトヒロエ	416	静岡県富士市横割				
14									
15									
16									

●図8-10 事例49の実行結果

▌InputBoxメソッドの対話型マクロの特徴

◉ 変数を定義する（❶）

```
Dim myCopy As Integer
```

　ダイアログボックスに入力されたデータを格納するための変数を定義します。変数のデータ型は、入力されるデータの型と一致するものがよいでしょう。このマクロでは印刷部数が入力されるので、変数「myCopy」は整数型（Integer）で定義しています。

◉ InputBoxメソッドの構文（❷）

```
myCopy = Application.InputBox(Prompt:=myMsg, Title:=myTitle, _
    Default:=1, Type:=1)
```

　InputBoxメソッドの構文には以下の特徴があります。

■（A）Applicationオブジェクトに対して使用する

　InputBoxメソッドは、必ずApplicationオブジェクトに対して使用します。Applicationオブジェクトを省略すると、InputBoxメソッドではなくInputBox関数（169ページ参照）が呼び出されてしまいます。

■（B）引数

　InputBoxメソッドには全部で8つの引数がありますが、以下、ここで使用した引数に限って解説します。

▶ Prompt

　メッセージを指定します。省略はできません。この事例では、「印刷部数を指定してください」を表示しています。

▶ Title

　タイトルを指定します。省略可能です。この事例では、「顧客名簿印刷」を表示しています。

▶ Default

　ダイアログボックスを表示したときに、入力用テキストボックスに初期値を表示するときには、この引数にその値を指定します。この引数を省略すると、初期状態のテキストボックスには何も表示されません。この事例では、「1」を表示しています。

▶ Type

　テキストボックスに入力するデータの型を数値で指定します。ここで指定したデータ型と異なる型の

データが入力されたときには、ダイアログボックスを閉じるときにエラーが発生します。

　たとえば、データ型に「数値（Type:=1）」を指定した事例49のマクロ「PrintMember」では、数値以外のデータを入力すると、［OK］ボタンをクリックしたときにエラーメッセージが表示され、ダイアログボックスは開いたままとなります。

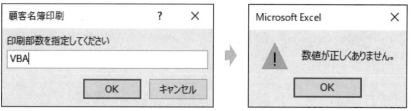

●図8-11　型の異なるデータが入力されたときのエラーメッセージ

　データ型に指定できるのは、以下に挙げる7種類です。

●表8-4　InputBox メソッドで指定できるデータ型

意味	値（Type:=）
数式	0
数値	1
文字列（テキスト）	2
論理値（TrueまたはFalse）	4
セル参照（Rangeオブジェクト）	8
#N/Aなどのエラー値	16
数値配列	64

　なお、データ型の指定は省略できます。省略すると「文字列（Type:=2）」を指定したことになります。

■ (C) 引数はかっこで囲む

　MsgBox関数同様に、InputBoxメソッドもユーザーが入力したデータを値として返しますので、引数はかっこで囲みます。

■ (D) 左辺の変数に、入力された値を格納する

　ダイアログボックスで入力されたデータは、左辺の変数に格納されます。

◉処理を分岐する（❸）

```
If myCopy <> 0 Then
    Worksheets("Sheet2").PrintOut Copies:=myCopy
Else
    MsgBox "印刷指定はキャンセルされました"
End If
```

InputBoxメソッドは、ダイアログボックスで入力された値を返します。しかしそれは、［OK］ボタンを選択してダイアログボックスを閉じた場合のみで、［キャンセル］ボタンでダイアログボックスを閉じた場合には、InputBoxメソッドはFalseを返します。

そして、このFalseは数値の「0」に相当するので、戻り値を代入する変数が数値型のときには、その値が「0」かどうかを判断すれば、選択されたボタンの識別が可能です。

事例49のマクロ「PrintMember」では、［キャンセル］ボタンが選択されたときには印刷を回避しています。

Column	TrueとFalseの正体

121ページの変数のデータ型の表をもう一度見てください。そこには「ブール型（Boolean）」というデータ型が載っていますが、TrueとFalseはこの「ブール型（Boolean）」、もしくは「論理型」と呼ばれるデータ型で、文字どおりTrueが「真」で、Falseが「偽」を意味します。

ちなみに、Trueの正体は数値の「-1」、Falseの正体は「0」です。事例49のマクロ「PrintMember」では、この特性を利用して条件分岐しています。

文字列の入力を促すダイアログボックスを表示する

以下のマクロは、顧客コードの入力を促すダイアログボックスを表示します。そして、入力されたコードでオートフィルタを実行します。

●事例50　InputBoxメソッドで顧客コードの入力を促す（[8.xlsm] Module1）

```
Sub SearchMember()
    Dim myCode As Variant                                    —①A

    myCode = Application.InputBox("顧客コードを入力してください", "顧客検索") —②

    If myCode <> False Then                                  —①B
        Worksheets("Sheet2").Activate
        Range("A1").AutoFilter Field:=1, Criteria1:=myCode
    End If
End Sub
```

■バリアント型（Variant）変数と戻り値のFalse（①A・①B）

このマクロでは、データ型が文字列のダイアログボックスで［キャンセル］ボタンが選択されたら、Falseを使って条件分岐をします（①B）。

しかし、文字列型（String）変数にFalseが代入されるとエラーが発生するため、変数「myCode」はあらゆるデータ型を格納できるバリアント型（Variant）で宣言しています（①A）。

■標準引数と引数 Type の省略（②）

　ここでは引数は2つしかないので、「Prompt:=」などの引数名を省略した標準引数で記述しています。

　また、テキストボックスに入力されるデータ型は「文字列」なので、引数 Type を省略しています。省略すると「文字列（Type:=2）」を指定したことになります。

Note	変数を文字列型で定義する場合

　バリアント変数を使わない場合には、

```
Dim myCode As String
```

と文字列型変数で定義して、条件分岐のステートメントで、

```
If myCode <> "False" Then
```

と、False をダブルクォーテーション（""）で囲んでください。

マウスによるセル範囲の選択を促すダイアログボックスを表示する

　InputBox メソッドの引数 Type に「8」を指定すると、ダイアログボックスが表示されている最中に選択されたセル範囲を Range オブジェクトとして取得することができます。

●事例51　マウスで指定されたセル範囲を印刷する（[8.xlsm] Module1）

```
Sub PrintRange()
    Dim myCell As Range                                               ─❶
    Dim myMsg As String, myTitle As String

    Worksheets("Sheet3").Activate
    myMsg = "印刷範囲をマウスでドラッグしてください"
    myTitle = "印刷範囲の指定"

    On Error Resume Next                                              ─❷
    Set myCell = Application.InputBox(Prompt:=myMsg, Title:=myTitle, _
        Type:=8)                                                     ─❸
    If myCell Is Nothing Then Exit Sub                               ─❹

    With ActiveSheet
        .PageSetup.PrintArea = myCell.Address
        .PrintOut
    End With
End Sub
```

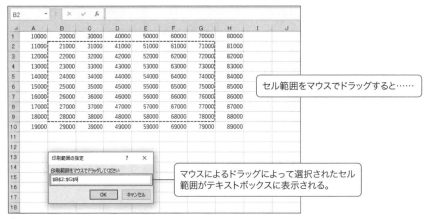

セル範囲をマウスでドラッグすると……

マウスによるドラッグによって選択されたセル範囲がテキストボックスに表示される。

●図8-12　マウスでセル範囲を選択する

それでは、このマクロの特徴を説明します。

● 変数を定義する（❶）

```
Dim myCell As Range
```

　今回のケースでは、InputBoxメソッドの戻り値はRangeオブジェクトです。したがって、その戻り値を格納する変数はオブジェクト型で定義します。

● エラーを無視する（❷）

```
On Error Resume Next
```

　今回のケースでも、［キャンセル］ボタンが選択されたらInputBoxメソッドはFalseを返します。すると、❸のステートメントでオブジェクト変数にブール型（Boolean）の値を代入することになるので、実行時エラーが発生してしまいます。

　❷は、この実行時エラーを発生させずにマクロの実行を継続させるためのステートメントです。

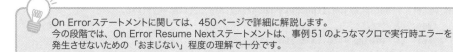

> On Errorステートメントに関しては、450ページで詳細に解説します。
> 今の段階では、On Error Resume Nextステートメントは、事例51のようなマクロで実行時エラーを発生させないための「おまじない」程度の理解で十分です。

● InputBoxメソッドの戻り値をオブジェクト変数に代入する（❸）

```
Set myCell = Application.InputBox(Prompt:=myMsg, Title:=myTitle, _
    Type:=8)
```

　今回のInputBoxメソッドの戻り値はRangeオブジェクトです。したがって、Setステートメントを使ってその値をオブジェクト変数に代入します。

● 処理を分岐する（❹）

```
If myCell Is Nothing Then Exit Sub
```

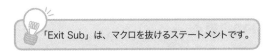

「Exit Sub」は、マクロを抜けるステートメントです。

　セル範囲を選択せずに［OK］ボタンをクリックするか、もしくは［キャンセル］ボタンがクリックされたら、オブジェクト変数の値は「Nothing」のままです。この場合には、印刷処理に進まずにマクロを終了します。

　また、オブジェクト型変数の値を調べる比較演算子は「Is」で、「=」ではないことに注意してください。

InputBox関数の使用例

　VBAには、InputBoxメソッドに非常によく似たInputBox関数が用意されています。

　それでは、InputBox関数を使ったマクロを紹介しましょう。

● 事例52　InputBox関数のサンプル（[8.xlsm] Module1）

```
Sub VBInputBox()
    Dim myNo As Integer
    Dim myMsg As String, myTitle As String

    myMsg = "削除する伝票No.を指定してください"
    myTitle = "売上データ削除"

    myNo = Val(InputBox(Prompt:=myMsg, Title:=myTitle))

    If myNo <> 0 Then
        MsgBox myNo & " を削除No.に指定しました"
    Else
        MsgBox "処理を中断します"
    End If
End Sub
```

　InputBox関数は、このようにApplicationオブジェクトを指定しないと呼び出されます。

　InputBox関数は、入力されるデータ型を制限することはできないので、引数のTypeはありませんが、それを除けば構文はInputBoxメソッドとほとんど同じです。

　なお、InputBox関数は、［キャンセル］ボタンが選択されたときにはFalseではなく空の文字列を返します。また、今回のケースのように数値の入力を促しても、実際には文字列の入力もできてしまいます。

　そこで、数値ではない値が返ってきたら「0」と判断するように、InputBox関数全体をVal関数で囲んでいます。Val関数については381ページで詳細に解説していますが、ここでは、「文字列」を「数値」の「0」に変換できる関数だと覚えておいてください。そして、InputBox関数を使うときには、たとえ「数

値」の入力を促していても「文字列」も入力できてしまいますので、そうした「文字列」が入力されたら、Val関数で「0」に置き換えてしまえばよいわけです。これは非常に重要なテクニックです。

InputBox関数とInputBoxメソッドの相違点

InputBox関数でダイアログボックスを表示している間は、セルを選択することはできません。すなわち、167ページの事例51のようなマクロはInputBox関数では作れないのです。逆に言えば、ダイアログボックスの表示中にセルを選択させたくなければInputBox関数を使ってください。

一方、InputBoxメソッドの場合には、ダイアログボックスの表示中にも自由にセルを選択することができます。

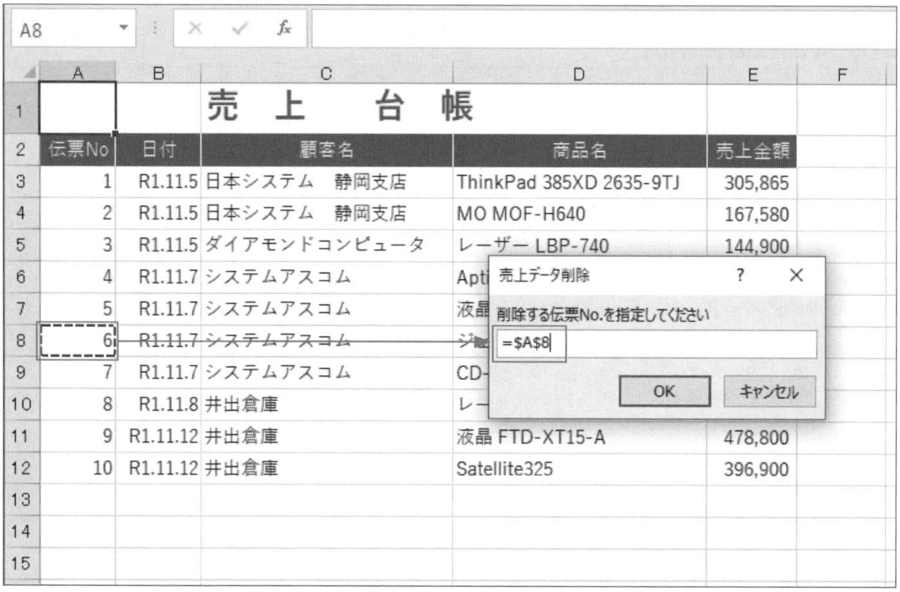

●図8-13　InputBoxメソッドで、ダイアログボックスの表示中にセルを選択する

上図では、InputBoxメソッドの特性を生かして、「6」と入力する代わりに「6」と入力されたセルをクリックしています。これは、InputBox関数ではできない操作です。

このように、一般的にはInputBoxメソッドのほうが使い勝手は優れています。しかし、テキストボックス内で方向キーを押すと、それもセルを選択する操作とみなされてしまうので、逆に文字列の入力が不便に感じるときもあります。そうしたことも踏まえて、InputBoxメソッドとInputBox関数を使い分けてください。

ダイアログボックス表示中にセルを操作できる場合とできない場合の違いを実感してもらうために、[8.xlsm]に事例53としてマクロ「ExcelVBAInputBox」を用意しましたので、InputBox関数とInputBoxメソッドの機能の差を実際に体感してみてください。

Chapter 9

変数の上級テクニックと
ユーザー定義定数

9-1 配列の基本構文

規則性のある複数のデータは配列変数に格納する

以下のマクロを見てください。

```
Sub OneWeek()
    Dim myWeek1 As String
    Dim myWeek2 As String
    Dim myWeek3 As String
    Dim myWeek4 As String
    Dim myWeek5 As String
    Dim myWeek6 As String
    Dim myWeek7 As String

    myWeek1 = "日曜日"
    myWeek2 = "月曜日"
    myWeek3 = "火曜日"
    myWeek4 = "水曜日"
    myWeek5 = "木曜日"
    myWeek6 = "金曜日"
    myWeek7 = "土曜日"
        ・
        <処理実行>
        ・
End Sub
```

　曜日名を格納するためにString型の変数を7個定義していますが、何か非常に無駄なマクロという印象を受けませんか。それでは、なぜそう感じるのか、その理由を理論的に考察してみましょう。

　まず、定義された7個の変数のデータ型がすべて同じである点に気付きます。これが無駄と感じる1つ目の理由です。7個の変数を定義しても、いろいろなデータ型が混在していれば、無駄とは感じないはずです。

　次に、変数に代入されているデータですが、これらのデータはすべて「曜日名」という規則性を持ったデータです。これが無駄と感じる2つ目の理由です。氏名、住所、備考など、扱うデータがバラエティーに富んでいれば（規則性がなければ）、やはりこのマクロを見て無駄とは感じないでしょう。

　このような規則性のある複数のデータを扱うときには、「配列」を使うと非常に効率的なプログラミングが可能になります。それでは、このマクロを配列を使って書き換えてみましょう。

● 事例54　配列変数の基本構文 ([9.xlsm] Module1)

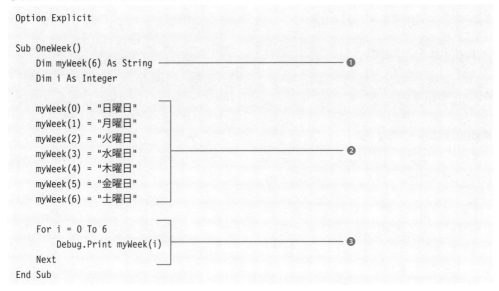

```
Option Explicit

Sub OneWeek()
    Dim myWeek(6) As String ───────────────── ❶
    Dim i As Integer

    myWeek(0) = "日曜日"
    myWeek(1) = "月曜日"
    myWeek(2) = "火曜日"
    myWeek(3) = "水曜日"                          ❷
    myWeek(4) = "木曜日"
    myWeek(5) = "金曜日"
    myWeek(6) = "土曜日"

    For i = 0 To 6
        Debug.Print myWeek(i) ─────────────── ❸
    Next
End Sub
```

| Note | 事例54のマクロとサンプルブック［9.xlsm］のマクロの違い |

　事例54のマクロは、サンプルブック［9.xlsm］のマクロとインデックス番号が異なっていますが、その理由についてはここでは考えずに、まずは事例54のマクロを確実に理解してください。

　［9.xlsm］のマクロについては、このあとすぐに「配列変数のインデックス番号の下限値を「1」にする」の中で解説します。

■配列変数を定義する (❶)

　配列変数は、このように、

変数名(要素数)

の構文で定義します。宣言ステートメントは1行ですが、これで「要素数+1」個の変数が定義されます。「要素数+1」個になるのは、配列のインデックス番号が「0」から始まるからです。

　ここでは、

myWeek(6)

と宣言していますが、実際には7個の変数が定義されます。

■配列変数の構文 (❷)

このように、配列変数はマクロの中では、

変数名(インデックス番号)

の構文で使用します。

■配列変数とループ処理 (❸)

変数名の引数にインデックス番号が使えるため、このようにループ処理にも柔軟に対応できるのが配列変数の特徴です。

また、ここでは、

Debug.Print

というステートメントを実行しています。Debugオブジェクトとはイミディエイトウィンドウのことで、Debugオブジェクトに対してPrintメソッドを使うと、下図のように変数の値がイミディエイトウィンドウに出力されます。

●図9-1　事例54の実行結果

これまでは、値を確認する手段としてMsgBox関数を使用してきましたが、今回のケースでMsgBox関数を使用すると、「日曜日」〜「土曜日」まで、各変数の値が計7回もメッセージボックスに表示され、決して効果的な値の確認方法とはいえません。

こうしたケースでは、「Debug.Print」を使って、イミディエイトウィンドウで一度に確認するほうがよいでしょう。

配列変数のインデックス番号の下限値を「1」にする

事例54のマクロで解説したとおり、配列変数のインデックス番号は「0」から始まります。しかし、私たちは日常生活の中で、何かモノを数えるときには「1」からカウントします。また、Excelのオブジェクトも「Workbooks(1)」や「Worksheets(1)」のように、インデックス番号は「1」から始まります。

こうした点を踏まえると、配列変数のインデックス番号の下限値が「0」であるのは、違和感がある上に、思わぬプログラミングミスを招くことになりかねません。

そこで、配列変数のインデックス番号を「1」から始める方法を紹介します。

■宣言セクションでOption Baseステートメントを使う

Option Baseステートメントに「1」を指定すると、配列変数のインデックス番号の下限値は「1」になります。Option Baseステートメントは、そのモジュールの中のマクロだけに有効で、ほかのモジュールのマクロには影響しません。

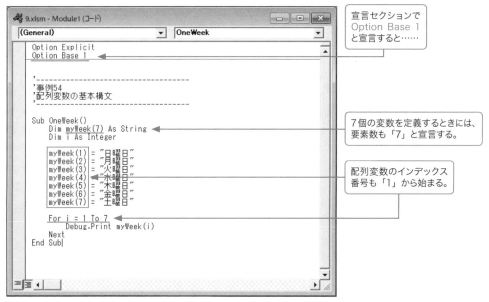

●図9-2　Option Baseステートメントの使い方

Option Baseステートメントには「0」か「1」しか指定できません。

```
Option Base 2
```

のようなステートメントは誤りです。

また、Option Baseステートメントを指定しなければ、配列のインデックス番号の下限値は「0」になりますので、必然的に、Option Baseステートメントは常に「1」を指定することになります。

■ **配列変数の宣言時に To キーワードを使う**

　配列変数の要素数やインデックス番号の下限値は、Toキーワードでも設定することができます。たとえば、インデックス番号が「1」から始まる7個の要素を持つ配列変数でしたら、以下のように宣言します。

Dim myWeek(1 **To** 7) As String

Option Baseステートメントでインデックス番号の下限値を「1」にした場合の問題点は、そのモジュールのすべてのマクロの配列のインデックス番号の下限値が「1」になってしまうことです。

　また、宣言セクションの「Option Base 1」というステートメントを見落としてマクロの「Dim myWeek(6) As String」という宣言ステートメントを見たときに、インデックス番号が「1」から始まることに気付かずに、配列変数「myWeek」の要素数が7個であると勘違いしてしまう危険性もあります。しかし、Toキーワードを使った宣言方法ならば、そのような心配はありません。

■ **Option Base ステートメントと Array 関数**

　データの集合体、すなわち配列をバリアント型変数に格納するときには、Array関数を使います。

　以下のマクロは、「春」「夏」「秋」「冬」の4つの要素を持った配列をArray関数で作成して、「mySeason」というバリアント型変数に代入し、インデックス番号「1」のデータをメッセージボックスに表示するものです。

● Array 関数を使ったマクロ

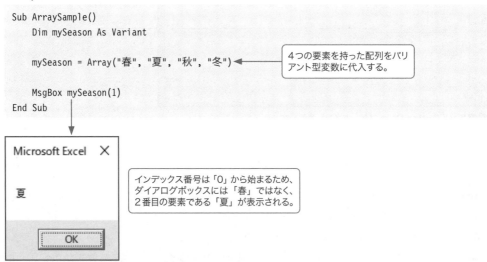

```
Sub ArraySample()
    Dim mySeason As Variant

    mySeason = Array("春", "夏", "秋", "冬")

    MsgBox mySeason(1)
End Sub
```

4つの要素を持った配列をバリアント型変数に代入する。

インデックス番号は「0」から始まるため、ダイアログボックスには「春」ではなく、2番目の要素である「夏」が表示される。

● 図9-3　2番目の要素が表示されたマクロ

しかし、Array関数で生成する配列のインデックス番号の下限値も、Option Baseステートメントで「1」に設定することが可能です。

Part1
Part2

9-1

配列の基本構文

◉ **Option Base ステートメントを記述したマクロ**

```
Option Explicit
Option Base 1
```
配列のインデックス番号の下限値を「1」に設定する。

```
Sub ArraySample()
    Dim mySeason As Variant

    mySeason = Array("春", "夏", "秋", "冬")

    MsgBox mySeason(1)
End Sub
```

Microsoft Excel ×

春

OK

「Option Base 1」によってインデックス番号は「1」から始まるため、メッセージボックスには1番目の要素である「春」が表示される。

◉**図9-4　1番目の要素が表示されたマクロ**

そのほかの配列を操作する関数については373ページで解説します。

配列変数を初期化する

たとえば、文字列型の配列変数でしたら、以下のステートメントで配列変数を初期化できます。

```
For i = 0 To 6
    myWeek(i) = ""
Next
```

しかし、VBAには配列を初期化するEraseステートメントがありますので、以下のようなステートメントで配列の値を初期化するようにしましょう。

```
Erase myWeek
```
配列変数

9-2 動的配列

ReDimステートメントで動的配列を定義する

ほとんどのケースにおいて、配列の要素数はマクロを作成するときにはすでに決定しています。そこで、9-1では、

```
Dim myWeek(6) As String
```

のように、変数の宣言ステートメントの中で配列の要素数も確定してしまう方法を紹介しました。このような配列は「静的配列」と呼ばれますが、状況しだいでは、マクロを実行しなければ要素数が確定しないケースもあります。

こうしたケースでは、「要素数は未定である」と配列を宣言して、マクロの実行中にReDimステートメントで要素数を確定します。このような配列を、静的配列に対して「動的配列」と呼びます。

それでは、サンプルを通してReDimステートメントを学習することにしましょう。ここでは、列Aのセルに入力された氏名を配列変数に格納する事例を用意しました。

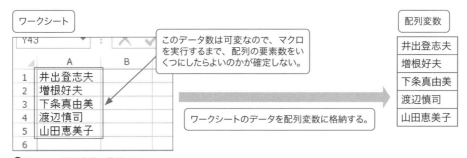

●図9-5　配列変数に格納する

 実際には、ワークシートのデータを変数に格納するときに配列変数を使う必要はありません。この理由については186ページで解説しますが、ここではあくまでも動的配列を理解するための身近な事例として、ワークシートのデータを動的配列に格納することにします。

● 事例55　動的配列変数の基本構文 ([9.xlsm] Module2)

```vba
Option Explicit
Option Base 1

Sub ReDimSample()
    Dim myName() As String

    Dim r As Long, i As Long, n As Long

    Worksheets("3年A組").Activate

    'データが入力された最終行を算出
    n = ActiveSheet.Rows.Count
    r = Cells(n, 1).End(xlUp).Row

    ReDim myName(r)

    For i = 1 To r
        myName(i) = Cells(i, 1).Value
    Next

    For i = 1 To r
        Debug.Print myName(i)
    Next
End Sub
```

配列のインデックス番号の下限値を「1」に設定する。

動的配列変数は、このように、
変数名()
の構文で定義する。この時点では、まだ要素数は指定しない。

ここで算出した「r」が、配列の要素数となる。

ReDimステートメントで、配列の要素数を確定する。今回のケースでは、要素数は「5」となる。

配列変数にセルのデータを格納する。

このステートメントによって、各変数の値がイミディエイトウィンドウに出力される。

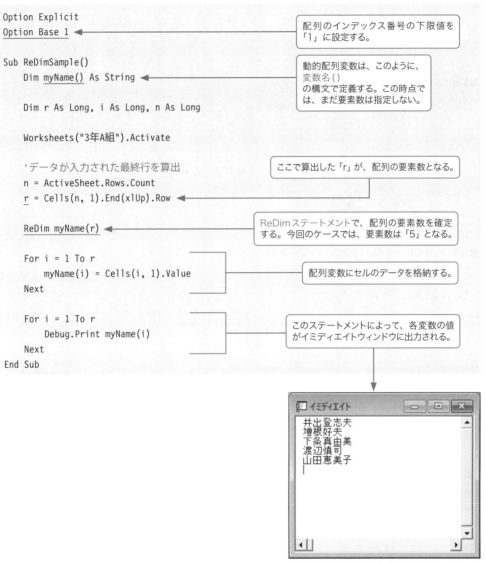

　イミディエイト

井出登志夫
増根好夫
下条真由美
渡辺慎司
山田恵美子

● 図9-6　事例55の実行結果

配列の要素数を求める

VBAには、配列のサイズを求めるために、LBound関数とUBound関数の2つの関数が用意されています。

■LBound関数

配列のインデックス番号の下限値を求めます。

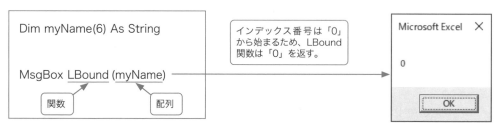

●図9-7 「Option Base 1」ステートメントを宣言しない場合

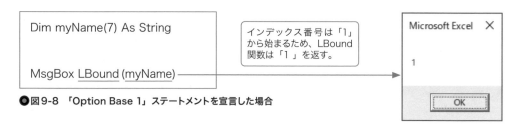

●図9-8 「Option Base 1」ステートメントを宣言した場合

■UBound関数

配列のインデックス番号の上限値を求めます。

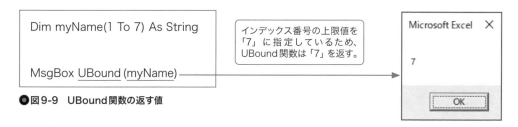

●図9-9 UBound関数の返す値

「Option Base 1」ステートメントなどでインデックス番号の下限値が「1」に設定されていれば、UBound関数が返す値がそのまま配列の要素数となりますが、インデックス番号が「0」から始まるケースもありますので、結果的に配列の要素数は、

```
UBound(myName) - LBound(myName) + 1
```

で求まります。

なお、配列の要素すべてに対してFor...Nextステートメントで処理を行うときには、このLBound関数とUBound関数の返す値の範囲内でループすればよいわけですから、事例55のマクロは以下のように書き換えることができます。

● 事例56　**LBound 関数とUBound 関数でループする ([9.xlsm] Module2)**

```
Option Explicit
Option Base 1

Sub ReDimSample2()
    Dim myName() As String

    Dim r As Long, i As Long, n As Long

    Worksheets("3年A組").Activate

    n = ActiveSheet.Rows.Count
    r = Cells(n, 1).End(xlUp).Row

    ReDim myName(r)

    For i = LBound(myName) To UBound(myName)
        myName(i) = Cells(i, 1).Value
    Next

    For i = LBound(myName) To UBound(myName)
        Debug.Print myName(i)
    Next
End Sub
```

> インデックス番号の下限値から上限値までループする。

確かに、事例55のFor...Nextステートメントのほうが可読性は高いので、無理にLBound関数とUBound関数を使う必要はありませんが、事例56のFor...Nextステートメントの場合には、配列のインデックス番号の下限値が「0」と「1」のどちらに設定されているのかを意識する必要がない分、プログラミングの精度は高くなります。

また、状況しだいでは、UBound関数でインデックス番号の上限値を求めなければならないケースもありますので、このテクニックはぜひともマスターしてください。

配列の値を保持したまま要素数を変更する

　ReDim ステートメントで、マクロの実行中に配列の要素数を確定する方法は理解できたと思います。この ReDim ステートメントは、マクロ内で何回でも使用することができます。つまり、配列の要素数はマクロ内で何回でも変更できるわけです。しかし、ReDim ステートメントには配列に格納された値を破棄してしまうという性質があります。と言ってもピンときませんね。

　ここでは、「3年A組」シートの列Aのデータをまず配列変数に格納し、次に、その配列変数に「3年B組」の列Aのデータを追加するというサンプルを用意しました。このサンプルを通して、ReDim ステートメントには配列の値を破棄する性質がある点と、それを回避する Preserve キーワードというテクニックをマスターしてください。

●図9-10　2つのシートのデータを1つの配列変数に格納する

●事例57　配列の値を保持したまま要素数を変更する（[9.xlsm] Module3）

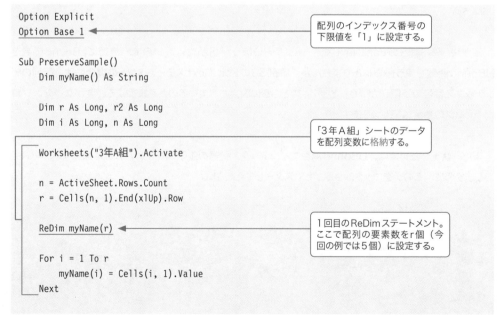

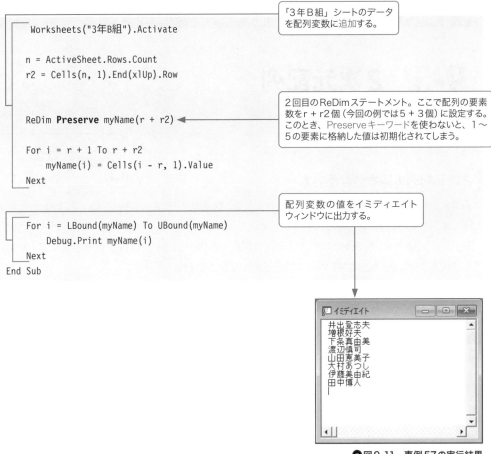

「3年B組」シートのデータ
を配列変数に追加する。

```
    Worksheets("3年B組").Activate

n = ActiveSheet.Rows.Count
r2 = Cells(n, 1).End(xlUp).Row


ReDim Preserve myName(r + r2)

For i = r + 1 To r + r2
    myName(i) = Cells(i - r, 1).Value
Next
```

2回目のReDimステートメント。ここで配列の要素
数をr + r2個（今回の例では5 + 3個）に設定する。
このとき、Preserveキーワードを使わないと、1〜
5の要素に格納した値は初期化されてしまう。

```
For i = LBound(myName) To UBound(myName)
    Debug.Print myName(i)
Next
End Sub
```

配列変数の値をイミディエイト
ウィンドウに出力する。

●図9-11　事例57の実行結果

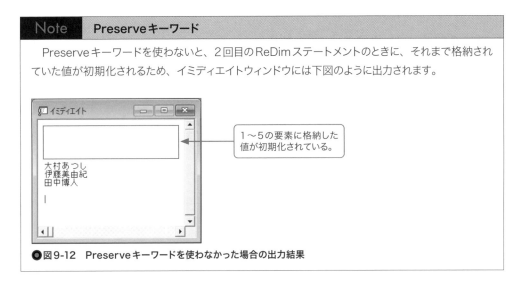

Note　Preserveキーワード

Preserveキーワードを使わないと、2回目のReDimステートメントのときに、それまで格納されていた値が初期化されるため、イミディエイトウィンドウには下図のように出力されます。

1〜5の要素に格納した
値が初期化されている。

●図9-12　Preserveキーワードを使わなかった場合の出力結果

9-3 2次元配列

2次元配列の基本的な使い方

見慣れたExcelのワークシートは、行と列からなる2次元のマトリクスです。また、ピボットテーブルを使えば3次元の表も作成可能です。

同様に、VBAでも2次元や3次元の「多次元配列」を扱うことができます。仕様的には最大60次元の配列まで使えますが、現実的には2次元配列が使いこなせれば十分です。

まず、以下のような行と列からなる2次元のデータを想定してください。

●表9-1 2次元のデータ例

行／列	1（氏名）	2（会社名）
1	大村あつし	フェニックス
2	加藤美奈	IDE倉庫
3	飯島拓朗	大富

そして、以下のマクロは、このデータを2次元配列に格納して、イミディエイトウィンドウに出力するものです。

●事例58 2次元配列の基本的な使い方（[9.xlsm] Module4）

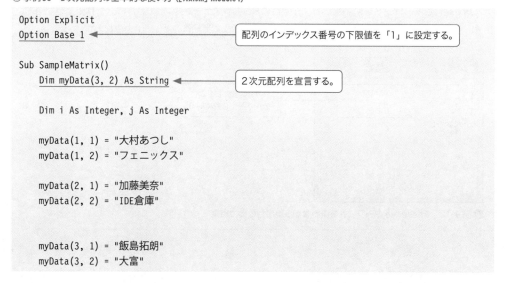

```
Option Explicit
Option Base 1          ←  配列のインデックス番号の下限値を「1」に設定する。

Sub SampleMatrix()
    Dim myData(3, 2) As String   ←  2次元配列を宣言する。

    Dim i As Integer, j As Integer

    myData(1, 1) = "大村あつし"
    myData(1, 2) = "フェニックス"

    myData(2, 1) = "加藤美奈"
    myData(2, 2) = "IDE倉庫"


    myData(3, 1) = "飯島拓朗"
    myData(3, 2) = "大富"
```

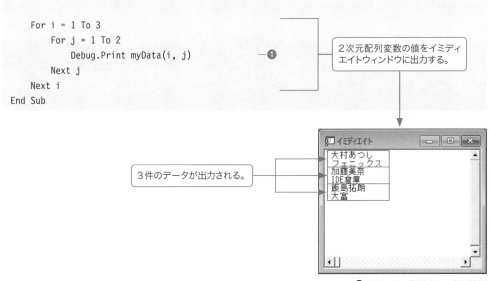

```
    For i = 1 To 3
        For j = 1 To 2
            Debug.Print myData(i, j)        ─❶
        Next j
    Next i
End Sub
```

2次元配列変数の値をイミディエイトウィンドウに出力する。

3件のデータが出力される。

●図9-13　事例58の実行結果

このように、2次元配列は、Excelのワークシートにたとえると「(行, 列)」形式で定義されます。

```
Dim myData(3, 2) As String
```

行　列

　ということは、2次元配列は、同じく「(行, 列)」形式のCellsプロパティと親和性が高いということになります。したがって、事例58の❶のステートメントを、

```
Cells(i, j).Value = myData(i, j)
```

と書き換えれば、変数の値を下図のようにセルに展開できるわけです。

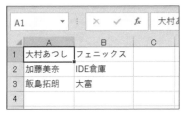

●図9-14　配列変数の値をセルに展開する

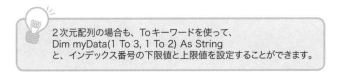

2次元配列の場合も、Toキーワードを使って、
Dim myData(1 To 3, 1 To 2) As String
と、インデックス番号の下限値と上限値を設定することができます。

185

２次元配列を使うときには、このように常にExcelのワークシートの構成を意識するようにしてください。

Excelでは、行方向にデータ、列方向に項目（この例では氏名と会社名）を入力します。つまり、この方向と一致するように２次元配列にデータを格納しないと、下図のような不具合が発生する原因となりますので十分に注意してください。

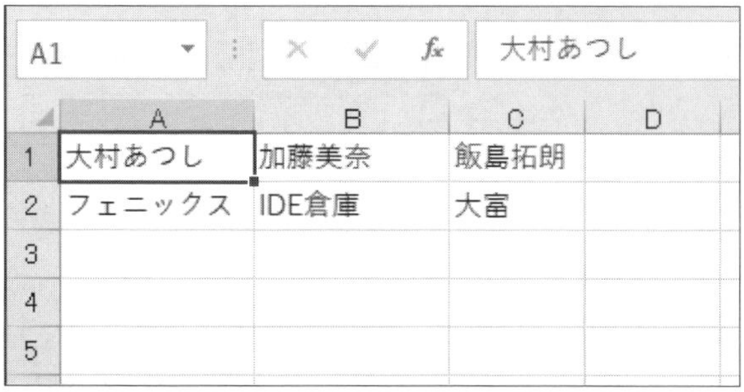

●図9-15　行と列を間違えて２次元配列にデータを格納した場合

確かに、２次元配列とCellsプロパティは、ともにデータを「(行, 列)」形式で扱いますので、今紹介した、

```
Cells(i, j).Value = myData(i, j)
```

は一見効率的ですが、Excel VBAではさらに効率的な方法で２次元配列を扱うことができます。

この方法について解説することにしましょう。

セル範囲の値をバリアント型変数に代入する

マクロの中で、セルの値を以下のように変数に代入するケースは頻繁にあります。

```
Dim myData As String
myData = Range("A1").Value
```

それでは、A1:E10のようなセル範囲の値を変数に格納するときにはどうすればよいのでしょう。単純に考えると、セル範囲は行と列の２次元の表ですから、ここで学習した２次元の配列変数を利用したくなります。

しかし、Excel VBAでは、セル範囲の値をバリアント型変数に代入すると、その変数は自動的に２次元の配列変数となります。

以下のサンプルは、Excel VBAのこの特性を証明するために用意しました。Excel VBAならではの隠れた、しかし使えるテクニックです。

● 事例59　セル範囲の値をバリアント型変数に代入する（[9.xlsm] Module4）

```
Option Explicit
Option Base 1

Sub RangeToVariant()
    Dim myData As Variant        ← 2次元のセル範囲のデータを格納する
                                    ためのバリアント型変数
    Dim r As Integer, c As Integer

    Worksheets("コピー元").Activate
                                    2次元のセル範囲のデータを
                                    バリアント型変数に格納する。
    myData = Range("A1").CurrentRegion.Value    ─❶

                                    1個目の次元の要素
                                    数を変数に代入する。
    r = UBound(myData, 1)           ─❷
    c = UBound(myData, 2)           ─❸
                                    2個目の次元の要素
                                    数を変数に代入する。
    Worksheets("コピー先").Activate

                                    ❶のステートメントで2次元配列
    Range(Cells(1, 1), Cells(r, c)).Value = myData    ─❹    となったバリアント型変数の値を
End Sub                                                      セル範囲に代入する。
```

　このサンプルを、下図のようなワークシートに対して実行すると、❶のステートメントによって、変数「myData」は5行3列の2次元配列となります。

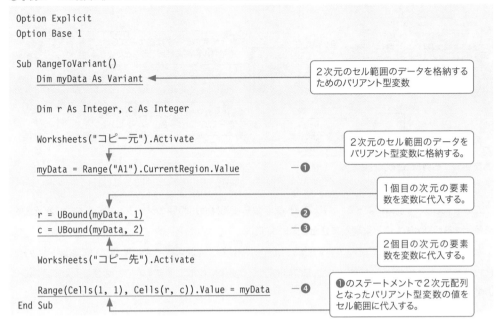

バリアント型変数「myData」の内容

行／列	1	2	3
1	大村あつし	フェニックス	静岡
2	加藤美奈	IDE倉庫	東京
3	飯島拓朗	大富	愛知
4	中野康平	DORA	神奈川
5	谷本しおり	日本商事	宮城

● 図9-16　事例59 ❶の実行結果

　したがって、❷・❸のステートメントによって変数「r」には「5」が、変数「c」には「3」が格納されます。

　そして、もう1つ重要な点ですが、2次元配列のバリアント型変数をセル範囲に転記するときに、For...Nextステートメントのようなループ処理をする必要はありません。❹のステートメントで、下図のように一度に配列のデータが転記できるのです。

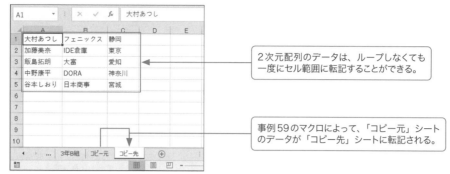

● 図9-17　事例59 ❹の実行結果

この事例59のマクロによって、バリアント型変数を使えばセル範囲のデータを扱うときに2次元配列を使用する必要がないことは理解できたと思います。

ただし、同様の処理はCopyメソッドとPasteメソッドでも実現可能です。本書ではCopyメソッドとPasteメソッドは紹介していませんが、マクロの記録で簡単に作成できますので、ぜひご自分で確認してみてください。

また、185ページで、ループの中で、

```
Cells(i, j).Value = myData(i, j)
```

というステートメントを実行すれば、2次元配列のデータをセル範囲に転記できることを紹介しましたが、事例59のマクロを学んだ今では、わざわざループするのは決して効率的ではないことが理解できたと思います。

変数「myData」が、

```
Dim myData(3, 2) As String
```

と定義された2次元配列の場合、わざわざループしなくても、

```
Range(Cells(1, 1), Cells(3, 2)).Value = myData
```

というステートメントで、一度にセル範囲にデータを転記できるからです。

Note	複数のセルの値を一括代入した場合の配列の下限値

バリアント型の変数に複数のセルの値を一括代入した場合、Option Base 1ステートメントを使わなくても配列の下限値は「1」に設定されますが、混乱を避けるためにも、やはりOption Base 1ステートメントを使うことをお勧めします。

9-4 変数の宣言場所と有効期間

変数は宣言セクションでも定義できる

　本書ではこれまで、当たり前のようにマクロの中で変数を定義して使用してきました。しかし、変数にはもう1つの宣言場所があります。それは、モジュールの先頭から最初のマクロまでの間の「宣言セクション」です。

　下図で確認してください。

●図9-18　宣言セクション

116ページで述べたとおり、変数に日本語を使うのはお勧めできませんが、ここでは解説をわかりやすくするために日本語の変数名を使用しています。

　それでは次に、マクロ内で宣言した変数と、宣言セクションで宣言した変数の相違点について解説することにします。

変数の適用範囲と有効期間

■マクロレベル変数の適用範囲と有効期間

まず、変数の「適用範囲」から話を始めましょう。

前ページの図では、変数「myマクロNo」は、マクロ「NumberAdd1」の中で宣言されています。このような「マクロレベル変数」は、そのマクロの中でしか使用できません。したがって、もし変数「myマクロNo」を、マクロ「NumberAdd2」内で使用するとエラーが発生します。

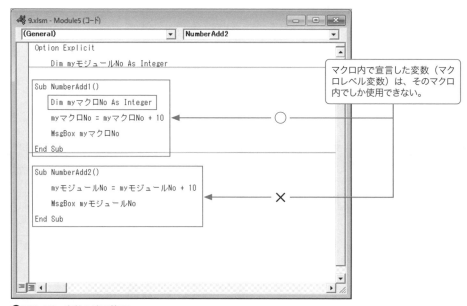

```
9.xlsm - Module5 (コード)

(General)                              NumberAdd2

Option Explicit

    Dim myモジュールNo As Integer

Sub NumberAdd1()

    Dim myマクロNo As Integer

    myマクロNo = myマクロNo + 10            ◯

    MsgBox myマクロNo

End Sub


Sub NumberAdd2()

    myモジュールNo = myモジュールNo + 10       ✕

    MsgBox myモジュールNo

End Sub
```

> マクロ内で宣言した変数（マクロレベル変数）は、そのマクロ内でしか使用できない。

●図9-19　変数の適用範囲

次に変数の「有効期間」に話を移します。「有効期間」とは、変数の値がいつ初期化されるのか、言い換えれば、いつまでその値を保持できるのか、その期間のことを指します。

試しに、[9.xlsm]の「Module5」にあるマクロ「NumberAdd1」を、何度も実行してみてください。[F5]キーを何度押しても、毎回メッセージボックスには「10」が表示されます。

この実験は、変数「myマクロNo」の値が、マクロの実行が終了するたびに「0」に初期化されていることを表しています。すなわち、マクロレベル変数の有効期間はマクロの実行中に限られるということです。

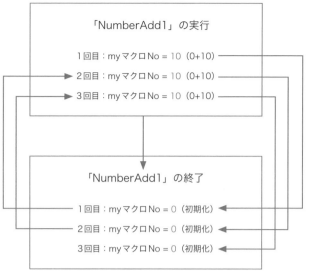

● 図9-20 「NumberAdd1」を複数回実行したときの変数「myマクロNo」の変化

■モジュールレベル変数の適用範囲と有効期間

　一方、変数「myモジュールNo」は、宣言セクションで宣言されています。このような「モジュール
レベル変数」は、そのモジュールにあるすべてのマクロ内で使用できます。したがって、変数「myモ
ジュールNo」は、マクロ「NumberAdd1」の中でも「NumberAdd2」の中でも使えます。

　ただし、別のモジュールにあるマクロの中では使用できません。

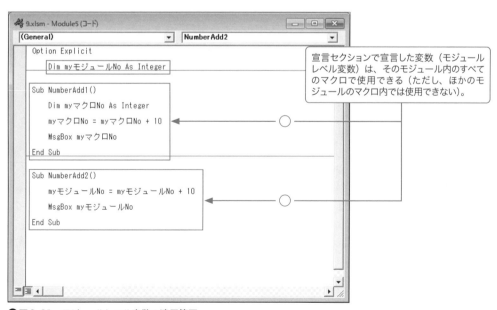

● 図9-21　モジュールレベル変数の適用範囲

次に、モジュールレベル変数の有効期間ですが、モジュールレベル変数に代入された値は、マクロの実行が終了してもそのまま保持され続けます。

したがって、モジュールレベル変数「myモジュールNo」を使用しているマクロ「NumberAdd2」の場合には、実行するたびに、メッセージボックスに表示される値が「10→20→30」と変化していきます。

実際に、[9.xlsm]の「Module5」にあるマクロ「NumberAdd2」を [F5] キーで何度も実行して確認してください。

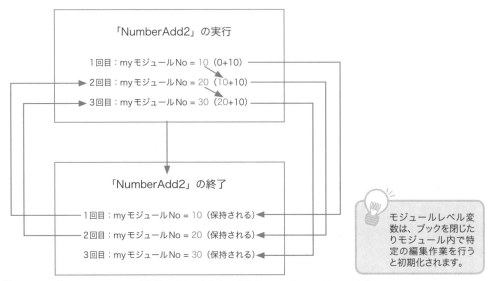

モジュールレベル変数は、ブックを閉じたりモジュール内で特定の編集作業を行うと初期化されます。

●図9-22 「NumberAdd2」を複数回実行したときの変数「myモジュールNo」の変化

Note　すべてのモジュールで使える変数

変数をすべてのモジュールのマクロで使用できるようにするためには、Dimステートメントではなく、以下のようにPublicステートメントで宣言してください。

```
Public 変数 As Integer
```

Publicステートメントは、変数を複数のマクロで使用できるようにするためのステートメントですから、記述する場所はもちろん宣言セクションです。もし、マクロ内でPublicステートメントを使って変数を宣言するとエラーが発生します。

なお、変数はもう1つ、Privateステートメントでも宣言できます。Privateステートメントも宣言セクションに記述するものですが、Privateステートメントは、変数をそのモジュール内でしか使用できないようにするものなので、Dimステートメントとの違いはありません。

したがって、無理に使用する必要のないステートメントですが、「PublicではなくPrivateである」ことを強調したければ、宣言セクションでDimステートメントの代わりにPrivateステートメントを使うのもよいでしょう。

マクロレベルの静的変数

マクロレベル変数は、マクロの実行が終了すると、その値は初期化されます。

しかし、以下のようにStaticステートメントで定義された変数は、マクロの実行が終了してもその値は保持されます。

●事例60　Staticステートメントの基本的な使い方（[9.xlsm] Module6）

```
Sub StaticSample()
    Static myNum As Integer     ─❶

    myNum = myNum + 10

    MsgBox myNum
End Sub
```

❶のようにStaticステートメントで変数を宣言した場合、このマクロを何回実行しても、変数「myNum」は値を失いませんので、メッセージボックスの内容は、マクロを実行するたびに下図のように変化します。

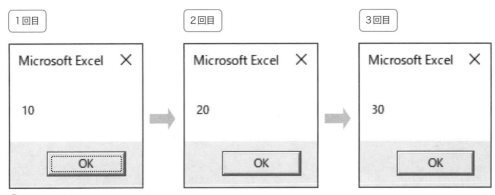

● 図9-23　事例60の複数回の実行結果

このように、Staticステートメントを使うと、適用範囲はモジュールレベルではなくマクロレベルのまま、しかし実行が終了しても値を失わない「静的変数」を定義できます。

VBAでアプリケーションを構築するときなどには、とかくモジュールレベル変数やパブリック変数を必要以上に定義して、変数名がバッティングしてしまうことがありますが、マクロの中で定義する静的変数はこうした問題の有効な解決策となります。

なお、以下のようにSubステートメントの前に「Static」と付けると、そのマクロで定義しているすべての変数が静的変数となります。

●すべての変数を静的変数として扱うマクロ

```
Static Sub MyMacro()
    Dim myNum1 As Integer
    Dim myNum2 As Integer

    myNum1 = myNum1 + 10
    MsgBox myNum1

    myNum2 = myNum2 + 100
    MsgBox myNum2
End Sub
```

　このケースでは、変数「myNum1」「myNum2」ともに静的変数となり、マクロの実行が終了しても値は破棄されずに保持されます。

　このマクロは［9.xlsm］の「Module7」に収録していますので、マクロを何回も実行して、変数の値が増えていく様子を確認してください。

9-5 ユーザー定義定数

Constステートメントを使う

マクロ内で使われる固有の値を「リテラル値」と呼びます。

では、以下のマクロを見てください。

```
Sub CalcTax()

    Range("N2").Value = Range("M2").Value * 0.15

End Sub
```

これは、セルM2に入力されている価格のサービス税を15%と仮定して算出し、セルN2に入力するマクロです。このマクロの場合には、「0.15」というリテラル値を使用しても一向にかまいません。サービス税率が変更になっても、その一文を修正するだけでよいからです。

しかし、もしマクロの中でサービス税を算出するステートメントが何十、何百とあった場合には問題です。該当する箇所をすべて修正しなければならないからです。

こうした問題は、リテラル値の代わりに定数を自分で定義すれば解消することができます。

このマクロを「ユーザー定義定数」を使って書き換えてみましょう。

◉事例61　ユーザー定義定数の基本的な使い方（[9.xlsm] Module6)

```
Sub ConstSample()

    Const myTax As Single = 0.15                    ―❶

    Range("N2").Value = Range("M2").Value * myTax   ―❷

End Sub
```

ユーザー定義定数（❶）は、

```
Const 定数名 As データ型 = 値
```

の形式で、Constステートメントを使って宣言します。

リテラル値である「0.15」の代わりに、ユーザー定義定数の「myTax」を使用します（❷）。

これならば、サービス税率が変更になって修正箇所が膨大になっても、❶のステートメントの「0.15」の部分だけを修正すれば、マクロ内のステートメントは一切修正する必要がなくなります。

ちなみに、Constステートメントの「As データ型」は省略可能です。事例61の場合には、

```
Const myTax = 0.15
```

と宣言することができます。

ユーザー定義定数は、この例のように「リテラル値が変更になる可能性があるとき」にとても有効ですが、それ以外にも、「値の意味がわかりにくいとき」や「値が長すぎるとき」に利用すると効果的です。
たとえば、セルを青色で塗りつぶすときに、「5」というリテラル値では何色かわかりませんが、

```
Const myBlue As Integer = 5
```

と定義しておき、マクロの中では定数の「myBlue」を使う、という方法もあります。

また、「C:¥MyDocuments¥ExcelBook¥2020年10月¥」のような値をリテラル値として使うとマクロは非常に読みづらくなりますので、

```
Const myFolder As String = "C:¥MyDocuments¥ExcelBook¥2020年10月¥"
```

のように、あらかじめ定数化しておくというテクニックもあります。

Constステートメントは、宣言セクションでも使えます。この場合、定数を定義したモジュール内のすべてのマクロでその定数が使えます。
また、ほかのモジュールのマクロでもその定数を使うときには、「Public Const～」のようにPublicステートメントを使ってください。

ユーザーフォーム

10-1 ユーザーフォームとは？

自由にカスタマイズできるダイアログボックス

VBAで作成したマクロの実行中に、ユーザーに何らかの情報を入力してもらいたいことがあります。こうしたケースでは、MsgBox関数を使って［はい］［いいえ］［キャンセル］などのボタンから選択してもらったり、InputBoxメソッド（もしくはInputBox関数）を使ってデータを入力してもらうことができます。

ただし、MsgBox関数やInputBoxメソッドには、複数のデータをまとめて入力することができないという欠点があります。

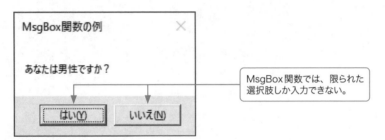

MsgBox関数では、限られた選択肢しか入力できない。

●図10-1　MsgBox関数の例

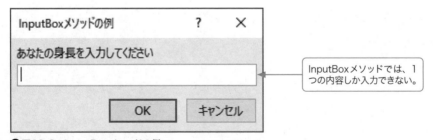

InputBoxメソッドでは、1つの内容しか入力できない。

●図10-2　InputBoxメソッドの例

このような場面では、ユーザーフォームが役に立ちます。ユーザーフォームを使うと、テキストボックスやコマンドボタンなどのコントロールを自由に配置したダイアログボックスが作成できるため、ユーザーに複数のデータを1つの画面で入力してもらうことができます。

なお、コントロールについてはChapter 11～Chapter 13で詳細に解説しています。

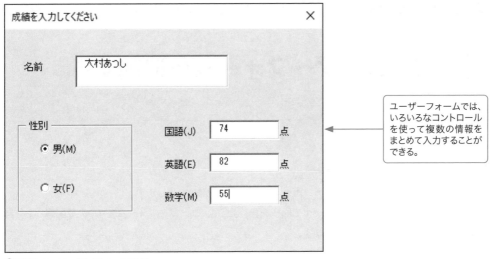

ユーザーフォームでは、いろいろなコントロールを使って複数の情報をまとめて入力することができる。

●図10-3　ユーザーフォームの例

| Note | マクロ内で制御することができる |

　ユーザーフォームやそこに配置したコントロールは、VBAのコードを組み合わせることで、入力されたデータを取得して任意のセルへ書き込むなどの処理が自由に行えます。

　さらに、ユーザーフォームや配置したコントロールのプロパティやメソッド、イベントなどをVBAから操作して入力されたデータをチェックするなど、きめの細かい処理を行うことも可能です。

10-2 ユーザーフォームを追加する

ユーザーフォームを追加する

ここでは、VBEでブックにユーザーフォームを追加する方法を解説します。

方法はとても簡単で、WordやExcelで図形を描くように、ユーザーフォームをマウスで配置して、自分好みにサイズなどの外観を調整します。

ユーザーフォームは、VBEの[標準]ツールバーの[ユーザーフォームの挿入]ボタンをクリックすると追加されます。

●図10-4 [ユーザーフォームの挿入]ボタン

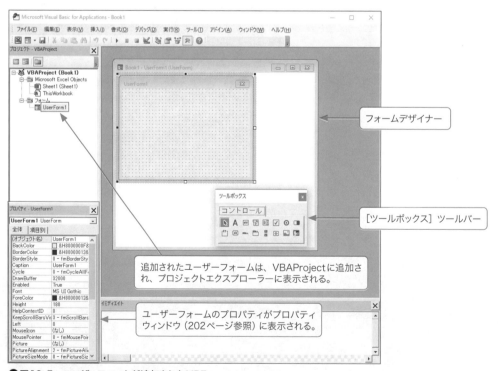

●図10-5 ユーザーフォームが追加されたVBE

追加されたユーザーフォームは、フォームデザイナーのウィンドウに表示されます。
では、この状態でユーザーフォームを選択して、F5 キーを押してみましょう。

●図10-6　F5 キーを押した結果

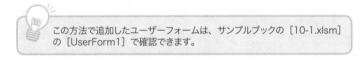
この方法で追加したユーザーフォームは、サンプルブックの［10-1.xlsm］
の［UserForm1］で確認できます。

上図のように、ユーザーフォームが表示されます。

ここで紹介した、ユーザーフォームを追加してユーザーフォームを実行する手順は、今後、解説の際
に頻繁に行います。今後はこの操作は省いて解説しますので、ここできちんとマスターしてください。

10-3 プロパティウィンドウ

プロパティウィンドウを使ってプロパティを設定する

プロパティウィンドウは、標準の状態ではVBEの左下の領域に表示されており、ユーザーフォームやコントロールのプロパティを設定するときに利用します。

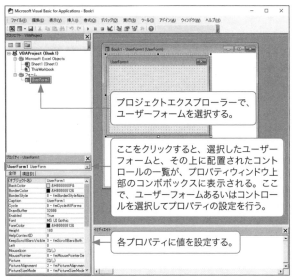

プロジェクトエクスプローラーで、ユーザーフォームを選択する。

ここをクリックすると、選択したユーザーフォームと、その上に配置されたコントロールの一覧が、プロパティウィンドウ上部のコンボボックスに表示される。ここで、ユーザーフォームあるいはコントロールを選択してプロパティの設定を行う。

各プロパティに値を設定する。

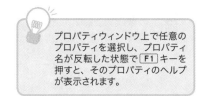

プロパティウィンドウ上で任意のプロパティを選択し、プロパティ名が反転した状態で [F1] キーを押すと、そのプロパティのヘルプが表示されます。

●図10-7　プロパティウィンドウ

プロパティの値の設定には、直接、文字を入力して編集するタイプと、コンボボックスなどで選択できるタイプ、設定用のウィンドウが別に開いて設定を行うタイプがあります。

ユーザーフォームのプロパティ一覧

プロパティウィンドウにはさまざまなプロパティが列挙されています。詳しい設定方法などは随時説明するとして、それぞれの簡単な説明をまとめておきましょう。

●表10-1　ユーザーフォームのプロパティ一覧

プロパティ名	説明
ActiveControl	フォーム上のフォーカスを持っているコントロールを取得する
BackColor	背景色を設定する

BorderColor	枠の色を設定する（BorderStyle が 1 の場合のみ有効）
BorderStyle	フォームの枠に線を引く／引かないを設定する
CanPaste	サポートしている形式のデータがクリップボードにあるかどうかを取得する
CanRedo	「元に戻す（Undo）」で行った処理を取り消すことができるかどうかを取得する
CanUndo	「元に戻す（Undo）」の処理を行うことができるかどうかを取得する
Caption	タイトルバーに表示される文字列を設定する
Controls	フォーム上に配置されたコントロールのコレクションを取得する
Cycle	フレームコントロール上の最後のコントロールにフォーカスがあるときに Tab キーが押された場合の動作を設定する
DrawBuffer	フォームの描画に用いるメモリ上のバッファのサイズを一度に描画できる最大のピクセル数で設定する
Enabled	フォームへの入力の有効／無効を設定する
Font	フォーム上に配置するコントロールの標準フォントを設定する
ForeColor	フォーム上に配置するコントロールの標準の前景色を設定する
Height	フォームの高さを設定する
HelpContextID	フォームと関連付けるヘルプトピックのコンテキスト ID を設定する
InsideHeight	フォームのクライアント領域の高さを取得する
InsideWidth	フォームのクライアント領域の幅を取得する
KeepScrollBarsVisible	水平および垂直スクロールバーを常に表示する／しないを設定する
Left	StartupPosition が 0 のときにフォームが表示される水平位置を設定する
MouseIcon	マウスのポインタとして用いるビットマップを設定する（MousePointer が 99 の場合のみ有効）
MousePointer	マウスポインタの形状を既定の選択肢から設定する
Name	コントロールまたはオブジェクトの名前を設定する
Picture	フォームの背景に用いる画像ファイルを設定する
PictureAlignment	Picture に画像を設定した場合に、画像を表示する位置を設定する
PictureSizeMode	Picture に画像を設定した場合に、フォームのサイズに合わせて画像のサイズを調整する方法を設定する
PictureTiling	Picture に画像を設定した場合に、画像をタイル表示する／しないを設定する
RightToLeft	アラビア語など、右から左へ文字を書くシステムへの対応
ScrollBars	水平および垂直スクロールバーを表示する／しないを設定する
ScrollHeight	スクロールバーを動かすことによって表示できる高さをポイント単位で設定する
ScrollLeft	表示されているフォームの左端の位置をポイント単位で設定する
ScrollTop	表示されているフォームの上端の位置をポイント単位で設定する
ScrollWidth	スクロールバーを動かすことによって表示できる幅をポイント単位で設定する
ShowModal	モーダル／モードレスを設定する
SpecialEffect	フォームの枠のスタイルを設定する
StartupPosition	フォームが表示されるときの位置を設定する
Tag	ユーザーが任意の値を設定できるプロパティ
Top	StartupPosition が 0 のときに、フォームが表示される垂直位置を設定する
VerticalScrollBarSide	垂直スクロールバーを左右のどちらに表示するかを設定する
Visible	フォームの表示／非表示の状態を取得する
WhatsThisButton	フォームのタイトルバーに ? ボタンを表示する／しないを設定する
WhatsThisHelp	コンテキストヘルプを使用する／しないを設定する
Width	フォームの幅を設定する
Zoom	フォームを表示するときの拡大率を設定する

10-4 ユーザーフォームのタイトルバーや背景を設定する

タイトルバーの文字列を設定する

ユーザーフォームのタイトルバーに表示される文字列は、Captionプロパティで設定します。ここでは、例としてタイトルバーに表示される文字列を「VBAの学習」としています。

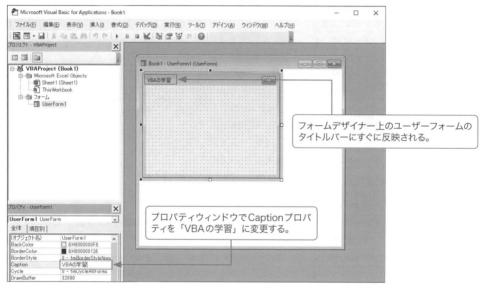

フォームデザイナー上のユーザーフォームのタイトルバーにすぐに反映される。

プロパティウィンドウでCaptionプロパティを「VBAの学習」に変更する。

● 図10-8　タイトルバーの文字列を変更する

それでは、この状態でユーザーフォームを選択して、F5 キーを押してみましょう。

● 図10-9　F5 キーを押した結果

設定したCaptionプロパティの値が反映されていることがわかります。

この方法でタイトルバーの文字列を変更したユーザーフォームは、サンプルブックの［10-1.xlsm］の「UserForm2」で確認できます。

背景色を設定する

ユーザーフォームのBackColorプロパティで背景色を設定することができます。このプロパティをデザイン時に設定する場合は、プロパティウィンドウで、コンボボックスから値を選択します。

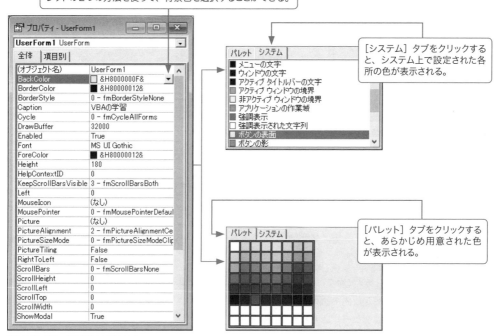

●図10-10　背景色を変更する

F5 キーでユーザーフォームを表示すると、背景色が反映されていることがわかります。サンプルブック［10-1.xlsm］の「UserForm3」で確認してください。

背景に画像を表示する

ユーザーフォームのPictureプロパティに画像ファイルを設定すると、ユーザーフォームの背景にその画像ファイルを表示することができます。

画像ファイルには、BMP形式やGIF形式、JPEG形式などのファイルが利用できます。BackColorプロパティを設定している場合は、背景色の手前に画像が表示されます。

　下図のように操作すると、［ピクチャの読み込み］ダイアログボックスが表示されるので、フォルダーを選択し、任意の画像を選んで［開く］ボタンをクリックしてください。

Pictureプロパティの右端の
［...］ボタンをクリックする。

●図10-11　背景に画像を設定する方法

 ［ピクチャの読み込み］ダイアログボックスは、プロパティウィンドウでPicture
プロパティの行のプロパティ名（Picture）の欄をダブルクリックしても開きます。

　ここでは、サンプルブックと一緒にダウンロードできる「temple.bmp」を前もって「ドキュメント」フォルダーにコピーしておきます。

　また、画像サイズが大きすぎると、次ページの操作が確認できませんので、ご自分の画像を利用する場合は、縦横150ピクセル以内の画像を選択してください。

　では、　F5　キーでユーザーフォームを表示してみましょう。

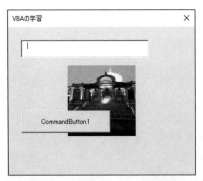

●図10-12　ユーザーフォームの実行結果

画像がユーザーフォームの中央に表示されていることがわかります（表示位置の変更方法は次の「PictureAlignmentプロパティ」の項目で紹介します）。また、この図のように、コントロールがある場合は、画像はコントロールの背後に表示されます。

この方法で画像を配置したユーザーフォームは、サンプルブック［10-1.xlsm］の「UserForm4」で確認できます。

逆に、ユーザーフォームに貼り付けた画像を削除するときには、プロパティの値を「（なし）」にします。

プロパティの値の欄にマウスカーソルを置いて Delete キーを押すと、たとえば、BMP形式の画像を選択していたら、Pictureプロパティが「（ビットマップ）」から「（なし）」に変わって、画像が削除されます。

Pictureプロパティに画像を指定している場合は、さらにPictureAlignment、PictureSizeMode、PictureTilingの3つのプロパティを使って、画像の表示方法を細かく設定することができます。

それぞれのプロパティの行を選択し、以下の例を参考に目的のものを選択してください。

■PictureAlignmentプロパティ

PictureAlignmentプロパティを使うと、背景に表示する画像の位置を左上に合わせたり、中央に表示するなどの設定ができます。

●表10-2　PictureAlignmentプロパティの値

fmPictureAlignmentTopLeft	左上に合わせて表示
fmPictureAlignmentTopRight	右上に合わせて表示
fmPictureAlignmentCenter	中央に表示（既定値）
fmPictureAlignmentBottomLeft	左下に合わせて表示
fmPictureAlignmentBottomRight	右下に合わせて表示

●図10-13　PictureAlignment = fmPictureAlignmentTopLeftの場合

上図のユーザーフォームは、サンプルブック［10-1.xlsm］の「UserForm5」で確認できます。

■PictureSizeModeプロパティ

PictureSizeModeプロパティを使うと、背景に表示する画像をフォームのサイズに合わせて引き伸ばして表示するように設定できます。

●表10-3　PictureSizeModeプロパティの値

fmPictureSizeModeClip	画像の元のサイズのままで表示して、フォームからはみ出す部分は切り捨てる（既定値）
fmPictureSizeModeStrech	画像をフォームのサイズに合わせて表示する。画像の縦横の比率がゆがむ場合がある
fmPictureSizeModeZoom	画像をフォームのサイズに合わせて表示するが、縦横の比率は変更しない

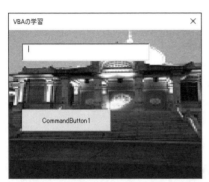

●図10-14　PictureSizeMode = fmPictureSizeModeStrechの場合

上図のユーザーフォームは、サンプルブック［10-1.xlsm］の「UserForm6」で確認できます。

■PictureTilingプロパティ

PictureTilingプロパティをTrueに設定すると、画像をタイル状に敷きつめて、連続して表示させることができます（既定値はFalse）。

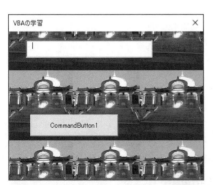

●図10-15　PictureTiling = Trueの場合

上図のユーザーフォームは、サンプルブック［10-1.xlsm］の「UserForm7」で確認できます。

10-5 ユーザーフォームの主なイベント

マウスでクリックされたときに処理を行う

クリックやキーを押すなどのユーザーの特定の操作のことを「イベント」と呼びます。VBAでは、イベントが発生したときに何らかの処理を行いたいときには「イベントマクロ」を作成して、そのコードの中でしかるべき処理を実行します。

ユーザーフォーム上でマウスをクリックするとClickイベントが、ダブルクリックするとDblClickイベントが発生します。これらの「イベント」に対応する「イベントマクロ」を作成すると、それぞれのイベントが発生したときに任意の処理を実行できるようになります。

では、ユーザーフォームのClickイベントマクロとDblClickイベントマクロをあわせて解説することにします。

まず、ブックにユーザーフォームを追加してください（オブジェクト名は「UserForm1」のまま）。そして、ユーザーフォームを右クリックして、ショートカットメニューを表示し、[コードの表示] をクリックします。

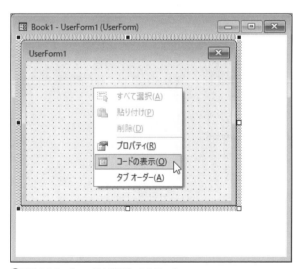

●図10-16 ［コードの表示］をクリック

すると、下図のように「UserForm1」のコードウィンドウが表示されます。

このClickイベントマクロの部分は最初から表示されている。

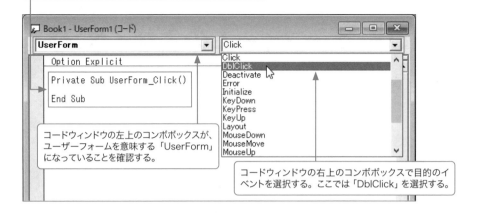

コードウィンドウの左上のコンボボックスが、
ユーザーフォームを意味する「UserForm」
になっていることを確認する。

コードウィンドウの右上のコンボボックスで目的のイ
ベントを選択する。ここでは「DblClick」を選択する。

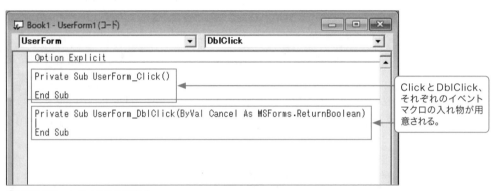

ClickとDblClick、
それぞれのイベント
マクロの入れ物が用
意される。

●図10-17　イベントマクロの作成

　では、事例62を参考にコードを記述して、ClickとDblClick、それぞれのイベントマクロを完成させ
てください。

●事例62　マウスでクリックされたときに処理を行う（[10-2.xlsm] UserForm1）

```vb
Private Sub UserForm_Click()

    UserForm1.Caption = "クリック！"

End Sub

Private Sub UserForm_DblClick(ByVal Cancel As MSForms.ReturnBoolean)

    UserForm1.Caption = "ダブルクリック！"

End Sub
```

これで、マクロは完成です。 F5 キーでユーザーフォームを表示してください。

ユーザーフォーム上でクリックしたり、ダブルクリックすると、ユーザーフォームのタイトルバーの文字列がそれに合わせて変更されます。プロパティは、このように実行中にVBAのコードから変更することもできるのです。

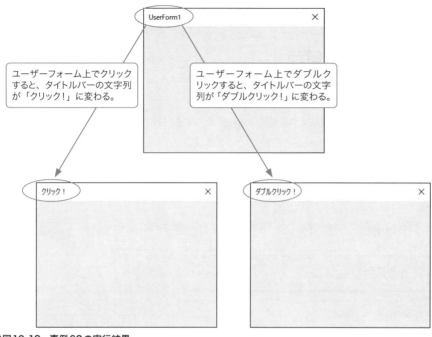

●図10-18　事例62の実行結果

ここで説明した手順でイベントマクロを作成すると、次回からは、コードウィンドウの右上のコンボボックスからイベント名を選択すれば、そのイベントマクロの先頭行へ直接ジャンプできます。コードウィンドウのスクロールバーでイベントマクロを探す必要はありません。

Note　Privateキーワードと、マクロタイトルの右の文字列

以下のコードは、DblClickイベントマクロのタイトルです。

```
Private Sub UserForm_DblClick(ByVal Cancel As MSForms.ReturnBoolean)
```

これまで作成してきたマクロとは明らかにタイトルの外観が違うことに気付くと思います。

まず、先頭のPrivateキーワードですが、Privateキーワードに関してはChapter 17「マクロの連携とユーザー定義関数」で学習しますので、ここでは理解する必要はありません。

ちなみに、「Private」を削除してもマクロは正常に動作しますが、イベントマクロにはPrivateキーワードが先頭に付くというのはVBAのプログラミング作法ですので、絶対に削除しないでください。

次に、マクロタイトルの右の( )内の「ByVal Cancel As MSForms.ReturnBoolean」という文字列ですが、こちらも必要に応じて解説していきますので、今の段階で理解する必要はありません（ByValキーワードに関しては403ページで詳細に解説します）。また、この文字列を削除してしまうと、イベントマクロは正常に動作しません。

いずれにしても、自動的に記述されるイベントマクロのタイトルはそのままにして、「絶対に変更や削除をしてはいけない」ということだけは覚えておいてください。

初期化されるときに処理を行う

ユーザーフォームがメモリに読み込まれ、初期化されるときにはInitializeイベントが発生します。このイベントは、ユーザーフォームが表示される直前に、ユーザーフォームや配置したコントロールのプロパティを設定したり、処理に必要な変数の値を初期化したりするために使います。

では、ユーザーフォームのInitializeイベントマクロを作成してみましょう。

まず、ブックにユーザーフォームを追加してください（オブジェクト名は「UserForm1」のまま）。そして、ユーザーフォームを右クリックして、ショートカットメニューを表示し、[コードの表示]をクリックします。

すると、下図のように「UserForm1」のコードウィンドウが表示されます。

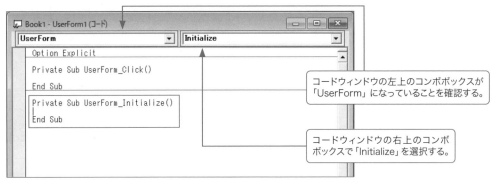

●図10-19 「Initialize」を選択

すると、Initializeイベントマクロの入れ物ができるので、事例63を参考に、中にコードを記述してください。このときに、Clickイベントマクロは不要なので、削除してもかまいません。

●事例63　初期化されるときに処理を行う（[10-3.xlsm] UserForm1）

```
Private Sub UserForm_Initialize()

    With UserForm1
        .BackColor = RGB(0, 255, 255)          ─❶
        .Width = Application.Width             ─❷
        .Height = 50                          ─❸
    End With

End Sub
```

このマクロでは、まず❶のステートメントでRGB関数を使って、BackColorプロパティを設定しています。RGB関数は、引数に赤、青、緑のそれぞれの明るさを0〜255の値で指定すると、色を表すRGB値を返す関数です。ここでは、赤は0、青は255、緑は255を指定して、明るい青緑のRGB値が設定されるようにしています。

続けて、❷・❸のステートメントでユーザーフォームのWidthプロパティとHeightプロパティの値を設定しています。ここでは、Widthプロパティ（幅）に、Excelのアプリケーションウィンドウの幅と同じピクセル数を設定し、Heightプロパティ（高さ）は50ピクセルに設定しています。

これで、マクロは完成です。F5キーでユーザーフォームを表示すると、下図のようなユーザーフォームが表示されます。

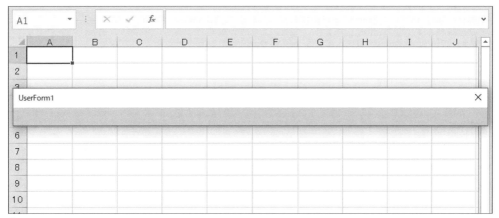

●図10-20　事例63の実行結果

閉じる直前に処理を行う

ユーザーフォームが閉じる直前には、QueryCloseイベントが発生します。このイベントに対応するイベントマクロを作成すると、フォームが閉じる直前に任意の処理を行うことができます。

では、以下、QueryCloseイベントマクロを使って、ユーザーフォームを［×］ボタンでは閉じられないようにしてみましょう。

まず、ブックにユーザーフォームを追加してください（オブジェクト名は「UserForm1」のまま）。そして、ユーザーフォームを右クリックして、ショートカットメニューを表示し、［コードの表示］をクリックします。

すると、下図のように「UserForm1」のコードウィンドウが表示されます。

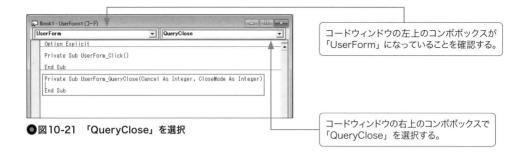

コードウィンドウの左上のコンボボックスが「UserForm」になっていることを確認する。

コードウィンドウの右上のコンボボックスで「QueryClose」を選択する。

●図10-21 「QueryClose」を選択

　すると、QueryCloseイベントマクロの入れ物ができるので、事例64を参考に、中にコードを記述してください。

●事例64　［閉じる］ボタンを無効にする（[10-4.xlsm] UserForm1）

```
Private Sub UserForm_QueryClose(Cancel As Integer, CloseMode As Integer)

    If CloseMode = vbFormControlMenu Then
        MsgBox "×ボタンでは閉じることができません。フォームをクリックしてください。"
        Cancel = True
    End If

End Sub
```

　このQueryCloseイベントマクロによって、ユーザーフォームの［×］ボタンによって閉じることができなくなったので、代わりに、ユーザーフォームをクリックしたらユーザーフォームを閉じるように、以下のClickイベントマクロを追加します。Clickイベントマクロ内では、216ページで紹介するUnloadステートメントを呼び出すことによって、ユーザーフォームを閉じています。

```
Private Sub UserForm_Click()

    Unload UserForm1

End Sub
```

　これで、マクロは完成です。F5キーでユーザーフォームを表示してください。

［×］をクリックしても……

メッセージボックスが表示されて、ユーザーフォームを閉じることができない。

ユーザーフォームをクリックすると、ユーザーフォームが閉じる。

●図10-22　事例64のユーザーフォームの動作

このQueryCloseイベントマクロの構文は、

```
Private Sub UserForm_QueryClose(Cancel As Integer, CloseMode As Integer)
```

となっており、マクロタイトル右横の引数には、閉じる処理をキャンセルすることを指定できるCancelフラグと、ユーザーフォームがどのように閉じられるのかを示すCloseModeフラグがあります。

　ここでは、QueryCloseイベントが発生した理由が、ユーザーフォームの［×］ボタンが押されたためである場合は、Cancelフラグに Trueを設定して、ユーザーフォームが閉じる処理をキャンセルしています。
　このQueryCloseイベントの発生理由をチェックするために、

```
If CloseMode = vbFormControlMenu Then
```

のステートメントで、CloseModeフラグの値が「vbFormControlMenu」なのか、すなわち［×］によって閉じられようとしているのかをチェックし、その場合には、

```
Cancel = True
```

で、ユーザーフォームを閉じる処理をキャンセルしています。

　ちなみに、CloseModeフラグが返す値は以下のとおりです。

●表10-4　CloseModeフラグの戻り値

定数	値	説明
vbFormControlMenu	0	ユーザーフォームのコントロールメニューの［×］ボタンが押された場合
vbFormCode	1	VBAのコードからUnloadステートメントが実行された場合

　この方法を使うと、たとえば、ユーザーフォーム上に配置したコントロールに必要な情報を入力し終わるまでは、ユーザーがユーザーフォームを勝手に閉じることができないようにする、というようなマクロを作成することが可能になります。

10-6 ユーザーフォームの表示／非表示を行う

ユーザーフォームのShowメソッドとUnloadステートメント

　ユーザーフォームを表示するときにはShowメソッドを使います。逆に、ユーザーフォームを非表示にするときにはUnloadステートメントを使います。

　ここでは、UserForm1をクリックしたときに、UserForm2が表示されていればUserForm2を非表示にします。表示されていなかった場合には、UserForm2を表示して、垂直位置と水平位置をそれぞれUserForm1よりも40ピクセルずつ右と下にずらした位置に移動させるマクロを記述してみます。

　まず、ブックにユーザーフォームを2つ追加してください。オブジェクト名は、「UserForm1」と「UserForm2」です。

　次に、「UserForm1」と「UserForm2」のそれぞれのShowModalプロパティをFalseに設定します。

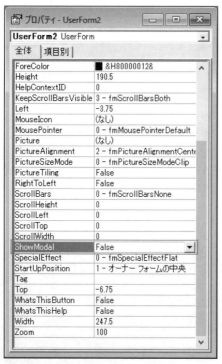

●図10-23　ShowModalプロパティ

Note	ShowModalプロパティ

ShowModalプロパティがTrueの場合には、表示しているユーザーフォームしか操作できません。逆に、今回のように2つのユーザーフォームを使う場合は、ShowModalプロパティをFalseにしておく必要があります。ShowModalプロパティがFalseの場合には、ユーザーフォームの表示中にセルを選択したりすることも可能です。

なお、ShowModalプロパティの既定値はTrueです。

では、コードを記述していくので、「UserForm1」を右クリックしてショートカットメニューを表示し、［コードの表示］をクリックしてください。

すると、Clickイベントマクロの入れ物ができるので、事例65を参考に、中にコードを記述してください。

● 事例65　ユーザーフォームの表示／非表示を行う（[10-5.xlsm] UserForm1）

```
Private Sub UserForm_Click()

    If UserForm2.Visible = True Then
        Unload UserForm2
    Else
        With UserForm2
            .Show
            .Top = UserForm1.Top + 40      ← UserForm1よりも40ピクセル
            .Left = UserForm1.Left + 40       ずつ右と下にずらす。
        End With
    End If

End Sub
```

これでマクロは完成です。 F5 キーでユーザーフォームを表示してください。

UserForm1をクリックするたびに、UserForm2の表示／非表示が切り替わります。

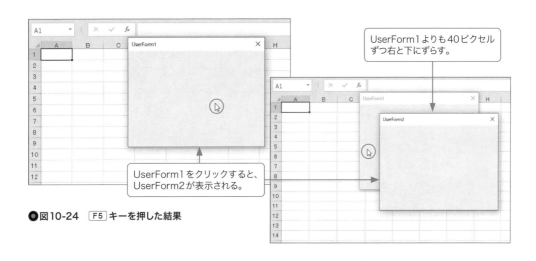

UserForm1よりも40ピクセルずつ右と下にずらす。

UserForm1をクリックすると、UserForm2が表示される。

● 図10-24　 F5 キーを押した結果

| Note | マクロの実行中にしか値を取得できない Visible プロパティ |

　このマクロで、UserForm2 が表示されているかどうかを判定するために利用した Visible プロパティは、マクロの実行中にしか値を取得することができません。したがって、プロパティウィンドウには Visible プロパティは表示されません。

| Column | イベントマクロの入れ物の作成方法をマスターする |

　この Chapter では、ユーザーフォームおよびイベントマクロに初挑戦の読者を想定して、イベントマクロの入れ物の作成方法を図を交えて解説しました。

　コントロールについて解説する次の Chapter 以降では、イベントマクロの入れ物は作成できることを前提に解説していきますので、この Chapter できちんとイベントマクロの入れ物の作成方法をマスターしておいてください。

基本的な入力や表示を行う
コントロール

11-1 コントロールとは？

ユーザーフォームの上に配置する部品

Chapter 10でユーザーフォームについて学習しましたが、ユーザーフォームだけでは、扱える情報は、せいぜい背景色や背景の画像、そしてキャプションくらいで、これではマクロで活用するには到底不十分です。

そもそも、ユーザーフォームだけで使用することはまずあり得ず、通常は、ユーザーフォームの上に情報を処理するための部品を配置します。

その様子を表しているのが下図です。

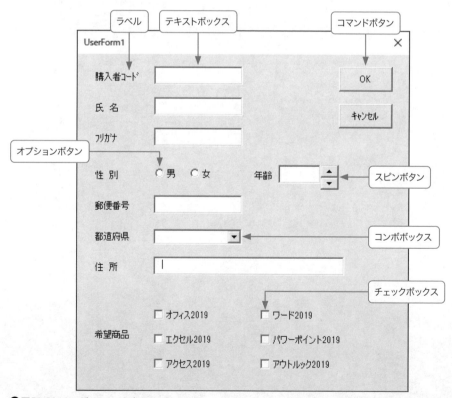

● 図11-1　ユーザーフォーム上のコントロール

このユーザーフォーム上には、説明文を表示している「ラベル」、データを入力する「テキストボックス」、決定やキャンセルを選択する「コマンドボタン」、選択肢の中から1つだけを選ぶ「オプションボタン」、数値を増減させる「スピンボタン」、一覧から選択する「コンボボックス」、選択肢の中から複数を選択できる「チェックボックス」が配置されていますが、どれも、インターネット上のサービスで新規会員になるときなどに見たことがある部品ばかりだと思います。

そして、このようにユーザーフォーム上に配置して情報を処理するための部品のことをコントロールと呼びます。

Excel VBAでは、基本的にユーザーフォームに関してはChapter 10で学習したレベルのことを知っていれば十分です。それよりも、その上に配置するコントロールに関してさまざまなテクニックを学習する必要があるのです。

ちなみに、コントロールは上図のものですべてではありません。本書では、Chapter 11からChapter 13にわたって、機能別に1つずつ、すべてのコントロールについて学習します。

いきなりすべてのコントロールを覚える必要はまったくありません。ご自身が必要としているコントロールに関する重要なテクニックをマスターしていってください。

11-2 ユーザーフォームにコントロールを配置する

ユーザーフォームにコントロールを配置する３つの方法

　ユーザーフォームを追加したら、その上にコントロールを配置することができます。配置する方法は全部で３種類あります。いずれの方法も極めて簡単ですから、ここでそのすべてを学習してしまいましょう。

■方法１：ドラッグ＆ドロップ

　［ツールボックス］ツールバーから、任意のコントロールをユーザーフォームにドラッグ＆ドロップします。ドロップした位置に既定のサイズでコントロールが配置されます。

●図11-2　［ツールボックス］ツールバー

■方法２：フォーム上でクリック

　［ツールボックス］ツールバーで任意のコントロールをクリックして選択したあと、ユーザーフォーム上でクリックします。クリックした位置に既定のサイズでコントロールが配置されます。

■方法３：ユーザーフォーム上でドラッグ

　［ツールボックス］ツールバーで任意のコントロールをクリックして選択したあと、ユーザーフォーム上でドラッグします。ドラッグしている間は、コントロールのサイズを示す枠線が表示されます。適切なサイズになったところでマウスボタンを離すと、枠線で囲まれた大きさのコントロールが配置されます。

　ユーザーフォームにコントロールを配置したあと、再びサイズ変更ハンドルをドラッグしてサイズを変更したり、コントロールごとドラッグして位置を変更することもできます。

11-3 コマンドボタン

コマンドボタンとは

コマンドボタンは、ユーザーが何かの処理を行う、もしくは処理をキャンセルする、といったときに押す（マウスでクリックする）、とても一般的なコントロールです。

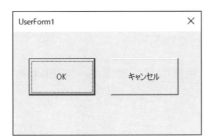

●図11-3　コマンドボタン

コマンドボタンが押されたときに処理を行う

コマンドボタンが押されると、Clickイベントが発生します。このClickのイベントマクロを作成すると、コマンドボタンが押されたときに任意の処理を行うことができます。

それでは、Clickを使ったイベントマクロを作成してみましょう。

ここでは、[表示／非表示の切り替え]、[有効／無効の切り替え]という2つのコマンドボタンを作り、[表示／非表示の切り替え]ボタンをクリックするたびに、[有効／無効の切り替え]ボタンの表示／非表示が切り替わり、[有効／無効の切り替え]ボタンをクリックするたびに[表示／非表示の切り替え]ボタンの有効／無効の切り替えが行われるように設定します。

まず、下図のようにユーザーフォームにコマンドボタンを2つ配置してください。このとき、2つのコマンドボタンのオブジェクト名は、「CommandButton1」と「CommandButton2」になります。

223

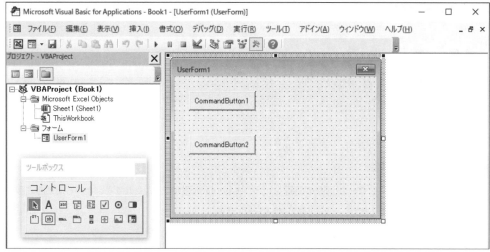

●図11-4　コマンドボタンの配置

次に、「CommandButton1」のCaptionプロパティを「表示／非表示の切り替え」に変更します。

●図11-5　Captionプロパティ

コマンドボタンのCaptionプロパティは、コマンドボタンの表面に表示される文字列のことです。

同様に、「CommandButton2」のCaptionプロパティを「有効／無効の切り替え」に変更してください。
そうしたら、下図の手順で2つのコマンドボタンのサイズを整えます。

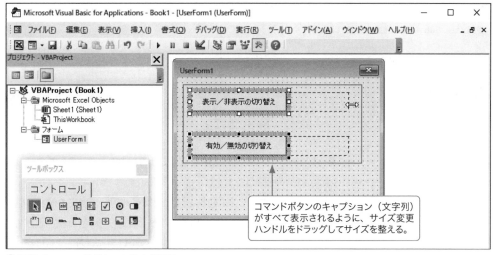

● 図11-6　コマンドボタンのサイズ変更

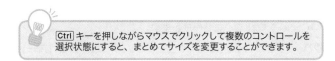

Ctrl キーを押しながらマウスでクリックして複数のコントロールを
選択状態にすると、まとめてサイズを変更することができます。

　次は、「CommandButton1」のClickイベントマクロを作成します。

　「CommandButton1」をダブルクリックするか右クリックしてショートカットメニューから［コードの
表示］を選択してコードウィンドウを表示し、［オブジェクト］ボックスで「CommandButton1」を、
その右の［プロシージャ］ボックスで「Click」を選択して、事例66のClickイベントマクロを作成して
ください。

● 図11-7　事例66の準備

```
Private Sub CommandButton1_Click()

    With CommandButton2
        .Visible = Not .Visible
    End With

End Sub
```

　Visibleプロパティは、コントロールの表示／非表示の状態を取得したり設定したりするためのプロパティで、TrueあるいはFalseのBoolean型の値となります。

　ここでは、CommandButton2のVisibleプロパティの値を、Not演算子を用いて現在の値とは逆の値に設定しています。これによって、CommandButton1がクリックされるたびに、CommandButton2が表示されている場合は非表示になり、非表示の場合は表示されるようになります。

　同様に、「CommandButton2」のClickイベントマクロも作成します。

　「CommandButton2」をダブルクリックするか右クリックしてショートカットメニューから［コードの表示］を選択してコードウィンドウを表示し、［オブジェクト］ボックスで「CommandButton2」を、その右の［プロシージャ］ボックスで「Click」を選択して、事例67のClickイベントマクロを作成してください。

● 事例67　コマンドボタンの有効／無効の切り替え（[11-1.xlsm] UserForm1）

```
Private Sub CommandButton2_Click()

    With CommandButton1
        .Enabled = Not .Enabled
    End With

End Sub
```

　Enabledプロパティは、コントロールの有効／無効の状態を取得したり設定したりするためのプロパティで、TrueあるいはFalseのBoolean型の値となります。

　ここでは、CommandButton1のEnabledプロパティの値を、Not演算子を用いて現在の値とは逆の値に設定しています。これによって、CommandButton2がクリックされるたびに、CommandButton1が有効の場合は無効になり、無効の場合は有効になります。

　以上で作業は終了です。サンプルブック［11-1.xlsm］で2つのコマンドボタンを何回かクリックして、コマンドボタンの「表示／非表示」と「有効／無効」が切り替わることを確認してください。

アクセスキーを使う

　コマンドボタンは、通常はマウスでクリックすることによって「押す」というアクションを実行しますが、Acceleratorプロパティを使って任意のアクセスキーを指定することで、[Alt]キーと組み合わせたキーボードのショートカットキーによって「押す」ことができるようになります。

　それでは、先ほど作成した2つのコマンドボタンに、アクセスキーを設定してみましょう。下図を見てください。

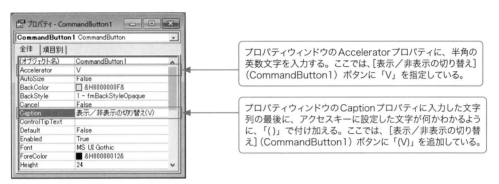

プロパティウィンドウのAcceleratorプロパティに、半角の英数文字を入力する。ここでは、[表示／非表示の切り替え]（CommandButton1）ボタンに「V」を指定している。

プロパティウィンドウのCaptionプロパティに入力した文字列の最後に、アクセスキーに設定した文字が何かわかるように、「( )」で付け加える。ここでは、[表示／非表示の切り替え]（CommandButton1）ボタンに「(V)」を追加している。

●図11-8　CommandButton1のアクセスキーの設定

　同様に、[有効／無効の切り替え]（CommandButton2）ボタンは、以下のように設定します。

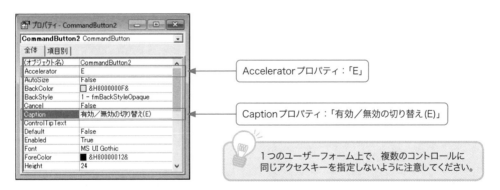

Acceleratorプロパティ：「E」

Captionプロパティ：「有効／無効の切り替え(E)」

1つのユーザーフォーム上で、複数のコントロールに同じアクセスキーを指定しないように注意してください。

●図11-9　CommandButton2のアクセスキーの設定

　これで、アクセスキーの設定は完了です。

　サンプルブック［11-1.xlsm］の2つのコマンドボタンには、すでにアクセスキーが設定されているので、ユーザーフォームを表示したら、[Alt]＋[V]キーと[Alt]＋[E]キーを使って、実際にコマンドボタンを「押して」みてください。

ツールヒントを表示する

ExcelやWordをはじめとするほとんどのWindowsアプリケーションでは、ボタン上でマウスポインタを静止させると、そのボタンの簡単な説明がツールヒントとして表示されます。

●図11-10　ツールヒント

これと同様に、コントロールのControlTipTextプロパティを使って、コントロールの簡単な説明をツールヒントとして表示させることができます。

それでは、先ほど作成した2つのコマンドボタンにツールヒントを設定してみましょう。下図を見てください。

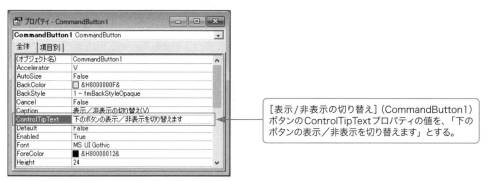

[表示／非表示の切り替え]（CommandButton1）
ボタンのControlTipTextプロパティの値を、「下の
ボタンの表示／非表示を切り替えます」とする。

●図11-11　CommandButton1のツールヒントの設定

同様に、［有効／無効の切り替え]（CommandButton2）ボタンは、以下のように設定します。

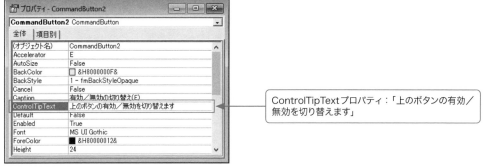

ControlTipTextプロパティ：「上のボタンの有効／
無効を切り替えます」

●図11-12　CommandButton2のツールヒントの設定

　これで、ツールヒントの設定は完了です。サンプルブック［11-1.xlsm］の2つのコマンドボタンには、
すでにツールヒントが設定されているので、ユーザーフォームを表示して、実際に確認してみてくださ
い。下図のように、コマンドボタンのツールヒントが表示されます。

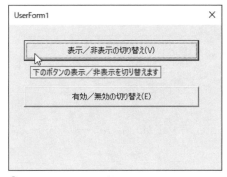

●図11-13　コマンドボタンのツールヒント

フォーカスによるイベント

　コントロールに対してキーボードからの入力が可能な状態を「フォーカスがある状態」と呼びます。
フォーカスがあるコントロールは、ユーザーフォーム上で常に1つのコントロールだけです。ほかのコン
トロールにフォーカスが移ると、それまでフォーカスがあったコントロールはフォーカスを失います。

　通常は、マウスでコントロールをクリックすれば、そのコントロールにフォーカスが移動します。もし
くは、Tab キーを押すことで、ユーザーフォーム上のコントロールのフォーカスを順番に移動することが
できます。

　コマンドボタンは、フォーカスがある状態のときに Enter キーを押すと、「クリック」アクション、す
なわち「押す」ことができるようになります。

　なお、Tab キーでフォーカスが移動する順番のことを「タブオーダー」と呼びます。タブオーダーの
設定方法については255ページを参照してください。

229

この時点ではコマンドボタンにフォーカスがない（テキストボックスにフォーカスがある）。

Tab キーを押すと……

フォーカスがコマンドボタンに移り、周りが黒い枠で囲まれて、内側に点線で四角形が描画される。この状態で Enter キーを押すと、コマンドボタンを「クリックする」ことができる。

Shift キーと Tab キーを同時に押すと、Tab キーを単独で押した場合とは逆の方向にフォーカスが移動します。

●図11-14　 Tab キーによるフォーカスの移動

　そして、コントロールにフォーカスが移動したときにはEnterイベントが、コントロールがフォーカスを失うときにはExitイベントが発生します。

　それでは、これらのイベントを使ったマクロを作成してみましょう。

　ユーザーフォームにコマンドボタンを2つ作成して（オブジェクト名やCaptionプロパティは「CommandButton1」「CommandButton2」のままでよい）、「CommandButton2」をダブルクリックしてコードウィンドウを表示し、以下のマクロを作成してください。

●事例68　コマンドボタンの Enter ／ Exit イベント（[11-1.xlsm] UserForm2）

```
Private Sub CommandButton2_Enter()

    CommandButton2.Font.Bold = True                    ─❶

End Sub

Private Sub CommandButton2_Exit(ByVal Cancel As MSForms.ReturnBoolean)

    CommandButton2.Font.Bold = False                   ─❷

End Sub
```

❶では、CommandButton2のキャプションとして表示される文字列を太字にしています。

❷では、CommandButton2の太字を元に戻しています。

以上でマクロは完成です。サンプルブック［11-1.xlsm］の「事例68」のボタンでユーザーフォームを表示し、TabキーでフォーカスをCommandButton2に移動してみてください。下図のように、CommandButton2の文字列が太字になるのが確認できます。

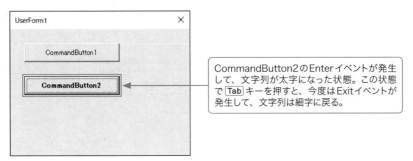

CommandButton2のEnterイベントが発生して、文字列が太字になった状態。この状態でTabキーを押すと、今度はExitイベントが発生して、文字列は細字に戻る。

●図11-15　事例68の実行結果

コマンドボタンは、フォーカスがある状態になると、周りが黒い枠で囲まれるのでそれなりに目立ちますが、事例68のようなボタンの文字列を太字にするイベントマクロを用意すると、コマンドボタンにフォーカスがあるのかないのかがよりわかりやすくなります。そうした意味では、このイベントマクロは有効なテクニックと言えるでしょう。

既定のボタンとキャンセルボタン

コマンドボタンは、「既定のボタン」と「キャンセルボタン」という設定を行うことができます。

既定のボタンは、フォーカスがない状態でも周りが黒い枠で囲まれており、Enterキーを押すことによって「クリックする」ことができます。

キャンセルボタンは、フォーカスがない状態でも、Escキーを押すことによって「クリックする」ことができます。

たとえば、Excelの［セルの書式設定］ダイアログボックスでは、右下の［OK］ボタンが既定のボタンであり、これを押すことによって、このダイアログボックスで行った書式に関する設定がセルに反映されます。一方、［キャンセル］ボタンは、ダイアログボックス上で行った設定をすべてキャンセルしてダイアログボックスを閉じます。

この例のように、一般的に、既定のボタンはダイアログボックスで行った設定を反映するときや、押す回数の多いボタンに設定します。また、キャンセルボタンは、設定や処理をキャンセルするために用います。

では、既定のボタンとキャンセルボタンを設定してみましょう。

まず、ユーザーフォームを追加し、その上に、下図のようにテキストボックスを1つ、コマンドボタンを2つ配置します。

そして、コントロールのプロパティの設定を行ってください。

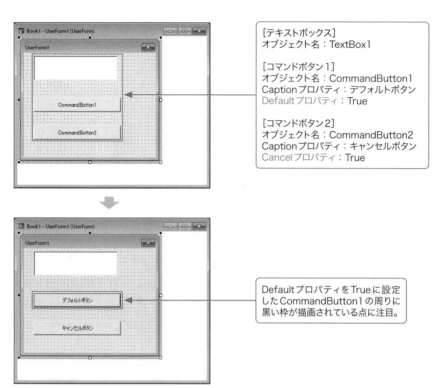

[テキストボックス]
オブジェクト名：TextBox1

[コマンドボタン1]
オブジェクト名：CommandButton1
Captionプロパティ：デフォルトボタン
Defaultプロパティ：True

[コマンドボタン2]
オブジェクト名：CommandButton2
Captionプロパティ：キャンセルボタン
Cancelプロパティ：True

DefaultプロパティをTrueに設定したCommandButton1の周りに黒い枠が描画されている点に注目。

●図11-16　既定のボタンの設定

それでは、事例69を参照してCommandButton1とCommandButton2のClickイベントマクロを作成してください。

●事例69　既定のボタンとキャンセルボタン（[11-1.xlsm] UserForm3）

```
Private Sub CommandButton1_Click()

    MsgBox "デフォルトボタンが押されました！"

End Sub

Private Sub CommandButton2_Click()

    MsgBox "キャンセルボタンが押されました！"

End Sub
```

以上でマクロは完成です。サンプルブック［11-1.xlsm］の「事例69」のボタンでユーザーフォームを表示し、Enter キーを押すとCommandButton1がクリックされることと、Esc キーを押すとCommandButton2がクリックされることを確認してください。

> フォーカスが別のコマンドボタンにあるときに Enter キーを押すと、既定のボタンよりもフォーカスが優先されて、フォーカスがあるコマンドボタンのClickイベントが発生します。

既定のボタンとキャンセルボタンは、1つのユーザーフォーム上に、それぞれ1つずつしか設定することができません。

あるコントロールのDefaultプロパティをTrueに設定すると、同じユーザーフォーム上に配置したほかのコントロールのDefaultプロパティは、自動的にすべてFalseに設定されます。この仕様はCancelプロパティも同様です。

Note コントロールをワークシートに配置した場合

ユーザーフォームに配置できるコントロールの多くは、［開発］タブの［挿入］ボタンで、ActiveXコントロールとしてワークシートに配置することもできます。

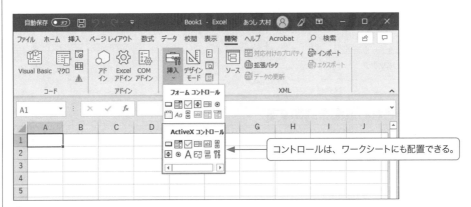

●図11-17　ワークシートへのコントロールの配置

しかし、これはあくまでも筆者の持論ですが、コントロールはユーザーフォームに配置するもので、ワークシートには絶対に配置してはいけないと考えています。

理由は、ワークシートに配置したコントロールの動作は不安定で、また、同じコントロールなのに、ユーザーフォームとワークシートではプロパティ名が異なったりなど、メリットは1つもないと考えるからです。

なお、本書で解説するのは「ユーザーフォームにコントロールを配置した場合」です。もしワークシートにコントロールを配置して本書の解説どおりの結果が得られなくても、すべて本書のサポート外となりますので、自己責任で対処してください。

11-4 テキストボックス

テキストボックスとは

テキストボックスは、ユーザーが文字を入力することができるコントロールです。入力された文字列は、マクロ内で取得したり、その値をワークシートに書き込んだりすることができます。

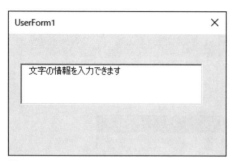

●図11-18 テキストボックス

文字列が表示される位置を制御する

テキストボックスでは、TextAlignプロパティを使って文字列を表示する方法を、「左揃え」「中央寄せ」「右揃え」のいずれかに設定することができます。

●表11-1 TextAlignプロパティに設定できる値

定数	値	説明
fmTextAlignLeft	1	文字列を左揃えで表示する
fmTextAlignCenter	2	文字列を中央寄せで表示する
fmTextAlignRight	3	文字列を右揃えで表示する

これらの定数を使って、以下のようにマクロの中でTextAlignプロパティを設定することもできます。

●TextAlignプロパティを設定するマクロ

```
Private Sub CommandButton1_Click()

    TextBox1.TextAlign = fmTextAlignCenter

End Sub
```

入力できる文字数を制限する

テキストボックスに入力できる文字数を制限するためには、MaxLengthプロパティを使います。MaxLengthプロパティのデフォルト値は0で、この場合は文字数に制限がありません。このプロパティに0以外の数値を設定すると、そのテキストボックスには設定した数値分の文字数しか入力できなくなります。

たとえば、MaxLengthプロパティを「5」に指定すると、半角／全角を問わずに5文字しか入力できません。そして、このときにAutoTabプロパティがTrueに設定されていると、制限数まで文字を入力すると自動的にフォーカスが次のコントロールに移動するようになります。

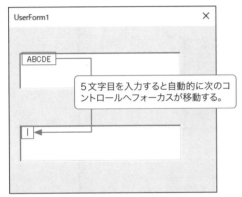

●図11-19　MaxLengthプロパティが「5」、AutoTabプロパティが「True」の例

Note	文字数制限は日本語入力がオフの場合に限定する

テキストボックスのMaxLengthプロパティで文字数を設定し、AutoTabプロパティをTrueに設定するのは、テキストボックスに入力する文字が半角の場合に限ったほうがよいでしょう。

というのも、IMEがローマ字入力モードでオンになっていると、「あ」「い」「う」「え」「お」の場合はいいのですが、それ以外の文字では最後の文字を入力したときの挙動がおかしくなります。具体的には、勝手に最初の文字が消えてしまったり、入力途中でフォーカスが次のコントロールに移ってしまったりします。

なお、IMEの切り替えについては、241ページの「IMEを自動的に切り替える」で解説します。

文字列の取得と設定

初期状態でテキストボックス内に表示される文字列の設定は、プロパティウィンドウのTextプロパティあるいはValueプロパティで行います。

また、マクロの実行中に、この2つのプロパティのいずれかを使って、テキストボックス内の文字列の取得や設定を行うこともできます。テキストボックスのTextプロパティとValueプロパティは同じものと

考えてまったく差し支えはありませんが、厳密には、Textプロパティは String 型の値を返し、Value プロパティはバリアント型の値を返します。

それでは、テキストボックス内の文字列の取得と設定を実行中に行うマクロを作成してみましょう。

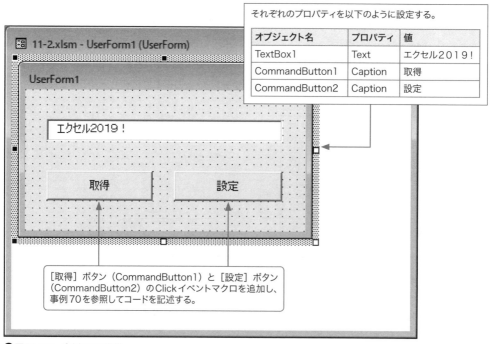

それぞれのプロパティを以下のように設定する。

オブジェクト名	プロパティ	値
TextBox1	Text	エクセル２０１９！
CommandButton1	Caption	取得
CommandButton2	Caption	設定

［取得］ボタン（CommandButton1）と［設定］ボタン（CommandButton2）のClick イベントマクロを追加し、事例 70 を参照してコードを記述する。

●図11-20　事例70の準備

●事例70　文字列の取得と設定 ([11-2.xlsm] UserForm1)

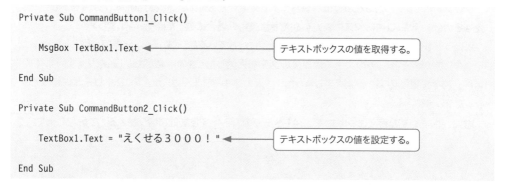

```
Private Sub CommandButton1_Click()

    MsgBox TextBox1.Text        ← テキストボックスの値を取得する。

End Sub

Private Sub CommandButton2_Click()

    TextBox1.Text = "えくせる３０００！"   ← テキストボックスの値を設定する。

End Sub
```

以上でマクロは完成です。サンプルブック［11-2.xlsm］の「事例 70」のボタンでユーザーフォームを表示したら、それぞれのボタンをクリックしてください。

　［取得］ボタンをクリックすると、メッセージボックスに TextBox1 内の文字列が表示され、［設定］ボタンをクリックすると、TextBox1 内の文字列が「えくせる３０００！」に変更されます。

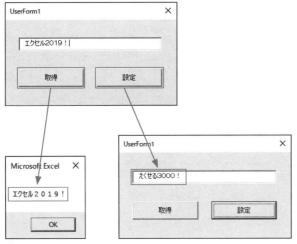

●図11-21　事例70の実行結果

選択されている位置と文字数の取得と設定を行う

　マクロの実行中に、テキストボックス内で選択されている文字列の位置と長さを取得することができます。選択されている先頭位置はSelStartプロパティ、選択されている範囲の文字数はSelLengthプロパティで取得します。この2つのプロパティは、デザイン時には利用できませんが、実行中にVBAから操作することが可能です。

　では、先ほど作成したマクロを変更して、現在選択されている位置と文字数の取得や設定を行ってみましょう。
　［取得］ボタンと［設定］ボタンのClickイベントマクロを、事例71を参照してそれぞれ変更してください。

◉事例71　選択されている位置と文字数の取得と設定（[11-2.xlsm] UserForm2）

```
Private Sub CommandButton1_Click()

    With TextBox1
        MsgBox "選択開始位置 ： " & .SelStart & vbCrLf & _
            "選択している文字数 ： " & .SelLength
    End With

End Sub
```

> 現在のSelStartプロパティとSelLengthプロパティの値をメッセージボックスに表示する。

```
Private Sub CommandButton2_Click()

    With TextBox1
        .SelStart = 0
        .SelLength = 4
```

237

```
        .SetFocus ◀
    End With

End Sub
```

SelStartプロパティやSelLengthプロパティに値を設定したあと、SetFocusメソッドでTextBox1にフォーカスしている。

　これでマクロは完成です。サンプルブック［11-2.xlsm］の「事例71」のボタンでユーザーフォームを表示したら、それぞれの動作をチェックしてみましょう。

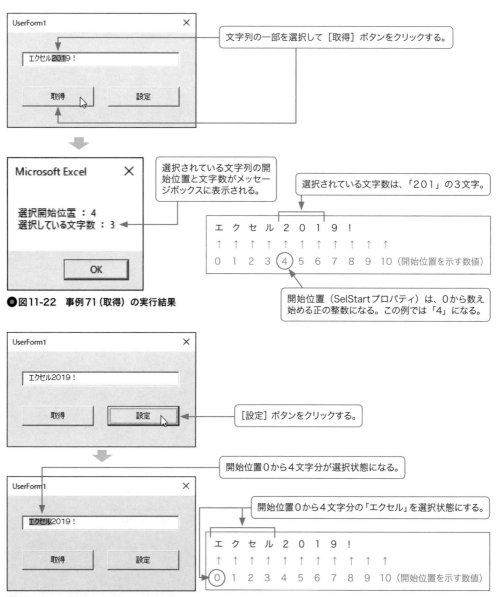

●図11-22　事例71（取得）の実行結果

●図11-23　事例71（設定）の実行結果

選択されている文字列の取得と設定を行う

選択されている文字列は、SelTextプロパティによって取得できます。また、SelTextプロパティに値を設定することで、選択されている範囲の文字列を置き換えることもできます。SelTextプロパティも、実行時にしか利用できないプロパティの1つです。

それでは、先ほどのマクロをさらに変更して、選択している文字列の表示と、選択している文字列を別の文字列に置き換える処理を追加してみましょう。

［取得］ボタンと［設定］ボタンのClickイベントマクロを、事例72を参照してそれぞれ変更します。

◉事例72　選択されている文字列の取得と設定（[11-2.xlsm] UserForm3）

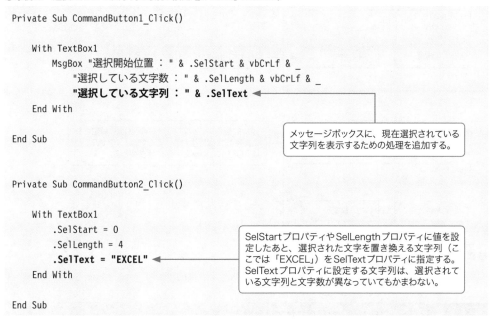

```
Private Sub CommandButton1_Click()

    With TextBox1
        MsgBox "選択開始位置：" & .SelStart & vbCrLf & _
            "選択している文字数：" & .SelLength & vbCrLf & _
            "選択している文字列：" & .SelText  ◀
    End With

End Sub
```

> メッセージボックスに、現在選択されている文字列を表示するための処理を追加する。

```
Private Sub CommandButton2_Click()

    With TextBox1
        .SelStart = 0
        .SelLength = 4
        .SelText = "EXCEL"  ◀
    End With

End Sub
```

> SelStartプロパティやSelLengthプロパティに値を設定したあと、選択された文字を置き換える文字列（ここでは「EXCEL」）をSelTextプロパティに指定する。SelTextプロパティに設定する文字列は、選択されている文字列と文字数が異なっていてもかまわない。

これでマクロは完成です。サンプルブック［11-2.xlsm］の「事例72」のボタンでユーザーフォームを表示したら、それぞれの動作をチェックしてみましょう。

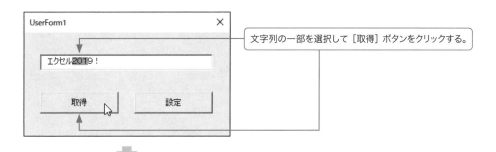

UserForm1 ✕

エクセル2019！

取得　　　設定

> 文字列の一部を選択して［取得］ボタンをクリックする。

選択されている文字列の開始位置と文字数に加え、現在選択されている文字列（ここでは「201」）もメッセージボックスに表示される。

●図11-24　事例72（取得）の実行結果

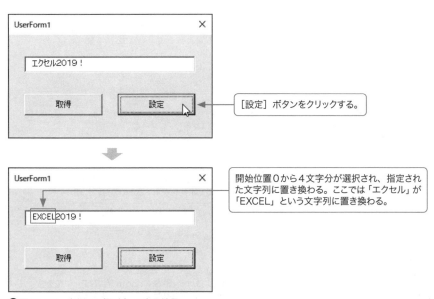

［設定］ボタンをクリックする。

開始位置0から4文字分が選択され、指定された文字列に置き換わる。ここでは「エクセル」が「EXCEL」という文字列に置き換わる。

●図11-25　事例72（設定）の実行結果

Note	SelTextプロパティで選択されていた文字列を削除する

SelTextプロパティに長さ0の文字列（""）を設定すると、テキストボックス内で選択されていた文字列を削除することができます。マクロにすると以下のようになります。

```
TextBox1.SelText = ""
```

IMEを自動的に切り替える

テキストボックスのIMEModeプロパティをプロパティウィンドウで設定すると、実行時にフォーカスを取得したときに自動的にIMEの入力モードが切り替わるようになります。

●表11-2　IMEModeプロパティに設定できる値

定数	値	説明
fmIMEModeNoControl	0	IMEモードを変更しない（既定値）
fmIMEModeOn	1	IMEモードをオンにする
fmIMEModeOff	2	IMEモードをオフにする
fmIMEModeDisable	3	IMEを無効にする
fmIMEModeHiragana	4	全角ひらがなモードでIMEをオンにする
fmIMEModeKatakana	5	全角カタカナモードでIMEをオンにする
fmIMEModeKatakanaHalf	6	半角カタカナモードでIMEをオンにする
fmIMEModeAlphaFull	7	全角英数モードでIMEをオンにする
fmIMEModeAlpha	8	半角英数モードでIMEをオンにする

サンプルブックの［11-2.xlsm］には、下表のようにIMEModeプロパティを設定した3つのテキストボックスがありますので、「事例73」のボタンで動作を確認してみてください。

ただし、ExcelのバージョンとOSの相性などで、IMEが前表のとおりに動作しないケースが最近報告され始めていますので、ご自身で臨機応変に対処してください。

◉ 事例73　IMEを自動的に切り替える（[11-2.xlsm] UserForm4）

オブジェクト	定数	説明
TextBox1	fmIMEModeDisable	IMEを無効にする
TextBox2	fmIMEModeHiragana	全角ひらがなモードでIMEをオンにする
TextBox3	fmIMEModeKatakanaHalf	半角カタカナモードでIMEをオンにする

パスワード入力用のテキストボックス

テキストボックスのPasswordCharプロパティに任意の文字を設定すると、そのテキストボックスに入力された内容を設定した文字で隠して、画面に表示されないようにすることができます。

PasswordCharプロパティには、入力された文字を隠すための任意の文字（これを「プレースホルダー文字」と呼びます）を設定することができます。下図では、パスワード入力欄で一般的に使われる「*」を指定しています。

テキストボックスに入力された文字列は、「*」で隠されて画面には表示されません。また、PasswordCharプロパティを設定したテキストボックスの文字列は、「コピー」や「切り取り」の動作を行うことができなくなります。

ただし、TextプロパティあるいはValueプロパティを使って、マクロ内でテキストボックスに入力された値を取得することは可能です。

入力した文字が「*」で隠される。

●図11-26　PasswordCharプロパティの変更結果

複数行の入力が可能なテキストボックス

テキストボックスのMultiLineプロパティをTrueに設定すると、複数行の入力が可能になります。この状態では、Ctrl キーを押しながら Enter キーを押して改行します。

さらに、EnterKeyBehaviorプロパティもTrueに設定すると、Enter キーのみで改行することができます。

また、ScrollBarsプロパティを設定することで、水平および垂直スクロールバーを使ったスクロール可能なテキストボックスを作成することが可能です。

●表11-3　ScrollBarsプロパティに設定できる値

ScrollBarsプロパティの値	イメージ	説明
fmScrollBarsNone		ScrollBarsプロパティがfmScrollBarsNoneの場合は、スクロールバーは表示されない。横幅に収まらない行は、折り返して表示される。表示しきれない行は、↓キーでスクロールして表示する
fmScrollBarsVertical		ScrollBarsプロパティがfmScrollBarsVerticalの場合は、垂直スクロールバーが表示され、表示しきれない行は垂直スクロールバーを使ってスクロールすることができる。横幅に収まらない行は、折り返して表示される
fmScrollBarsHorizontal またはfmScrollBarsBoth		ScrollBarsプロパティがfmScrollBarsHorizontalあるいはfmScrollBarsBothの場合は、さらにWordWrapプロパティをFalseにした場合のみ、水平スクロールバーが表示される（図はfmScrollBarsBothの例）。この場合は、横幅に収まらない行は、水平スクロールバーを使ってスクロールさせることができる

入力された文字をチェックする

テキストボックスに対してキーボードから入力を行うと、キーを1つ押すたびに、KeyDown、KeyUp、KeyPressの3つのイベントが発生します。

KeyDownイベントとKeyUpイベントは対になっており、それぞれ、キーが押されたときと、キーが離されたときに発生し、どちらもイベントマクロに、押されたキーの「キーコード」が引数として渡されます。

KeyPressイベントは、KeyDownイベントと同じようにキーが押されたときに発生しますが、イベントマクロには、入力した文字の「文字コード」が引数として渡されるという違いがあります。

押されたキーのキーコードを取得する。

入力された文字の文字コードを取得する。
[Tab]キーや[Enter]キー、カーソルキーなど一部のキー入力は取得できない。

離されたキーのキーコードを取得する。

●図11-27　キーを押したときに各イベントが発生する順序

この中のKeyPressイベントを使うことで、入力された文字をチェックして、数字やアルファベット以外は入力できないというような、入力制限付きのテキストボックスを作成することができます。

それでは、半角の数字以外は入力できないテキストボックスを作成してみましょう。
まず、ユーザーフォームにテキストボックスを1つ配置し（オブジェクト名は「TextBox1」のまま）、以下のKeyPressイベントマクロを作成してください。

◉事例74　入力された文字をチェックする（[11-2.xlsm] UserForm5）

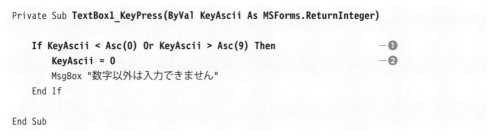

```
Private Sub TextBox1_KeyPress(ByVal KeyAscii As MSForms.ReturnInteger)

    If KeyAscii < Asc(0) Or KeyAscii > Asc(9) Then          ─❶
        KeyAscii = 0                                         ─❷
        MsgBox "数字以外は入力できません"
    End If

End Sub
```

❶は、入力された文字の文字コードが「0」の文字コードより小さいか、あるいは「9」の文字コードよりも大きい場合は、数字以外の文字が入力されているので、❷でKeyAsciiに「0」をセットして、入力をキャンセルしています（Asc関数で文字がアルファベットかどうかを判断する方法については338ページを参照してください）。

以上でマクロは完成です。サンプルブック［11-2.xlsm］の「事例74」のボタンでユーザーフォームを表示し、テキストボックスに数字しか入力できないことを確認してください。

| Column | テキストボックスのデータをチェックする |

　このように、テキストボックスのKeyPressイベントマクロで入力されたデータをチェックする手法は非常に一般的ですが、実は、ほかの文字列をあらかじめコピーしておいて、それをペーストすることができてしまうなど、決して万全なデータチェック方法ではありません。

　そこで、データの整合性は、[OK]ボタンが押されたときのマクロの中でも再度チェックするのが理想的です。もしくは、テキストボックスのExitイベントで、フォーカスがほかのコントロールに移動するときにチェックを行う方法もあります。

11-5 ラベル

ラベルとは

　ラベルは、ユーザーフォーム上に文字列を表示するために使います。表示専用であるため、ユーザーがこのコントロールに文字列を入力したり、書き換えたりすることはできません。主に、テキストボックスの入力内容の説明や、処理結果の表示などに用います。

　また、ラベルの背景色を利用して、複数のラベルを組み合わせて処理の進行状況を表示するプログレスバーとしても利用できます（248ページ参照）。

●図11-28　ラベル

表示する文字列を設定する

　ラベルでは、プロパティウィンドウのCaptionプロパティを使って表示する文字列の設定を行います。Captionプロパティに設定した文字列は、ユーザーが直接書き換えることはできませんが、マクロの実行中にVBAのコードからCaptionプロパティの内容を変更し、別の文字列を表示させることはできます。

　また、フォームデザイナ上でラベルに文字列を設定することもできます。

ラベルの外観を変更する

　ラベルの外観は、BorderStyleプロパティや、SpecialEffectプロパティによって変更することができます。

● 事例75　ラベルの外観を変更する（[11-3.xlsm] UserForm1）

プロパティ	定数	値	説明
BorderStyle	fmBorderStyleNone	0	枠なし
	fmBorderStyleSingle	1	枠あり
SpecialEffect	fmSpecialEffectFlat	0	立体表示なし
	fmSpecialEffectRaised	1	上辺と左辺が強調表示され、下辺と右辺の影が付く
	fmSpecialEffectSunken	2	上辺と左辺に影が付き、下辺と右辺が強調表示される
	fmSpecialEffectEtched	3	枠が沈む
	fmSpecialEffectBump	6	上辺と左辺は平らに表示され、下辺と右辺に隆起線が付く

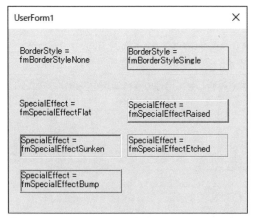

● 図11-29　事例75の実行結果

フォントの種類や色を設定する

　フォントの種類や外観の設定は、Fontプロパティでまとめて設定することができます。また、ForeColorプロパティでフォントの色を、BackColorプロパティで背景の色が設定できます。これらのプロパティは、ほかのコントロールでも使えます。

● 事例76　フォントの種類や色を設定する（[11-3.xlsm] UserForm2）

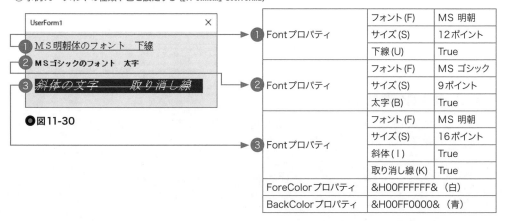

● 図11-30

		フォント(F)	MS 明朝
① Fontプロパティ		サイズ(S)	12ポイント
		下線(U)	True
② Fontプロパティ		フォント(F)	MS ゴシック
		サイズ(S)	9ポイント
		太字(B)	True
③ Fontプロパティ		フォント(F)	MS 明朝
		サイズ(S)	16ポイント
		斜体(I)	True
		取り消し線(K)	True
ForeColorプロパティ		&H00FFFFFF& （白）	
BackColorプロパティ		&H00FF0000& （青）	

■ ほかのコントロールにアクセスキーの機能を提供する

テキストボックスやリストボックス、コンボボックスなど、Captionプロパティを持たないコントロールには、Acceleratorプロパティがありません。したがって、通常の方法ではこれらのコントロールにアクセスキーを利用してフォーカスを移すことはできません。そこで、ラベルのAcceleratorプロパティを上手に活用して、これらのコントロールでもアクセスキーを利用できるようにチャレンジしてみましょう。

● 事例77 アクセスキーの機能を提供する（[11-3.xlsm] UserForm3）

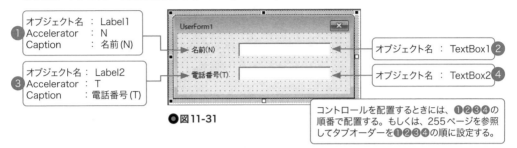

● 図11-31

コントロールを配置するときには、❶❷❸❹の順番で配置する。もしくは、255ページを参照してタブオーダーを❶❷❸❹の順に設定する。

以上で作業は完成です。サンプルブック［11-3.xlsm］の「事例77」のボタンでユーザーフォームを表示し、[Alt]+[N]キーと[Alt]+[T]キーでテキストボックスにフォーカスできることを確認してください。

■ クリックされたときに処理を行う

ラベルをマウスでクリックすると、Clickイベントが発生します。ここでは、ラベルにWebサイトのURLを表示しておいて、このラベルをクリックすると、Webブラウザを起動して、表示されているURLのページを表示するようにしてみましょう。

ブックにユーザーフォームを追加し、ラベルを1つ追加する。
Caption ： http://www.gihyo.jp/book/
Font ： フォント(F)/MS ゴシック、サイズ(S)/12ポイント、下線(U)/True
ForeColor ： &H00FF0000&（青）

● 図11-32　事例78の準備

コントロールが配置できたら、事例78を参照して、ラベルのClickイベントマクロを作成してください。

● 事例78　クリックされたときに処理を行う（[11-3.xlsm] UserForm4）

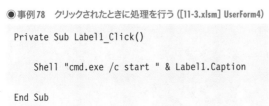

```
Private Sub Label1_Click()

    Shell "cmd.exe /c start " & Label1.Caption

End Sub
```

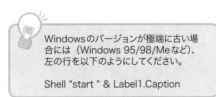

Windowsのバージョンが極端に古い場合には（Windows 95/98/Meなど）、左の行を以下のようにしてください。

Shell "start " & Label1.Caption

247

「http://www.gihyo.jp/book/」が「https://www.gihyo.jp/book/」のようにURLが変更になったときには、ラベルのCaptionもそれに合わせて変更してください。

以上でマクロは完成です。サンプルブック［11-3.xlsm］の「事例78」のボタンでユーザーフォームを表示し、ラベルをクリックするとWebブラウザが起動し、技術評論社のホームページが表示されることを確認してください。

ラベルをプログレスバーとして利用する

マクロの実行中に、BackColorプロパティに任意の色を付けたラベルのWidthプロパティの値を徐々に大きくしていくと、プログレスバーのように見せることができます。

ブックにユーザーフォームを追加し、ラベルを4つとコマンドボタンを1つ、次のように配置し、プロパティを設定する。

オブジェクト名： Label1
Caption ： ボタンを押して処理を開始してください。

（プログレスバーの枠の部分となるラベル）
オブジェクト名 ：Label2
Caption ：空白
SpecialEffect：fmSpecialEffectSunken

（プログレスバーのバーの部分となるラベル）
オブジェクト名：Label3
Caption ：空白
BackColor ：&H00FF0000&（青）

Label3は、Label2より若干小さくなるように大きさを調整し、Label2の上に重なるように配置する。

オブジェクト名：CommandButton1
Accelerator ：R
Caption ：実行 (R)

（進捗状況を％で示すラベル）
オブジェクト名：Label4
Caption ：0%
TextAlign ：fmTextAlignRight

●図11-33 事例79の準備

コントロールが配置できたら、事例79を参照して、ユーザーフォームのInitializeイベントマクロと、コマンドボタンのClickイベントマクロを作成してください。

●事例79 プログレスバーとして利用する（[11-3.xlsm] UserForm5）

```
Private Sub UserForm_Initialize()

    Label3.BackColor = &H8000000F

End Sub

Private Sub CommandButton1_Click()

    Dim myStep As Single
    Dim i As Long, j As Long

    With Label3
```

初期状態でバーの部分が隠れるように、バーの色を背景色と同じに設定する。

```
        myStep = .Width / 100
        .Width = 0
        .BackColor = &HFF0000
        Label1.Caption = "実行中です..."

        Randomize

        For i = 1 To 100

            For j = 1 To 256

                With ActiveSheet.Cells(i, j)
                    .Interior.ColorIndex = _
                        Int(56 * Rnd + 1)
                    .Value = .Interior.ColorIndex
                End With

            Next j

            .Width = .Width + myStep
            Label4.Caption = i & "%"

            DoEvents

        Next i

        Label1.Caption = "処理が終了しました"

    End With

End Sub
```

バーの幅を0に、色を青に設定する。

アクティブなシートのセルに、1から56までのランダムなカラーインデックス値を設定する。Intは小数点以下を切り捨てる関数。

バーの幅を1/100ずつ伸ばし、パーセント表示の数値も1ずつ上げる。

事例79にはRandomizeステートメントとRnd関数、Int関数が登場しますが、これらのテクニックについては388ページで詳細に解説します。

　以上でマクロは完成です。サンプルブック［11-3.xlsm］の「事例79」のボタンでユーザーフォームを表示してください。そして、［実行］ボタンをクリックすると処理が開始し、進捗状況がプログレスバーとパーセントで表示されることを確認してください。

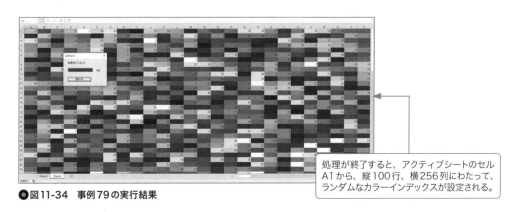

処理が終了すると、アクティブシートのセルA1から、縦100行、横256列にわたって、ランダムなカラーインデックスが設定される。

●図11-34　事例79の実行結果

249

Column　DoEvents関数

　事例79に登場するDoEvents関数ですが、これは時間のかかる処理を実行するときにループの中に記述する「一種の作法」だと考えてください。別に記述しなくてもよいのですが、マクロの実行中にはOSに制御が移りませんので、DoEvents関数でOSに制御を移しています。

　以下のマクロを見てください。

```
Option Explicit

Dim myStop As Boolean

Sub Test()
    Dim i As Long

    myStop = False

    For i = 1 To 1000000
        DoEvents
        If myStop = True Then
            MsgBox "処理が中断されました"
            Exit For
        End If
    Next i
End Sub

Private Sub CommandButton1_Click()
    myStop = True
End Sub
```

　時間のかかる処理をいつでも中断できるように、「CommandButton1」という中断用のコマンドボタンを用意していますが、制御がOSに移っていませんので、毎回、ループの中でDoEvents関数でOSに制御を移し、そのあと「CommandButton1」がクリックされたかどうかを判断して、クリックされていたらマクロの実行を中断しています。

　よく、アプリケーションをインストールするときに「中断」ボタンがありますが、それはこのマクロのように作られていると考えてください。

11-6 イメージ

イメージとは

イメージは、ユーザーフォーム上に画像ファイルを表示するために使います。画像ファイルには、BMP形式やGIF形式、JPEG形式などのファイルが利用できます。

ただし、イメージは、アニメーションにできる画像フォーマット（動画ファイル）には未対応なため、インターネットで多く利用されている「アニメーションGIF形式」のファイルを表示した場合は、アニメーション画像の最初の1コマ目だけが表示されます。

画像をプロパティウィンドウで設定する

イメージに表示させる画像は、ユーザーフォームと同じように、Pictureプロパティで設定します。
操作手順は、ユーザーフォームに画像を設定する場合と同じなので、205ページを参照してください。
同様に、画像の削除もユーザーフォームと同じなので、207ページを参照してください。

また、これもユーザーフォームに画像を表示する場合と重複しますが、イメージでは、Pictureプロパティに画像を指定している場合は、さらにPictureAlignment、PictureSizeMode、PictureTilingの3つのプロパティを使って、画像の表示方法を細かく設定することができます。

● 表11-4　PictureAlignmentプロパティ

fmPictureAlignmentTopLeft	左上に合わせて表示
fmPictureAlignmentTopRight	右上に合わせて表示
fmPictureAlignmentCenter	中央に表示（既定値）
fmPictureAlignmentBottomLeft	左下に合わせて表示
fmPictureAlignmentBottomRight	右下に合わせて表示

● 表11-5　PictureSizeModeプロパティ

fmPictureSizeModeClip	画像の元のサイズのままで表示して、イメージからはみ出す部分は切り捨てる（既定値）
fmPictureSizeModeStrech	画像をイメージのサイズに合わせて表示する。画像の縦横の比率がゆがむ場合がある
fmPictureSizeModeZoom	画像をイメージのサイズに合わせて表示するが、縦横の比率は変更しない

251

●表11-6　PictureTilingプロパティ

True	画像をタイル状に敷きつめて、連続して表示
False	画像をタイル状に敷きつめない（既定値）

マクロで画像を設定する

　イメージをはじめとする画像を表示できるコントロールのPictureプロパティにマクロで画像を設定する場合には、LoadPicture関数を使用します。

　Pictureプロパティは、String型ではなくIPictureDisp型という特殊な型のプロパティであるため、

```
オブジェクト名.Picture = "C:¥honkaku¥temple.bmp"
```

のように、画像のファイルのパスを直接指定することはできません。

　LoadPicture関数は、画像ファイルをこのIPictureDisp型に変換する関数です。

```
オブジェクト名.Picture = LoadPicture("C:¥honkaku¥temple.bmp")
```

◉事例80　イメージに画像を表示する（[11-4.xlsm] UserForm1）

```
Private Sub CommandButton1_Click()

    Image1.Picture = LoadPicture("C:¥honkaku¥temple.bmp")

End Sub
```

　では、サンプルブック［11-4.xlsm］の「事例80」のボタンでユーザーフォームを表示し、「CommandButton1」をクリックしてください。

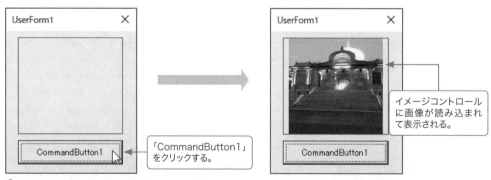

●図11-35　事例80の実行結果

画像を拡大・縮小して表示する

イメージの AutoSize プロパティを使うと、画像全体が表示されるように自動的にイメージの幅と高さを調整することができます。ただし、ユーザーフォームの大きさは変更されませんので、ユーザーフォームからはみ出た部分は表示されません。

この AutoSize プロパティと、PictureSizeMode プロパティなどを組み合わせることによって、以下のように画像を任意の倍率で拡大、もしくは縮小させて表示するマクロを作成することができます。

ブックにユーザーフォームを追加し、イメージコントロールとラベル、テキストボックス、コマンドボタンを下図のように配置し、プロパティを設定してください。

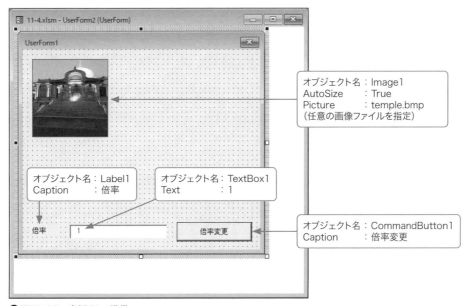

●図11-36　事例81の準備

次に、事例81を参照して、ユーザーフォームの Initialize イベントマクロと、コマンドボタンの Click イベントマクロを作成してください。

●事例81　画像を拡大・縮小して表示する（[11-4.xlsm] UserForm2）

```
Private Sub UserForm_Initialize()

    With Image1
        .Tag = .Width & "," & .Height
        .AutoSize = False
        .PictureSizeMode = fmPictureSizeModeStretch
    End With

End Sub
```

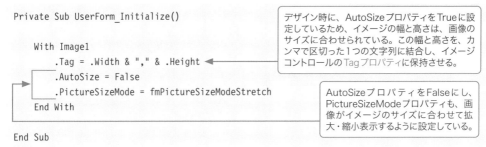

デザイン時に、AutoSize プロパティを True に設定しているため、イメージの幅と高さは、画像のサイズに合わせられている。この幅と高さを、カンマで区切った1つの文字列に結合し、イメージコントロールの Tag プロパティに保持させる。

AutoSize プロパティを False にし、PictureSizeMode プロパティも、画像がイメージのサイズに合わせて拡大・縮小表示するように設定している。

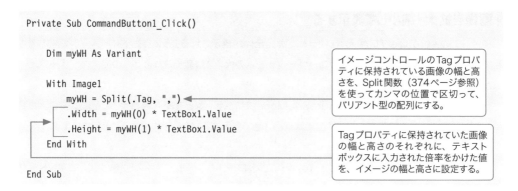

```
Private Sub CommandButton1_Click()

    Dim myWH As Variant

    With Image1
        myWH = Split(.Tag, ",")
        .Width = myWH(0) * TextBox1.Value
        .Height = myWH(1) * TextBox1.Value
    End With

End Sub
```

> イメージコントロールのTagプロパティに保持されている画像の幅と高さを、Split関数（374ページ参照）を使ってカンマの位置で区切って、バリアント型の配列にする。

> Tagプロパティに保持されていた画像の幅と高さのそれぞれに、テキストボックスに入力された倍率をかけた値を、イメージの幅と高さに設定する。

　以上でマクロは完成です。サンプルブック［11-4.xlsm］の「事例81」のボタンでユーザーフォームを表示してください。そして、倍率を変更すると画像の大きさが変わることを確認してください。

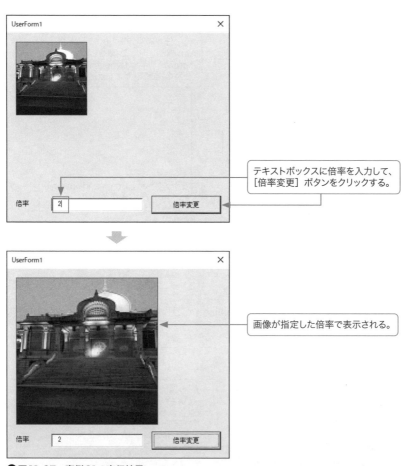

> テキストボックスに倍率を入力して、［倍率変更］ボタンをクリックする。

> 画像が指定した倍率で表示される。

●図11-37　事例81の実行結果

254

11-7 タブオーダーの変更とコントロールの綿密な配置

タブオーダーの変更

下図のユーザーフォームを見てください。

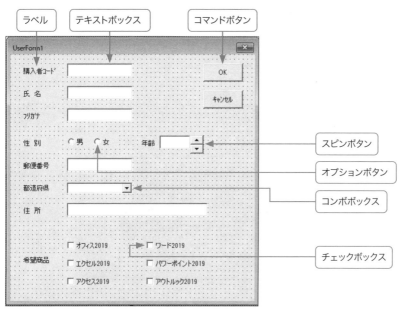

●図11-38　さまざまなコントロールが配置されたユーザーフォーム

Note　まだ扱っていないコントロール

　ここで解説するユーザーフォームには、本章では扱っていないコントロールも含まれていますが、各コントロールについての詳細な知識がなくても、タブオーダーの設定は十分理解できますので安心してください。

　なお、チェックボックス、オプションボタン、コンボボックスはChapter 12「選択を行うコントロール」、スピンボタンはChapter 13「そのほかの便利なコントロール」で解説します。

　さまざまなコントロールが配置されていますが、このようなユーザーフォームでは、マウスだけでなく、Tab キーや、Shift ＋ Tab キーでも前後のコントロールに移動できたほうが便利です。

　229ページで解説したとおり、この Tab キーによるフォーカスの移動順序のことを「タブオーダー」と呼びますが、このタブオーダーは「上→下」や「左→右」といった視覚的な配置順序ではなく、ユー

ザーフォームにコントロールを配置した順序に従って自動的に決定します。

　かと言って、現実にはタブオーダーのことまで考慮しながらコントロールを配置していくのは至難のわざです。そこで、まずはコントロールの配置に専念して、あとからタブオーダーを変更するのが通常の作業手順となります。

　ここでは、そのタブオーダーの設定方法を解説します。

　まず、ユーザーフォームを右クリックしてショートカットメニューを表示し、［タブオーダー］を選択してください。

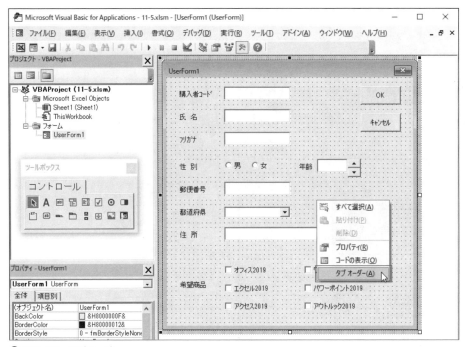

●図11-39　タブオーダー

　すると、［タブオーダー］ダイアログボックスが開くので、コントロールを選択して、［上に移動］［下に移動］ボタンで、コントロールのタブオーダーをフォーカスが移動する順番に並び替えてください。

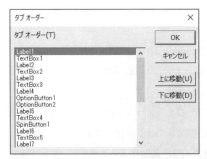

●図11-40　［タブオーダー］ダイアログボックス

　タブオーダーを設定するときには、基本的に、ラベルのようなTabStopプロパティがFalseの非入力系のコントロールについては意識する必要はありません。

　サンプルブック［11-5.xlsm］には、タブオーダーが設定されたユーザーフォームが含まれているので、［11-5.xlsm］を開いたらVBE上でユーザーフォームを表示し、F5キーで実行して、Tabキーや、Shift＋Tabキーでフォーカスが移動するのを確認してください。

コントロールの配置位置やサイズをより綿密に指定する

　複数のコントロールを同時に選択すると、ユーザーフォーム上でまとめて位置を移動したり、また位置合わせやサイズ合わせをすることができます。

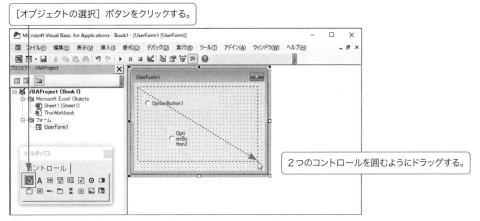

●図11-41　複数のコントロールを同時に選択する

　そうしたら、コントロールを右クリックしてショートカットメニューを表示し、［整列］→［左］を実行します。

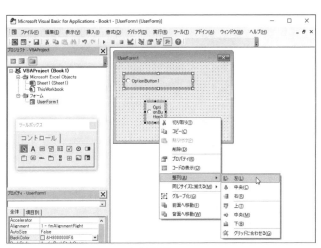

●図11-42　コントロールの左位置を揃える

これで、2つのコントロールの左位置が揃います。

では、今度は2つのコントロールの幅を揃えてみましょう。

再びコントロールを右クリックしてショートカットメニューを表示し、［同じサイズに揃える］→［幅］を実行します。

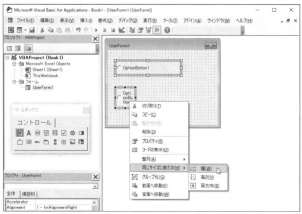

●図11-43　コントロールの幅を揃える

これで、2つのコントロールの幅が揃います。

ユーザーフォームのグリッドの単位の変更

ユーザーフォームのグリッドの単位を小さくすればするほど、コントロールの配置位置やサイズをより綿密に指定できるようになります。

グリッドの単位の変更は、標準メニューから［ツール］→［オプション］を実行し、［オプション］ダイアログボックスの［全般］パネルで行います。

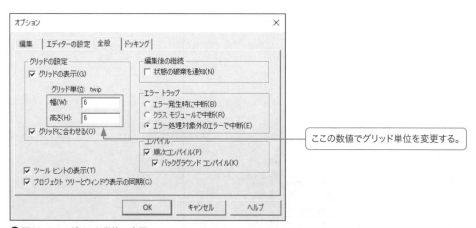

●図11-44　グリッド単位の変更

選択を行うコントロール

12-1 チェックボックスとトグルボタン

チェックボックスとトグルボタンとは

チェックボックスは、「はい」と「いいえ」や、「オン」と「オフ」などのような、2つの状態を切り替えるときに使います。

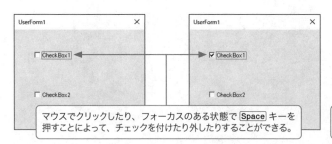
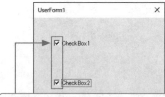

● 図12-1 チェックボックス

トグルボタンも、チェックボックスと同じように、2つの状態を切り替えるときに使います。

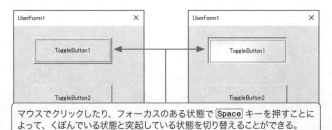
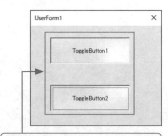

● 図12-2 トグルボタン

チェックボックスの状態の取得

　チェックボックスにチェックマークが付いているかどうかは Value プロパティで取得します。Value プロパティは、チェックマークが付いている状態では True、付いていない状態では False となります。

ブックにユーザーフォームを追加し、チェックボックスを2つ、コマンドボタンを1つ配置する。そして、CommandButton1のCaptionプロパティを「取得」にする。

CommandButton1のClickイベントマクロを追加し、事例82を参照してコードを記述する。

●図12-3　事例82の準備

● 事例82　チェックボックスの状態の取得（[12-1.xlsm] UserForm1）

```
Private Sub CommandButton1_Click()

    MsgBox "CheckBox1の状態 : " & CheckBox1.Value & _
        vbCrLf & _
        "CheckBox2の状態 : " & CheckBox2.Value

End Sub
```

　以上で作業は終了です。実際にサンプルブック [12-1.xlsm] の「事例82」のボタンでユーザーフォームを表示し、チェックボックスの状態を取得してみてください。

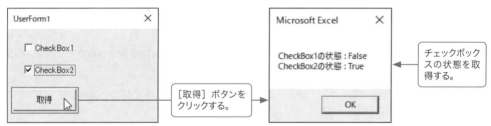

[取得] ボタンをクリックする。

チェックボックスの状態を取得する。

●図12-4　事例82の実行結果

　トグルボタンが押されているかどうかという状態を取得するときにも、チェックボックスと同じようにValueプロパティを使います。押されている状態では True、押されていない状態では False になります。

チェックボックスの状態の変化に合わせて処理を行う

　チェックボックスにチェックマークを付けたり消したりするアクションによってValueプロパティの値が変更されると、Changeイベントが発生します。このイベントを利用すると、Valueプロパティの値が変更された場合に、その値に合わせた処理を行うことができます。

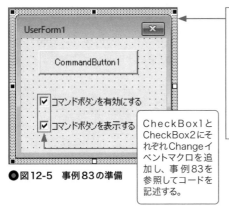

ブックにユーザーフォームを追加し、コマンドボタンを1つ、チェックボックスを2つ、図のように配置してプロパティを設定する。

オブジェクト名	プロパティ	値
CheckBox1	Caption	コマンドボタンを有効にする
	Value	True
CheckBox2	Caption	コマンドボタンを表示する
	Value	True

CheckBox1とCheckBox2にそれぞれChangeイベントマクロを追加し、事例83を参照してコードを記述する。

●図12-5　事例83の準備

●事例83　チェックボックスの状態に合わせた処理（[12-1.xlsm] UserForm2）

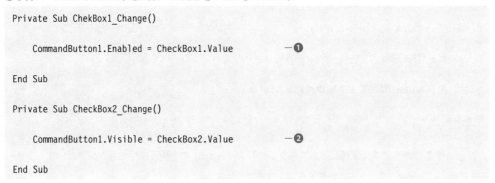

```
Private Sub ChekBox1_Change()

    CommandButton1.Enabled = CheckBox1.Value          ─❶

End Sub

Private Sub CheckBox2_Change()

    CommandButton1.Visible = CheckBox2.Value          ─❷

End Sub
```

「CheckBox1」にチェックマークが付けられた場合（❶）は、ValueプロパティがTrueに変更されるので、この値をコマンドボタンのEnabledプロパティに代入することで、コマンドボタンを有効にします。逆に、チェックマークが外された場合は、ValueプロパティはFalseに変更されるので、コマンドボタンは無効になります。

「CheckBox2」の場合（❷）も、「CheckBox1」のChangeイベントと同じ仕組みを使って、コマンドボタンのVisibleプロパティを操作して表示／非表示を切り替えます。

以上で作業は終了です。サンプルブック［12-1.xlsm］の「事例83」のボタンでユーザーフォームを表示し、チェックボックスの状態を変えるとコマンドボタンの状態も変わることを確認してください。

入力をロックする

　トグルボタンをはじめとするいくつかのコントロールでは、LockedプロパティをTrueに設定して、キーボードやマウスからの入力を行えないようにロックすることができます。

　EnabledプロパティをFalseにしても同じように入力をロックすることができますが、この場合は、コントロールの外観がグレー（無効の状態）に変更されてしまいます。Lockedプロパティでは、コントロールの外観を変更することなく入力をロックできます。

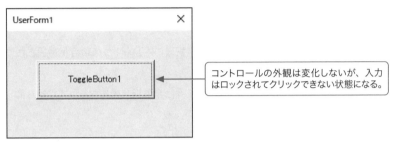

●図12-6　LockedプロパティをTrueに設定した場合

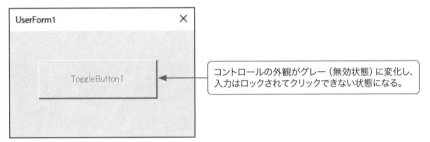

●図12-7　EnabledプロパティをFalseに設定した場合

12-2 オプションボタン

オプションボタンとは

オプションボタンは、通常、あるグループに含まれる複数の選択肢の中から1つの項目が選択されているかどうかという場面で使用します。

1つを選択すると、同じグループに属する残りのオプションボタンは非選択状態になる、すなわち1つのオプションボタンしかオンにできない点がチェックボックスとは異なります。

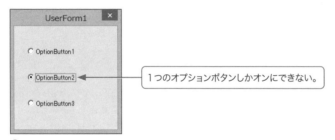

●図12-8　オプションボタン

グループを設定する

オプションボタンは、オンにできるのは1つだけと思いがちですが、オプションボタンのGroupNameプロパティでオプションボタンを複数のグループに分ければ、複数のオプションボタンをオンにすることが可能になります。

では、下図のようにオプションボタンを配置し、GroupNameプロパティを設定してみましょう。

●事例84　オプションボタンのグループを設定する（[12-2.xlsm] UserForm1）

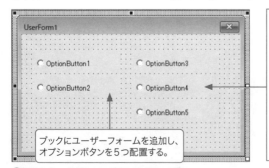

各オプションボタンのGroupNameプロパティを以下のように設定する。

オブジェクト名	GroupNameプロパティの値
OptionButton1	グループ1
OptionButton2	グループ1
OptionButton3	グループ2
OptionButton4	グループ2
OptionButton5	グループ2

●図12-9　オプションボタンのグループ化

以上で作業は終了です。サンプルブック［12-2.xlsm］の「事例84」のボタンでユーザーフォーム を表示し、「グループ1」と「グループ2」のそれぞれのグループごとに1つずつオプションボタンをオン にできることを確認してください。

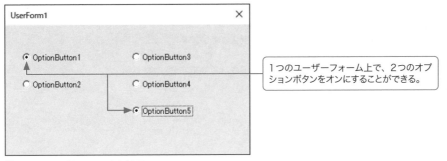

●図12-10　事例84の実行結果

オプションボタンをグループに分けて扱う方法は、ここで説明したGroupNameプロパティ以外に、 フレームを使う方法があります。フレームについては、271ページの12-3「フレーム」で解説します。

オプションボタンの状態の取得

オプションボタンでも、状態の取得や設定はValueプロパティで行います。Valueプロパティの値は、 オンの場合はTrue、オフの場合はFalseです。

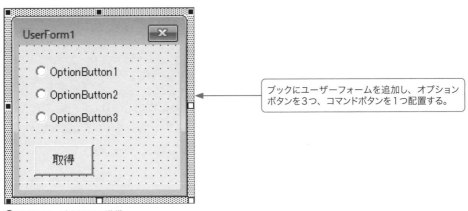

●図12-11　事例85の準備

CommandButton1のイベントマクロを追加し、事例85を参照してコードを記述してください。

● 事例85　オプションボタンの状態の取得（[12-2.xlsm] UserForm2）

```
Private Sub CommandButton1_Click()
    Dim myMsg As String

    If OptionButton1.Value = True Then
        myMsg = OptionButton1.Caption & " が選択されています"
    ElseIf OptionButton2.Value = True Then
        myMsg = OptionButton2.Caption & " が選択されています"
    ElseIf OptionButton3.Value = True Then
        myMsg = OptionButton3.Caption & " が選択されています"
    Else
        myMsg = "いずれも選択されていません"
    End If

    MsgBox myMsg

End Sub
```

　以上で作業は終了です。サンプルブック［12-2.xlsm］の「事例85」のボタンでユーザーフォーム
を表示し、オンになっているオプションボタンの名前がメッセージボックスに表示されることを確認してく
ださい。

Note	オプションボタンをオフにする

　たとえば、OptionButton1を一度オンにすると、ほかのオプションボタンをオンにしない限り
OptionButton1はオフにできないと思いがちですが、実は、Ctrl＋Zキーを押すことでオフにする
ことができます。

コントロール配列

　事例85のマクロでは、選択されているオプションボタンを調べるために、If...Then...Else ステートメ
ントを使って、配置されているオプションボタンそれぞれのValueプロパティを1つずつ調べています。
そして、Trueだった場合は、

```
myMsg = オプションボタン.Caption & " が選択されています"
```

といったコードによって、表示するメッセージを生成しています。

　しかし、このコードではオプションボタンの個数分同じような処理を繰り返し記述することになるため、
オプションボタンが多数配置されている場合などにはあまり効率的ではありません。

　そこで、こうしたケースに対応できるように「コントロール配列」というテクニックを学習することにし
ましょう。

　コントロール配列を実現するには、ユーザーフォームが保持しているControlsコレクションを使って、

ユーザーフォーム.Controls(コントロール名)

のように記述します。具体的には、

ユーザーフォーム.Controls("OptionButton" & インデックス番号)

というコードによって、オプションボタンを参照することができます。

　そして、この方法で事例85のCommandButton1_Clickイベントマクロを作成すると以下のように
なります。

●事例85の**CommandButton1_Click**イベントマクロ（**[12-2.xlsm] UserForm2**にマクロが収録されています）

```
Private Sub CommandButton1_Click()

    Dim i As Integer
    Dim myMsg As String
    Dim myOpt As MSForms.OptionButton

    For i = 1 To 3
        Set myOpt = UserForm2.Controls("OptionButton" & i)
        If myOpt.Value = True Then
            myMsg = myOpt.Caption & " が選択されています"
            Exit For
        End If
    Next i

    If myMsg = "" Then
        myMsg = "いずれも選択されていません"
    End If

    MsgBox myMsg

End Sub
```

　また、Addメソッドを使って、任意のコントロールを1つのコレクションにまとめる方法もあります。こ
の方法で、事例85で使ったユーザーフォームに配置されたオプションボタンを1つのコレクションにま
とめるマクロは以下のようになります。

●オプションボタンを1つのコレクションにまとめるマクロ（**[12-2.xlsm] UserForm2**にマクロが収録されています）

```
Option Explicit
    'コントロールのコレクション
    Dim myCollect As New Collection

Private Sub UserForm_Initialize()
```

```
        'コントロールのコレクションを作成
    With myCollect
        .Add Item:=OptionButton1
        .Add Item:=OptionButton2
        .Add Item:=OptionButton3
    End With
End Sub
```

Note Newキーワード

```
Dim myCollect As New Collection
```

の「Newキーワード」については444ページで解説するので、ここではコントロールを1つのコレクションにまとめるときの作法だと考えてください。ここで理解する必要はありません。

このようにコントロールをコレクション化した場合も、インデックス番号でコントロールを識別できるようになるので、事例85のマクロは以下のように書き換えることができます。

◉ 事例85のマクロの書き換え（[12-2.xlsm] UserForm2にマクロが収録されています）

```
Private Sub CommandButton1_Click()
    Dim i As Integer
    Dim myMsg As String

    For i = 1 To 3
        If myCollect(i).Value = True Then
            myMsg = myCollect(i).Caption & " が選択されています"
            Exit For
        End If
    Next i

    If myMsg = "" Then
        myMsg = "いずれも選択されていません"
    End If

    MsgBox myMsg

End Sub
```

コントロール配列という方法を使えば、インデックス番号とループ処理の併用で、とてもスッキリとしたスマートなコードを書くことが可能になります。ほとんど知られていない上級テクニックですが、この機会にマスターすることをお勧めします。

　以上、3つのマクロは［12-2.xlsm］の「UserForm2」にマクロが収録されていますが、コメントになっているので、VBEのメニューバーかツールバーの任意の位置を右クリックして［編集］ツールバーボタンを表示し、［非コメントブロック］ボタンでコメントアウトをしてから実行してみてください。

オプションボタンの状態の変化に合わせて処理を行う

　オプションボタンでも、チェックボックスと同じようにClickイベントを使って、オプションボタンの状態の変化に合わせて任意の処理を行うことができます。

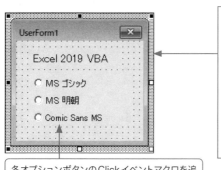

ブックにユーザーフォームを追加し、ラベルを1つ、オプションボタンを3つ配置し、以下のようにプロパティを設定する。

オブジェクト名	プロパティ	値
Label1	Caption	Excel 2019 VBA
	Font	サイズ：12ポイント
OptionButton1	Caption	MS ゴシック
OptionButton2	Caption	MS 明朝
OptionButton3	Caption	Comic Sans MS

各オプションボタンのClickイベントマクロを追加し、事例86を参照してコードを記述する。

●図12-12　事例86の準備

●事例86　オプションボタンの状態に合わせた処理（［12-2.xlsm］UserForm3）

```
Private Sub OptionButton1_Click()

    If OptionButton1.Value = True Then
        Label1.Font.Name = OptionButton1.Caption
    End If

End Sub


Private Sub OptionButton2_Click()

    If OptionButton2.Value = True Then
        Label1.Font.Name = OptionButton2.Caption
    End If

End Sub
```

```
Private Sub OptionButton3_Click()

    If OptionButton3.Value = True Then
        Label1.Font.Name = OptionButton3.Caption
    End If

End Sub
```

　以上で作業は終了です。サンプルブック［12-2.xlsm］の「事例86」のボタンでユーザーフォーム
を表示したら、さまざまなオプションボタンをオンにしてみてください。ラベルの文字列のフォントが、オ
プションボタンに対応したフォントに変化するのが確認できます。

●図12-13　事例86の実行結果

12-3 フレーム

フレームとは

フレームは、画面がユーザーにとってわかりやすくなるように、コントロールを機能や目的ごとに分けて表示するための枠として使います。以下の例では、3つのフレームを使って、入力に用いるコントロールを「名前」「性別」「趣味」の3つに分けて表示しています。

● 図12-14　フレーム

この図と同じように、フレームとその枠の内側にコントロールが配置されたユーザーフォームがサンプルブック［12-3.xlsm］にあります。「事例87」のボタンで確認してください。

フレームを使う場合には、必ず、まずフレームを作成してから、その枠の内側にコントロールを配置します。先にコントロールを配置して、あとからその上にフレームを作成すると、コントロールはフレームの後ろに隠れてしまうだけでなく、フレームの中のコントロールではなく、独立したコントロールになってしまいます。

万が一、コントロールの上にフレームを作成してしまったら、フォームデザイナ上ではコントロールは隠れてしまっているので、プロパティウィンドウでコントロールを選択し、一度フレームの枠の外に出して、それからフレームの枠の内側にコントロールを移動して配置してください。

フレームを使ってグループを設定する

フレームの枠の内側にオプションボタンを配置すると、オプションボタンのGroupNameプロパティを設定しなくても、下図のようにそれぞれのフレーム内で独立してオプションボタンをオンにすることができます。

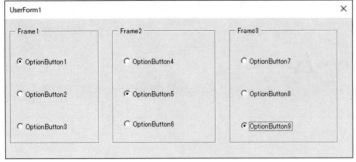

●図12-15　フレームでオプションボタンをグループ化した例

　この図のように、フレームごとにオプションボタンをオンにできるユーザーフォームがサンプルブック
[12-3.xlsm] にあります。「事例88」のボタンで確認してください。

フレームは内側のコントロールの親オブジェクト

　オプションボタンをフレームの内側に配置すると、独立したグループとして機能させることができます
が、これは、フレームはコントロールの親オブジェクトとなる機能を持っているからです。

　たとえば、ユーザーフォームの上にコントロールを配置すると、このコントロールの親オブジェクトは
ユーザーフォームになりますが、同様のことがフレームにも当てはまります。

　以下は、ユーザーフォーム上のコントロールが格納されている状態を図で表したものです。

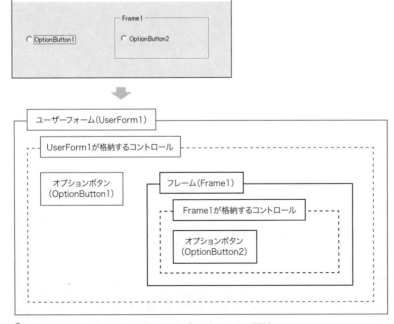

●図12-16　ユーザーフォーム／フレーム／コントロールの関係

　コントロールが直接格納されている親オブジェクトは、コントロールのParentプロパティで取得できますので、上図の2つのオプションボタンの親オブジェクトを、

```
MsgBox "OptionButton1の親オブジェクト : " & OptionButton1.Parent.Name & _
    vbCrLf & _
    "OptionButton2の親オブジェクト : " & OptionButton2.Parent.Name
```

というマクロで取得すると、下図のようなメッセージボックスが表示されます。

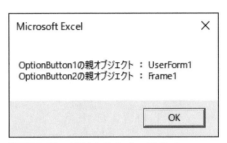

●図12-17　表示されるメッセージボックス

　そして、このケースでフレームに配置された「OptionButton2」を参照するためには、通常の、

```
OptionButton2.Value = True                         ─❶
```

という方法のほかに、ユーザーフォームのControlsコレクションを使った、

```
UserForm1.Controls("OptionButton2").Value = True    ─❷
```

　そして、直接の親オブジェクトであるフレームのControlsコレクションを使った、

```
Frame1.Controls("OptionButton2").Value = True       ─❸
```

の、計3通りの方法があります。

　どの方法でもかまいませんが、マクロを見た人が、該当のコントロールがフレームに配置されていることがすぐにわかるという点では、❸のステートメントがもっとも理想的だと言えるでしょう。

　親オブジェクトの機能を持つコントロールは、フレームのほかにマルチページがあります。マルチページは、305ページの13-2「マルチページ」で解説します。

12-4 リストボックス

リストボックスとは

　リストボックスは、1つのコントロールで複数の選択肢を縦にリスト表示し、1つあるいは複数の項目をリストの中から選択することができます。リストの項目が多い場合は、スクロールバーが自動的に表示され、スクロールして項目を表示します。

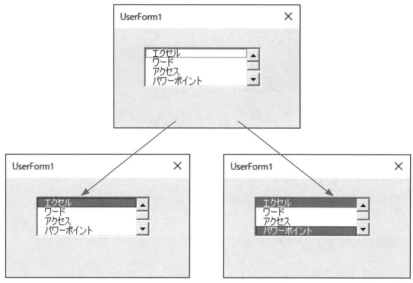

●図12-18　リストボックス

　プロパティの設定によって、1つの項目しか選択できないスタイルと、複数の項目を選択できるスタイルを使い分けることができます。

リストに表示する項目を設定する

　リストボックスのリストとして表示する項目の設定は、RowSourceプロパティにあらかじめシートのセル範囲を表す文字列を指定することで行います。

　では、ブックにユーザーフォームを追加し、リストボックスを1つ配置してください。

　そして、リストボックスのRowSourceプロパティに、下図のようにリストの選択項目として表示したいセル範囲を指定します。

●図12-19　リストボックスの項目の設定

　以上で作業は終了です。サンプルブック［12-4.xlsm］の「事例89」のボタンでユーザーフォーム
を表示して、セルA3:A15のデータがリストボックスに表示されることを確認してください。

●図12-20　事例89の実行結果

複数列のデータを表示する

　事例89では、ワークシートにあらかじめ作成しておいたリスト形式のデータから、1列だけを表示す
るように設定しましたが、RowSourceプロパティに複数の列を含むセル範囲を指定し、
ColumnCountプロパティに列数を指定すると、複数の列のデータを表示させることができます。

　複数の列がある場合は、ColumnWidthプロパティに、各列の幅をポイント単位でセミコロン（;）で
区切って設定します。

　事例89のリストボックスの幅を広げ、プロパティを下表のように変更してください。

●表12-1　事例89のリストボックスのプロパティに設定する値

オブジェクト名	プロパティ	値
ListBox1	ColumnCount	3
	ColumnWidth	70;20;20
	RowSource	A3:C15

では、F5 キーでこのユーザーフォームを表示してみましょう。

●図12-21　プロパティ変更後の実行結果

選択されている項目を取得する

リストボックスで選択されている行は、ListIndexプロパティで取得できます。また、Textプロパティ
とValueプロパティは、選択されている行の項目の値を取得することができます。

リストボックスに複数の列のデータが表示されている場合には、BoundColumnプロパティで指定し
た列の項目の値がValueプロパティに保持され、TextColumnプロパティで指定した列の項目の値が
Textプロパティに保持されます。

■ ListIndexプロパティ

ListIndexプロパティは、リストボックスで選択されている行の取得や設定を行うために使います。こ
のプロパティは、1行目が選択されている場合は「0」、2行目が選択されている場合は「1」というよう
に、値は「0」から始まるので、選択されている行より1小さい値が代入されます。また、行が選択さ
れていない場合は「-1」を返します。

■ BoundColumnプロパティ

BoundColumnプロパティは、リストボックスに複数列のデータが表示されている場合に、Valueプ

ロパティに保持される項目の列を指定するために使います。1列目を指定する場合は「1」、2列目を指定する場合は「2」となります。また、このプロパティに「0」を指定すると、ListIndexプロパティの値がValueプロパティに代入されます。

■ TextColumnプロパティ

TextColumnプロパティは、リストボックスに複数列のデータが表示されている場合に、Textプロパティに保持される項目の列を指定するために使います。1列目を指定する場合は「1」、2列目を指定する場合は「2」となります。また、このプロパティに「0」を指定すると、ListIndexプロパティの値がTextプロパティに代入されます。「-1」を設定すると、ColumnWidthプロパティが「0」より大きい列の中で、1番目（1番左に表示される）の列の項目の文字列が代入されます。

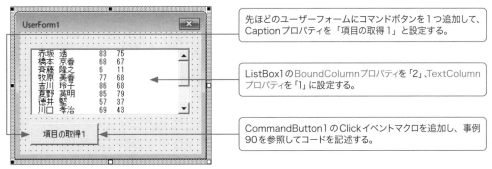

先ほどのユーザーフォームにコマンドボタンを1つ追加して、Captionプロパティを「項目の取得1」と設定する。

ListBox1のBoundColumnプロパティを「2」、TextColumnプロパティを「1」に設定する。

CommandButton1のClickイベントマクロを追加し、事例90を参照してコードを記述する。

●図12-22　事例90の準備

●事例90　選択されている項目を取得する（[12-4.xlsm] UserForm2）

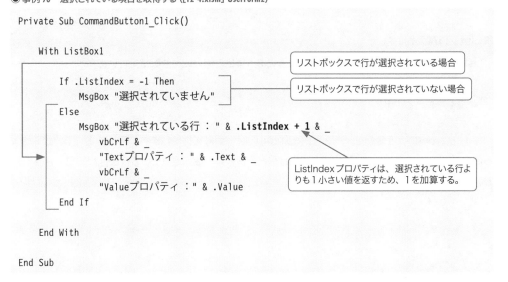

```
Private Sub CommandButton1_Click()

    With ListBox1

        If .ListIndex = -1 Then
            MsgBox "選択されていません"
        Else
            MsgBox "選択されている行：" & .ListIndex + 1 & _
                vbCrLf & _
                "Textプロパティ：" & .Text & _
                vbCrLf & _
                "Valueプロパティ：" & .Value
        End If

    End With

End Sub
```

リストボックスで行が選択されている場合

リストボックスで行が選択されていない場合

ListIndexプロパティは、選択されている行よりも1小さい値を返すため、1を加算する。

277

以上で作業は終了です。サンプルブック［12-4.xlsm］の「事例90」のボタンでユーザーフォームを表示してください。

リストボックス内で行を選択せずに「CommandButton1」をクリックすると、メッセージボックスに「選択されていません」と表示されます。

リストボックス内で行を選択した状態で「CommandButton1」をクリックすると、メッセージボックスに選択されている行と、TextColumnプロパティに指定した1列目の項目と、BoundColumnプロパティに指定した2列目の項目が表示されます。

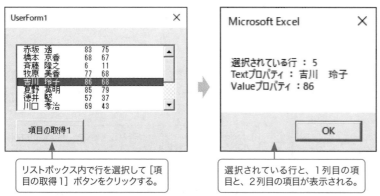

●図12-23　事例90の実行結果

任意の位置の項目を取得する

ListプロパティやColumnプロパティを使うと、リストボックスに表示された任意の行と列にある項目の値を取得することができます。

■Listプロパティ

Listプロパティは、指定された行と列の位置にある項目の値の取得や設定を行います。

```
オブジェクト名.List(row, column)
```

第1引数rowには行番号を、第2引数columnには列番号を指定します。行と列は、「0」から始まる番号が付けられるため、ここで指定する行番号と列番号は、表示されている行と列より「1」小さい値となります。

■ Columnプロパティ

Columnプロパティも、指定された行と列の位置にある項目の値の取得や設定を行います。

```
オブジェクト名.Column(column, row)
```

第1引数columnには列番号を、第2引数rowには行番号を指定します。行と列は、「0」から始まる番号が付けられるため、ここで指定する行番号と列番号は、表示されている行と列より「1」小さい値となります。

> リストボックスに表示された複数列のデータは、行と列の要素が「0」から始まる、2次元配列と考えることができる。

> 行番号が「2」、列番号が「3」の要素を参照する場合は、
> Listプロパティの場合
> 　　ListBox1.List(2, 3)
> Columnプロパティの場合
> 　　ListBox1.Column(3, 2)
> となる。

行番号 ＼ 列番号	0	1	2	3
0	赤坂　透	83	75	57
1	橋本　京香	68	67	54
2	斉藤　隆之	6	11	49
3	牧原　美香	77	68	50

●図12-24　Listプロパティ／Columnプロパティの仕組み

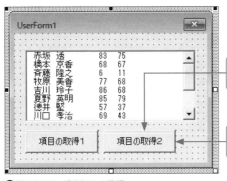

> CommandButton2のClickイベントマクロを追加し、事例91を参照してコードを記述する。

> 事例90のユーザーフォームにコマンドボタンを1つ追加して、Captionプロパティを「項目の取得2」と設定する。

●図12-25　事例91の準備

279

●事例91　任意の位置の項目を取得する（[12-4.xlsm] UserForm3）

```
Private Sub CommandButton2_Click()

    With ListBox1

        MsgBox "Listプロパティで2行目/3列目の項目を取得 ： " & .List(1, 2) & _
            vbCrLf & _
            "Columnプロパティで4行目/2列目の項目を取得 ： " & .Column(1, 3)

    End With

End Sub
```

> Listプロパティの引数は「行番号，列番号」の順で、Columnプロパティの引数は「列番号，行番号」の順と、逆になることに注意。

　以上で作業は終了です。サンプルブック［12-4.xlsm］の「事例91」のボタンでユーザーフォームを表示してください。

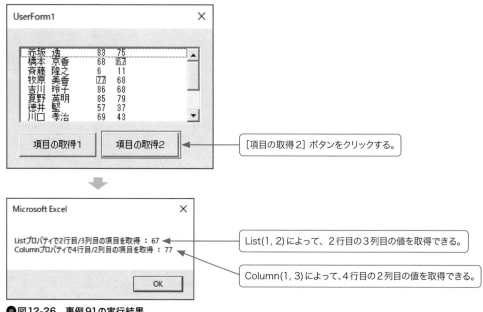

●図12-26　事例91の実行結果

任意の行をリストの先頭に表示する

　リストボックスのTopIndexプロパティを使うと、任意の行がリストの先頭に表示されるようにリストボックスをスクロールさせることができます。

事例91のユーザーフォームからCommandButton2とそのClickイベントマクロを削除し、残ったCommandButton1のCaptionプロパティを、「5行目をリストの先頭に移動する」に変更する。

CommandButton1のClickイベントマクロを、事例92を参照して作成する。

●図12-27　事例92の準備

◉事例92　任意の行をリストの先頭に表示する（[12-4.xlsm] UserForm4）

```
Private Sub CommandButton1_Click()

    ListBox1.TopIndex = 4

End Sub
```

行番号は「0」から始まるので、5行目をリストの先頭に設定する場合は「4」を指定する。

以上で作業は終了です。サンプルブック［12-4.xlsm］の「事例92」のボタンでユーザーフォームを表示してください。

CommandButton1をクリックすると、5行目がリストボックスの先頭になるようにスクロールして表示されます。

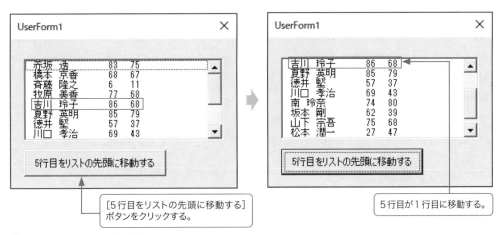

[5行目をリストの先頭に移動する]ボタンをクリックする。

5行目が1行目に移動する。

●図12-28　事例92の実行結果

なお、リストの行数がリストボックスの高さよりも少ない場合は、リストボックスにスクロールバーは表示されませんので、TopIndexプロパティも機能しません。

複数行を選択可能にする

リストボックスのMultiSelectプロパティを、「fmMultiSelectMulti」あるいは「fmMultiSelectExtended」に設定すると、リストボックスで複数の行が選択できるようになります。

● 表12-2　MultiSelectプロパティに設定できる値

MultiSelectプロパティの値	イメージ	説明
fmMultiSelectSingle（限定値）	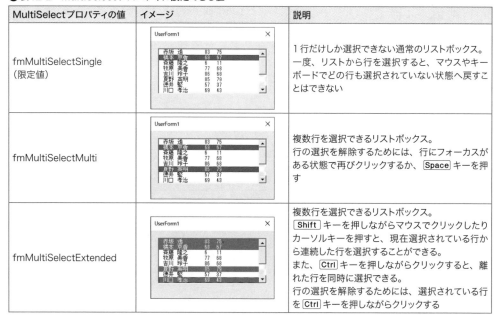	1行だけしか選択できない通常のリストボックス。一度、リストから行を選択すると、マウスやキーボードでどの行も選択されていない状態へ戻すことはできない
fmMultiSelectMulti		複数行を選択できるリストボックス。行の選択を解除するためには、行にフォーカスがある状態で再びクリックするか、Space キーを押す
fmMultiSelectExtended		複数行を選択できるリストボックス。Shift キーを押しながらマウスでクリックしたりカーソルキーを押すと、現在選択されている行から連続した行を選択することができる。また、Ctrl キーを押しながらクリックすると、離れた行を同時に選択できる。行の選択を解除するためには、選択されている行を Ctrl キーを押しながらクリックする

MultiSelectプロパティを使って複数行を選択可能に設定した場合、ValueプロパティやTextプロパティの値は常にNullとなり、選択されている項目を取得できなくなりますので、選択されている行はSelectedプロパティを使って取得します。また、ListIndexプロパティには、フォーカスがある行の行番号が保持されるようになります。

■ Selectedプロパティ

Selectedプロパティは、指定された行が選択されているかどうかを示すBoolean型の値を返します。また、このプロパティを使ってマクロ内で任意の行を選択状態にすることもできます。

```
オブジェクト名.Selected(Index)
```

引数Indexには、「0」から始まる行番号を指定します。

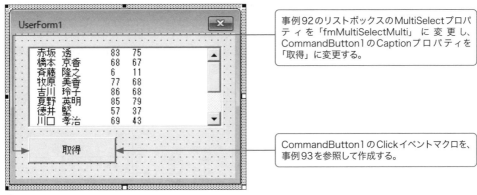

事例92のリストボックスのMultiSelectプロパティを「fmMultiSelectMulti」に変更し、CommandButton1のCaptionプロパティを「取得」に変更する。

CommandButton1のClickイベントマクロを、事例93を参照して作成する。

●図12-29　事例93の準備

◉事例93　複数行が選択可能なリストボックス（[12-4.xlsm] UserForm5）

```
Private Sub CommandButton1_Click()

    Dim myCount As Integer
    Dim i As Integer
    Dim myMsg As String

    With ListBox1

        myCount = .ListCount - 1

        For i = 0 To myCount

            If .Selected(i) = True Then
                myMsg = myMsg & i + 1 & " " & _
                .List(i, 0) & vbCrLf
            End If

        Next i

    End With

    MsgBox myMsg

End Sub
```

ListCountプロパティは、リストボックスに表示されている最大行数を取得することができる。ただし、「0」からカウントされるため、1減算している。

各行のSelectedプロパティを調べて、選択されているかどうかを判定し、選択されている場合は、メッセージボックスに表示する文字列にその行番号と1列目の項目名を追加する。

283

以上で作業は終了です。サンプルブック［12-4.xlsm］の「事例93」のボタンでユーザーフォームを表示してください。

　リストボックスで複数行を選択してCommandButton1をクリックすると、選択されている行番号と1列目の項目名がメッセージボックスに表示されます。

●図12-30　事例93の実行結果

　リストボックスは、これまで説明してきたようにあらかじめワークシートにデータを用意しておかなくても、マクロの実行中にリスト項目を追加したり削除したりすることもできます。

　この手法はコンボボックスでも同様に使えますので、詳細は288ページの「マクロでリストの項目の追加や削除を行う」を参照してください。

12-5 コンボボックス

コンボボックスとは

コンボボックスは、テキストボックスとリストボックスを組み合わせたスタイルのコントロールで、直接、値を入力したり、リストから選択したりすることが可能です。ただし、複数の項目を同時に選択することはできません。

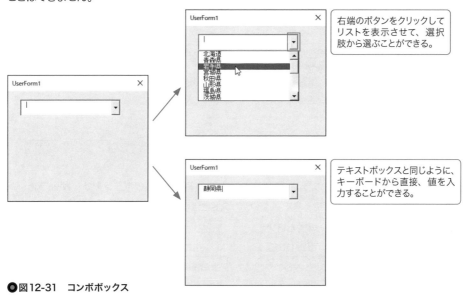

右端のボタンをクリックしてリストを表示させて、選択肢から選ぶことができる。

テキストボックスと同じように、キーボードから直接、値を入力することができる。

●図12-31　コンボボックス

入力された値をチェックする

コンボボックスで文字の入力を可能にするかどうかはStyleプロパティで設定します。

●表12-3　Styleプロパティ

定数	値	説明
fmStyleDropDownCombo	0	文字列の入力とリストからの選択の両方が可能（既定値）
fmStyleDropDownList	2	文字列の入力はできない。リストからの選択のみが可能

そして、コンボボックスのStyleプロパティを「fmStyleDropDownCombo」に設定した場合は、ユーザーがリストにない項目をコンボボックスに入力することがあります。このとき、MatchFoundプロパティを使って、入力された項目がリストにある項目と一致するかどうかを調べることができます。

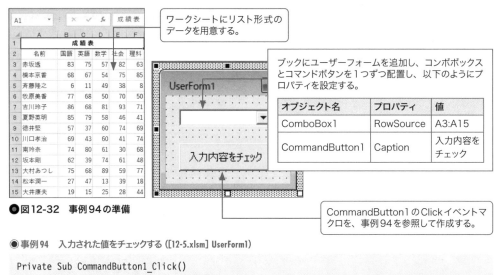

ワークシートにリスト形式の
データを用意する。

ブックにユーザーフォームを追加し、コンボボックス
とコマンドボタンを1つずつ配置し、以下のようにプ
ロパティを設定する。

オブジェクト名	プロパティ	値
ComboBox1	RowSource	A3:A15
CommandButton1	Caption	入力内容を
チェック

CommandButton1のClickイベントマ
クロを、事例94を参照して作成する。

●図12-32　事例94の準備

◉事例94　入力された値をチェックする（[12-5.xlsm] UserForm1）

```
Private Sub CommandButton1_Click()

    If ComboBox1.MatchFound = False Then
        MsgBox "リストにないデータです"
    Else
        MsgBox "リストの項目と一致しました"
    End If

End Sub
```

　以上で作業は終了です。サンプルブック［12-5.xlsm］の「事例94」のボタンでユーザーフォーム
を表示してください。そして、リストにあるデータや、リストにはないデータをコンボボックスに入力して
CommandButton1をクリックしてみてください。

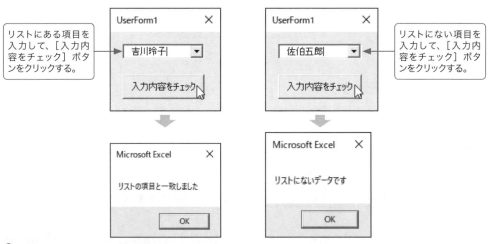

リストにある項目を
入力して、［入力内
容をチェック］ボタ
ンをクリックする。

リストにない項目を
入力して、［入力内
容をチェック］ボタ
ンをクリックする。

●図12-33　事例94の実行結果

コンボボックスは、一見、扱いにくいコントロールのようですが、コンボボックスに入力されたデータは、テキストボックスと同様にTextプロパティかValueプロパティで取得します。この点を、あまり難しく考えないようにしましょう。

オートコンプリート機能を利用する

コンボボックスのMatchEntryプロパティを「fmMatchEntryFirstLetter」、あるいは「fmMatchEntryComplete」に設定すると、コンボボックスにキーボードから入力を行ったときに、入力途中の文字列がリストの項目に一致した瞬間に、その項目の残りの文字列が自動的に入力候補として表示されます。これは、Excelのオートコンプリートと同じ機能と考えればわかりやすいでしょう。

ここでは、リストの中に「大村あつし」と「大井康夫」があると仮定して解説します。

■MatchEntry = fmMatchEntryFirstLetterの場合

1文字目が一致する項目を入力候補として表示します。たとえば、「大」を入力すると、それだけで「大村あつし」がコンボボックスに表示されます（リストの中で、「大村あつし」が「大井康夫」より先にある場合）。

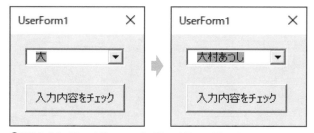

●図12-34　MatchEntry = fmMatchEntryFirstLetter

■MatchEntry = fmMatchEntryCompleteの場合（既定値）

入力した文字すべてに一致する項目を入力候補として表示します。今回のケースでは、「大」だけでは「大村あつし」か「大井康夫」かわからないので、「大村」まで入力してはじめて、「大村あつし」がコンボボックスに表示されます。

●図12-35　MatchEntry = fmMatchEntryComplete

■ MatchEntry = fmMatchEntryNoneの場合

オートコンプリートは行われず、入力候補は表示されません。文字列の最後までユーザーが入力する必要があります。

マクロでリストの項目の追加や削除を行う

コンボボックスやリストボックスでは、AddItemメソッドを使って、マクロの実行中にリスト項目を追加することができます。また、追加した項目は、RemoveItemメソッドで行番号を指定して削除したり、Clearメソッドですべて削除することができます。

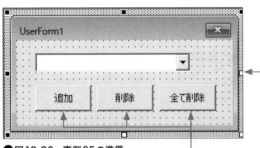

ブックにユーザーフォームを追加し、コンボボックスを1つと、コマンドボタンを3つ配置し、以下のようにプロパティを設定する。

オブジェクト名	プロパティ	値
CommandButton1	Caption	追加
CommandButton2	Caption	削除
CommandButton3	Caption	全て削除

●図12-36　事例95の準備

各CommandButtonのClickイベントマクロを、事例95を参照して作成する。

●事例95　マクロでリストの項目の追加や削除を行う（[12-5.xlsm] UserForm2）

```
Private Sub CommandButton1_Click()

    With ComboBox1
        .AddItem "Word"
        .AddItem "Excel"
        .AddItem "Outlook"
        .AddItem "Access"
    End With

End Sub


Private Sub CommandButton2_Click()

    ComboBox1.RemoveItem 1

End Sub


Private Sub CommandButton3_Click()

    ComboBox1.Clear

End Sub
```

AddItemメソッドは、第1引数に追加する項目を指定する。また、ここでは省略しているが、第2引数には、「0」から始まる行番号を指定して、項目を挿入する行位置を指定することもできる。第2引数を省略した場合は、リストの末尾に追加される。

RemoveItemメソッドは、引数に、削除する項目の行を「0」から始まる行番号で指定する。

Clearメソッドは、項目を全て削除する。

288

選択を行うコントロール

12

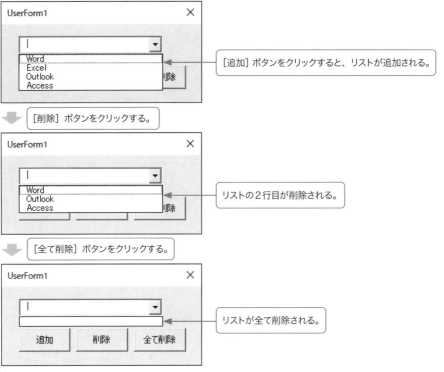

[追加] ボタンをクリックすると、リストが追加される。

[削除] ボタンをクリックする。

リストの2行目が削除される。

[全て削除] ボタンをクリックする。

リストが全て削除される。

●図12-37　事例95の実行結果

　また、コンボボックスやリストボックスでは、ListプロパティやColumnプロパティを使って、複数の行や列にわたる項目をまとめて設定したり、特定の位置にある項目を変更することができます。複数の行や列にわたる項目は配列として作成し、この配列をListプロパティやColumnプロパティに代入することで設定します。

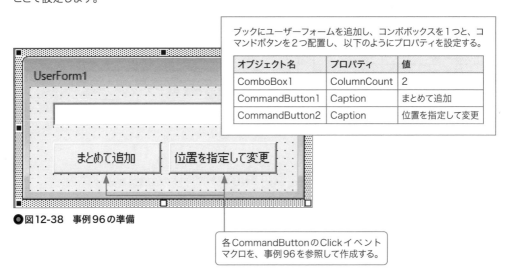

ブックにユーザーフォームを追加し、コンボボックスを1つと、コマンドボタンを2つ配置し、以下のようにプロパティを設定する。

オブジェクト名	プロパティ	値
ComboBox1	ColumnCount	2
CommandButton1	Caption	まとめて追加
CommandButton2	Caption	位置を指定して変更

●図12-38　事例96の準備

各CommandButtonのClickイベントマクロを、事例96を参照して作成する。

289

● 事例96　リスト項目を配列で操作する（[12-5.xlsm] UserForm3）

```
Private Sub CommandButton1_Click()

    Dim myArray(0 To 2, 0 To 1) As String

    myArray(0, 0) = "Excel"
    myArray(1, 0) = "Word"
    myArray(2, 0) = "PowerPoint"
    myArray(0, 1) = "表計算"
    myArray(1, 1) = "ワープロ"
    myArray(2, 1) = "プレゼン"

    ComboBox1.List = myArray

End Sub

Private Sub CommandButton2_Click()

    ComboBox1.List(1, 1) = "文書作成"

End Sub
```

> コンボボックスのリストに表示する項目を、
> 配列の要素として作成してから、
> List プロパティにまとめて代入する。

　以上で作業は終了です。サンプルブック［12-5.xlsm］の「事例96」のボタンでユーザーフォームを表示してください。

　CommandButton1をクリックすると、配列として作成された項目のデータがリストボックスに設定され、CommandButton2をクリックすると、2行目の2列目のデータが変更されます。

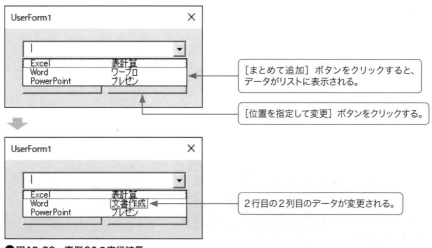

> ［まとめて追加］ボタンをクリックすると、
> データがリストに表示される。

> ［位置を指定して変更］ボタンをクリックする。

> 2行目の2列目のデータが変更される。

● 図12-39　事例96の実行結果

　配列を使ってリストの項目を設定するときに、Listプロパティの代わりにColumnプロパティを使う場合は、配列の行と列の要素が逆になるので注意が必要です。

　事例96のCommandButton1のClickイベントマクロの中の、

```
ComboBox1.List = myArray
```

を、

```
ComboBox1.Column = myArray
```

と変更すると、下図のように行と列が入れ替わってしまいます。

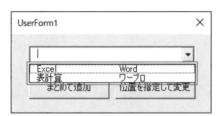

●図12-40　行と列が入れ替わってしまった例

　なお、配列に関しては、175ページで、「配列変数のインデックス番号の下限値が『0』であるのは、違和感がある上に、思わぬプログラミングミスを招くことになりかねません」と解説しましたが、事例96では、あえて配列変数の下限値は「0」に設定しています。

　その理由は、コンボボックスやリストボックスのリスト番号は「0」から始まるからです。すなわちこのケースでは、そのリスト項目を代入する配列変数の下限値は「0」にして両者を統一したほうがわかりやすいマクロになるという判断です。

Chapter 13

そのほかの便利なコントロール

13-1 タブストリップ

タブストリップとは

タブストリップは、複数のページを持ち、タブによってページを切り替えることができます。ただし、各ページには同じコントロールしか配置できません。

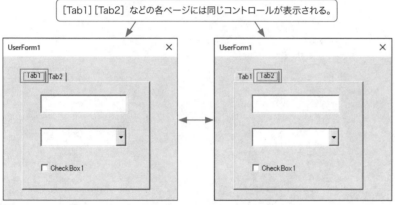

●図13-1 タブストリップ

各ページに同じコントロールしか配置できないのは、タブストリップにはコントロールの親オブジェクトになる機能がないからです。これが、タブストリップと305ページで紹介するマルチページの決定的な違いです。

タブストリップの基本操作

タブストリップは、デザイン時にフォームエディタ内でページを追加することができますが、その操作には若干コツが必要です。

まず、タブストリップの領域内をゆっくり2回クリックして（ダブルクリックではない）、タブストリップの選択枠が濃く表示された状態で、右クリックでショートカットメニューを表示します。

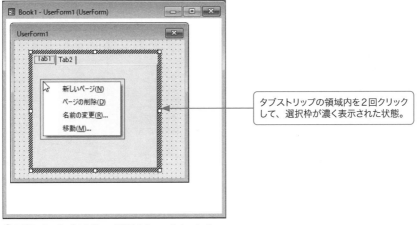

タブストリップの領域内を2回クリック
して、選択枠が濃く表示された状態。

●図13-2　タブストリップ専用のショートカットメニュー

　そして、タブストリップ専用のショートカットメニューで［新しいページ］を選択すると、末尾にペー
ジが追加されます。

　また、タブストリップ専用のショートカットメニューで［ページの削除］を実行すると、選択されてい
るページが削除されます。

　そして、［Tab1］［Tab2］といったタブ名の変更は、ショートカットメニューの［名前の変更］コマンド
を実行して表示される［名前の変更］ダイアログボックスで、また、タブの配置順序の変更は、ショート
カットメニューの［移動］コマンドを実行して表示される［ページの順序］ダイアログボックスで行います。

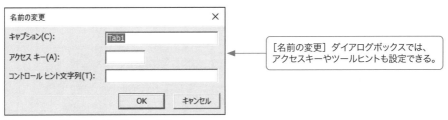

［名前の変更］ダイアログボックスでは、
アクセスキーやツールヒントも設定できる。

●図13-3　［名前の変更］ダイアログボックス

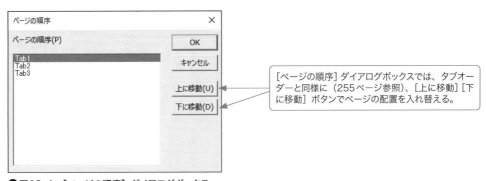

［ページの順序］ダイアログボックスでは、タブオー
ダーと同様に（255ページ参照）、［上に移動］［下
に移動］ボタンでページの配置を入れ替える。

●図13-4　［ページの順序］ダイアログボックス

スタイルを設定する

タブストリップのStyleプロパティを「fmTabStyleButtons」に設定すると、下図のようにタブの代わりにボタンを表示することができます。

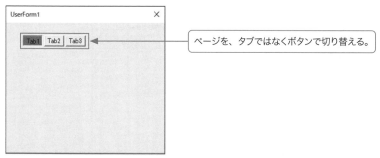

● 図13-5　fmTabStyleButtonsを設定した場合

また、ページがたくさんあってタブが1行で収まりきらない場合には、下図のようにタブの右端にボタンが表示され、このボタンによって表示するタブを切り替えます。

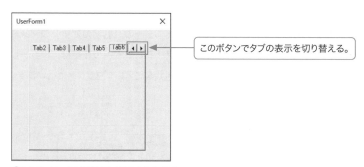

● 図13-6　タブが1行に収まらない場合

このようにタブの右端にボタンが表示されるのは、MultiRowプロパティが既定値のFalseになっている場合です。このMultiRowプロパティをTrueに設定すると、タブが1行に収まらない場合はタブが重なるように表示されます。

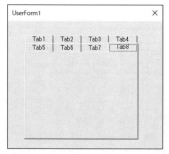

● 図13-7　MultiRowプロパティがTrueの場合

また、TabOrientationプロパティの値を変更することで、タブを表示する位置を変えることができます。下図は、TabOrientationプロパティを「fmTabOrientationBottom」に設定したケースです。

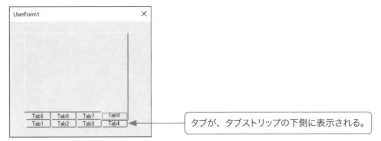

タブが、タブストリップの下側に表示される。

●図13-8　fmTabOrientationBottomに設定した場合

マクロで任意のページのプロパティを設定する

タブストリップの各ページは、タブストリップが保持するTabsコレクションにTabオブジェクトとして格納されます。

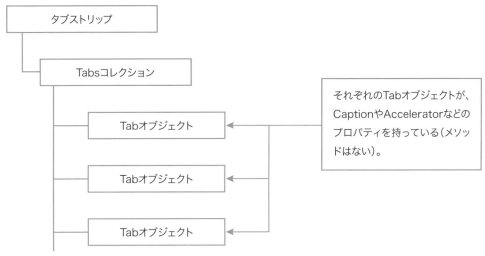

それぞれのTabオブジェクトが、CaptionやAcceleratorなどのプロパティを持っている（メソッドはない）。

●図13-9　タブストリップ／Tabsコレクション／Tabオブジェクトの関係

Tabsコレクション内で各Tabオブジェクトを識別するために、Tabオブジェクトには名前とインデックス番号が付けられ、それぞれNameプロパティとIndexプロパティに保持されます。

これは、VBAでワークシートを名前やインデックス番号で特定できるのと同じ仕組みだと考えれば抵抗はないでしょう。

ただし、Excelオブジェクトのインデックス番号は「1」から始まりますが、Tabオブジェクトの場合は、先頭のページから順に、「0」から始まる値が割り当てられます。そして、ページを削除したり、順番を変更するたびに、各Tabオブジェクトに新たにインデックス番号が割り当てられます。

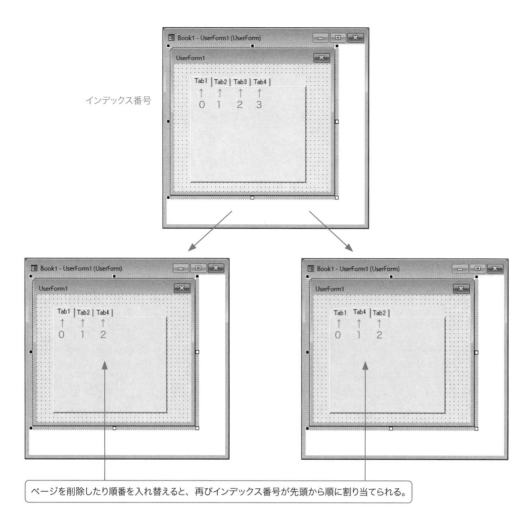

ページを削除したり順番を入れ替えると、再びインデックス番号が先頭から順に割り当てられる。

●図13-10　Tabオブジェクトのインデックス番号

このインデックス番号を使って、

オブジェクト.Tabs(インデックス番号).プロパティ

とすると、Tabsコレクションの中から任意のTabオブジェクトを特定し、そのプロパティの値の取得や設定を行うことができます。

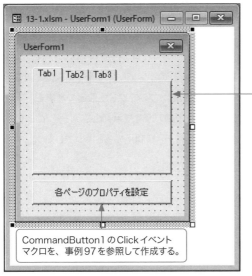

ブックにユーザーフォームを追加し、
タブストリップとコマンドボタンを配置する。
次に、タブストリップにページを1つ追加する。
また、コマンドボタンのCaptionプロパティは
「各ページのプロパティを設定」に変更する。

CommandButton1のClickイベント
マクロを、事例97を参照して作成する。

●図13-11　事例97の準備

◉ 事例97　マクロで任意のページのプロパティを設定する（[13-1.xlsm] UserForm1）

```
Private Sub CommandButton1_Click()

    With TabStrip1
        .Tabs(0).Caption = "ワード"
        .Tabs(1).Caption = "エクセル"
        .Tabs(2).Caption = "パワーポイント"
    End With

End Sub
```

　以上で作業は終了です。サンプルブック［13-1.xlsm］の「事例97」のボタンでユーザーフォームを
表示し、CommandButton1をクリックすると、各タブの文字列が変更されることを確認してください。

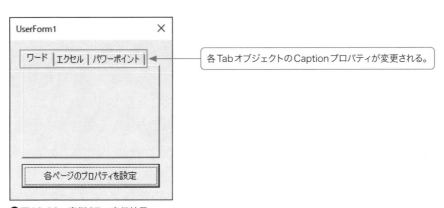

各TabオブジェクトのCaptionプロパティが変更される。

●図13-12　事例97の実行結果

選択されているページを取得する

タブストリップでは、選択されているページはValueプロパティかSelectedItemプロパティのいずれかで取得します。

Valueプロパティは、選択されているページ（Tabオブジェクト）のインデックス番号を取得できるのに対して、SelectedItemプロパティは選択されているページのTabオブジェクトが取得できます。

単に、選択されているページの位置を取得する場合はValueプロパティを利用し、ページのプロパティを取得／設定する必要がある場合などはSelectedItemプロパティを利用するとよいでしょう。

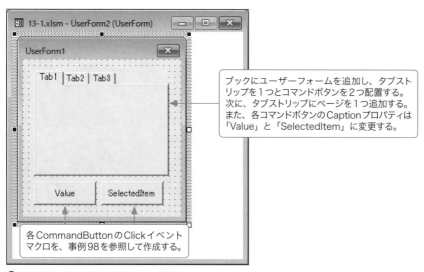

ブックにユーザーフォームを追加し、タブストリップを1つとコマンドボタンを2つ配置する。次に、タブストリップにページを1つ追加する。また、各コマンドボタンのCaptionプロパティは「Value」と「SelectedItem」に変更する。

各CommandButtonのClickイベントマクロを、事例98を参照して作成する。

●図13-13　事例98の準備

◎事例98　選択されているページを取得する（[13-1.xlsm] UserForm2）

```
Private Sub CommandButton1_Click()

    MsgBox TabStrip1.Value + 1 & _                    ―❶
        "番目のページが選択されています"

End Sub


Private Sub CommandButton2_Click()

    MsgBox TabStrip1.SelectedItem.Caption & _         ―❷
        "のページが選択されています"

End Sub
```

❶は、Valueプロパティを使って、選択されているページ番号を取得しています。また、インデックス番号は「0」から始まるため、1を加算しています。

300

❷は、SelectedItemプロパティでTabオブジェクトを特定し、そのCaptionプロパティでページの文字列を取得しています。

以上で作業は終了です。サンプルブック［13-1.xlsm］の「事例98」のボタンでユーザーフォームを表示してください。

CommandButton1をクリックすると、選択されているページの番号がメッセージボックスに表示され、CommandButton2をクリックすると、選択されているページのTabオブジェクトが取得されて、そのCaptionプロパティの値がメッセージボックスに表示されます。

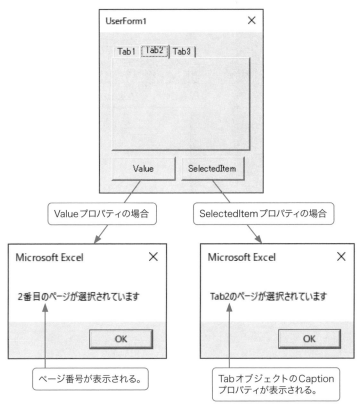

●図13-14　事例98の実行結果

マクロでタブストリップのページを選択する

マクロの実行中にタブストリップの任意のページを選択する場合には、タブストリップのValueプロパティに表示したいページ（Tabオブジェクト）のインデックス番号を設定します。TabsコレクションやTabオブジェクトには、任意のページを選択するメソッドが用意されていないため、Valueプロパティを利用しなければなりません。

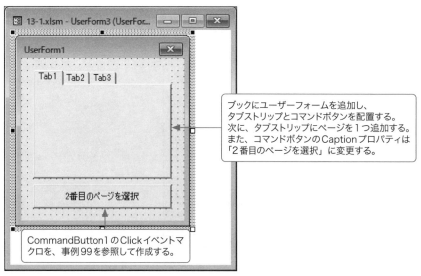

ブックにユーザーフォームを追加し、タブストリップとコマンドボタンを配置する。次に、タブストリップにページを1つ追加する。また、コマンドボタンのCaptionプロパティは「2番目のページを選択」に変更する。

CommandButton1のClickイベントマクロを、事例99を参照して作成する。

●図13-15　事例99の準備

◉ 事例99　マクロで任意のページを選択する（[13-1.xlsm] UserForm3）

```
Private Sub CommandButton1_Click()

    TabStrip1.Value = 1

End Sub
```

以上で作業は終了です。サンプルブック［13-1.xlsm］の「事例99」のボタンでユーザーフォームを表示し、CommandButton1をクリックすると2番目のページが選択されることを確認してください。

ページごとに異なる値を表示する

タブストリップはコントロールの親オブジェクトにはなれませんので、タブストリップの内側に配置したコントロールは、タブストリップのすべてのページで同じように表示されます。

そこで、タブを選択してページが切り替えられたときに発生するChangeイベントを使って、ページごとにコントロールに表示される値が変わるようにしてみましょう。

まず、ブックの「Sheet2」に下図のようにあらかじめデータを作成しておきます。

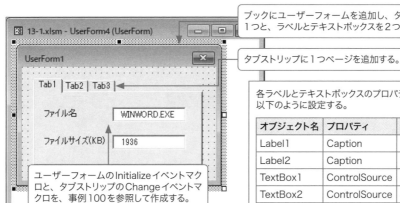

ブックにユーザーフォームを追加し、タブストリップを1つと、ラベルとテキストボックスを2つずつ配置する。

タブストリップに1つページを追加する。

各ラベルとテキストボックスのプロパティを以下のように設定する。

オブジェクト名	プロパティ	値
Label1	Caption	ファイル名
Label2	Caption	ファイルサイズ (KB)
TextBox1	ControlSource	Sheet2!B2
TextBox2	ControlSource	Sheet2!C2

ユーザーフォームのInitializeイベントマクロと、タブストリップのChangeイベントマクロを、事例100を参照して作成する。

●図13-16 事例100の準備

●事例100 ページごとに異なる値を表示する（[13-1.xlsm] UserForm4）

```
Private Sub UserForm_Initialize()

    Dim i As Integer

    With TabStrip1

        For i = 0 To .Tabs.Count - 1

            .Tabs(i).Caption = _
                ActiveWorkbook.Worksheets("Sheet2").Cells((i + 2), 1).Value

        Next i

        .Value = 0

    End With

End Sub
```

TabsコレクションのCountプロパティによって、ページ（Tabオブジェクト）の数を取得する。

各タブのキャプションに、対応するセルの値を代入する。

先頭のタブが表示されるように設定する。

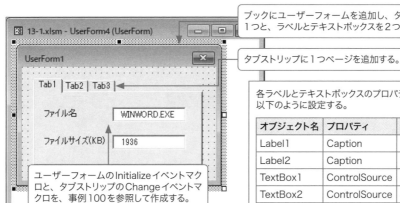

```
Private Sub TabStrip1_Change()

    Dim myIndex As Integer

    myIndex = TabStrip1.Value + 2

    TextBox1.ControlSource = "Sheet2!B" & myIndex
    TextBox2.ControlSource = "Sheet2!C" & myIndex

End Sub
```

選択されているページに合わせて、各テキストボックスのControlSourceプロパティを変更し、表示される値を更新する。

以上で作業は終了です。サンプルブック［13-1.xlsm］の「事例100」のボタンでユーザーフォームを表示してください。

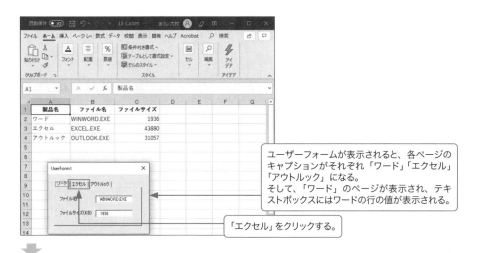

ユーザーフォームが表示されると、各ページのキャプションがそれぞれ「ワード」「エクセル」「アウトルック」になる。
そして、「ワード」のページが表示され、テキストボックスにはワードの行の値が表示される。

「エクセル」をクリックする。

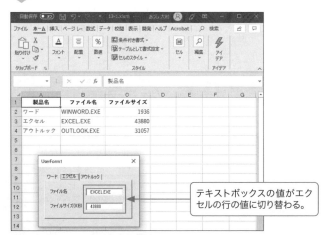

テキストボックスの値がエクセルの行の値に切り替わる。

●図13-17　事例100の実行結果

13-2 マルチページ

マルチページとは

マルチページは、タブストリップによく似た外観を持ち、タブによってページを切り替えることができますが、フレーム同様にコントロールの親オブジェクトになれるので、各ページに異なるコントロールを配置できる点がタブストリップとは異なります。

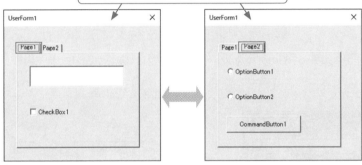

タブストリップと違い、[Page1] [Page2] などの各ページには、異なるコントロールを配置できる。

●図13-18　マルチページ

マルチページの基本操作とプロパティの設定

マルチページでは、ページの追加や削除を行う手順がタブストリップとは少々異なり、以下のように一度右クリックするだけでページが追加できます。

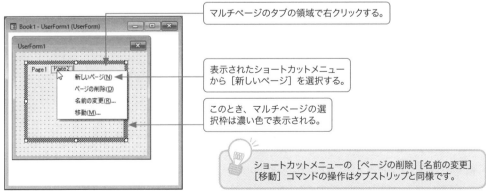

マルチページのタブの領域で右クリックする。

表示されたショートカットメニューから［新しいページ］を選択する。

このとき、マルチページの選択枠は濃い色で表示される。

ショートカットメニューの［ページの削除］［名前の変更］［移動］コマンドの操作はタブストリップと同様です。

●図13-19　マルチページの追加

このマルチページは、プロパティを設定したいページのタブをクリックして、プロパティウィンドウでプロパティを設定することができます。

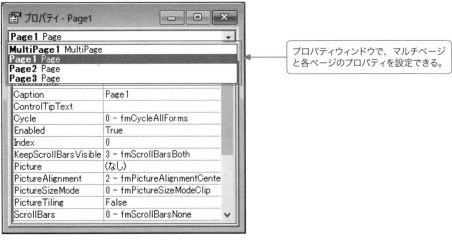

プロパティウィンドウで、マルチページと各ページのプロパティを設定できる。

●図13-20　マルチページのプロパティの設定

また、フォームデザイナ上でマルチページの外枠をクリックすると、プロパティウィンドウは下図のように変化します。

プロパティウィンドウで設定できるのは、マルチページとユーザーフォームのみになる。

●図13-21　マルチページの外枠をクリックしたときのプロパティウィンドウ

マクロで任意のページのプロパティを設定する

マルチページの各ページは、マルチページが保持するPagesコレクションに、Pageオブジェクトとして格納されます。Pageオブジェクトにも、CaptionやAcceleratorなどの各ページの外観や動作を設定できるプロパティがあります。このマルチページとPagesコレクションとPageオブジェクトの関係は、

タブストリップとTabsコレクションとTabオブジェクトの関係とよく似ています。

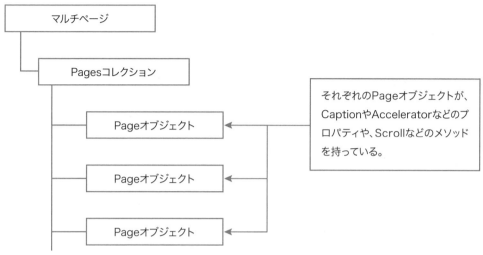

●図13-22　マルチページ／Pagesコレクション／Pageオブジェクトの関係

　タブストリップでのTabオブジェクトと同じように、マルチページのPagesコレクション内で各Page
オブジェクトを識別するために、Pageオブジェクトには重ならない名前とインデックス番号が付けられま
す。このオブジェクト名はNameプロパティに、インデックス番号はIndexプロパティに保持されます。
　マルチページの各ページの順番の入れ替えは、プロパティウィンドウでIndexプロパティの値を変更
して行います。
　なお、このインデックス番号を使って、

```
オブジェクト名.Pages(インデックス番号).プロパティ
```

とすると、Pagesコレクションの中から任意のPageオブジェクトを取得し、そのプロパティの値の取得
や設定を行うことができます。その手法は、タブストリップの場合と同様ですので、詳細なマクロの事例
は割愛します。

Note　Pageオブジェクトはメソッドを持っている

　Tabオブジェクトはプロパティだけしか持ちませんでしたが、Pageオブジェクトはいくつかのメソッ
ドも持っているため、

```
オブジェクト.Pages(インデックス番号).メソッド
```

とすると、任意のPageオブジェクトのメソッドを呼び出すことができます。

マルチページは、外観だけでなく、MultiRowプロパティやTabOrientationプロパティがあるなど、タブストリップと非常によく似ていますが、最大の違いは、305ページで示したように、各ページごとに異なるコントロールを配置できる点です。そして、それを実現しているのは、マルチページがコントロールの親オブジェクトとして機能しているためです。

タブオーダーを設定する

Pageオブジェクトやフレームのようなコントロールの親オブジェクトとして機能するオブジェクトにコントロールを配置すると、ユーザーフォーム内でのタブオーダーとは独立したタブオーダーが派生します。

Cycleプロパティは、Pageオブジェクトやフレーム上で、タブオーダーが最後のコントロールにフォーカスがあるときに、Tabキーによってフォーカスを移動したときの動作を設定するものです。

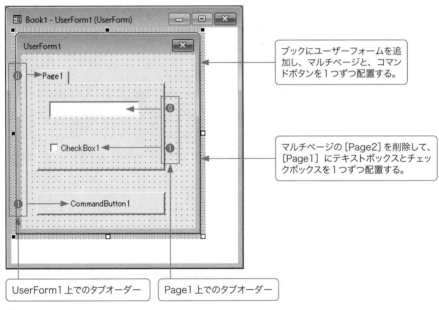

●図13-23 タブオーダー

この場合、下表のようにPage1上に配置したコントロールは、UserForm1とは独立したタブオーダーを持ちます。

●表13-1 図13-23上のコントロールのタブオーダー

UserForm1上でのタブオーダー	0番目	MultiPage1
	1番目	CommandButton1
Page1上でのタブオーダー	0番目	TextBox1
	1番目	CheckBox1

それでは、Cycleプロパティを設定します。

■Cycle = fmCycleAllForms の場合（既定値）

Page1上のコントロールとUserForm1上のコントロールの間で、フォーカスが循環します。

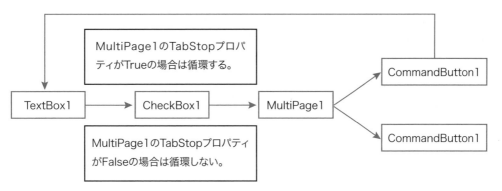

●図13-24　Cycle = fmCycleAllForms

■Cycle = fmCycleCurrentFormの場合

Page1上のコントロールの間だけでフォーカスが循環します。

●図13-25　Cycle = fmCycleCurrentForm

マクロでページを追加／削除する

　マルチページでは、PagesコレクションのAddやRemove、Clearといったメソッドを使って、ページの追加や削除を行うことができます。

■PagesコレクションのAddメソッド

PagesコレクションにPageオブジェクトを追加します。

●Addメソッド

```
オブジェクト.Pages.Add Name, Caption, Index
```

■PagesコレクションのRemoveメソッド

Pagesコレクションから任意のPageオブジェクトを削除します。

●Removeメソッド

```
オブジェクト.Pages.Remove Index
```

■ Pages コレクションの Clear メソッド

Pages コレクションからすべての Page オブジェクトを削除します。

● Clear メソッド

```
オブジェクト.Pages.Clear
```

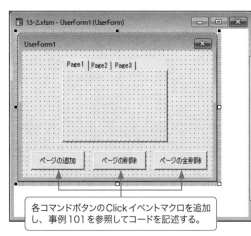

ブックにユーザーフォームを追加し、マルチページを1
つと、コマンドボタンを3つ配置する。
次に、マルチページのページを1枚追加し、各コマンド
ボタンのプロパティを以下のように設定する。

オブジェクト名	プロパティ	値
CommandButton1	Caption	ページの追加
CommandButton2	Caption	ページの削除
CommandButton3	Caption	ページの全削除

各コマンドボタンの Click イベントマクロを追加
し、事例 101 を参照してコードを記述する。

● 図13-26　事例101の準備

● 事例101　マクロでページを追加／削除する（[13-2.xlsm] UserForm1）

```
Private Sub CommandButton1_Click()

    With MultiPage1

        .Pages.Add , , .Value + 1

    End With

End Sub


Private Sub CommandButton2_Click()

    MultiPage1.Pages.Remove 1

End Sub


Private Sub CommandButton3_Click()

    MultiPage1.Pages.Clear

End Sub
```

　以上で作業は終了です。サンプルブック［13-2.xlsm］の「事例101」のボタンでユーザーフォーム
を表示してください。

　［ページの追加］ボタンをクリックすると、選択されているページの後ろに新しいページが追加されま
す。

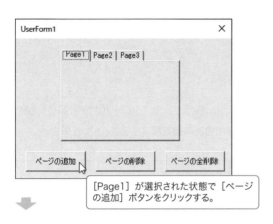

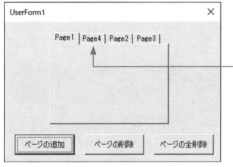

●図13-27　事例101の実行結果

　また、この図の状態で［ページの削除］ボタンをクリックすると、2番目のページである［Page4］
が削除され、［ページの全削除］ボタンをクリックすると、すべてのページが削除されます。

13-3 スクロールバー

スクロールバーとは

スクロールバーは、テキストボックスやリストボックスなどに表示されるスクロールバーと同じ外観を持ち、スクロールボックスを移動させることによって、任意の範囲の値を設定することができます。

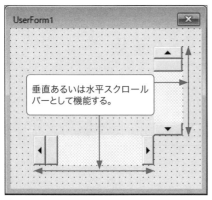

●図13-28　スクロールバー

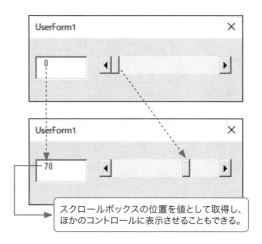

スクロールボックスの位置を値として取得し、ほかのコントロールに表示させることもできる。

スクロールバーの向きを設定する

スクロールバーのOrientationプロパティを使うと、スクロールバーの向きを設定することができます。

●表13-2　Orientationプロパティに設定できる値

値	イメージ	説明
fmOrientationAuto （既定値）		スクロールバーの幅と高さを比べて、幅のほうが長い場合は横にスライドするスタイル、高さのほうが長い場合は縦にスライドするスタイルに切り替わる
fmOrientationVertical		スクロールバーの幅と高さに関係なく、縦にスライドするスタイルになる
fmOrientationHorizontal		スクロールバーの幅と高さに関係なく、横にスライドするスタイルになる

値の取得と設定を行う

　スクロールバーの値の取得と設定は、Value プロパティを使って行います。また、スクロールバーの値の範囲は、Max プロパティで最大値を、Min プロパティで最小値を設定します。

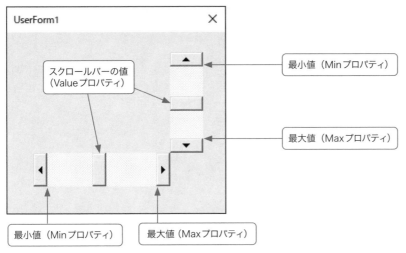

　●図13-29　スクロールバーの値／最小値／最大値

　図のように、水平スクロールバーの場合は、Min プロパティは左端の位置の値を表し、Max プロパティは右端の値を表します。垂直スクロールバーの場合は、Min プロパティが上端、Max プロパティが下端の値を表します。

Column	スクロールバーのMaxとMinプロパティ

　スクロールバーでは、Min プロパティに Max プロパティよりも大きい値を設定することもできます。この場合は、スクロールボックスを移動させたときに、値が大きくなる向きが逆になります。

Max ＞ Minの場合（一般的な使用例）
　水平スクロールバーは右方向に、垂直スクロールバーは下方向に値が大きくなります。

Max ＜ Minの場合
　水平スクロールバーは左方向に、垂直スクロールバーは上方向に値が大きくなります。

　また、Max と Min プロパティを、0 をはさんで正の数と負の数にまたがるように設定することもできます。

　では次に、スクロールバーの値をテキストボックスに表示するマクロにチャレンジしてみましょう。どちらも、使うプロパティは Value プロパティです（テキストボックスは、Text プロパティを使ってもかまいません）。

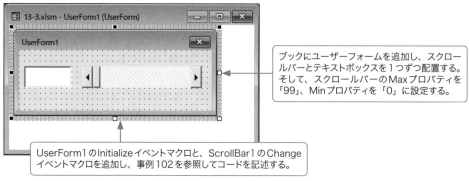

ブックにユーザーフォームを追加し、スクロールバーとテキストボックスを1つずつ配置する。そして、スクロールバーのMaxプロパティを「99」、Minプロパティを「0」に設定する。

UserForm1のInitializeイベントマクロと、ScrollBar1のChangeイベントマクロを追加し、事例102を参照してコードを記述する。

●図13-30　事例102の準備

◉事例102　値の取得と設定を行う（［13-3.xlsm］UserForm1）

```vb
Private Sub UserForm_Initialize()

    ScrollBar1.Value = 50

    TextBox1.Value = ScrollBar1.Value

End Sub


Private Sub ScrollBar1_Change()

    TextBox1.Value = ScrollBar1.Value

End Sub
```

　以上で作業は終了です。サンプルブック［13-3.xlsm］の「事例102」のボタンでユーザーフォームを表示してください。

　まず、「UserForm_Initialize」マクロによって、ScrollBar1の値が50に設定され、スクロールボックスが50の位置（ほぼ中央）に表示されます。その値がテキストボックスにも表示されます。

　そして、スクロールバーをスクロールすると、スクロールバーの値が変わるだけでなく、「ScrollBar1_Change」マクロによって、そのときのスクロールバーの値がテキストボックスに表示されます。

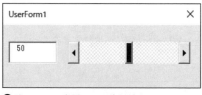 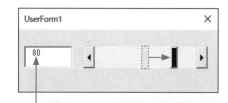

●図13-31　事例102の実行結果

スクロールによってスクロールバーの値が変わり、その値がテキストボックスに表示される。

スクロールしたときに処理を行う（応用編）

スクロールバーがスクロールしたときに発生するイベントは、今紹介したChangeのほかにScrollがありますが、Scrollイベントは、スクロールボックスを移動した場合にしか発生せず、スクロールバーの両側のボタンでスクロールしたときにはイベントが発生しません。

また、マクロ内でスクロールバーの値を変更したときにもScrollイベントは発生しませんので、必然的に、スクロールバーをスクロールしたときに何か処理を行いたいときにはChangeイベントを使うことになります。

では、このChangeイベントを使った、独創的な応用例を紹介します。

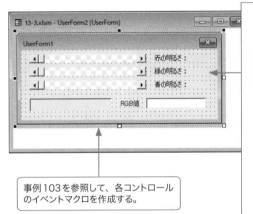

ブックにユーザーフォームを追加し、スクロールバーを3つ、ラベルを4つ、イメージを1つ、テキストボックスを1つ配置し、以下のようにプロパティを設定する。

オブジェクト名	プロパティ	値
ScrollBar1	Max	255
	Min	0
ScrollBar2	Max	255
	Min	0
ScrollBar3	Max	255
	Min	0
Label1	Caption	赤の明るさ：
Label2	Caption	緑の明るさ：
Label3	Caption	青の明るさ：
Label4	Caption	RGB値
Image1	SpecialEffect	fmSpecialEffectSunken

事例103を参照して、各コントロールのイベントマクロを作成する。

●図13-32　事例103の準備

●事例103　スクロールしたときに処理を行う（応用編）（[13-3.xlsm] UserForm2）

```
Private Sub UserForm_Initialize()

    myR = 0
    myG = 0          変数の初期化を行う。
    myB = 0


    Image1.BackColor = 0
    TextBox1.Text = "&H00000000&"       イメージの背景色と、テキストボックスの初期値を設定する。

End Sub

Private Sub ScrollBar1_Change()

    With ScrollBar1
        myR = .Value
        .ForeColor = RGB(myR, 0, 0)       スクロールバーの両端のボタンの表面
    End With                              に描かれた三角形の色を設定する。

    Label1.Caption = "赤の明るさ ： " & myR
```

315

```
        Image1.BackColor = RGB(myR, myG, myB)

        TextBox1.Text = "&H" & Replace(Format(Hex(myR + myG * 256 + myB * 65536),
                                         "@@@@@@@@"), " ", "0") & "&"

End Sub


Private Sub ScrollBar2_Change()

    With ScrollBar2
        myG = .Value
        .ForeColor = RGB(0, myG, 0)
    End With

    Label2.Caption = "緑の明るさ：" & myG

    Image1.BackColor = RGB(myR, myG, myB)

    TextBox1.Text = "&H" & Replace(Format(Hex(myR + myG * 256 + myB * 65536),
                                     "@@@@@@@@"), " ", "0") & "&"

End Sub


Private Sub ScrollBar3_Change()

    With ScrollBar3
        myB = .Value
        .ForeColor = RGB(0, 0, myB)
    End With

    Label3.Caption = "青の明るさ：" & myB

    Image1.BackColor = RGB(myR, myG, myB)

    TextBox1.Text = "&H" & Replace(Format(Hex(myR + myG * 256 + myB * 65536),
                                     "@@@@@@@@"), " ", "0") & "&"

End Sub
```

> Hex関数（382ページ参照）で16進数に変換し、Format
> 関数（363ページ参照）で書式を整え、Replace関数（340
> ページ参照）で文字列を置き換える。

Note　RGB関数

　RGB関数は、光の三原色である「赤（Red）」「緑（Green）」「青（Blue）」の色の度合いを0
〜255の範囲で指定して、任意の色を作成する関数です。

　ですから、「RGB(255, 0, 0)」とすれば赤になりますし、「RGB(0, 255, 0)」は緑、「RGB(0, 0,
255)」は青になります。

　ちなみに、「RGB(0, 0, 0)」は黒、「RGB(255, 255, 255)」は白になります。

以上で作業は終了です。サンプルブック［13-3.xlsm］の「事例103」のボタンでユーザーフォームを表示してください。

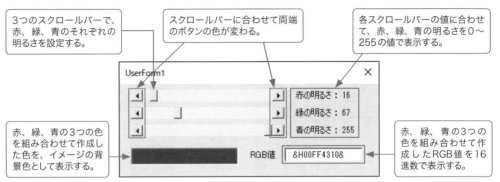

3つのスクロールバーで、赤、緑、青のそれぞれの明るさを設定する。

スクロールバーに合わせて両端のボタンの色が変わる。

各スクロールバーの値に合わせて、赤、緑、青の明るさを0～255の値で表示する。

赤、緑、青の3つの色を組み合わせて作成した色を、イメージの背景色として表示する。

赤、緑、青の3つの色を組み合わせて作成したRGB値を16進数で表示する。

●図13-33　事例103の実行結果

スクロールバーの両側のボタンの色は、スクロールバーのValueプロパティと同期しているので、Valueプロパティの値が大きくならないとボタンの色も変化しません。

> **Note　RGB値の数値の意味**
>
> RGB値の両端の「&」と上位2桁の「00」は不要に思えますが、VBAの場合には必要な書式です。ただし、色の並び順は上図の場合、「FF」が青、「43」が緑、「10」が赤を表します。

> **Column　スクロールボックスの幅を値の範囲に合わせて調整する**
>
> スクロールバーのProportionalThumbプロパティをTrueに設定すると、スクロールする範囲（MaxプロパティとMinプロパティの差）の大きさに合わせて、スクロールボックスの幅が自動調節されるようになります。逆に、ProportionalThumbプロパティがFalseの場合（既定値）は、スクロールボックスの幅は、スクロールする範囲の大きさに関係なく一定となります。

LargeChange、SmallChangeプロパティを利用する

スクロールバーのLargeChangeプロパティやSmallChangeプロパティを使うと、スクロールボックスを使わずにスクロールするときの移動幅を設定することができます。

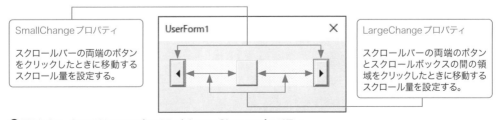

SmallChangeプロパティ

スクロールバーの両端のボタンをクリックしたときに移動するスクロール量を設定する。

LargeChangeプロパティ

スクロールバーの両端のボタンとスクロールボックスの間の領域をクリックしたときに移動するスクロール量を設定する。

●図13-34　SmallChangeプロパティとLargeChangeプロパティ

317

では、このLargeChangeプロパティとSmallChangeプロパティを使った事例をご覧いただきましょう。

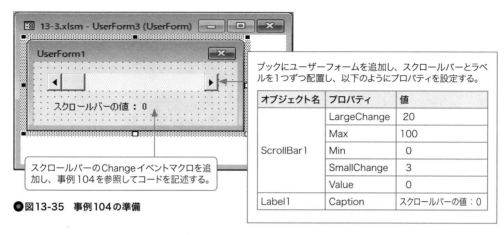

ブックにユーザーフォームを追加し、スクロールバーとラベルを1つずつ配置し、以下のようにプロパティを設定する。

オブジェクト名	プロパティ	値
ScrollBar1	LargeChange	20
	Max	100
	Min	0
	SmallChange	3
	Value	0
Label1	Caption	スクロールバーの値：0

●図13-35　事例104の準備

◉ 事例104　LargeChange、SmallChangeプロパティを利用する（[13-3.xlsm] UserForm3）

```
Private Sub ScrollBar1_Change()

    Label1.Caption = "スクロールバーの値 ： " & ScrollBar1.Value

End Sub
```

以上で作業は終了です。サンプルブック［13-3.xlsm］の「事例104」のボタンでユーザーフォームを表示してください。

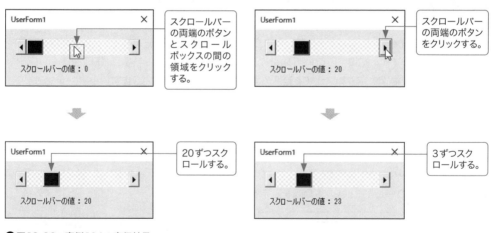

●図13-36　事例104の実行結果

13-4 スピンボタン

スピンボタンとは

スピンボタンは、2つのボタンを使って、特定の範囲の間で値を上下させることができます。

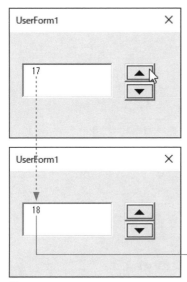

スクロールバーと同じように、スピンボタンによって、特定の範囲の間で値を上下させることができる。

●図13-37　スピンボタン

スピンボタンは、スクロールバーの「バーの部分」と「スクロールボックス」がなくなった、いわばスクロールバーのボタンだけを取り出した簡易版のようなコントロールです。したがって、LargeChangeプロパティやSmallChangeプロパティもありませんが、値が変更されたときにはChangeイベントが発生するなど、スクロールバーを理解していれば、何の問題もなくスピンボタンを利用できます。

そこで本書では、スピンボタン特有のイベントであるSpinUpイベントとSpinDownイベントを紹介するにとどめます。

ボタンが押されたときに処理を行う

スピンボタンの上側（あるいは右側）のボタンを押すとSpinUpイベントが発生し、下側（あるいは左側）のボタンを押すとSpinDownイベントが発生します。

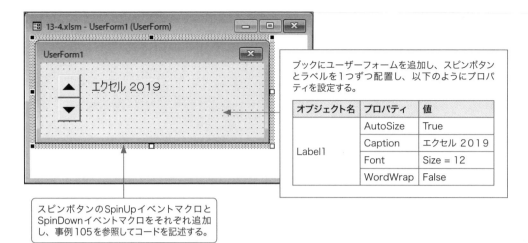

ブックにユーザーフォームを追加し、スピンボタンとラベルを1つずつ配置し、以下のようにプロパティを設定する。

オブジェクト名	プロパティ	値
Label1	AutoSize	True
	Caption	エクセル 2019
	Font	Size = 12
	WordWrap	False

スピンボタンのSpinUpイベントマクロとSpinDownイベントマクロをそれぞれ追加し、事例105を参照してコードを記述する。

●図13-38　事例105の準備

●事例105　ボタンが押されたときに処理を行う（[13-4.xlsm] UserForm1）

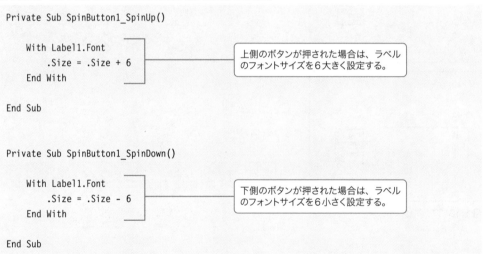

```
Private Sub SpinButton1_SpinUp()

    With Label1.Font
        .Size = .Size + 6
    End With

End Sub
```

上側のボタンが押された場合は、ラベルのフォントサイズを6大きく設定する。

```
Private Sub SpinButton1_SpinDown()

    With Label1.Font
        .Size = .Size - 6
    End With

End Sub
```

下側のボタンが押された場合は、ラベルのフォントサイズを6小さく設定する。

　以上で作業は終了です。サンプルブック［13-4.xlsm］の「事例105」のボタンでユーザーフォームを表示し、スピンボタンをクリックするたびにラベルのフォントの大きさが変わることを確認してください。

13-5 RefEditコントロール

RefEditコントロールとは

RefEditコントロールは、右端のボタンをクリックするとユーザーフォームが折りたたまれて、ワークシート上のセル範囲が選択できるようになります。折りたたまれたフォームの右端のボタンを再びクリックすると、フォームが元の形に戻り、RefEditコントロールには選択したセル範囲が表示されます。

また、RefEditコントロールにフォーカスがあるときには、セル範囲の選択が終わると自動的にユーザーフォームが元の形に戻ります。

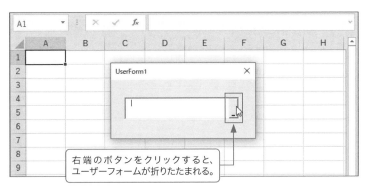

右端のボタンをクリックすると、ユーザーフォームが折りたたまれる。

ユーザーフォームが折りたたまれると、ワークシート上のセル範囲が選択できるようになる。

●図13-39　RefEditコントロール

ユーザーフォームの実行中にセル範囲を取得する

では、RefEditコントロールを実際に体験してみることにしましょう。

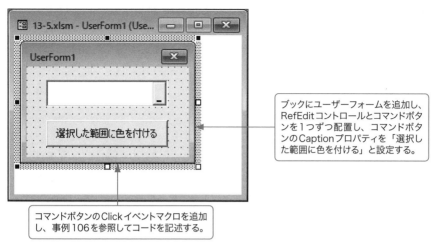

ブックにユーザーフォームを追加し、RefEditコントロールとコマンドボタンを1つずつ配置し、コマンドボタンのCaptionプロパティを「選択した範囲に色を付ける」と設定する。

コマンドボタンのClickイベントマクロを追加し、事例106を参照してコードを記述する。

●図13-40　事例106の準備

◉事例106　ユーザーフォームの実行中にセル範囲を取得する（[13-5.xlsm] UserForm1）

```
Private Sub CommandButton1_Click()

    Dim myRange As Range
    Dim myRanges As Range

    If RefEdit1.Value = "" Then

        MsgBox "セル範囲が選択されていません"

    Else

        Set myRanges = Range(RefEdit1.Value)

        Randomize

        For Each myRange In myRanges

            myRange.Interior.ColorIndex = Int(56 * Rnd + 1)

        Next myRange

    End If

End Sub
```

選択された範囲に含まれるセルの1つひとつを、ランダムな色で塗りつぶす（RandomizeステートメントとRnd関数は388ページ参照）。Intは小数点以下を切り捨てる関数。

そのほかの便利なコントロール

13

以上で作業は終了です。サンプルブック［13-5.xlsm］の「事例106」のボタンでユーザーフォーム
を表示してください。

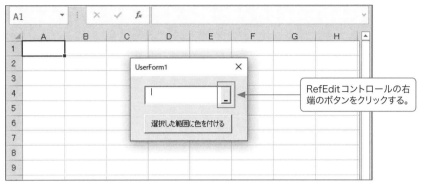

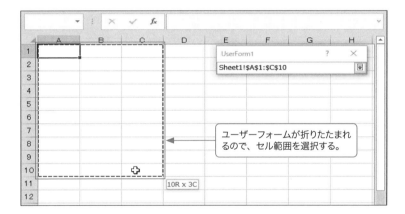

●図13-41　事例106の実行結果

文字列を操作する関数

14-1 VBA関数とは?

ワークシート関数とVBA関数

Excelを活用しているみなさんにとっては、関数はきっと身近な存在でしょう。合計を求めるSUM関数や、平均を求めるAVERAGE関数などは日常的に使用している方も多いはずです。このSUM関数やAVERAGE関数のように、Excelに搭載されている関数を「ワークシート関数」と呼びます。

一方、VBAというプログラミング言語も独自の関数を搭載しています。関数がなければ、複雑な計算や日付／時刻処理などができないため、プログラミング言語としては使い物にならないからです。VBAに独自に搭載されている関数を「VBA関数」と呼びます。そして、今後解説するのは、ワークシート関数ではなく「VBA関数」です。

本書でもすでに、随所でMsgBox関数、InputBox関数、Val関数、Int関数やRnd関数などが登場しましたが、これから存分にVBA関数を解説していきます。

メソッドとVBA関数の違い

64ページで、「VBAではメソッドでオブジェクトを操作する」と説明し、以下の基本構文を紹介しました。

◉ メソッドでオブジェクトを操作する構文

```
オブジェクト.メソッド
```

ただ、VBA関数はいろいろな「操作」ができるので、VBA関数を学習し始めると、一度マスターしたはずのメソッドとVBA関数を混乱してしまうケースがあります。そこで、ここできちんと両者を区別しておきましょう。

たとえばですが、人間は笑うことができます。VBA風に言うとこうですね。

```
People.Laugh
```

しかし、犬や猫は笑うことができません。すなわち、「笑う」という「Laughメソッド」は、「人間」という「Peopleオブジェクト」が持っている機能なのです。

　一方、VBA関数は独立した機能で、オブジェクトが持っている機能ではありません。ですから、VBA関数の前にオブジェクトを指定することはあり得ません。

● 間違えた**VBA関数**のステートメント

```
オブジェクト.VBA関数
```

　ですから、164ページで述べたように、同じ「InputBox」でも、❶の場合は「Applicationオブジェクトが持っている機能であるInputBoxメソッド」が実行されます。

● **Application**オブジェクトの**InputBox**メソッドを実行する（❶）

```
Application.InputBox(Prompt:=myMsg, Title:=myTitle)
```

　しかし、InputBox関数はどのオブジェクトにも属していませんので、InputBox関数は❷のように単体で使用します。

● 独立した**InputBox**関数を実行する（❷）

```
InputBox(Prompt:=myMsg, Title:=myTitle)
```

　オブジェクトに属しているか。オブジェクトとは無関係に独立しているか。これがメソッドとVBA関数の決定的な違いです。

VBA関数の構文の見方

　今後、VBA関数を紹介していくにあたり、VBA関数の構文がたびたび登場します。本文とあわせて読めば決して難しいものではないのですが、念のために、この構文の見方を解説しておくことにしましょう。

　たとえば、331ページで学習するInStrRev関数の構文は以下のとおりです（ここではInStrRev関数の機能は考えなくて結構です）。

● **VBA関数**の構文の見方

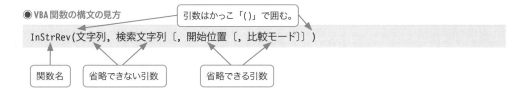

引数はかっこ「()」で囲む。

```
InStrRev(文字列, 検索文字列 〔, 開始位置 〔, 比較モード〕〕 )
```

関数名　省略できない引数　省略できる引数

　では、この構文を細かく解説します。

❶ 「InStrRev」が関数名。

❷ 引数（ここでは、「文字列」「検索文字列」「開始位置」「比較モード」）はかっこ「()」で囲む。

❸ 引数と引数はカンマ（,）で区切る。

❹ 省略できない引数（ここでは、「文字列」と「検索文字列」）は〔 〕では囲まない。

❺ 省略できる引数は〔 〕で囲む（ここでは、「開始位置」と「比較モード」）。

❻ 引数の中でさらに引数を指定するときには（入れ子にするときには）、〔 〕の中にさらに〔 〕を入れる（ここでは、［開始位置］の中でさらに［比較モード］を指定している）。

　もちろん、本書では本文内で関数の構文を丁寧に解説していますので、本文で理解すればそれでよいのですが、この構文の記述法は、ヘルプをはじめ、ほかの解説書などでもよく見かける一般的なものです。ですから、みなさんがヘルプやほかの解説書を読むときの理解の手助けとなるように、本書でもこの一般的な構文の記述法を掲載しています。

14-2 文字列を取得・検索する

文字列を取得する（Left関数・Right関数・Mid関数・Len関数）

　Excelでデータベースソフトやテキストファイルからデータをインポートすると、そのデータの中から必要な文字列だけを取り出したり、また、文字列を検索する作業が発生することがしばしばあります。本節では、そうした作業に重宝する文字列操作関数を紹介します。

　まずは、Left関数・Right関数・Mid関数・Len関数を一気に紹介します。以下の事例107のマクロを見てください。容易に理解できるはずです。Len関数とMid関数の組み合わせ（❶の処理）は若干戸惑うかもしれませんが、マクロのあとで処理内容を解説します。

● 事例107　文字列の取得（[14.xlsm] Module1）

```
Sub Syutoku()
    Dim myStr As String
    Dim myDbl As Double
    Dim n As Integer

    Worksheets("文字列取得").Activate

    MsgBox "処理を開始します"

    myStr = "Atsushi Omura"

    Range("A1").Value = "myStr の内容"
    Range("B1").Value = myStr

    Range("A2").Value = "Left(myStr, 4) の結果"
    Range("B2").Value = Left(myStr, 4)

    Range("A3").Value = "Right(myStr, 4) の結果"
    Range("B3").Value = Right(myStr, 4)

    Range("A4").Value = "Mid(myStr, 4, 8) の結果"
    Range("B4").Value = Mid(myStr, 4, 8)

    Range("A5").Value = "Mid(myStr, 4) の結果"
    Range("B5").Value = Mid(myStr, 4)
```

> "Atsushi Omura"の左から4文字分の"Atsu"を返す。

> "Atsushi Omura"の右から4文字分の"mura"を返す。

> "Atsushi Omura"の4文字目から8文字分の"ushi Omu"を返す。

> "Atsushi Omura"の4文字目以降のすべての文字列"ushi Omura"を返す。

```
        Range("A6").Value = "Len(myStr) の結果"
        Range("B6").Value = Len(myStr)                    "Atsushi Omura"のすべての文字数
                                                          「13」を返す。

        n = Len(myStr) - 4
        Range("A7").Value = "Mid(myStr, 4, n + 1) の結果"        ❶
        Range("B7").Value = Mid(myStr, 4, n + 1)
End Sub
```

❶では、Len関数とMid関数を組み合わせて文字列を取得しています。この結果は、「Mid(myStr, 4)」と同じ結果"ushi Omura"を返します。「n」には、変数「myStr」の文字数13から4減算した9が代入されます。したがって、その次のMid関数は、4文字目から10文字分、つまり13文字目までの文字列を返します。

下図は、事例107の実行結果です。

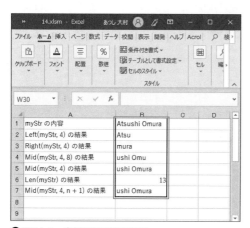

●図14-1　事例107の実行結果

文字列を検索する（InStr関数・InStrRev関数）

InStr関数は、文字列の中から指定された文字列を検索し、最初に見つかった文字列が先頭から何文字目かを数値で返します。また、指定された文字列が見つからないときには「0」を返します。

●InStr関数の構文

InStr(〔開始位置,〕文字列, 検索文字列 〔, 比較モード〕)

→「開始位置」には、検索の開始位置を指定し、省略すると先頭の文字から検索されます。

「文字列」には、検索対象となる文字列を指定します。

「検索文字列」には、検索する文字列を指定します。

「比較モード」については343ページで解説しますが、あまり意識する必要はありません。

一方のInStrRev関数は、InStr関数が先頭から検索するのに対し、文字列を後方から検索して、指定された文字列の先頭位置を返します。また、指定された文字列が見つからないときには「0」を返します。

InStrRev関数の構文は、InStr関数とは若干異なっているので注意してください。

◉ InStrRev関数の構文

InStrRev(文字列，検索文字列〔，開始位置〔，比較モード〕〕)

→「文字列」には、検索対象となる文字列を指定します。

「検索文字列」には、検索する文字列を指定します。

「開始位置」には、検索の開始位置を指定し、省略すると最後の文字から検索されます。

「比較モード」については343ページで解説しますが、あまり意識する必要はありません。

では、実例を見てみましょう。

◉ 事例108　文字列を検索する（[14.xlsm] Module1）

```
Sub Separate()
    Dim myStr As String
    Dim n As Integer

    myStr = "atsushi@net_phoenix.co.jp"
    n = InStr(myStr, "@")
```
> 文字列の先頭から"@"の位置を取得する。「n」には「8」が代入される。

```
    MsgBox myStr & "からユーザー名を取得します。" & vbCrLf & _
           "「@」の位置は" & n & "です。" & vbCrLf & _
           "ユーザー名＝" & Left(myStr, n - 1)                  ❶

    myStr = "C:¥Users¥omura¥Documents¥Dummy.xlsx"
    n = InStrRev(myStr, "¥")
```
> 文字列の最後から"¥"の位置を取得する。「n」には「25」が代入される。

```
    MsgBox myStr & "からファイル名を取得します。" & vbCrLf & _
           "「¥」の位置は" & n & "です。" & vbCrLf & _
           "ファイル名＝" & Right(myStr, Len(myStr) - n)        ❷

End Sub
```

●図14-2　事例108　❶のステートメントで得られる結果

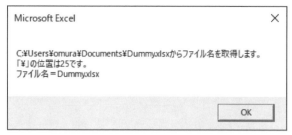

●図14-3　事例108　❷のステートメントで得られる結果

この事例は、最初にInStr関数を利用してメールアドレスからユーザー名を取得しています。メールアドレスは、「ユーザー名＠所属名」という構成になっていますので、文字列の先頭から"@"を検索すれば、その位置より前の文字列がユーザー名ということになります。

一方、後半ではInStrRev関数で「絶対パス＋ファイル名」からファイル名だけを取得しています。この場合、ドライブ、フォルダー、ファイルを区切るセパレータ（¥）がいくつあるのかわかりませんが、最後の"¥"より後ろの文字列がファイル名ですので、文字列を後方から検索するInStrRev関数のほうが適しているのです。

Column	InStrRev関数とRight関数をセットで使う

これから説明することは、非常に間違えやすく、また忘れやすい話でもあるので、ここでしっかりと理解してください。

InStrRev関数は確かに文字列を後方から検索します。しかし、返す値はあくまでも「検索文字列が先頭から数えて何文字目か」になります。

事例108では最後の"¥"は「先頭から数えると25文字目」ということで「25」がInStrRev関数の戻り値になります。そして、必要なのは26文字目から後ろなので、先頭からの25文字をRight関数で切り捨てています。

このように、InStrRev関数とRight関数はセットで使われることが非常に多いので、事例108は「InStrRev関数のもっともポピュラーな利用法」として覚えてください。

14-3 文字列を変換する

アルファベットの大文字と小文字を変換する（LCase関数・UCase関数）

LCase関数は、アルファベットの大文字を小文字に変換し、UCase関数は、アルファベットの小文字を大文字に変換します。

◉事例109　アルファベットの大文字／小文字を変換する（[14.xlsm] Module1）

```
Sub LowerUpper()
    Dim myStr As String

    myStr = "EXCEL"

    MsgBox myStr & "　をすべて小文字に変換します"
    MsgBox LCase(myStr)

    myStr = "excel"

    MsgBox myStr & "　をすべて大文字に変換します"
    MsgBox UCase(myStr)
End Sub
```

このマクロを実行すると、「EXCEL」は「excel」に、逆に、「excel」は「EXCEL」に変換されます。実際に、サンプルブック [14.xlsm] の「事例109」のボタンをクリックして、表示されるメッセージボックスを確認してください。

> ### Note　セル範囲に対してLCase関数、UCase関数を使う
>
> LCase関数やUCase関数は、文字列型変数だけでなく、セルに対しても使用することができます。ちなみに、以下のステートメントは、セルA1の文字列を小文字にするものです。
>
> ◉正しいステートメント
>
> ```
> Range("A1").Value = LCase(Range("A1"))
> ```
>
> しかし、LCase関数、UCase関数は、「セル範囲」に対して使用することはできません。したがって、セル範囲A1:A10の文字列を小文字に変換する以下のステートメントは間違いです。

● 間違ったステートメント

```
Range("A1:A10").Value = LCase(Range("A1:A10"))
```

　この場合は、以下のようにFor...Nextステートメントを使って、セルの文字列を1つずつ小文字に変換していきます。

```
Sub Macro1()

    Dim i As Integer

    For i = 1 To 10
        Cells(i, 1).Value = LCase(Cells(i, 1).Value)
    Next i

End Sub
```

指定した方法で文字列を変換する（StrConv関数）

　StrConv関数は、大文字を小文字にしたり、半角文字を全角文字にしたりなど、指定された方法で文字列を変換します。

● StrConv関数の構文

StrConv(**文字列式, 変換方法**〔, **LCID**〕)

→「文字列式」には、変換する文字列を指定します。

　「変換方法」には、変換する種類の定数を指定します（下表を参照）。定数は、「vbUpperCase + vbWide」（「大文字」の「全角」）のように組み合わせることができますが、「vbKatakana + vbHiragana」（「カタカナ」で「ひらがな」）のような矛盾した組み合わせで指定することはできません。

　「LCID」に関してはまったく意識する必要はありませんので省略してください。

　この構文で使用する変換方法定数は下表のとおりです。

● 表14-1　変換方法の定数一覧

定数	値	内容
vbUpperCase	1	文字列を大文字に変換する
vbLowerCase	2	文字列を小文字に変換する
vbProperCase	3	文字列の各単語の先頭の文字を大文字に変換する
vbWide	4	文字列内の半角文字を全角文字に変換する
vbNarrow	8	文字列内の全角文字を半角文字に変換する
vbKatakana	16	文字列内のひらがなをカタカナに変換する
vbHiragana	32	文字列内のカタカナをひらがなに変換する
vbUnicode	64	文字列をANSIからUnicodeに変換する
vbFromUnicode	128	文字列をUnicodeからANSIに変換する（336ページ参照）

```vb
Sub Conversion()
    Dim myStr As String

    Worksheets("文字列変換").Activate

    MsgBox "処理を開始します"

    myStr = "abc"
    Range("A1").Value = myStr & "→大文字に変換"
    Range("B1").Value = StrConv(myStr, vbUpperCase)       ← "abc"→"ABC"

    myStr = "ABC"
    Range("A2").Value = myStr & "→小文字に変換"
    Range("B2").Value = StrConv(myStr, vbLowerCase)       ← "ABC"→"abc"

    myStr = "abc def ghi"
    Range("A3").Value = myStr & "→先頭文字変換"
    Range("B3").Value = StrConv(myStr, vbProperCase)      ← "abc def ghi"→"Abc Def Ghi"

    myStr = "ｱｲｳ"
    Range("A4").Value = myStr & "→全角に変換"
    Range("B4").Value = StrConv(myStr, vbWide)            ← "ｱｲｳ"→"アイウ"

    myStr = "アイウ"
    Range("A5").Value = myStr & "→半角に変換"
    Range("B5").Value = StrConv(myStr, vbNarrow)          ← "アイウ"→"ｱｲｳ"

    myStr = "ひらがな"
    Range("A6").Value = myStr & "→カタカナに変換"
    Range("B6").Value = StrConv(myStr, vbKatakana)        ← "ひらがな"→"ヒラガナ"

    myStr = "カタカナ"
    Range("A7").Value = myStr & "→ひらがなに変換"
    Range("B7").Value = StrConv(myStr, vbHiragana)        ← "カタカナ"→"かたかな"

End Sub
```

下図は、事例110の実行結果です。

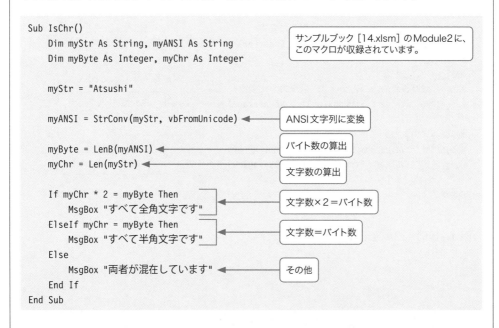

W30	▾	:	✕	✓	fx		

	A	B	C	D
1	abc→大文字に変換	ABC		
2	ABC→小文字に変換	abc		
3	abc def ghi→先頭文字変換	Abc Def Ghi		
4	ｱｲｳ→全角に変換	アイウ		
5	アイウ→半角に変換	ｱｲｳ		
6	ひらがな→カタカナに変換	ヒラガナ		
7	カタカナ→ひらがなに変換	かたかな		
8				
9				

●図14-4　事例110の実行結果

Column　文字列の半角と全角

Excelに限らずほとんどのWindows用アプリケーションでは、半角文字も全角文字も2バイトとして扱われますが、この仕様を「Unicode」と言います。一方、半角文字は1バイト、全角文字は2バイトと扱う仕様を「ANSI」と言います。

StrConv関数の引数vbFromUnicodeは、文字列をUnicodeからANSIに変換するものですが、この引数と、バイト数（文字数ではない）を算出するLenB関数を使うと、以下のマクロのように、ある文字列が半角か全角か、もしくは両者の混在かを判断することが可能になります。

```
Sub IsChr()
    Dim myStr As String, myANSI As String
    Dim myByte As Integer, myChr As Integer

    myStr = "Atsushi"

    myANSI = StrConv(myStr, vbFromUnicode)      ← ANSI文字列に変換

    myByte = LenB(myANSI)        ← バイト数の算出
    myChr = Len(myStr)           ← 文字数の算出

    If myChr * 2 = myByte Then          文字数×2＝バイト数
        MsgBox "すべて全角文字です"
    ElseIf myChr = myByte Then          ← 文字数＝バイト数
        MsgBox "すべて半角文字です"
    Else
        MsgBox "両者が混在しています"  ← その他
    End If
End Sub
```

> サンプルブック [14.xlsm] のModule2に、このマクロが収録されています。

ユーザーフォームのテキストボックスで、半角文字、もしくは全角文字しか入力できないようにするときなどは、このマクロのテクニックを使ってください。

文字コードに対応する文字列を返す（Chr関数）

Chr関数は、ASCIIコードに対応する文字列を返します。「0」「あ」「A」などの文字はもちろんですが、制御文字と呼ばれるものにもコードが割り当てられていて、これらを利用するとMsgBox関数やInputBox関数などを使ってメッセージを表示するときに、文字列の中にタブや改行を含めることができます。

以下の3つは、使用頻度の高い制御文字とその文字コードです。

●表14-2　主な制御文字とその文字コード

制御文字	文字コード
タブ	9
ラインフィード	10
キャリッジリターン	13

●事例111　メッセージを改行する（[14.xlsm] Module1）

```
Sub MsgReturn()
  MsgBox "メッセージが長すぎるので、改行します。" & Chr(13) & _
         "改行しました。"
End Sub
```

下図は、事例111の実行結果です。

メッセージボックスのメッセージが改行されている。

●図14-5　事例111の実行結果

Excel VBAでは、表14-2の制御文字は以下の組み込み定数で代用することができます。

●表14-3　制御文字を表す組み込み定数

定数	値	内容
vbCrLf	Chr(13)+Chr(10)	キャリッジリターンとラインフィードの組み合わせ
vbCr	Chr(13)	キャリッジリターン
vbLf	Chr(10)	ラインフィード

なお、組み込み定数のvbCrLfについては、156ページで解説しました。

文字列に対応する文字コードを返す（Asc関数）

Asc関数は、Chr関数とは逆に、指定した文字列内にある先頭の文字の文字コードを、整数型で返します。

◉事例112　文字列の中からアルファベットの数を取得する（[14.xlsm] Module1）

```vb
Sub CountAlpabet()
    Dim myStr As String
    Dim myStrNum As Integer
    Dim i As Integer

    myStr = "Microsoft Excel2019"

    For i = 1 To Len(myStr)
        If (Asc(Mid(myStr, i, 1)) >= 65 And _
            Asc(Mid(myStr, i, 1)) <= 90) Or _
            (Asc(Mid(myStr, i, 1)) >= 97 And _
            Asc(Mid(myStr, i, 1)) <= 122) Then
            myStrNum = myStrNum + 1
        End If
    Next i

    MsgBox "文字列「" & myStr & "」の" & vbCr & _
        "アルファベットの数は " & myStrNum & " 個です"
End Sub
```

> 文字コードが65以上90以下（A～Z）、もしくは97以上122以下（a～z）かどうかを1文字ずつ判断し、条件に合う文字の数をカウントする。

 文字コードの詳細は、VBEのヘルプでMicrosoftの開発者ページを起動し、ブラウザで「ASCII文字セット」と入力して検索、「文字セット（0から127）」「文字セット（128から255）」といったページを参照してください。

下図は、事例112の実行結果です。

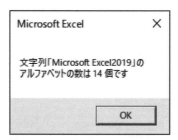

◉図14-6　事例112の実行結果

文字列からスペースを削除する（LTrim 関数・RTrim 関数・Trim 関数）

LTrim 関数は、文字列の先頭のスペースを削除します。RTrim 関数は、文字列の末尾のスペースを削除します。そして、Trim 関数は、文字列の先頭と末尾の両方のスペースを削除します。いずれの関数でも、スペースは半角／全角にかかわらず削除されます。

◉ 事例 113　文字列からスペースを削除する（[14.xlsm] Module1）

```
Sub DeleteSpace()
    Dim myStr As String

    myStr = "　Ａ　Ｂ　Ｃ　"

    MsgBox "「" & myStr & "」" & "の左全角スペースを取ります。" & vbCrLf & _
        "「" & LTrim(myStr) & "」"                                        ─❶

    MsgBox "「" & myStr & "」" & "の右半角スペースを取ります。" & vbCrLf & _
        "「" & RTrim(myStr) & "」"                                        ─❷

    MsgBox "「" & myStr & "」" & "の両端のスペースを取ります。" & vbCrLf & _
        "「" & Trim(myStr) & "」"                                         ─❸
End Sub
```

このマクロを実行すると、まず、❶のステートメントで、「␣ＡＢＣ␣」の先頭の全角スペースが削除されます。

◉図14-7　事例113　❶のステートメントで得られる結果

次に、❷のステートメントで、「␣ＡＢＣ␣」の末尾の半角スペースが削除されます。

◉図14-8　事例113　❷のステートメントで得られる結果

そして最後に、❸のステートメントで、「␣ＡＢＣ␣」の先頭と末尾のスペースが削除されます。

●図14-9　事例113　❸のステートメントで得られる結果

　LTrim関数、RTrim関数、Trim関数を使えば、文字列の端にあるスペースは削除できますが、文字列内のスペースは削除できません。文字列内のスペースを削除するには、次のReplace関数を使います。

指定した文字列を検索し別の文字列に置換する（Replace関数）

　Replace関数は、文字列から指定された文字列を検索して、1対1対応で別の文字列に置き換えた値を返します。「ＡＢＡＢ」の「Ｂ」を「Ｃ」に置き換えて「ＡＣＡＣ」にするような用途のほかにも、「Ａ　Ｂ　Ｃ」のスペースを長さ0の文字列（""）に置き換えて、「ＡＢＣ」と文字列内のスペースを削除することもできます。

◉ Replace関数の構文

Replace(**文字列, 検索文字列, 置換文字列 〔, 開始位置 〔, 置換数 〔, 比較モード〕〕〕**)

→「文字列」には、置換元の文字列を指定します。

　「検索文字列」には、検索する文字列を指定します。

　「置換文字列」には、置き換える文字列を指定します。

　「開始位置」には、検索を開始する位置を指定します。省略した場合は、先頭から検索されます。

　「置換数」には、置き換える文字列の数を指定します。省略した場合は、すべて置き換えられます。

　「比較モード」については343ページで解説しますが、あまり意識する必要はありません。

◉ 事例114　文字列を置き換える（[14.xlsm] Module1）

```
Sub FindChange()
    Dim myStr As String

    myStr = "ＡＢＡＢ"

    MsgBox "「" & myStr & "」のBをCに置き換えします。" & vbCrLf & _
        "変換後＝「" & Replace(myStr, "B", "C") & "」"                    ─❶

    myStr = "Ａ　Ｂ　Ｃ　Ｄ"
```

"B"を"C"に置き換える。

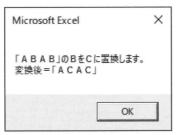

```
MsgBox "「" & myStr & "」のスペースを先頭から2個削除します。" & vbCrLf & _
       "変換後＝「" & Replace(myStr, "  ", "", , 2) & "」"          ―❷

End Sub
```

文字列内のスペース2個を長さ
0の文字列（""）に置き換える。

●図14-10　事例114　❶のステートメントで得られる結果

●図14-11　事例114　❷のステートメントで得られる結果

　事例114では、後半に注目してください。先頭から2個分のスペースを長さ0の文字列（""）に置き換えることによって、結果的に2個のスペースを削除しています。

| Column | Replace関数で半角と全角のすべての空白を削除する |

　Replace関数は、LTrim関数、RTrim関数、Trim関数とは違って、半角と全角のスペースを区別します。この点は非常に間違いやすいので注意してください。
　では、半角と全角のすべての空白を削除したいときにはどうしたらよいのでしょうか。
　この場合は、以下のステートメントのようにReplace関数を入れ子にして2回使用してください。

```
myHensu = Replace(Replace(myHensu, " ", ""), "　", "")
```

　このステートメントを実行すると、変数「myHensu」に代入された文字列内の空白はすべて削除されます。

　Replace関数を使ってセル範囲をループすれば、ワークシート上のセルの文字列のスペースをすべて削除することができますが、Excelには元々の機能として［置換］コマンドが用意されていますので、以下のようにReplaceメソッドを使えば、一括でワークシート上のセルの文字列のスペースを削除することができます。

```
Cells.Replace What:=" ", Replacement:="", MatchByte:=False
```

　また、このように引数MatchByteにFalseを指定してReplaceメソッドを使うと、半角と全角のスペースをすべて削除できます。

14-4 文字列を比較する

文字列を比較する2つの方法

文字列を比較する際、通常は以下のように等号（=）などの比較演算子を使用します。

◉比較演算子の利用例

```
If myStr1 = myStr2 Then
    MsgBox "両者は等しいです"
Else
    MsgBox "両者は等しくありません"
End If
```

この場合、以下のような文字列はすべて異なるデータとして認識されます。

◉表14-4　異なるデータとして認識される文字列の例

大文字と小文字	「ABCDE」と「abcde」
全角と半角	「ＡＢＣＤＥ」と「ABCDE」
ひらがなとカタカナ	「あいうえお」と「アイウエオ」

　これらの文字列データを異なるものとして比較する方法を「Binaryモード」と呼び、Excel VBAでは、既定ではBinaryモードで文字列を比較します。一方で、上述の文字列データを同じものとして比較する方法を「Textモード」と呼びます。

Textモードで2つの文字列を比較する（StrComp関数）

　StrComp関数は、2つの文字列を比較して、結果を数値かNull値で返します。

◉StrComp関数の構文

StrComp(**文字列1, 文字列2**〔, **比較モード**〕)

→「文字列1」「文字列2」には、それぞれ比較を行う任意の文字列式を指定します。

　「比較モード」には、文字列を比較するモードを定数で指定します（省略可）。

　この構文で使用する比較モード定数は下表のとおりです。

●表14-5　比較モードの定数一覧

定数	値	説明
vbUseCompareOption	-1	Option Compareステートメントの設定を使用して比較を行う（既定値）
vbBinaryCompare	0	Binaryモードの比較を行う
vbTextCompare	1	Textモードの比較を行う
vbDatabaseCompare	2	Microsoft Accessの場合のみ有効。データベースに格納されている設定に基づいて比較を行う

　つまり、第3引数に「vbTextCompare（=1）」を指定すると、Textモードで文字列を比較することができるのです。

　なお、StrComp関数の戻り値は以下のとおりです。

●表14-6　StrComp関数の戻り値

内容	戻り値
文字列1は文字列2未満	-1
文字列1と文字列2は等しい	0
文字列1は文字列2を超える	1
文字列1または文字列2はNull値	Null値

●事例115　Textモードで2つの文字列を比較する（[14.xlsm] Module1）

```vba
Sub StringCompare()
    Dim myStr1 As String, myStr2 As String

    myStr1 = "ABCDE"
    myStr2 = "abcde"
    S_CompText myStr1, myStr2

    myStr1 = "ＡＢＣＤＥ"
    myStr2 = "ABCDE"
    S_CompText myStr1, myStr2

    myStr1 = "あいうえお"
    myStr2 = "アイウエオ"
    S_CompText myStr1, myStr2
End Sub

'Textモードで文字列を比較する
Private Sub S_CompText(myStr1, myStr2)
    MsgBox myStr1 & " と " & myStr2 & " を比較します"

    If StrComp(myStr1, myStr2, vbTextCompare) = 0 Then        ─❶
        MsgBox "両者は等しいです"
    Else
        MsgBox "両者は等しくありません"
    End If
End Sub
```

❶で、「myStr1」「myStr2」の値をTextモードで比較しています。

実際に、サンプルブック[14.xlsm]の「事例115」のボタンをクリックして、2つの文字列がTextモードで比較されていることを確認してください。

Column　**Option Compare Textステートメント**

　モジュールの先頭でOption Compare Textステートメントを宣言すると、そのモジュール内では、すべてのマクロでTextモードになりますので、StrComp関数を使う必要はなくなります。

　しかし、基本はBinaryモードにして、マクロごとにStrComp関数でTextモードで比較するほうが柔軟性に富んでいますので、StrComp関数の比較モードを使うことをお勧めします。

14-5　指定した文字を繰り返す関数

全角アルファベットを半角にする（String関数）

String関数は、指定された文字コードまたは文字列の先頭の文字を指定された数だけ並べた値を返す関数で、以下のマクロは簡単な使用例です。

●String関数の一般的な利用例

```
MsgBox String(5, "大")
```

●図14-12　String関数の簡単な使用例

しかし、こうした使用法はとても実用的とは言えません。そこで、ここでは、「String関数とReplaceメソッドで全角アルファベットを半角にする」という独創的なマクロを紹介します。

●事例116　セル範囲に入力された全角アルファベットを半角にする（[14.xlsm] Module1）

```
Sub CharacterConvert()
    Dim i As Integer
    Dim myCell As Range

    Worksheets("英字変換元").UsedRange.Copy
    Worksheets("英字変換").Activate
    Range("A1").PasteSpecial
    Range("A1").Select

    MsgBox "セル範囲に入力された全角アルファベットを半角にします"

    Set myCell = ActiveSheet.UsedRange
```

```
'-----<「Ａ」→「A」の変換>-----
    For i = 65 To 90
        myCell.Replace What:=String(1, i - 32225), Replacement:=String(1, i), _
            MatchCase:=True
    Next i

'-----<「ａ」→「a」の変換>-----
    For i = 97 To 122
        myCell.Replace What:=String(1, i - 32224), Replacement:=String(1, i), _
            MatchCase:=True
    Next i

End Sub
```

全角大文字 → 半角大文字

全角小文字 → 半角小文字

　サンプルブック［14.xlsm］の「事例116」のボタンでこのマクロを実行すると、「英字変換」シート
の全角文字がすべて半角文字になることを確認してください。

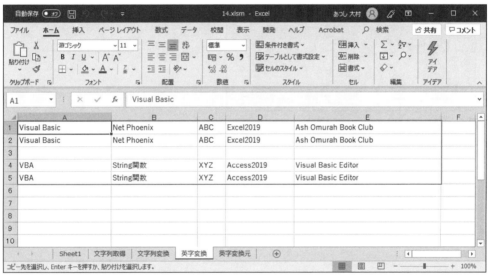

●図14-13　事例116の実行結果

| Column | CurrentRegionプロパティとUsedRangeプロパティ |

　事例116ではUsedRangeプロパティを使用していますが、これはセルA1から「最後のセル」までのすべてのセル範囲を参照するプロパティで、100ページで解説した、アクティブセル領域を参照するCurrentRegionプロパティとは似て非なるものですので注意してください。

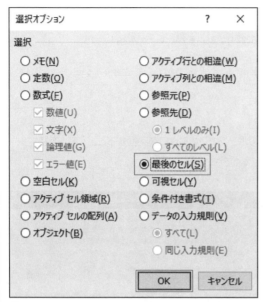

●図14-14　[選択オプション] ダイアログボックスの「最後のセル」

Chapter 15

日付や時刻を操作する関数

15-1 現在のシステム日付や時刻を取得する

現在のシステム日付を返す（Date 関数）

Date 関数は、現在のシステムの日付を取得する関数です。

◉事例117　現在のシステム日付を取得する（[15.xlsm] UserForm1）

```
Private Sub cmdDate_Click()
    Dim myDate As Date

    myDate = Date                                              ─❶
    MsgBox "現在のシステム日付は " & myDate & " です"
End Sub
```

❶で、現在のシステム日付を変数「myDate」に代入しています。

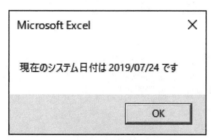

◉図15-1　事例117の実行結果

現在のシステム時刻を返す（Time 関数）

Time 関数は、現在のシステムの時刻を取得する関数です。

◉事例118　現在のシステム時刻を取得する（[15.xlsm] UserForm1）

```
Private Sub cmdTime_Click()
    Dim myTime As Date

    myTime = Time                                             ─❶
    MsgBox "現在のシステム時刻は " & myTime & " です"
End Sub
```

❶で、現在のシステム時刻を変数「myTime」に代入しています。

●図15-2　事例118の実行結果

現在のシステム日付および時刻を返す（Now関数）

Now関数は、現在のシステムの日付と時刻を取得する関数です。

◉事例119　現在のシステム日付および時刻を取得する（[15.xlsm] UserForm1）

```
Private Sub cmdNow_Click()
    Dim myDateTime As Date

    myDateTime = Now                                          ─❶
    MsgBox "現在のシステム日付と時刻は " & myDateTime & " です"
End Sub
```

❶で、現在のシステム日付と時刻を変数「myDateTime」に代入しています。

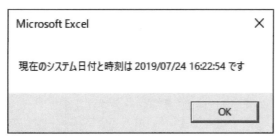

●図15-3　事例119の実行結果

15-2 日付や時刻から必要な情報を取得する

任意の日付を整数で返す（Year関数・Month関数・Day関数）

Year関数は、任意の日付から「年」を、Month関数は「月」を、Day関数は「日」を取得する関数です。

Year関数は西暦で年を返し、Month関数は1年の何月かを表す1～12の範囲の整数を返し、Day関数は月の何日かを表す1～31の範囲の整数を返します。

◉事例120　現在の日付から年・月・日を取得する（[15.xlsm] UserForm1）

```
Private Sub cmdYearMonthDay_Click()
    Dim myYear As Integer, myMonth As Integer, myDay As Integer

    myYear = Year(Date)          'Year(Now)でも可
    myMonth = Month(Date)        'Month(Now)でも可
    myDay = Day(Date)            'Day(Now)でも可

    MsgBox "現在の年は " & myYear & " 年です"
    MsgBox "現在の月は " & myMonth & " 月です"
    MsgBox "現在の日は " & myDay & " 日です"
End Sub
```

●図15-4　事例120の実行結果

任意の時刻を整数で返す（Hour関数・Minute関数・Second関数）

Hour関数は、任意の時刻から「時」を、Minute関数は「分」を、Second関数は「秒」を取得する関数です。

Hour関数は1日の時刻を表す0～23の範囲の整数を返し、Minute関数は時刻の分を表す0～59の範囲の整数を返し、Second関数は時刻の秒を表す0～59の範囲の整数を返します。

● 事例121　現在の時刻から時・分・秒を取得する（[15.xlsm] UserForm1）

```vba
Private Sub cmdHourMinuteSecond_Click()
    Dim myHour As Integer, myMinute As Integer, mySecond As Integer

    myHour = Hour(Time)        'Hour(Now)でも可
    myMinute = Minute(Time)    'Minute(Now)でも可
    mySecond = Second(Time)    'Second(Now)でも可

    MsgBox "現在の時刻は " & myHour & " 時です"
    MsgBox "現在の分は " & myMinute & " 分です"
    MsgBox "現在の秒は " & mySecond & " 秒です"
End Sub
```

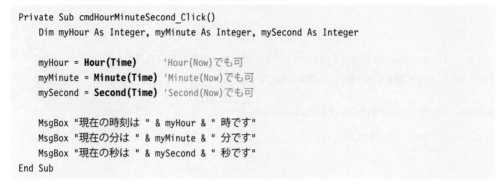

● 図15-5　事例121の実行結果

数値から曜日を返す（WeekdayName関数）

WeekdayName関数は、数値を指定し、曜日を表す文字列を返します。

● WeekdayName関数の構文

WeekdayName（**数値** 〔, **曜日名の省略** 〔, **開始曜日**〕〕）

→「数値」には、曜日を表す1～7の数値を指定します。1～7以外の数値を指定するとエラーになります。

　「曜日名の省略」には、曜日名を省略するかどうかをTrue（省略する）/False（省略しない）のブール値で指定します。省略した場合はFalseになります。

　「開始曜日」には、週の始まりの曜日を示す数値を指定します（省略可）。

　この構文で使用する開始曜日の定数は下表のとおりです。

● 表15-1　開始曜日の定数一覧

定数	値	説明
vbSunday	1	日曜（既定値）
vbMonday	2	月曜
vbTuesday	3	火曜
vbWednesday	4	水曜
vbThursday	5	木曜
vbFriday	6	金曜
vbSaturday	7	土曜

なお、WeekdayName関数とよく似たWeekday関数は、任意の日付が何曜日であるかを数値で返します。

では、WeekdayName関数とWeekday関数を組み合わせたマクロを見てみましょう。以下のマクロは、今日から5日後が何曜日かを取得するものです。

◉事例122　今日から5日後の曜日を取得する（[15.xlsm] UserForm1）

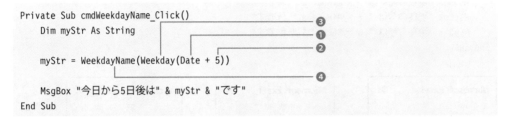

◉図15-6　事例122の実行結果

事例122のマクロ「cmdWeekdayName_Click」は、以下の処理で今日から5日後の曜日を取得しています。

❶　Date関数で今日の日付を取得する。
❷　今日の日付に「5」を加算する。
❸　❷の日付をWeekday関数で、曜日に対応する「数値」に変換する。
❹　❸の数値を、WeekdayName関数で「曜日」に変換する。

15-3 日付や時刻を操作する そのほかの関数

午前０時から経過した秒数を返す（Timer関数）

Timer関数は、午前０時から経過した秒数を表す単精度浮動小数点数型の値を返します。

● 事例123　処理時間を取得する（[15.xlsm] UserForm1）

```
Private Sub cmdTimer_Click()
    Dim myStartTime As Single
    Dim i As Long

    MsgBox "セルに1,000回文字を入力します"

    myStartTime = Timer                                       ──❶

    For i = 1 To 1000
        Range("A1").Value = "ABC"
        Range("A1").Value = ""
    Next i

    MsgBox "処理に " & (Timer - myStartTime) & " 秒かかりました"    ──❷
End Sub
```

❶で、処理を開始した時点の秒数を取得して変数に代入しています。

❷で、処理が終了した時点の秒数から、処理を開始した時点の秒数を引いて、かかった処理時間を算出しています。

それでは、サンプルブック［15.xlsm］の「Timer関数」ボタンをクリックして実行してください。

時間間隔を加算／減算した日付や時刻を返す（DateAdd 関数）

DateAdd 関数は、基準にする日付や時刻に、指定された時間間隔を加算／減算した日付や時刻を取得する関数です。

● DateAdd 関数の構文

DateAdd(時間間隔, 加減時間, 基準日時)

→ 「時間間隔」には、加算／減算する時間間隔を下表のような設定値で指定します。

「加減時間」には、加減する時間間隔を指定します。将来の日時を取得する場合は正の数を、過去の日時を取得する場合は負の数を指定します。

「基準日時」には、時間間隔を加減する元の日付や時刻を指定します。

● 表 15-2　時間間隔の設定値と内容

設定値	内容
yyyy	yyyy
q	四半期
m	月
y	年間通算日
d	日
w	週日
ww	週
h	時
n	分
s	秒

● 事例 124　今日から 15 週目と 2020/1/1 の 1,000 日前を取得する（[15.xlsm] UserForm1）

```
Private Sub cmdDateAdd_Click()
    Dim myDate1 As Date, myDate2 As Date

    myDate1 = DateAdd("ww", 15, Date)
    MsgBox "今日から15週間後は " & myDate1 & " です"          —❶

    myDate2 = DateAdd("d", -1000, "2020/1/1")
    'myDate2 = DateAdd("d", -1000, #1/1/2020#)

    MsgBox "2020/1/1から1,000日前は " & myDate2 & " です"     —❷
End Sub
```

> 「#」で囲んだ VBA 特有の「リテラル文字」を使用する場合（次ページの「コラム」参照）。

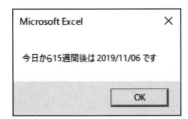

Microsoft Excel　×

今日から15週間後は 2019/11/06 です

OK

● 図 15-7　事例 124　❶ のステートメントの実行結果

15

日付や時刻を操作する関数

●図15-8　事例124　❷のステートメントの実行結果

Column　リテラル文字

　VBAでは、「"」で囲んだ日付は、実行時に内部的にVBAが解釈できる「#」で囲んだ「日付リテラル値」に変換されます。この日付リテラル値は、記述した瞬間にコンパイルエラーが発生しますので、「#2/29/2021#」と記述するとエラーが発生します（VBAの日付リテラル値は、アメリカ式で「月」「日」「年」の順で記述します）。理由は、「2021年2月29日」は存在しないからです。

　一方で、「"」で囲んだ "2021/2/29" は、マクロを実行したときに日付リテラル値に変換され、そのタイミングで実行時エラーが発生します。

　どちらを使うのが正しいという問題ではありませんので、自分の好みに応じて使い分けるのがいいでしょう。

指定した2つの日付の時間間隔を返す（DateDiff関数）

　DateDiff関数は、指定した2つの日時の時間間隔を取得する関数です。たとえば、2つの日付の間の日数や、現在から年末までの週の数などを求めることができます。

◉DateDiff 関数の構文

DateDiff(**時間間隔, 比較日時1, 比較日時2**〔, **開始曜日**〔, **開始週**〕〕)

→ 「時間間隔」には、比較日時1と比較日時2の間隔を計算するための時間単位を表す文字列を指定します。

文字列は、DateAdd関数の第1引数の内容と同じく、356ページの表「時間間隔の設定値と内容」のような設定値で指定します。

「比較日時1」と「比較日時2」には、間隔を計算する2つの日時を指定します。比較日時1を起算日時としますので、比較日時1よりも前の日時を比較日時2に指定すると負の数を返します。

「開始曜日」には、週の始まりの曜日を表す定数を指定します。WeekdayName関数と同じく、353ページの表「開始曜日の定数一覧」のとおり、vbSundayからvbSaturdayまで7つあり、省略した場合の既定値はvbSunday、すなわち「日曜」です。

「開始週」には、下表の定数を指定します。省略した場合は、1月1日を含む週が第1週とみなされます。

●表15-3　開始週の定数一覧

定数	値	内容
vbUseSystem	0	NLS API の設定値を使う
vbFirstJan1	1	1月1日を含む週を年度の第1週として扱う（既定値）
vbFirstFourDays	2	7日のうち少なくとも4日が新年度に含まれる週を年度の第1週として扱う
vbFirstFullWeek	3	全体が新年度に含まれる最初の週を年度の第1週として扱う

```
Private Sub cmdDateDiff_Click()
    Dim myFutureDays As Long

    myFutureDays = DateDiff("d", #1/1/2001#, Date)
    MsgBox "21世紀になって " & myFutureDays & " 日経過しました"
End Sub
```

●図15-9　事例125の実行結果

日付から指定した部分のみを返す（DatePart関数）

DatePart関数は、日付の日付部分のみ、または時刻部分のみなど、日付の指定した部分を取得する関数です。

●DatePart関数の構文

DatePart(**時間間隔，日付**〔**, 開始曜日**〔**, 開始週**〕〕**)**

→ DatePart関数の引数に指定できる設定値については、DateAdd関数やDateDiff関数の一覧表を参照してください。

●事例126　今日が四半期のどの期間か取得する（[15.xlsm] UserForm1）

```
Private Sub cmdDatePart_Click()
    Dim myQuater As Integer

    myQuater = DatePart("q", Date)
    MsgBox "今日は第 " & myQuater & " 四半期です"
End Sub
```

●図15-10　事例126の実行結果

Chapter 16

そのほかの便利な関数

VBAでExcelの ワークシート関数を使う

VBAでExcelのMAXワークシート関数を使う

Chapter 16ではこれまでに紹介したVBA関数以外の便利なVBA関数について解説しますが、その前に、ここではVBAで「Excelのワークシート関数」を使う方法を紹介します。ここで解説するのは「VBA関数」ではないので注意してください。

以下のマクロは、ExcelのMAX関数を利用して、セル範囲A1:D10の中の最大値を検索するものです。

● 事例127　VBAでExcelのワークシート関数を使う（[16.xlsm] Module1）

```vba
Sub SearchMax()
    Dim myMax As Long

    myMax = Application.WorksheetFunction.Max(Range("A1:D10").Value)        ─❶

    MsgBox "最大値は " & myMax & " です"
End Sub
```

VBAでワークシート関数を使うときには、❶のようにApplicationオブジェクトのWorksheetFunctionオブジェクトに対して使用します。

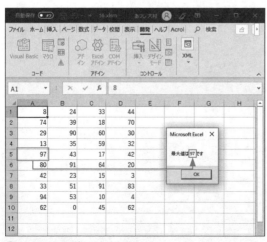

● 図16-1　事例127の実行結果

360

　下図では、セルA1の値が「70」より大きかったらセルB1に「合格」、そうでなければ「不合格」と表示されるIF関数がセルB1に入力されています。

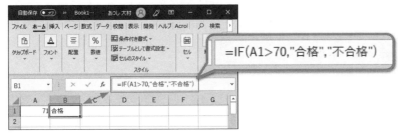

　=IF(A1>70,"合格","不合格")

●図16-2　IF関数が入力されているExcelワークシート

　このIF関数をVBAで入力するときには、Valueプロパティではなく、「数式」を意味するFormulaプロパティを使いますので、以下のようなステートメントが思い浮かびます。

●すぐに思いつくステートメント

```
Range("B1").Formula = "=IF(A1>70,"合格","不合格")"
```

　しかし、このステートメントではエラーが発生してしまいます。
　なぜなら、今回、Formulaプロパティに代入するのは、「合格」とか「不合格」という文字列ではなく、ダブルクォーテーション（"）も含んだ「"合格"」と「"不合格"」という文字列です。この場合は、

```
Range("B1").Formula = "=IF(A1>70,""合格"",""不合格"")"
```

のように、ダブルクォーテーション（"）の中に、さらにダブルクォーテーション（"）を記述しなければなりません（厳密には、IFワークシート関数全体もダブルクォーテーション（"）で囲んでいます）。
　このステートメントについてもう少し補足しましょう。たとえば、以下のステートメントを実行すると図のように表示されます。

●実行するステートメント

```
MsgBox "大村あつし"
```

●図16-3　ステートメントの実行結果

今さらですが、「大村あつし」の両隣の（"）は、「大村あつし」という文字列を囲むための記号です。

　では、（"）を記号ではなく文字列として扱いたいときにはどうしたらよいのでしょうか。

　この場合には、（""）とダブルクォーテーションを2つ書くことで文字列として認識されます。また、VBAでは文字列は（"）で囲まなければなりませんので、結果的に以下のステートメントになります。

◉ 『"大村あつし"』と表示するステートメント

両端の（"）は、内側が文字列であることを指定する記号

MsgBox "" "大村あつし" ""

（""）とダブルクォーテーションを2つ書いて、（"）を文字列としている。

●図16-4　ステートメントの実行結果

　なお、ダブルクォーテーション（"）はChr(34)で代用することもできます。

16-2 書式を設定する

指定された書式に変換した値を返す（Format関数）

Format関数は、データを指定された書式に変換し、その変換結果を取得する関数です。

◉ **Format関数の構文**

Format(データ〔, 書式〔, 開始曜日〔, 開始週〕〕〕)

→「データ」には、変換の対象となる文字列や数値を指定します。

「書式」には、定義済み書式、あるいは表示書式指定文字を組み合わせて作成した書式を文字列で指定します（省略可）。「データ」は、この「書式」に合わせて変換されます。

「開始曜日」は、WeekdayName関数のときに説明した353ページの表と同じです。

「開始週」は、DateDiff関数のときに説明した357ページの表と同じです。「開始曜日」と「開始週」は、いずれも省略するケースが大半ですので、あまり意識する必要はないでしょう。

データの形式と書式の指定方法の対応は下表のとおりです（定義済み書式および書式指定文字は、365ページで解説します）。

◉ **表16-1　データの形式と書式の指定方法**

データの形式	書式の指定方法
数値（通貨型も数値として扱う）	定義済み数値書式、あるいは数値表示書式指定文字を組み合わせた書式を指定する
日付と時刻	定義済み日付／時刻書式、あるいは日付／時刻表示書式指定文字を組み合わせた書式を指定する
日付と時刻を表すシリアル値	数値あるいは日付と時刻の書式を用いる
文字列	文字列表示書式指定文字を組み合わせた書式を指定する

以下、Format関数はコントロールパネルの［形式のカスタマイズ］ダイアログボックスの［数値］［通貨］［時刻］［日付］パネルの設定の影響を受けますので、まずはWindows 10での画面をご覧ください。

[形式] タブをクリックする。

[追加の設定] をクリックする。

●図16-5 [地域] ダイアログボックス

それぞれのタブでパネルを
表示し、形式を設定する。

●図16-6 [形式のカスタマイズ] ダイアログボックス

数値および通貨に用いる書式

● 表16-2　定義済み数値書式

書式名	内容
General Number	指定された数値をそのまま返す 例）Format(5000,"General Number") → "5000"
Currency	通貨記号や1000単位の区切り記号などを、コントロールパネルの［形式のカスタマイズ］の［通貨］パネルで設定された書式に変換した値を返す 例）Format(5000,"Currency") → "¥5,000"
Fixed	整数部を最低1桁、小数部を最低2桁表示する書式に変換した値を返す 例）Format(25.675,"Fixed") → "25.68"
Standard	整数部を最低1桁、小数部を最低2桁表示する書式に変換した値を返す（1000単位の区切り記号を付ける） 例）Format(5000,"Standard") → "5,000.00"
Percent	指定された数値を100倍して、小数部を最低2桁表示する書式に変換した値を返す（1000単位の区切り記号を付ける） 例）Format(0.354,"Percent") → "35.40%"
Scientific	標準的な科学表記法の書式に変換した値を返す 例）Format(0.354,"Scientific") → "3.54E-01"
Yes/No	指定された数値が0の場合にはNo、それ以外の場合にはYesを返す 例）Format(0,"Yes/No") → "No"
True/False	指定された数値が0の場合には偽（False）、それ以外の場合には真（True）を返す 例）Format(0,"True/False") → "False"
On/Off	指定された数値が0の場合にはOff、それ以外の場合にはOnを返す 例）Format(0,"On/Off") → "Off"

● 表16-3　数値表示書式指定文字

表示書式指定文字	内容
0	1つの"0"が数値の1桁を表す（データが小さく、"0"を指定した桁位置に該当する値がない場合には0が入る） 例）Format(411, "0000") → "0411"
#	1つの"#"が数値の1桁を表す（データが小さく、"#"を指定した桁位置に該当する値がない場合には何も入らない） 例）Format(411, "####") → "411"
.	"0"や"#"と組み合わせて、小数点を挿入する位置を指定する 例）Format(196.5, "0.00") → "196.50"
%	指定されたデータ（数値）を100倍し、パーセント記号（%）を付ける 例）Format(0.35, "0%") → "35%"
,	"0"や"#"と組み合わせて、1000単位の区切り記号を挿入する位置を指定する 例）Format (987654321, "#,##0") → "987,654,321"
¥	"¥"記号に続く1文字をそのまま表示する 例）Format(64.5, "0.00¥c¥m") → "64.50cm"

　Format関数の書式で"0.00"のように小数点以下の桁数を指定した場合、指定した桁を超えた部分は四捨五入されます。

● 例

```
Format(12.345, "0.00")  →  "12.35"
Format(12.344, "0.00")  →  "12.34"
```

ただし、整数部分で指定した桁を超えた場合は、書式で指定した桁数に関係なくすべての桁が返されます。

◉例

```
Format(45, "000")    →  "045"
Format(12345, "000") →  "12345"
```

日付／時刻に用いる書式

◉表16-4　定義済み日付／時刻書式

書式名	内容
General Date	データとして整数部だけの数値を指定された場合は日付だけを、少数部だけの数値の場合は時刻だけを、整数部と小数部の両方を含む数値の場合は日付と時刻の両方を、コントロールパネルの［形式のカスタマイズ］の［時刻］および［日付］のパネルで設定された書式で返す 例）Format(37200.525,"General Date") → "2001/11/05 12:36:00"
Long Date	コントロールパネルの［形式のカスタマイズ］の［日付］パネルで［長い形式］に設定した書式で日付を返す 例）Format(37200,"Long Date") → "2001年11月5日"
Medium Date	簡略形式で表した日付を返す 例）Format(37200,"Medium Date") → "01-11-05"
Short Date	コントロールパネルの［形式のカスタマイズ］の［日付］パネルで［短い形式］に設定した書式で日付を返す 例）Format(37200,"Short Date") → "2001/11/05"
Long Time	時間、分、秒を含む書式で時刻を返す 例）Format(0.525,"Long Time") → "12:36:00"
Medium Time	時間と分を12時間制の書式で表した時刻を返す（午前の場合は午前、午後の場合は午後が付く） 例）Format(0.525,"Medium Time") → "12:36 午後"
Short Time	時間と分を24時間制の書式で表した時刻を返す 例）Format(0.525,"Short Time") → "12:36"

◉表16-5　日付／時刻表示書式指定文字

表示書式指定文字	内容
g	年号をローマ字で表記したときの頭文字を返す（M、T、S、H、R） 例）Format(#4/5/2001#, "g") → "H"
gg	年号を漢字で表記したときの先頭の1文字を返す（明、大、昭、平、令） 例）Format(#4/5/2001#, "gg") → "平"
ggg	年号を漢字で表記して返す（明治、大正、昭和、平成、令和） 例）Format(#4/5/2001#, "ggg") → "平成"
e	年号に基づく和暦の年を返す 例）Format(#4/5/2001#, "e") → "13"
ee	年号に基づく和暦の年を返す（1桁の場合は先頭に0が付く） 例）Format(#4/5/1997#, "ee") → "09"
yy	西暦の年を下2桁の数値で返す（00～99） 例）Format(#4/5/2001#, "yy") → "01"
yyyy	西暦の年を4桁の数値で返す（100～9999） 例）Format(#4/5/2001#, "yyyy") → "2001"
m	月を表す数値を返す（1～12） 例）Format(#4/5/2001#, "m") → "4"
mm	月を表す数値を返す（1桁の場合は先頭に0が付く）（01～12） 例）Format(#4/5/2001#, "mm") → "04"

mmm	月の名前を英語（省略形）の文字列に変換して返す（Jan～Dec） 例）Format(#4/5/2001#, "mmm") → "Apr"
mmmm	月の名前を英語で返す（January～December） 例）Format(#4/5/2001#, "mmmm") → "April"
oooo	月の名前を日本語で返す（1月～12月） 例）Format(#4/5/2001#, "oooo") → "4月"
d	日付を返す（1～31） 例）Format(#4/5/2001#, "d") → "5"
dd	日付を返す（1桁の場合は先頭に0が付く（01～31）） 例）Format(#4/5/2001#, "dd") → "05"
ddd	曜日を英語（省略形）で返す（Sun～Sat） 例）Format(#4/5/2001#, "ddd") → "Thu"
aaa	曜日を日本語（省略形）で返す（日～土） 例）Format(#4/5/2001#, "aaa") → "木"
dddd	曜日を英語で返す（Sunday～Saturday） 例）Format(#4/5/2001#, "dddd") → "Thursday"
aaaa	曜日を日本語で返す（日曜日～土曜日） 例）Format(#4/5/2001#, "aaaa") → "木曜日"
w	曜日を表す数値を返す（日曜日が1、土曜日が7となる） 例）Format(#4/5/2001#, "w") → "5"
y	指定した日付が1年のうちで何日目に当たるかを数値で返す（1～366） 例）Format(#4/5/2001#, "y") → "95"
q	指定した日付が1年のうちで何番目の四半期に当たるかを表す数値を返す（1～4） 例）Format(#4/5/2001#, "q") → "2"
ww	指定した日付が1年のうちで何週目に当たるかを表す数値を返す（1～54） 例）Format(#4/5/2001#, "ww") → "15"
/	日付の区切り記号を挿入する位置を指定する 例）Format(#4/5/2001#, "yyyy/mm/dd") → "2001/04/05"
h	時間を返す（0～23） 例）Format(#2001/4/5 3:7:2#, "h") → "3"
hh	時間を返す（1桁の場合は先頭に0が付く）（00～23） 例）Format(#4/5/2001 3:07:02 AM#, "hh") → "03"
n	分を返す（0～59） 例）Format(#4/5/2001 3:07:02 AM#, "n") → "7"
nn	分を返す（1桁の場合は先頭に0が付く）（00～59） 例）(#4/5/2001 3:07:02 AM#, "nn") → "07"
s	秒を返す（0～59） 例）Format(#4/5/2001 3:07:02 AM#, "s") → "2"
ss	秒を返す（1桁の場合は先頭に0が付く（00～59）） 例）Format(#4/5/2001 3:07:02 AM#, "ss") → "02"
AM/PM	指定した時刻が正午以前の場合はAMを返し、正午～午後11時59分の間はPMを返す 例）Format(#4/5/2001 3:07:02 AM#, "AM/PM") → "AM"
am/pm	指定した時刻が正午以前の場合はamを返し、正午～午後11時59分の間はpmを返す 例）Format(#4/5/2001 3:07:02 AM#, "am/pm") → "am"
A/P	指定した時刻が正午以前の場合はAを返し、正午～午後11時59分の間はPを返す 例）Format(#4/5/2001 3:07:02 AM#, "A/P") → "A"
a/p	指定した時刻が正午以前の場合はaを返し、正午～午後11時59分の間はpを返す 例）Format(#4/5/2001 3:07:02 AM#, "a/p") → "a"
:	時刻の区切り記号を挿入する位置を指定する 例）Format(#4/5/2001 3:07:02 AM#, "hh:nn:ss") → "03:07:02"

文字列に用いる書式

● 表16-6　文字列表示書式指定文字

表示書式指定文字	内容
@	1つの"@"が1つの文字またはスペースを表す（"@"を指定した位置に該当する文字がない場合には半角スペースが入る） 例）Format("Excel", "@@@@@@") → " Excel"
&	1つの"&"が1つの文字を表す（"&"を指定した位置に該当する文字がない場合には詰められる） 例）Format("Excel", "&&&&&&") → "Excel"
<	指定されたデータのうち、アルファベットの大文字をすべて小文字に変換する（半角文字も全角文字も両方変換される） 例）Format("Excel", "<&&&&&&") → "excel"
>	指定されたデータのうち、アルファベットの小文字をすべて大文字に変換する（半角文字も全角文字も両方変換される） 例）Format("Excel", ">&&&&&&") → "EXCEL"
!	プレースホルダー文字（仮に確保しておく文字）を左から右の順に埋めていくように指定する（"!"を指定しない場合は、右から左の順に埋められる） 例）Format("Excel", "!@@@@@@") → "Excel "

（文字列には定義済み書式はありません）

Note 　文字列表示書式指定文字

文字列表示書式指定文字は若干難しい書式ですので補足しておきましょう。

たとえば、

```
Format("MicrosoftExcel", "!@@@@@@") → "tExcel"
```

とした場合、「!」を指定したことによって、最後の6文字は表示されますが、残りはプレースホルダー文字が表示されます。この場合、何か特殊な文字が表示されるのではなく、文字が削除されます（空の文字列が表示されます）。したがって、結果が「tExcel」になるのです。

また、

```
Format("XYZ", "@@@") → "XYZ"
```

でも、

```
Format("XYZ", "@") → "XYZ"
```

でも、結果は、「XYZ」になります。

理由は、「@」は、そこに空白を表示するものではなく、「"@"の場所に何も文字がなかったら、そこに空白を表示するもの」だからです。

今回のケースでは、「XYZ」は3文字なので、仮に「@」を4個指定したら、実行結果は以下のようになります。

```
Format("XYZ", "@@@@")  →  " XYZ"
```

　1文字目の「@」に該当する文字がないため、1文字目が空白になります。
　一方、以下のように「!」を指定したら、最後の1文字が空白になります。

```
Format("XYZ", "!@@@@")  →  "XYZ "
```

●事例128　書式を設定する（[16.xlsm] Module1）

```
Sub Format_Click()
    Dim myStr(1 To 5) As String

    myStr(1) = "定義済み数値書式 ： " & Format(3456789, "Currency")
    myStr(2) = "数値表示書式指定文字 ： " & Format(3456789, "¥¥#,##0")

    myStr(3) = "定義済み日付/時刻書式 ： " & _
            Format(#11/6/2019#, "Long Date")
    myStr(4) = "日付/時刻表示書式指定文字 ： " & _
            Format(#11/6/2019#, "yyyy¥年m¥月d¥日")

    myStr(5) = Format("Excel", _
            Chr(34) & "文字列表示書式指定文字 ： " & Chr(34) & "@@@@@@")      ―❶

    MsgBox myStr(1) & vbCrLf & myStr(2) & vbCrLf & _
            vbCrLf & _
            myStr(3) & vbCrLf & myStr(4) & vbCrLf & _
            vbCrLf & _
            myStr(5)
End Sub
```

　書式に文字列を含む場合は、❶のようにダブルクォーテーション（"）で囲みます。❶では、ダブルクォーテーション（"）を表すChr(34)を使っています。

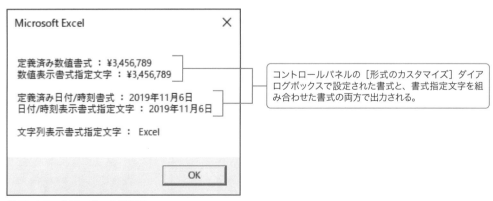

●図16-7　事例128の実行結果

通貨形式の書式に変換した値を返す（FormatCurrency関数）

　FormatCurrency関数は、Format関数の使い勝手をよくした関数で、コントロールパネルの［形式のカスタマイズ］ダイアログボックスの［通貨］パネルで設定された書式で変換されます。

　詳細な説明は控えますので、事例129のマクロとその実行結果を見てください。

◉事例129　通貨形式に変換する（[16.xlsm] Module1）

```
Sub FormatCurrency_Click()
    Dim myStr1 As String, myStr2 As String

    myStr1 = "定義済み数値書式 ： " & Format(3456789, "Currency")
    myStr2 = "FormatCurrency関数 ： " & FormatCurrency(3456789)

    MsgBox myStr1 & vbCrLf & myStr2
End Sub
```

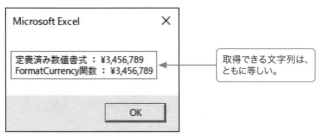

◉図16-8　事例129の実行結果

数値形式の書式に変換した値を返す（FormatNumber関数）

　FormatNumber関数は、コントロールパネルの［形式のカスタマイズ］ダイアログボックスの［数値］パネルで設定されている書式を使って数値形式の文字列を返します。

◉FormatNumber関数の構文

FormatNumber(**データ**〔, **小数点以下桁数**〔, **ゼロの表示**〔, **かっこの表示**〔, **桁区切り**〕〕〕〕)

　第2〜第5引数で指定できる項目は、下図のようにダイアログボックスと対応しています。

● 図16-9 ［形式のカスタマイズ］ダイアログボックス

● 事例130 数値形式に変換する（[16.xlsm] Module1）

```
Sub FormatNumber_Click()
    Dim myStr1 As String, myStr2 As String

    myStr1 = "定義済み数値書式 : " & Format(1234567, "Standard")
    myStr2 = "FormatNumber関数 : " & FormatNumber(1234567)

    MsgBox myStr1 & vbCrLf & myStr2
End Sub
```

● 図16-10 事例130の実行結果

371

パーセント形式の書式に変換した値を返す（FormatPercent関数）

FormatPercent関数は、数値を100倍したパーセント形式の書式に変換し、パーセント記号（%）を最後に付けた文字列を返します。そして、FormatNumber関数同様に、コントロールパネルの［形式のカスタマイズ］ダイアログボックスの［数値］パネルで設定されている書式に応じて変換されます。

詳細な説明は控えますので、事例131のマクロとその実行結果を見てください。

◉事例131　パーセント形式に変換する（[16.xlsm] Module1）

```
Sub FormatPercent_Click()
    Dim myStr1 As String, myStr2 As String

    myStr1 = "定義済み数値書式 : " & Format(0.483, "Percent")
    myStr2 = "FormatPercent関数 : " & FormatPercent(0.483)

    MsgBox myStr1 & vbCrLf & myStr2
End Sub
```

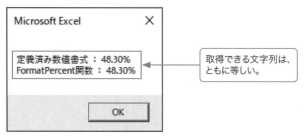

取得できる文字列は、ともに等しい。

◉図16-11　事例131の実行結果

Column	Format関数の定義済み数値書式を無理に使わない

ここまで、コントロールパネルでの設定がFormat関数、FormatCurrency関数、FormatNumber関数、FormatPercent関数にどのような影響を与えるかについて解説してきましたが、よほどのことがない限りコントロールパネルの設定を変えてしまうケースは考えられませんので、コントロールパネルのことはあまり意識せずに、関数の使い方をしっかりとマスターしてください。

それよりも、事例129〜事例131でわかるとおり、FormatCurrency関数、FormatNumber関数、FormatPercent関数でもFormat関数と同様の結果が得られるので、こうしたケースでは無理にFormat関数の定義済み数値書式を使う必要はありません。

16-3 配列を操作する

配列の要素を結合する（Join関数）

Join関数は、配列に含まれる要素の文字列を1つの文字列として結合した値を返します。結合のときに、各要素の間に入る区切り文字を指定することができます。

●Join関数の構文

Join(**結合元データ** 〔, **デリミタ**〕)

→「結合元データ」には、結合する文字列を含む文字列型の一次元配列を指定します。整数型の配列など、文字列型以外の配列を指定するとエラーが発生します。

「デリミタ」には、要素を結合するときに、要素と要素の間にはさむ区切り文字を指定します。省略した場合は、半角スペースが区切り文字となります。また、長さ0の文字列（""）を指定した場合は、区切り文字を使わずに結合されます。デリミタには2文字以上の文字を含む文字列を指定することもできます。

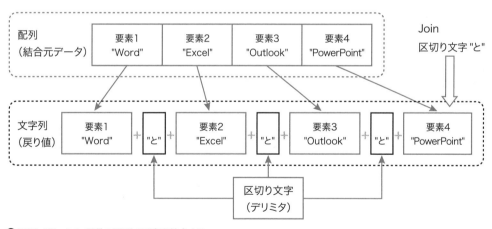

●図16-12　Join関数で配列の要素を結合する

●事例132　配列の要素を結合する（[16.xlsm] Module2）

```
Sub Join_Click()
    Dim myStr(3) As String
    Dim myMsg(2) As String

    myStr(0) = "Word"
```

```
    myStr(1) = "Excel"
    myStr(2) = "Outlook"
    myStr(3) = "PowerPoint"

    myMsg(0) = "区切り文字省略 ： " & Join(myStr)
    myMsg(1) = "区切り文字なし ： " & Join(myStr, "")
    myMsg(2) = "区切り文字あり ： " & Join(myStr, "と")

    MsgBox Join(myMsg, (vbCrLf & vbCrLf))                    ―❶
End Sub
```

❶では、文字列型配列「myMsg」の各要素を、改行コードを区切り文字にして結合しています。

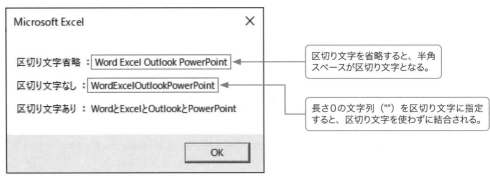

図中のテキスト：

Microsoft Excel   ×

区切り文字省略 ： Word Excel Outlook PowerPoint ◄━━━ 区切り文字を省略すると、半角スペースが区切り文字となる。

区切り文字なし ： WordExcelOutlookPowerPoint ◄━━━

区切り文字あり ： WordとExcelとOutlookとPowerPoint ◄━━━ 長さ0の文字列（""）を区切り文字に指定すると、区切り文字を使わずに結合される。

OK

●図16-13　事例132の実行結果

文字列を区切り文字で分割する（Split関数）

　Split関数は、文字列を区切り文字で分割し、各要素を文字列型の1次元配列に格納して返します。

● Split関数の構文

Split(分割元データ〔, デリミタ〔, 分割数〔, 比較方法〕〕〕)

→「分割元データ」には、文字列と区切り文字を含む文字列式（1つの文字列として評価される式）を指定します。分割元データが長さ0の文字列（""）だった場合は、Split関数は要素もデータもない空の配列を返します。

「デリミタ」には、分割に用いる区切り文字を指定します。デリミタを省略した場合は、半角スペースを区切り文字として分割されます。また、長さ0の文字列（""）を指定した場合は、Split関数は分割データ全体を1つの要素とする配列を返します。2文字以上の文字を含む文字列も指定できます。

「分割数」には、返す配列の要素数を指定します。省略した場合は、既定値の-1が指定されます。-1を指定した場合は、すべての要素が配列として返されます。

「比較方法」には、分割を行う際に、文字列を比較する方法を示す定数を指定します。省略した場合は、Binaryモードで比較されます。

この構文で、比較方法に使用できる定数は下表のとおりです。

● 表16-7　比較方法に使用できる定数

定数	値	説明
vbUseCompareOption	-1	Option Compare ステートメントの設定を使用して比較する
vbBinaryCompare	0	Binaryモードで比較する（既定値）
vbTextCompare	1	Textモードで比較する

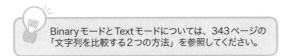

BinaryモードとTextモードについては、343ページの「文字列を比較する2つの方法」を参照してください。

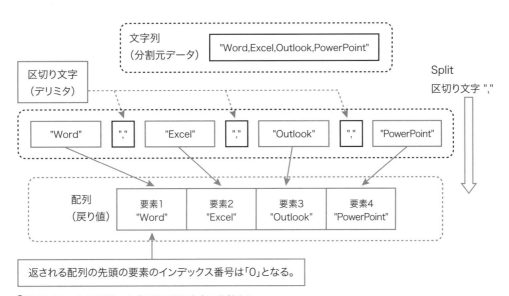

● 図16-14　Split関数で文字列を区切り文字で分割する

● 事例133　文字列を区切り文字で分割する（[16.xlsm] Module2）

```
Sub Split_Click()
    Dim myStr As String
    Dim myArray() As String
    Dim i As Integer
    Dim myMsg As String

    myStr = "Word,Excel,Outlook,PowerPoint"

    myArray = Split(myStr, ",")                                    ─❶

    For i = 0 To UBound(myArray)                                   ─❷
        myMsg = myMsg & vbCrLf & i & "番目の要素 ： " & myArray(i)
    Next i

    MsgBox myMsg
End Sub
```

　❶では、変数「myStr」の文字列を","で区切って、配列変数「myArray」に代入しています。

　❷では、UBound関数（180ページ参照）を使って、配列のインデックス番号の最大値を取得しています。

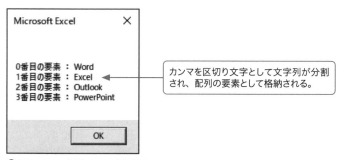

　Microsoft Excel　×

　0番目の要素 ： Word
　1番目の要素 ： Excel ◀──　カンマを区切り文字として文字列が分割され、配列の要素として格納される。
　2番目の要素 ： Outlook
　3番目の要素 ： PowerPoint

　　　　　OK

●図16-15　事例133の実行結果

　Split関数が返す値は、

```
Dim myArray(3) As String
```

のように、あらかじめ要素数を指定した静的配列に代入することはできません。

```
Dim myArray() As String
```

として宣言した文字列型（String）の動的配列か、あるいはバリアント型の変数に代入しなければなりません。

配列から条件に一致する要素を取り出す（Filter関数）

Filter関数は、文字列型の配列の中から、指定された文字列を含む（あるいは含まない）要素を取り出し、文字列型の配列として返します。

◉Filter関数の構文

Filter(**抽出元データ**〔, **検索文字列**〔, **検索タイプ**〔, **比較方法**〕〕〕)

→「抽出元データ」には、抽出元となる文字列型の1次元配列を指定します。

「検索文字列」には、検索する文字列を指定します。抽出元データの配列の中から、検索文字列を含む要素が返されます。

「検索タイプ」には、検索文字列が含まれている要素を返すか、含まれていない要素を返すかを示すブール型の値で指定します。Trueを指定した場合は検索文字列が含まれている要素を返し、Falseを指定した場合は検索文字列が含まれていない要素を返します。省略した場合はTrueが指定されます。

「比較方法」の指定方法は、Split関数の比較方法と同じです。

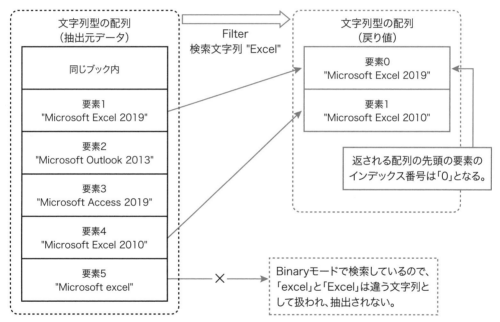

◉図16-16 **Filter関数で配列から指定した文字列を含む要素を抽出する**

◉事例134 配列から条件に一致する要素を取り出す（[16.xlsm] Module2）

```
Sub Filter_Click()
    Dim myStr(5) As String
    Dim myArray() As String
    Dim i As Integer
    Dim myMsg As String
```

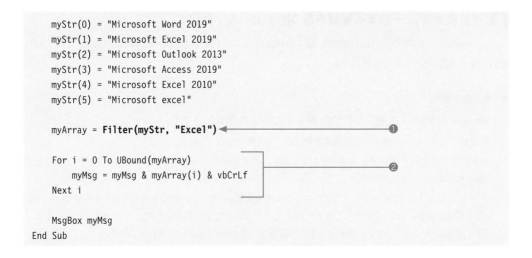

```
        myStr(0) = "Microsoft Word 2019"
        myStr(1) = "Microsoft Excel 2019"
        myStr(2) = "Microsoft Outlook 2013"
        myStr(3) = "Microsoft Access 2019"
        myStr(4) = "Microsoft Excel 2010"
        myStr(5) = "Microsoft excel"

        myArray = Filter(myStr, "Excel")                                    ❶

        For i = 0 To UBound(myArray)
            myMsg = myMsg & myArray(i) & vbCrLf                             ❷
        Next i

        MsgBox myMsg
    End Sub
```

❶で、Filter関数で配列の中から「Excel」という文字列を含む要素を抽出して、変数「myArray」に代入しています。

そして、❷で配列要素を1個ずつ取り出しています。

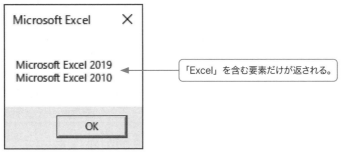

「Excel」を含む要素だけが返される。

●図16-17　事例134の実行結果

ここで作成したマクロでは、抽出元データの配列の最後の要素の「Microsoft excel」は抽出されていません。これは、Filter関数の第4引数の比較方法を省略しているため、Binaryモードで比較され、"excel"の頭文字が大文字になっていないので、一致しないと判断されるためです。

大文字・小文字を区別せずに抽出したい場合には、Filter関数を呼び出すステートメントを以下のように変更して、Textモードで比較します。

```
myArray = Filter(myStr, "Excel", , vbTextCompare)
```

16
そのほかの便利な関数

16-4 変換を行う

データ型の変換を行う（データ型変換関数）

関数の名前の頭文字に「C」が付くデータ型変換関数を使うと、データを特定のデータ型に変換することができます。データ型変換関数には下表のものがあります。

●表16-8　データ型変換関数

関数	機能	変換できる値の範囲
CBool	ブール型（Boolean）に変換した値を返す	数値として評価できる任意の式、あるいは文字列
CByte	バイト型（Byte）に変換した値を返す	0 ～ 255
CCur	通貨型（Currency）に変換した値を返す	-922,337,203,685,477.5808 ～ 922,337,203,685,477.5807
CDate	日付型（Date）に変換した値を返す	日付型として評価できる任意の式、あるいは数値として評価できる任意の式
CDbl	倍精度浮動小数点数型（Double）に変換した値を返す	負の数の場合 -1.79769313486231E308 ～ -4.94065645841247E-324 正の数の場合 4.94065645841247E-324 ～ 1.79769313486232E308
CDec	10進型（Decimal）に変換した値を返す	小数点以下の桁数によって範囲が変わる整数の場合 -79,228,162,514,264,337,593,543,950,335 ～ 79,228,162,514,264,337,593,543,950,335 小数点以下 28桁の場合 -7.9228162514264337593543950335 ～ 7.9228162514264337593543950335
CInt	整数型（Integer）に変換した値を返す	-32,768 ～ 32,767
CLng	長整数型（Long）に変換した値を返す	-2,147,483,648 ～ 2,147,483,647
CSng	単精度浮動小数点数型（Single）に変換した値を返す	負の数の場合 -3.402823E38 ～ -1.401298E-45 正の数の場合 1.401298E-45 ～ 3.402823E38
CStr	文字列型（String）に変換した値を返す	任意の式（オブジェクト型や日付型でも可能）
CVar	バリアント型（Variant）に変換した値を返す	任意の式（オブジェクト型や日付型でも可能）

Note　そのほかのデータ型変換関数

表の関数のほかに、CVDate関数（内部処理日付型のバリアント型を返す）、CVError関数（エラー値に変換した値を返す）もありますが、使用することはまずありません。

では、データ型変換関数の実例をご覧いただきましょう。

●事例135　データ型を変換する（[16.xlsm] Module2）

```
Sub Cxxx_Click()
    Dim myVar As Variant

    myVar = 1234.5

    MsgBox "CBool : " & CBool(myVar) & vbCrLf & _
           "CCur : " & CCur(myVar) & vbCrLf & _
           "CDate : " & CDate(myVar) & vbCrLf & _
           "CDbl : " & CDbl(myVar) & vbCrLf & _
           "CInt : " & CInt(myVar)
End Sub
```

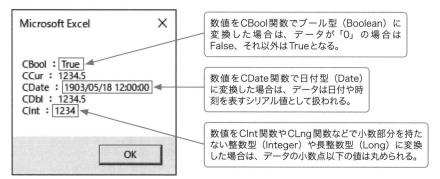

●図16-18　事例135の実行結果

　CInt関数やCLng関数を使って、小数点以下の桁の丸めを行う場合は、少数部分の絶対値が0.5より大きい場合は切り上げ、0.5以下だった場合は切り捨てられます。四捨五入ではないので注意してください。

●例

```
CInt(1234.5)        →        1234
CInt(1234.6)        →        1235
CInt(1234.500)      →        1234
CInt(1234.501)      →        1235
```

Column　シリアル値

　Excel VBAでは、「1899/12/31 0:00:00」を「1.0」として、日付や時刻を数値で識別する「シリアル値」を扱うことができます。シリアル値では、整数部分が日付、小数点以下が時刻となります。

　そして、事例135のマクロでは、「1234.5」がシリアル値と判断されて、これに対応する日付／時刻が「1903/05/18 12:00:00」であったということです。

文字列に含まれる数値を返す（Val関数）

Val関数は、文字列データの中に数字以外の文字が見つかると、読み込みを中止して、それ以前に見つかった数値を返します。また、円記号（¥）や桁区切りのカンマ（,）も数字として読み込みません。ただし、8進数のプリフィックスである「&O」と16進数のプリフィックスである「&H」はそのまま読み込みます。また、文字列データ中のスペースやタブ、ラインフィードは読み飛ばされます。

では、Val関数の実例をご覧いただきましょう。

◉事例136　文字列に含まれる数値を取得する（[16.xlsm] Module2）

```
Sub Val_Click()
    Dim myStr(5) As String
    Dim i As Integer
    Dim myMsg As String

    myStr(0) = "Excel 2019"
    myStr(1) = "123abc789"
    myStr(2) = "3.1415"
    myStr(3) = "987 543"
    myStr(4) = "1,234,567"
    myStr(5) = "&HFF"

    For i = 0 To 5
        myMsg = myMsg & myStr(i) & " → " & Val(myStr(i)) & vbCrLf & vbCrLf        ─❶
    Next i

    MsgBox myMsg
End Sub
```

❶で、配列の要素を1個ずつVal関数で変換しています。

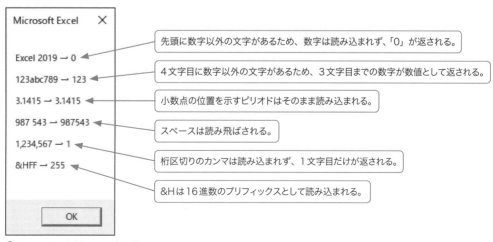

Microsoft Excel ✕	
Excel 2019 → 0	先頭に数字以外の文字があるため、数字は読み込まれず、「0」が返される。
123abc789 → 123	4文字目に数字以外の文字があるため、3文字目までの数字が数値として返される。
3.1415 → 3.1415	小数点の位置を示すピリオドはそのまま読み込まれる。
987 543 → 987543	スペースは読み飛ばされる。
1,234,567 → 1	桁区切りのカンマは読み込まれず、1文字目だけが返される。
&HFF → 255	&Hは16進数のプリフィックスとして読み込まれる。

◉図16-19　事例136の実行結果

この例では、16進数の「FF」を10進数の「255」に変換していますが、8進数も同様に10進数に変換できますので、Val関数は簡単に数値を10進数に変換できる関数ということができます。

また、169ページで、

```
myNo = Val(InputBox(Prompt:=myMsg, Title:=myTitle))
```

と、InputBox関数の戻り値をVal関数で変換するテクニックを紹介しましたが、Val関数は、数値はそのままに、しかし文字列を数値の「0」に変換してくれますので、このようなステートメントにすれば、InputBox関数が表示するダイアログボックスでは実質的に文字列は入力できなくなります（入力した文字列が無効になります）。

> **Note** **Val関数と全角数字**
>
> Val関数は、全角文字列の数字は数値と認識しませんので、
>
> ```
> Val("１２３")  →  戻り値＝「0」
> ```
>
> となります。
>
> もし、上記の場合に「123」という結果を得たいときには、Val関数ではなくCInt関数やCDbl関数などのデータ型変換関数を使用してください。
>
> ```
> CInt("１２３")  →  戻り値＝「123」
> ```

数値を16進数に変換して返す（Hex関数）

Hex関数は、任意の数値を16進数に変換します。

◉事例137　数値を16進数に変換する（[16.xlsm] Module2）

```
Sub Hex_Click()
    Dim myStr(5) As String
    Dim i As Integer
    Dim myMsg As String

    myStr(0) = "10"
    myStr(1) = "256"
    myStr(2) = "3.1415"
    myStr(3) = "-1"
    myStr(4) = "1,000"
    myStr(5) = "&020"                                    ─①
```

```
    For i = 0 To 5
        myMsg = myMsg & myStr(i) & " → " & Hex(myStr(i)) & vbCrLf & vbCrLf
    Next i

    MsgBox myMsg
End Sub
```

❶では、「&O」で始まる8進数を変数に代入しています。

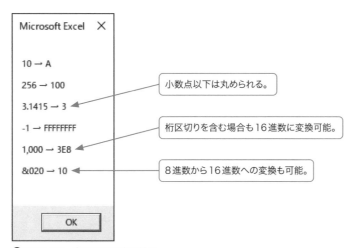

◉図16-20　事例137の実行結果

10進数を2進数に変換する

　Excel VBAには、16進数に変換するHex関数と、8進数に変換するOct関数がありますが、なぜかもっともプログラマーの要求の高い2進数に変換する関数は用意されていません。

　そこで、以下に10進数を2進数に変換する関数を掲載します。コードの具体的な解説は控えますので、各自で解析してください。

◉事例138　10進数を2進数に変換する ([16.xlsm] Module2)

```
Function IsBin(Dec As Long) As String
    Dim i As Long, myKeta As Long, myBin As String

    '桁数がLong型の範囲を超えていたらマクロを終了する
    If Dec < 0 Or Dec >= 2 ^ 32 Then Exit Function

    '10進数の0は2進数でも0
    If Dec = 0 Then
        IsBin = Dec
        Exit Function
    End If
```

```
'与えられた数値が2の何乗か、その桁数を求める
For i = 0 To 31
    If Dec < 2 ^ i Then
        myKeta = i - 1
        Exit For
    End If
Next i

'上の桁から順に処理する
For i = myKeta To 0 Step -1
    myBin = myBin & CStr((Dec¥(2 ^ i)) Mod 2)
Next i

    IsBin = myBin
End Function
```

そして、「IsBin」を下図のようにワークシートに入力すると、10進数が2進数に変換されます。

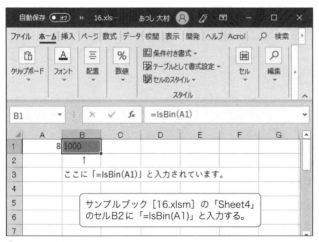

●図16-21　事例138の実行結果

　このようにユーザーが独自にワークシート関数を作成できるのは、事例138のマクロが「Function
マクロ」として作成されているからです。Functionマクロについては407ページで解説します。

16-5 値のチェックを行う

日付・時刻型であるかどうかをチェックする（IsDate関数）

IsDate関数は、値が日付・時刻型かどうかを判断するVBA関数です。日付・時刻型の場合にはTrue、そうでない場合にはFalseを返します。

◉事例139　日付・時刻型であるかどうかをチェックする（[16.xlsm] Module3）

```
Sub IsDate_Click()
    Dim myVar(5) As Variant
    Dim i As Integer
    Dim myMsg As String

    myVar(0) = #11/6/2019#
    myVar(1) = "2019/11/6"
    myVar(2) = "16:32:5"
    myVar(3) = 3649
    myVar(4) = "Excel 2019"
    myVar(5) = "1966年3月13日"

    For i = 0 To 5
        myMsg = myMsg & myVar(i) & " → " & IsDate(myVar(i)) & vbCrLf & vbCrLf    ─❶
    Next i

    MsgBox myMsg
End Sub
```

❶で、配列の要素を1個ずつ、IsDate関数でチェックしています。

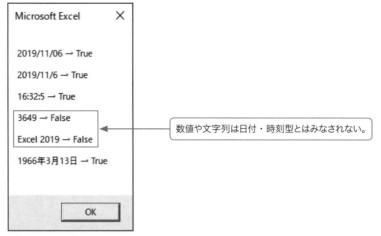

●図16-22　事例139の実行結果

数値であるかどうかをチェックする（IsNumeric関数）

IsNumeric関数は、値が数値かどうかを判断するVBA関数です。数値の場合にはTrue、そうでない場合にはFalseを返します。

●事例140　数値であるかどうかをチェックする（[16.xlsm] Module3）

```
Sub IsNumeric_Click()
    Dim myVar(6) As Variant
    Dim i As Integer
    Dim myMsg As String

    myVar(0) = 837.4
    myVar(1) = "123.4.5.6"
    myVar(2) = "123,456"
    myVar(3) = "123,4,5,6"
    myVar(4) = "\24,816"
    myVar(5) = #11/6/2019#
    myVar(6) = "Excel 2019"

    For i = 0 To 6
        myMsg = myMsg & myVar(i) & " → " & IsNumeric(myVar(i)) & vbCrLf & vbCrLf    ―❶
    Next i

    MsgBox myMsg
End Sub
```

❶で、配列の要素を1個ずつ、IsNumeric関数でチェックしています。

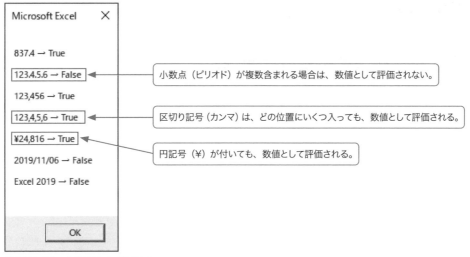

小数点（ピリオド）が複数含まれる場合は、数値として評価されない。

区切り記号（カンマ）は、どの位置にいくつ入っても、数値として評価される。

円記号（¥）が付いても、数値として評価される。

●図16-23　事例140の実行結果

Column　そのほかの値のチェックを行う関数

　値のチェックを行う関数には、ここで解説したもののほかに、オブジェクトであるかどうかをチェックするIsObject関数、配列であるかどうかをチェックするIsArray関数、Empty値かどうかをチェックするIsEmpty関数、エラー値であるかどうかをチェックするIsError関数、マクロの引数が省略されているかどうかをチェックするIsMissing関数があります。

　いずれも本書の内容を超える関数ですので、必要に応じて各自で検証してください。

16-6 乱数を生成する

乱数を生成する（Rnd関数）

　Rnd関数は、乱数系列（乱数ジェネレータ）と呼ばれるデータの中から乱数を取得します。乱数のデータ型は単精度浮動小数点数型（Single型）で、値の範囲は0以上1未満となります。

　では、Rnd関数で実際に乱数を生成してみましょう。

◉事例141　乱数を生成する（[16.xlsm] Module3）

```
Sub Rnd_Click()
    Dim i As Integer
    Dim myStr(9) As String

    Randomize ←              Randomizeステートメントで
                             乱数系列を初期化する。


    For i = 0 To 9
        myStr(i) = Int((100 - 1 + 1) * Rnd + 1) ←
    Next i                   Rnd関数は0以上1未満の単精度浮動
                             小数点数型の乱数を返すため、
    MsgBox Join(myStr, vbCrLf)
End Sub                      Int((最大値 - 最小値 + 1) * Rnd + 1)

                             とすると、最大値から最小値までの範囲
                             の整数の乱数を得ることができる。
```

1～100の範囲で10個の乱数が生成され、メッセージボックスに表示される。

◉図16-24　事例141の実行結果

388

Note 「10～15の範囲の整数」を乱数で生成する

事例141のマクロでは、

```
Int((最大値 - 最小値 + 1) * Rnd + 最小値)
```

という式を利用して、「1～100の範囲の整数」を乱数で生成しています。

そして、この考え方を応用すれば、以下のステートメントのように「10～15の範囲の整数」を乱数で生成することもできます。

```
MsgBox Int((15 - 10 + 1) * Rnd + 10)
```

この式の「(最大値 - 最小値 + 1)」という部分は、最小値から最大値の範囲に含まれる整数の個数を求めています。今回の例では、最小値が10で最大値が15ですから6個が含まれることになります。

そして、Rnd関数は0以上1未満のSingle型の乱数を返すので、「(最大値 - 最小値 + 1) * Rnd」は、0以上6未満の範囲に含まれるSingle型の値となります。

この値に最小値の10を加算すると、10以上16未満の範囲に含まれるSingle型の値となります。

最後に、Int関数で小数部分を取り除くと、10以上15以下、つまり指定した最小値から最大値に含まれる整数の値を得ることができるのです。

マクロの連携と
ユーザー定義関数

17-1 マクロの部品化

サブルーチンとは?

　長くて複雑なマクロを作成しようとすれば、当然、プログラミングミスが発生する可能性は高くなります。もちろん、その中から問題点を発見するのも容易なことではないでしょう。そうした場合には、大きなマクロを1つ作成するのではなく、小さなマクロを処理単位に部品化して1つに組み立てる手法が有効です。

　では、サンプルブック［17-1.xlsm］の「組合名簿」シートで以下の操作過程をマクロ記録してみましょう。

① 性別→年齢順にデータを並べ替える。
② オートフィルタを実行して、入会日がH17.1.1〜H19.12.31のデータを抽出する。
③ 印刷する。
④ オートフィルタを解除する。

　すると、以下のようなマクロが作成されます。

◉マクロ記録で作成されるマクロ

```
Sub Macro1()

    '①性別→年齢順にデータを並べ替える
    Range("A1").Sort Key1:=Range("D3"), Order1:=xlAscending, _
        Key2:=Range("F3"), Order2:=xlAscending, Header:=xlGuess

    '②オートフィルタを実行して、入会日がH17.1.1 〜 H19.12.31のデータを抽出する
    Range("A1").AutoFilter Field:=10, Criteria1:=">H17.1.1", _
        Operator:=xlAnd, Criteria2:="<H19.12.31"

    '③印刷する
    Range("A1").CurrentRegion.Offset(1).Select
    Selection.Resize(Selection.Rows.Count - 1).Select
    ActiveSheet.PageSetup.PrintArea = Selection.Address
    ActiveSheet.PrintOut

    '④オートフィルタを解除する
    Range("A1").Select
    Selection.AutoFilter
End Sub
```

　このマクロは、「並べ替え」「抽出」「印刷」「オートフィルタの解除」の4つの処理から構成されていますが、このように異なる複数の処理から構成されているマクロは、「処理ごとにマクロを部品化して、親マクロから呼び出す」という手法が有効です。

　ここでは、「並べ替え」「抽出」「印刷」「オートフィルタの解除」の処理単位にマクロを4分割して、それを1つに組み立てる親マクロを作成してみましょう。

　以下の事例142では、親マクロ「PrintMember」は4つの部品マクロを呼び出していますが、このように親から呼ばれる子マクロのことを「サブルーチン」と呼びます。

● 事例142　親マクロからサブルーチンを呼び出す（[17-1.xlsm] Module1）

```vb
'----------------
'親マクロ
'----------------

Sub PrintMember()
    SortData            'サブルーチン(並べ替え)

    SelectData          'サブルーチン(抽出)

    PrintData           'サブルーチン(印刷)

    KaijoFilter         'サブルーチン(オートフィルタの解除)
End Sub

'-----------
'サブルーチン
'-----------

'①並べ替え
Sub SortData()
    Range("A1").Sort Key1:=Range("D3"), Order1:=xlAscending, _
        Key2:=Range("F3"), Order2:=xlAscending, Header:=xlGuess
End Sub

'②抽出
Sub SelectData()
    Range("A1").AutoFilter Field:=10, Criteria1:=">H17.1.1", _
        Operator:=xlAnd, Criteria2:="<H19.12.31"
End Sub

'③印刷
Sub PrintData()
    Range("A1").CurrentRegion.Offset(1).Select
    Selection.Resize(Selection.Rows.Count - 1).Select
    ActiveSheet.PageSetup.PrintArea = Selection.Address
    ActiveSheet.PrintOut
End Sub
```

```
'④オートフィルタの解除
Sub KaijoFilter()
    Range("A1").Select
    Selection.AutoFilter
End Sub
```

VBAでは、親マクロの中にサブルーチンの名前を記述するだけで、そのマクロを呼び出して実行することができます。

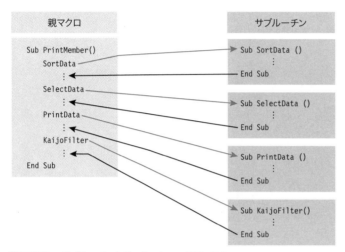

●図17-1　サブルーチンを使ったマクロの処理の流れ

マクロの部品化は、中級以上のVBAプログラマーならば、誰もが行っている必須テクニックです。マクロを小さな処理単位に細分化することには、以下のような多くのメリットがあります。

● マクロが読みやすくなる
● デバッグがしやすくなる
● 部品化したマクロ（サブルーチン）をさまざまなマクロで共有できる
● マクロの記録がしやすい

仮に、100ものステートメントからなる大きなマクロを1つ作成しても、そのマクロがいきなり正常に動く可能性は100分の1もないことを肝に銘じてください。

Column	Subキーワードの由来

マクロの開始を意味する「Sub」というキーワードですが、実はこれは「サブルーチン（Subroutine）」の略語です。仮に親マクロであっても、ほかのマクロがそのマクロを呼んだ途端、そのマクロはサブルーチンとなります。したがって、マクロは例外なくすべて「Sub」というキーワードで始まるのです。

17-2 引数付きでマクロを呼び出す

引数付きサブルーチンを体験する

ユーザーが、あるときには性別順に、またあるときにはフリガナ順にデータを並べ替えたいとします。このように、ユーザーの要求というものは状況に応じて変化するものです。

まずはサンプルブック［17-1.xlsm］の「組合名簿」シートを表示した上で、以下のマクロを見てください。

```
Sub SortMember()
    RunSort
End Sub


Sub RunSort()
    Range("A1").Sort Key1:=Range("D3"), Order1:=xlAscending, _
        Key2:=Range("F3"), Order2:=xlAscending, Header:=xlGuess
End Sub
```

並べ替えの基準

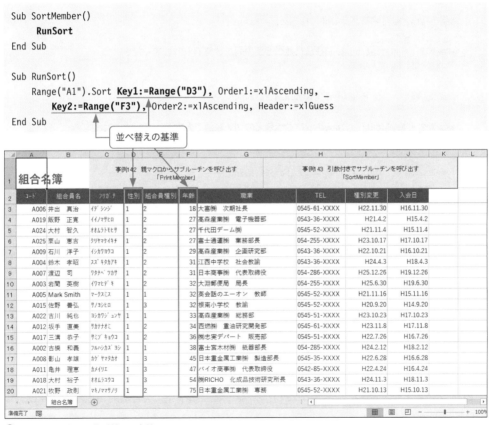

●図17-2　マクロで並び替える名簿

「SortMember」は、サブルーチン「RunSort」を呼び出すだけの親マクロです。そして、「RunSort」の中でセルD3とF3（性別と年齢）を基準にデータを並べ替えています。しかしこれでは、フリガナ（セルC3）や入会日（セルJ3）などの別の基準でデータを並べ替えることができません。かと言って、ユーザーが別の基準でデータを並べ替えられるように、並べ替えたい基準の数だけサブルーチンを作成するのは非現実的です。

　ここで注目すべきは、異なるのは並べ替えの基準だけで、並べ替えという処理自体は共通であるということです。つまり、この異なる部分を何らかの方法で共有化してしまえば、サブルーチンの数を増やすことなくユーザーの多彩な要求に応えることが可能となるはずです。

　それでは、そのプログラミング例を紹介しましょう。

●事例143　引数付きでサブルーチンを呼び出す（[17-1.xlsm] Module2）

```
Sub SortMember()
    Dim myRowNo1 As Integer, myRowNo2 As Integer

    Worksheets("組合名簿").AutoFilterMode = False

    myRowNo1 = Application.InputBox("並べ替えの列を数値で入力してください", _
        "並べ替えの第一基準")                                              ─❶

    If myRowNo1 < 1 Or myRowNo1 > 10 Then Exit Sub

    myRowNo2 = Application.InputBox("並べ替えの列を数値で入力してください", _
        "並べ替えの第二基準")                                              ─❷

    If myRowNo2 < 1 Or myRowNo2 > 10 Then Exit Sub

    RunSort myRowNo1, myRowNo2                                          ─❸
End Sub

Sub RunSort(myR1 As Integer, myR2 As Integer)                          ─❹
    Range("A1").Sort Key1:=Cells(3, myR1), Order1:=xlAscending, _
        Key2:=Cells(3, myR2), Order2:=xlAscending, Header:=xlGuess     ─❺
End Sub
```

　このマクロは、ユーザーが並べ替えの基準を2つ指定して、その順序どおりに組合員データを並べ替えるものです。

　では、実際に、サンプルブック[17-1.xlsm]の「組合名簿」シートで実行結果を確認してみましょう。
　[17-1.xlsm]を開いたら、「事例143」のボタンをクリックしてください。最初に、[並べ替えの第一基準]ダイアログボックスが表示されますので、「5（組合員種別）」を指定して[OK]ボタンをクリックしてください。次に[並べ替えの第二基準]ダイアログボックスで「4（性別）」を指定して[OK]ボタンをクリックします。

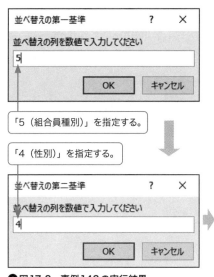

「5（組合員種別）」を指定する。

「4（性別）」を指定する。

「組合員種別」→「性別」順に並べ替わる。

事例142 親マクロからサブルーチンを呼び
「PrintMember」

	A	B	C	D	E	F
1	組合名簿					
2	コード	組合員名	フリガナ	性別	組合員種別	年齢
3	A002	古橋　和義	フルハシカズ ヨシ	1	1	38 富士宮木材
4	A005	Mark Smith	マークスミス	1	1	32 英会話のコ
5	A022	吉川　純也	ヨシカワジュンヤ	1	1	33 高森産業㈱
6	A014	川田　和美	カワダ カズ ミ	2	1	48 富士商事㈱
7	A016	榊　環	サカキタマキ	2	1	27 高森産業㈱
8	A020	大村　恒子	オオムラツネコ	2	1	48 主婦
9	A027	斎藤　明子	サイトウアキコ	2	1	25 主婦
10	A030	高畠　真紀子	タカハタマキコ	2	1	27 あおやまS
11	A003	岩間　英樹	イワマヒデ キ	1	2	32 大淵郵便局
12	A004	鈴木　孝昭	スズ キタカアキ	1	2	31 江西中学校
13	A006	井出　真治	イデ シンジ	1	2	18 大富㈱　メ
14	A007	渡辺　司	ワタナベ ツカサ	1	2	31 日本商事㈱
15	A009	石川　洋子	イシカワヨウコ	1	2	29 高森産業㈱

● 図17-3　事例143の実行結果

引数付きサブルーチンの特徴

先ほどの事例143のマクロを見てください。まず、親マクロ「SortMember」に注目します。このマクロは、並べ替えの基準としたい列をユーザーに数値で指定させるマクロです。

■並べ替えの基準の入力を促すダイアログボックスを表示する（❶・❷）

ユーザーに並べ替えの第一基準と第二基準を指定させるため、2回ダイアログボックスを表示します。もし、ユーザーがキャンセルを選択したら、Exit Subステートメント（406ページ参照）によってマクロの実行はその時点で終了します。

また、データベース範囲よりも大きな列番号（10より大きな数値）の入力は許可していませんが、2回とも同じ列番号を指定するようなエラー入力は、マクロが複雑になるためチェックしていません。

■引数付きでサブルーチンを呼び出す（❸）

変数「myRowNo1」と「myRowNo2」には、ユーザーがダイアログボックスで入力した数値が格納されています。そして、その変数を「引数（ひきすう）」として付加して、サブルーチン「RunSort」を呼び出しています。

引数と引数はカンマ (,) で区切る。

RunSort myRowNo1, myRowNo2

サブルーチン　引数1　引数2

サブルーチンに引き渡す変数（データ）を「実引数（じつひきすう）」と呼びます。

■**親マクロからの引数をサブルーチンが受け取る（④）**

次に、呼び出されたサブルーチンですが、親マクロからの引数はタイトル横のかっこの中で受け取ります。

```
Sub RunSort(myR1 As Integer, myR2 As Integer)
```

| マクロ名 | 親マクロから受け取った引数1 | 親マクロから受け取った引数2 |

 サブルーチンが受け取る変数（データ）を「仮引数（かりひきすう）」と呼びます。また、仮引数のあとの「Asデータ型」は省略することができます。データ型を省略した場合としない場合の相違点については404ページで解説します。

■**受け取った引数をサブルーチン内で使う（⑤）**

```
Range("A1").Sort Key1:=Cells(3, myR1), Order1:=xlAscending, _
    Key2:=Cells(3, myR2), Order2:=xlAscending, Header:=xlGuess
```

以上のプログラミングによって、サブルーチン「RunSort」は、値がすでに格納されている2つの変数「myR1」と「myR2」を、Dimステートメントで宣言することなしにマクロ内で利用できるのです。

[17-1.xlsm]のModule2のマクロ「RunSort」のMsgBox関数を使用しているコメント行のシングルクォーテーション（'）を消去すれば、実際に親マクロからサブルーチンに値が引き渡されていることがメッセージボックスで確認できます。

Column 　**引数名は一致する必要はないが、引数の数は一致しなければならない**

マクロのタイトルの横には必ずかっこ( )が必要ですが、このかっこは親マクロからの引数を受け取るためのものであることが、今回の事例で明らかになったと思います。では、この引数について2つ補足します。

まず、親マクロがサブルーチンを呼び出すときの引数名（実引数）と、呼ばれたサブルーチンが受け取る引数名（仮引数）は同じでなくてもかまいません。実際に、事例143では、実引数名は「myRowNo1」と「myRowNo2」で、仮引数名は「myR1」と「myR2」と異なっていますが、むしろ、それぞれ別の引数名を使用するのが慣例となっています。もっとも、実引数と仮引数が同じ名前であってもまったく問題はありません。

2つ目の補足ですが、親マクロがサブルーチンを呼び出すときの実引数の個数と、呼ばれたサブルーチンがかっこの中で受け取る仮引数の個数は一致しなければなりません。たとえば、親マクロが3つの引数をサブルーチンに渡しているのに、サブルーチンがかっこの中で2つの引数しか受け取らない場合にはエラーが発生します。

Callステートメントでマクロの呼び出しを明示する

マクロの中で、マクロ名を記述してサブルーチンを呼び出すと、それがサブルーチンの名前なのかVBAのキーワードなのかが判別しづらいときがあります。事例143では「RunSort」というサブルーチンを呼び出しましたが、マクロを見た人が、これをVBAのステートメントと勘違いする可能性もあります。

こうしたトラブルを回避するには、マクロをCallステートメントを使って呼び出せばよいでしょう。以下、事例143のマクロの抜粋をCallステートメントを使って書き換えたものです。

◉ 事例143のマクロの書き換え

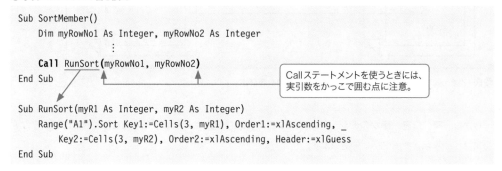

```
Sub SortMember()
    Dim myRowNo1 As Integer, myRowNo2 As Integer
        ⋮
    Call RunSort(myRowNo1, myRowNo2)
End Sub


Sub RunSort(myR1 As Integer, myR2 As Integer)
    Range("A1").Sort Key1:=Cells(3, myR1), Order1:=xlAscending, _
        Key2:=Cells(3, myR2), Order2:=xlAscending, Header:=xlGuess
End Sub
```

Callステートメントを使うときには、実引数をかっこで囲む点に注意。

Callステートメントを使うときに、サブルーチンに引き渡す実引数をかっこで囲まないとコンパイルエラーが発生します。したがって、実引数をかっこで囲み忘れる、というケアレスミスを心配する必要はありません。

しかし、逆にCallステートメントを使わないのに実引数をかっこで囲んでしまったらどうでしょう。この場合、エラーは発生しませんが、404ページで解説しているとおり、「値渡し（あたいわたし）」になってしまいます。値渡しについては、402ページの17-3「参照渡しと値渡し」で詳細に解説します。

ほかのモジュールにあるマクロを呼び出せなくする

Excel VBAでは、同じブック内であれば、たとえモジュールが異なっていても自由にマクロを呼び出すことができます。

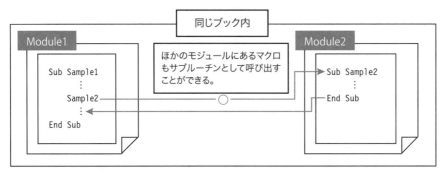

●図17-4　同じブックの異なるモジュール上のマクロを呼び出す

しかし、マクロを、ほかのモジュールのマクロからは呼び出せないようにすることもできます。この場合には、Privateキーワードを使います。

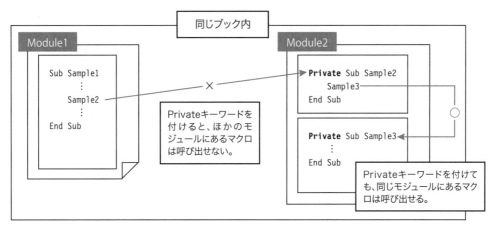

●図17-5　Privateキーワードがあると、ほかのモジュールにあるマクロから呼び出せない

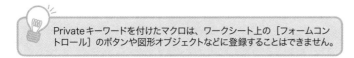
Privateキーワードを付けたマクロは、ワークシート上の［フォームコントロール］のボタンや図形オブジェクトなどに登録することはできません。

Excel VBAでは、同じモジュール内に同じ名前のマクロを作成することはできません。この場合には、マクロを実行したときにコンパイルエラーが発生します。

しかし、別々のモジュールであれば同じマクロ名を付けることができますが、本章のようにマクロを連携するレベルになると、たとえ別々のモジュールであっても、同じブック内に同じ名前のマクロが複数存在するような開発はしてはいけないことがわかると思います。

確かに、たとえば「Module1」にあるマクロ「Sample1」が、「Module2」にあるマクロ「Sample2」を呼び出すときに、マクロ名の前にモジュール名を付けて、

```
Module2.Sample2
```

と呼び出す手法を使えば、同じ名前のマクロがいくつあっても、理論的には目的のマクロをサブルーチンとして呼び出すことができますが、そもそも、そこまでして同じ名前で複数のマクロを開発する意味がありません。

結論としては、「同一ブック内に同じ名前のマクロは絶対に作成しない」と覚えておいてください。

Excel VBAでは、ほかのブックにあるマクロもサブルーチンとして呼び出すことができます。しかし、そのような開発をしてしまうと、他人が見たときに確実に混乱しますし、作った本人ですら管理できない危険性があります。

そもそも、モジュールはVBEで簡単にエクスポート／インポートできますし、マクロをコピー＆ペーストすることもできるわけですから、マクロは1つのブックにまとめて管理すればいい話で、別のブックにマクロを作成するメリットはないと筆者は考えます。

そうした理由から、本書ではほかのブックのマクロを呼び出す方法については紹介しませんが、以下の2つの方法で、ほかのブックのマクロを呼び出せる、ということだけ言及しておきます。

● 呼び出したいマクロがあるブックをVBEで参照設定する
● Runメソッドを使う

あとは各自でヘルプを参照してください。

17-3 参照渡しと値渡し

参照渡しで引数を渡す －ByRefキーワード

　マクロ間で引数を渡す方法は2種類あります。1つは「参照渡し」で、もう1つは「値渡し」です。私たちは通常、無意識のうちに参照渡しでサブルーチンに引数を渡します。しかし、VBAには値渡しという引き渡し方法もあります。それでは、両者はどこがどう違うのか、また、それぞれの記述方法について説明することにしましょう。

　難しく表現すると、「変数とは取得したプロパティの値や計算結果などを格納しておくためのメモリ領域」のことです。目には見えませんが、変数はメモリ上に実在するのです。

　サブルーチンに渡す引数が常に変数とは限りません。「5」とか「ABC」のような定数や、「1+3」のような式を渡すケースもあります。しかし、通常はやはり変数を引き渡します。「参照渡し」とは、呼び出されたマクロが、受け取った変数のメモリ内の格納場所を直接操作することができる引数の引き渡し方法です。

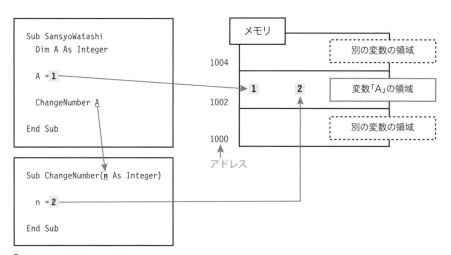

●図17-6　参照渡しの仕組み

　メモリには、このように番地（アドレス）が振られており、VBAで作成したマクロは、このアドレスでメモリ内の位置を識別します。

　VBAの場合には、サブルーチンのかっこの中で特にキーワードを指定しなければ、参照渡しで引数が

渡ります。これが、私たちが普段意識せずに参照渡しを使っている理由です。ただし、ByRefキーワードを使って参照渡しであることを明示してもかまいません。

以下の事例144は、実際に参照渡しを体感するためのものです。サブルーチンの中で変数の値を「2」に変更していますので、メッセージボックスには「2」と表示されます。

●事例144　参照渡しで引数をサブルーチンに渡す（[17-2.xlsm] Module1）

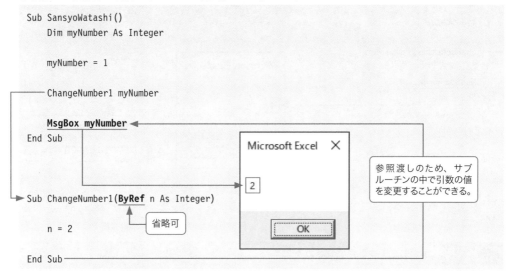

値渡しで引数を渡す　－ByValキーワード

VBAには、変数への参照（変数のアドレス）を渡して、受け取ったマクロがその変数の値を書き換えられる参照渡しのほかに、変数のコピーをマクロに渡す「値渡し」があります。値渡しで引数を渡す場合には、サブルーチンのかっこの中でByValキーワードを使います。引数を受け取ったマクロは、変数のコピーしか操作できませんので、オリジナルの変数の値を書き換えることはできません。

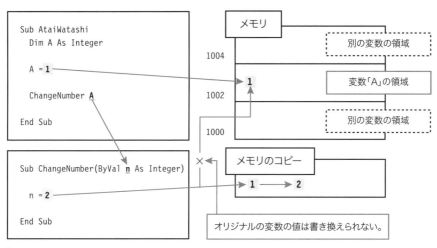

●図17-7　値渡しの仕組み

以下の事例145は、実際に値渡しを体感するためのものです。サブルーチンの中で変数の値を「2」に変更していますが、値渡しのためメッセージボックスにはオリジナルの値である「1」が表示されます。

● 事例145　値渡しで引数をサブルーチンに渡す（[17-2.xlsm] Module1）

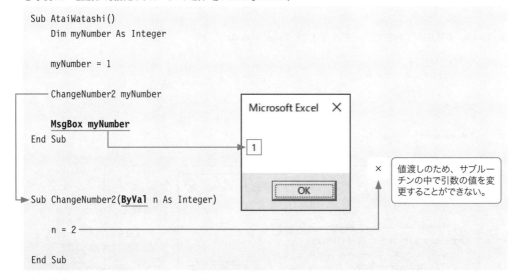

```
Sub AtaiWatashi()
    Dim myNumber As Integer

    myNumber = 1

    ChangeNumber2 myNumber

    MsgBox myNumber
End Sub


Sub ChangeNumber2(ByVal n As Integer)

    n = 2

End Sub
```

値渡しのため、サブルーチンの中で引数の値を変更することができない。

Column　引数のデータ型が省略された場合

　398ページでも解説したとおり、サブルーチンのかっこ内の「As データ型」は省略可能ですが、その場合どのようなデータ型になるのでしょうか。

　結論を述べると、参照渡しのときは、仮引数（サブルーチン）のデータ型を省略したときには、実引数（親マクロ）のデータ型が継承されます。つまり、サブルーチンのかっこ内の「As データ型」は省略してもよいということになります。

　しかし、値渡しのときにサブルーチンのかっこ内の「As データ型」を省略すると、仮引数のデータ型はバリアント型になってしまいます。

　以上の現象を総合すると、値渡しのときにはデータ型を省略しないほうがよいわけですから、参照渡し、値渡しを問わずに、仮引数（サブルーチン）のデータ型は必ず指定するのが定石と言えそうです。

■ 実引数をかっこで囲むと値渡しとなる

　Callステートメントを使う場合には、サブルーチン名のあとの引数はかっこで囲まなければなりません。それでは、Callステートメントを使わずに、サブルーチン名のあとの引数をかっこで囲むとどうなるでしょうか。

　実は、この場合には以下のように値渡しで引数が渡るのです。

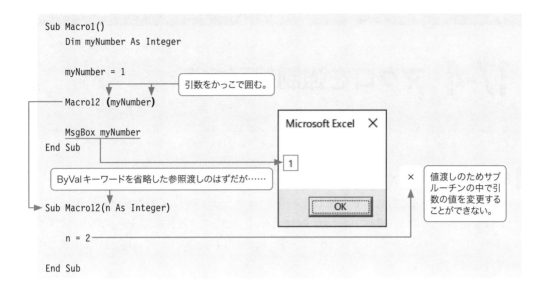

しかし、Callステートメントを使わずに、マクロを呼び出すときに実引数をかっこで囲むと値渡しとなることは、ほとんどのVBAユーザーが知りません。また、何よりもマクロがわかりづらくなります。したがって、実引数をかっこで囲むのはやめて、サブルーチン側でByValキーワードを使うようにしてください。

また、これは自戒の意味も込めて申し述べますが、世の中に多く出回っているVBAの書籍は、「引数とかっこ」の関係についてあまりに無頓着です。

たとえば、以下のステートメントを見てください。

```
MsgBox ("こんにちは")
```

確かにこのステートメントは問題なく動きますし、このような記述をしているVBAの解説書はあとを絶ちませんが、このステートメントは「間違い」です。理由は、この場合のMsgBox関数は戻り値がありませんので、「"こんにちは"」をかっこ( )で囲んではいけません。あくまでも正解は以下のステートメントです。

```
MsgBox "こんにちは"
```

本書では、すでに戻り値を返すMsgBox関数やそのほかのVBA関数を学習しました。また、本章ではマクロ間で引数を渡すテクニックを学習しましたが、VBAもこのレベルに来ると、「動くから別にいい」と無頓着に無意味なかっこ( )で引数を囲んではいけないことが理解できたと思います。

みなさんは、ぜひとも正しい知識を身に付けてください。

17-4 マクロを強制終了する

Exit SubステートメントとEndステートメント

マクロを強制終了するときには、Exit SubステートメントかEndステートメントを使います。単独のマクロ内で使用するときには、両者の相違点はありません。したがって、どちらのステートメントでマクロを強制終了してもかまいません。しかし、サブルーチン内で使用するときには、その機能が大いに異なりますので注意を要します。

サブルーチン内でExit Subステートメントでマクロの実行を強制終了したときには、親マクロに制御が戻ります。そして、サブルーチンを呼び出した位置の次のステートメントから実行が再開されます。

一方、サブルーチン内でEndステートメントでマクロの実行を強制終了したときには、親マクロには制御は戻りません。つまり、その時点でマクロの実行は完全に終了します。

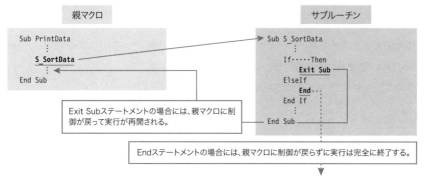

●図17-8　Exit SubステートメントとEndステートメントの違い

Endステートメントには、マクロの実行を完全に終了する機能のほかに、もう1つ、「すべての変数を初期化する」という機能もあります。

マクロ内で宣言されたマクロレベル変数は、「End Sub」によってマクロの実行が終了しますので、当然、マクロレベル変数も初期化されますが、189ページの9-4「変数の宣言場所と有効期間」で解説した宣言セクションで宣言されたモジュールレベル変数やパブリック変数もEndステートメントによって初期化されます。

つまり、モジュールレベル変数やパブリック変数を使用しているときにうかつにEndステートメントを使うと、保持されるべき値が初期化されてしまうため、マクロが予期しない動作をすることがあるのです。

そうは言っても、たった1つのステートメントですべての変数が初期化できることを便利だと感じることもあるでしょう。ですから、Endステートメントを使うときには、すべての変数が初期化されるという点に留意して、それを理解した上で使用するようにしてください。

17-5 Functionマクロ

マクロの種類

厳密には、マクロは3種類に分けることができます。

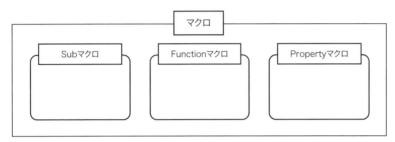

●図17-9　マクロの種類

　ここでは、新たに「Functionマクロ」を取り上げます。「Propertyマクロ」については、ほかの2つのマクロと比較すると極端に使用頻度が低い特殊なマクロなため、549ページで軽く触れるだけにします。興味のある人は、各自でヘルプを参照してください。

Functionマクロの役割

　Functionマクロの役割は、親マクロから呼び出されてサブルーチンとして動作することです。ただし、それだけの機能しかないのであれば、Subマクロをサブルーチンとして呼び出せば事は足りてしまうのですから、Subマクロにはない機能を持ち合わせているはずです。

　Functionマクロが持つ独自の機能。それは、呼び出された親マクロに値を返すことです。自らが調査したその結果を、親マクロに報告するのがその使命なのです。

　では、ここで1つ考えてください。「値を返す」ということは、言い換えれば「関数」としての利用価値もあることを意味します。実際に、Functionマクロは「ユーザー定義関数」とも呼ばれ、SUMワークシート関数のように、Excelのワークシート上でFunctionマクロを自作関数として利用することも可能なのです。

　このユーザー定義関数については411ページの17-6「ユーザー定義関数」で解説しますので、最初はあくまでもサブルーチンとしてのFunctionマクロに焦点を当てることにしましょう。

Functionマクロを作成する

以下のマクロを見てください。

●アクティブセルの値に応じてメッセージを表示するマクロ

```
Sub TestResult()
    Dim myMsg As String

    Range("A1").Select

    Select Case ActiveCell.Value
        Case Is > 80
            myMsg = "優"
        Case Is > 60
            myMsg = "良"
        Case Is > 40
            myMsg = "可"
        Case Else
            myMsg = "不可"
    End Select

    MsgBox myMsg
End Sub
```

アクティブセルに記録されたテストの得点によって、さまざまなメッセージを表示するマクロです。

今回は、「Select Case」から「End Select」までの条件分岐の部分を借用してFunctionマクロを作成し、ほかのマクロからでも利用できるようにサブルーチン化することにします。

実際に、セルA1にさまざまな得点を入力して、以下の事例146のマクロ「TestResult」を実行してみてください。

● 事例146　**Function**マクロを作成する（[17-3.xlsm] Module1）

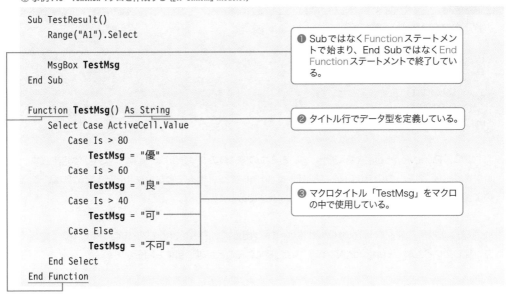

```
Sub TestResult()
    Range("A1").Select

    MsgBox TestMsg
End Sub


Function TestMsg() As String
    Select Case ActiveCell.Value
        Case Is > 80
            TestMsg = "優"
        Case Is > 60
            TestMsg = "良"
        Case Is > 40
            TestMsg = "可"
        Case Else
            TestMsg = "不可"
    End Select
End Function
```

❶ SubではなくFunctionステートメントで始まり、End SubではなくEnd Functionステートメントで終了している。

❷ タイトル行でデータ型を定義している。

❸ マクロタイトル「TestMsg」をマクロの中で使用している。

　Functionマクロは、マクロの実行中に取得した値を、自らのタイトルに代入して実行を終えます。つまり、Functionマクロのタイトルは、値を格納するための変数でもあるのです。そう考えれば、❷のようにタイトル行で変数のデータ型を定義していることにも納得がいきます。また、データ型の指定を省略すると、Functionマクロのタイトル（変数）はバリアント型となります。

　そして、Functionマクロのタイトルに格納された値は、そのまま親マクロに戻されて、その中で利用されるのです。

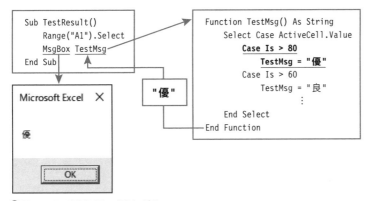

● 図17-10　事例146の処理の流れ

　なお、Functionマクロは、ワークシート上の［フォームコントロール］のボタンや図形オブジェクトなどに登録したり、VBE上で F5 キーで実行することはできません。

Column サブルーチンのタイトルの付け方

以下のマクロを見てください。

```
Sub PrintMember()
    S_SortData
    S_SelectData
    S_PrintData
End Sub
```

マクロ「PrintMember」が呼び出している3つのマクロのタイトルは、すべて「S_」で始まっています。もしこれら3つのマクロが、常に親マクロから実行される完全なサブルーチンであれば、このようなタイトルにすることによって、サブルーチンであることが明確になります。

同様に、以下のマクロ「TestResult」は、呼び出しているFunctionマクロのタイトルに「F_」を付加しているため、Functionマクロを呼び出していることが誰の目にも明らかです。

```
Sub TestResult()
    Range("A1").Select
    MsgBox F_TestMsg
End Sub
```

VBAが有するキーワードは非常に膨大で、見慣れない用語を目にしたときには、それがキーワードなのか、もしくはサブルーチンなのか、時に迷うことがあります。もちろん、Callステートメントを使うことでマクロを呼び出していることを明示することもできますが、サブルーチンのタイトルに若干工夫を凝らすだけで、このように「VBAのキーワードと混同しないステートメント」が記述できることを覚えておいてください。

17-6 ユーザー定義関数

引数が1つのユーザー定義関数

　Functionマクロは値を返します。つまり、Functionマクロは「関数」なのです。17-5では、Functionマクロを VBA関数のように使いましたが、Excelのワークシート上でもFunctionマクロを使うことができます。そして、Functionマクロで自作した関数は、「ユーザー定義関数」と呼ばれます。

　では、17-5で作成したFunctionマクロを若干手直しして、ワークシート上で利用できるユーザー定義関数を作成してみましょう。

●事例147　引数が1つのユーザー定義関数 ([17-3.xlsm] Module2)

```
Function MyMsg(Result As Variant) As String
    Select Case Result
        Case Is > 80
            MyMsg = "優"
        Case Is > 60
            MyMsg = "良"
        Case Is > 40
            MyMsg = "可"
        Case Else
            MyMsg = "不可"
    End Select
End Function
```

　このFunctionマクロを標準モジュールに作成したら、以下の操作を行います。

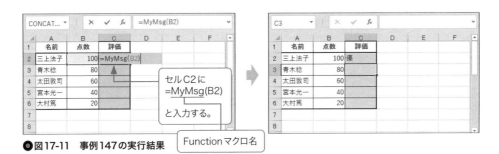

●図17-11　事例147の実行結果

　これで、セルC2の数式をセルC6までコピーすれば、あたかもワークシート関数のように目的のセルすべてに数式が入力されます。

411

引数が複数のユーザー定義関数

　次に、応用編として複数の引数を要求するユーザー定義関数を紹介しましょう。ここで作成するユーザー定義関数は、「指定した文字列を含むセルの個数を、指定したセル範囲の中で数える」というものです。

　関数の書式は以下のとおりです。

◉ ここで作成するユーザー定義関数の書式

ユーザー定義関数(検索対象セル範囲, 検索対象文字列)

◉ 事例148　引数が複数のユーザー定義関数 ([17-3.xlsm] Module2)

```
Function MyFindS(r As Range, s As String) As Long
    Dim i As Long          ← 文字列が見つかったセルの数
    Dim myCell As Range

    For Each myCell In r
        If InStr(myCell.Value, s) > 0 Then   ← 文字列が見つかったら……
            i = i + 1      ← セルの個数を1加算する。
        End If
    Next

    MyFindS = i
End Function
```

　このFunctionマクロを標準モジュールに作成したら、以下の操作を行います。

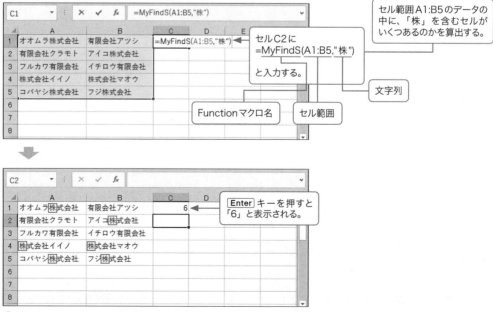

◉図17-12　事例148の実行結果

ユーザー定義関数の制約

ユーザー定義関数内では、プロパティを設定したり、メソッドを実行したりしてExcelの環境を変更する以下のような動作は実行できません。

- セルの選択、挿入、削除、または書式の設定
- セルの値の変更
- シートの移動、名前の変更、削除または追加
- 計算方法または画面表示の変更

特にSelectメソッドは要注意です。たとえば、あるセル範囲をループしながら何らかの計算を行うようなときには、Functionマクロの引数をObject型にして、Selectメソッドを使わないように考慮する必要があります。

ちなみに、以下の事例149は、指定されたセル範囲の値を合計するユーザー定義関数で、SUMワークシート関数と同じように機能します。

Functionマクロの引数がRange型になっている点と、マクロの中でSelectメソッドを使用していない点に着目してください。

● 事例149　指定されたセル範囲の値を合計するユーザー定義関数（[17-3.xlsm] Module2）

```
Function MySum(r As Range) As Double
    Dim myCell As Range

    For Each myCell In r
        MySum = Val(myCell.Value) + MySum
    Next
End Function
```

このFunctionマクロを標準モジュールに作成したら、以下の操作を行います。

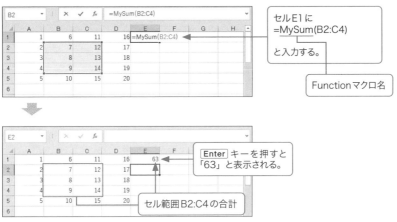

●図17-13　事例149の実行結果

ユーザー定義関数を自動再計算関数にする

通常、関数は引数にセル範囲を指定します。たとえば、以下のような数式です。

```
=SUM(A1:A10)
```

そして、この場合は、セルA1:A10の値が変われば、SUM関数を入力しているセルの値も当然変わります。

それでは、以上のことを前提に、以下のようなユーザー定義関数を想定してみましょう。

◉ 会費収入を計算するユーザー定義関数

```
Function MyKaihi(n As Integer) As Long
    MyKaihi = Range("A2").Value * n
End Function
```

このFunctionマクロを標準モジュールに作成したら、以下の操作を行います。

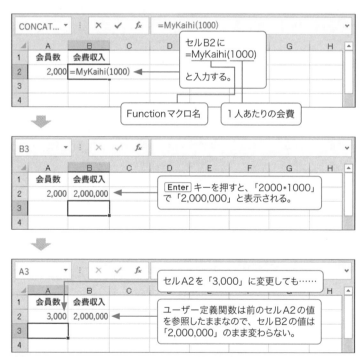

◉図17-14　会費収入を計算するユーザー定義関数の使用例

今回のケースでは、セルA2は関数の引数ではないので、セルA2の値を変更してもユーザー定義関数が返す値が変わらないのは当然なのですが、このような関数を非自動再計算関数と呼び、Excelではすべてのワークシート関数が非自動再計算関数です。

　すなわち、今回のケースでは、ユーザー定義関数の作り方が理想的なものではないということになりますが、それでも、こうしたユーザー定義関数を作らざるを得ない場合には、ユーザー定義関数が常に最新のセルA2の値を参照するように、ユーザー定義関数を自動再計算関数にしなければなりません。

　そして、以下のようにVolatileメソッドを使うと、そのユーザー定義関数は自動再計算関数になります。

● 事例150　ユーザー定義関数を自動再計算関数にする（[17-3.xlsm] Module2）

```
Function MyKaihi(n As Integer) As Long
    Application.Volatile
    MyKaihi = Range("A2").Value * n
End Function
```

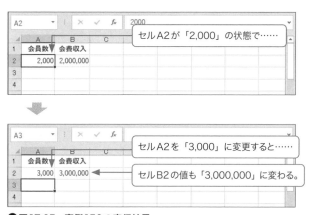

● 図17-15　事例150の実行結果

　以上の解説のように、ユーザー定義関数を自動再計算関数にするときにはVolatileメソッドを使います。しかし、このメソッドを使うと、数式とはまったく無関係のセルが変更された場合にもユーザー定義関数が内部的に実行されてしまいます。したがって、ワークシートに膨大なユーザー定義関数を入力しているケースでは、セルにデータを入力するたびに数式の再計算が実行されて、処理速度の著しい低下を招く恐れがあります。

　ちなみに、「=MyFunc(A1)」のようなユーザー定義関数をセルに入力した場合、セルA1の値を変更したら、Volatileメソッドを使わなくてもユーザー定義関数が実行されてきちんと再計算されます。このようなVolatileメソッドを使う必要がないケースでも、「非自動再計算関数」という言葉に惑わされて、むやみやたらとVolatileメソッドを使用することがないように気を付けてください。

　また、繰り返しになりますが、Excelではワークシート関数も非自動再計算関数です。つまり、「=SUM(A1:A10)」のようなワークシート関数を入力した場合、再計算が実行されるのはあくまでもセルA1:A10のいずれかの値が変更されたときのみです。そうでないと、セルにデータを入力するたびに無意味な数式の再計算が実行されてしまうからです。

　以上のことから、Volatileメソッドを使ってユーザー定義関数を自動再計算関数にするのは最後の手段と考えてください。

Column　　数式とマクロの処理速度

　　自動再計算について解説したところで、もう1つ、数式とマクロの処理速度の関係を補足しておきましょう。

　ワークシートに「=SUM(A1:A3)」のような数式が入力されている状態で、

```
Range("A1").Value = 100
Range("A2").Value = 200
Range("A3").Value = 300
```

というステートメントを実行すると、数式の参照元のセルの値が3回書き換えられていますので、再計算が3回実行されてしまいます。これは当然無駄ですし、マクロの処理速度も低下します。

　このようなときには、以下のステートメントを実行します。

```
'再計算方法を「手動」にして再計算を止める
Application.Calculation = xlManual

'セルに数値を入力する
Range("A1").Value = 100
Range("A2").Value = 200
Range("A3").Value = 300

'再計算方法を「自動」に戻して再計算を実行する
Application.Calculation = xlAutomatic
```

　このようにCalculationプロパティが使えるようになったら、たくさんの数式が入力されたワークシートのセルの値をVBAで操作することに関しては立派な上級者と言ってもいいでしょう。

イベントマクロ

18-1 イベントマクロを作成する

イベントマクロとは?

　普通のマクロは、ユーザーがワークシート上の［フォームコントロール］のボタンなどをクリックしたり、ショートカットキーで実行します。

　しかし、Excel VBAでは、「セルをダブルクリックする」「ワークシートをアクティブにする」「ブックを開く」などの「イベント」と呼ばれる特定のユーザー操作に反応して自動的に実行されるマクロを作成することができます。そして、このイベント発生時に自動実行されるように開発されたマクロのことを「イベントマクロ」と呼びます。

　Excel VBAは、実に多岐にわたるイベントに対応しており、これがExcel VBAが単なるExcelの操作を自動化するためのプログラミング言語ではなく、アプリケーションを自作できるほどの高度な開発言語と称される理由でもあります。このイベントの全容はおいおい紹介していきますので、まずはイベントマクロを実際に体験し、その作成方法について学習することにしましょう。

イベントマクロを体験する

　それでは、イベントマクロを体験してもらいます。

　まず、［ファイル］－［開く］コマンドで、［ファイルを開く］ダイアログボックスを表示し、そこで下図のように「honkaku」フォルダーをカレントフォルダーにして、サンプルブック［18-1.xlsm］を開いてください。

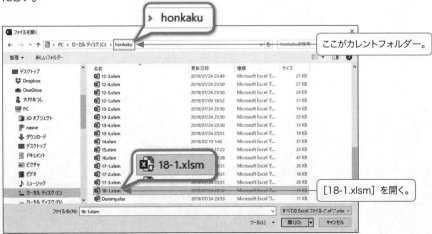

●図18-1　イベントマクロの体験

すると、同じフォルダーにある［Dummy.xlsx］もメッセージ表示後に同時に開きます。

［18-1.xlsm］には、「ブックを開いたときに自動実行される」イベントマクロが作成されているため、その機能によって［Dummy.xlsx］も自動的に開かれるのです。

> もし、「Dummy.xlsxが見つかりません」とエラーメッセージが表示されたら、それは「honkaku」フォルダーがカレントフォルダーになっていないためです。
> エクスプローラから［18-1.xlsm］を開くのではなく、必ずExcelの［ファイルを開く］ダイアログボックスで［18-1.xlsm］を開いてください。なお、このとき、［18-1.xlsm］と［Dummy.xlsx］は、同じフォルダーになければなりません。

それでは次に、［18-1.xlsm］に作成されたイベントマクロのコードを見てみましょう。

●事例151　ブックを開いたときに実行するイベントマクロ（［18-1.xlsm］ThisWorkbook）

```
Private Sub Workbook_Open()

    MsgBox "Dummy.xlsxも同時に開きます"

    Workbooks.Open FileName:="Dummy.xlsx"

End Sub
```

では、なぜこのマクロ「Workbook_Open」は、［18-1.xlsm］を開いたときに自動実行されるのでしょうか。この疑問は、実際に「Workbook_Open」と同じイベントマクロを自分で作成すれば解くことができます。

イベントマクロを作成する

それでは、次にイベントマクロの作成にチャレンジしてもらいます。新規ブックを用意したら、VBEを表示して、以下の手順どおりに操作してください。

❶ プロジェクトエクスプローラで「ThisWorkbook」をダブルクリックする。

「ThisWorkbook」のコードウィンドウが開く。

●図18-2　事例151のイベントマクロの作成方法

これで、ブックを開いたときに自動実行されるイベントマクロが完成しました。

それでは、このブックを任意の名前で「honkaku」フォルダーに保存してください。そして、一旦閉じたあとに、再びExcelの［ファイルを開く］ダイアログボックスでこのブックを開いてみましょう。イベントマクロ「Workbook_Open」が自動実行されて、［Dummy.xlsx］が同時に開きます。

イベントマクロの仕組み

イベントマクロが自動実行される仕組みは、その作成場所とタイトルにあります。

■イベントマクロの作成場所

イベントマクロは、どの「オブジェクト」にどのような「イベント」が発生したのかに反応します。したがって、普通のマクロのように標準モジュールに作成するのではなく、「オブジェクトモジュール」に作成します。

たとえば、「ブック」というオブジェクトのイベントに反応するイベントマクロを作成するときには、プロジェクトエクスプローラで「ThisWorkbook」を選択して、そのコードウィンドウ内にマクロを記述します。

同様に、「Sheet1」のイベントに反応するイベントマクロを作成したければ、「Sheet1」のコードウィンドウ内にマクロを記述すればよいのです。

■イベントマクロのタイトル

イベントが、ブックやシートなどのオブジェクトに対して発生するものであることは十分に理解できましたね。しかし、イベントマクロにはもう1つの重要な要素があります。それは、あるオブジェクトに対して発生するイベントは決して1つではない、ということです。

事例151のイベントマクロ「Workbook_Open」は「ブックを開く」というイベントに反応するものでしたが、ブックにはそのほかにも、「ブックを閉じる」「ブックをアクティブにする」など、実に多彩なイベントが用意されています。そこで、そのマクロがどのイベントに反応するものであるのかを明確にする

必要が生じます。

Excel VBAでは、マクロのタイトルにイベント名を組み込むことによってイベントの種類を特定します。つまり、イベントマクロのタイトルはユーザーが任意に付けるものではなく、以下のような規則に従って自動的に名付けられるものなのです。

オブジェクトのコードウィンドウ内では、まず［オブジェクト］ボックスでオブジェクトを選択します。次に、［プロシージャ］ボックスをクリックすると、そのオブジェクトに関連するイベントの一覧が表示されるので、この中から目的のイベントを選択すれば、それがイベントマクロのタイトルとなります。

たとえば、「印刷する」というイベントに反応するイベントマクロを作成するときには、以下のように操作します。

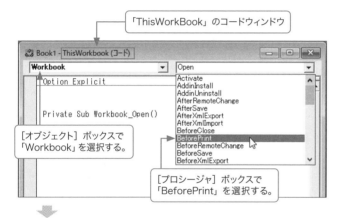

●図18-3　「印刷する」イベントに反応するイベントマクロの作成方法

■オブジェクトモジュールにおける変数の制限

「ThisWorkbook」や「Sheet1」のようなモジュールのことを、標準モジュールに対して「オブジェクトモジュール」と呼びます。このオブジェクトモジュール上のイベントマクロ内でも、変数を使用することはもちろんあります。

421

イベントマクロ内で宣言した変数（マクロレベル変数）は、そのマクロ内でのみ使用することができます。もし、モジュールレベル変数を使うのであれば、宣言セクションで変数を定義してください。このモジュールレベル変数は、そのオブジェクトモジュールの中のすべてのマクロ内で使えます。

[オブジェクト］ボックスに「(General)」、[プロシージャ］ボックスに「(Declarations)」（「宣言」という意味）と表示されているときには、カーソルが宣言部にあるので、モジュールレベル変数を定義することができる。

モジュールレベル変数は、そのオブジェクトモジュールの中のすべてのマクロで使用することができる。

●図18-4　オブジェクトモジュールの宣言セクション

つまり、マクロレベル変数とモジュールレベル変数の「適用範囲（スコープ）」に関しては、オブジェクトモジュールも標準モジュールも違いはありません。

しかし、パブリック変数に関しては、両者には大きな相違点があります。と言うのも、オブジェクトモジュールで宣言したパブリック変数は、標準モジュールなどのほかのモジュールのマクロ内では使用できないのです。

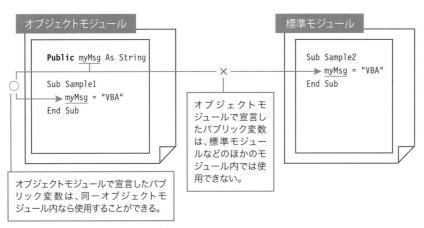

オブジェクトモジュールで宣言したパブリック変数は、標準モジュールなどのほかのモジュール内では使用できない。

オブジェクトモジュールで宣言したパブリック変数は、同一オブジェクトモジュール内なら使用することができる。

●図18-5　オブジェクトモジュールで宣言したパブリック変数の適用範囲

しかし、逆に標準モジュールで宣言したパブリック変数は、オブジェクトモジュールの中のマクロ内で使用できますので、パブリック変数は必ず標準モジュールで宣言するようにしてください。

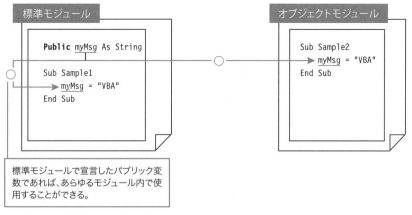

標準モジュール

```
Public myMsg As String

Sub Sample1
    myMsg = "VBA"
End Sub
```

オブジェクトモジュール

```
Sub Sample2
    myMsg = "VBA"
End Sub
```

標準モジュールで宣言したパブリック変数であれば、あらゆるモジュール内で使用することができる。

●図18-6　標準モジュールで宣言したパブリック変数の適用範囲

　変数の適用範囲や有効期間については、189ページの9-4「変数の宣言場所と有効期間」を参照してください。

　なお、オブジェクトモジュールに通常のマクロを作成することもできますが、通常のマクロは標準モジュールに作成してください。

Column　シートやブックにもモジュールが用意されている

　本書では、Chapter 1で「プロジェクトは標準モジュールの集まり」と説明しました。なぜなら、マクロを学習し始めたばかりの段階では、標準モジュールだけを理解していれば十分で、逆に言えば、「なぜ、プロジェクトエクスプローラにThisWorkbookというブックや、Sheet1のようなワークシートが表示されているのか」を考えるのは、むしろVBAの学習の妨げになるからです。

　しかし、イベントマクロの存在を知った今ならば、なぜ、プロジェクトエクスプローラにThisWorkbookというブックや、Sheet1のようなワークシートが表示されているのかが理解できたはずです。

　確かに、ワークシートのセルにマクロを作ることはできません。しかし、私たちの目に触れることはありませんが、ワークシートにもマクロを記述するためのモジュールが内部的に用意されているのです。

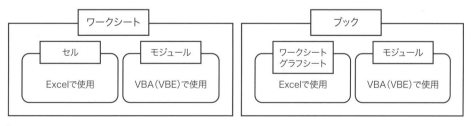

●図18-7　ワークシートやブックの構造

　また、上図を見てわかるとおり、ワークシートのモジュールに作成したイベントマクロは、Excel上でワークシートを削除すると同時に消滅します。もちろん、ブックのイベントマクロもブックを削除すれば同時に消滅します。

イベントマクロの場合、ユーザーフォームやコントロールのイベントマクロと同じく、Subステートメントの前にPrivateキーワードが自動的に付加されます。

ですから、ワークシート上に［フォームコントロール］のボタンを作成して、そこにイベントマクロを登録してマクロを実行することはできませんが、そもそも、イベントマクロは、あくまでもイベントに反応して自動実行されるものですから、ボタンに登録する理由がありません。

また、Privateキーワードが付いている以上、イベントマクロをほかのモジュールのマクロからサブルーチンとして呼び出すこともできませんが、イベントマクロはサブルーチンとして呼び出すためのマクロではないことを考えれば、この点も納得がいくと思います。

オブジェクト名（CodeName）とシート名

VBEのプロジェクトエクスプローラを見るとわかりますが、Excel VBAは、シートを「オブジェクト名（CodeName）」と「シート名」の2つの名前で管理しています。

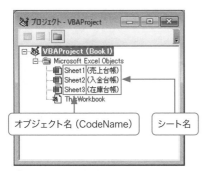

●図18-8　Excel VBAのシートの管理方法

シート名は、Excel上で「シート見出し」として表示されているおなじみのものです。

通常、私たちはこのシート名を使って以下のようにプログラミングします。

```
Worksheets("入金台帳").Range("A1").Value = "日付"
```

しかし、Excel VBAでは、オブジェクト名（CodeName）でもシートを参照することができます。仮に、「入金台帳」シートのオブジェクト名（CodeName）が「Sheet2」だったら、以下のステートメントでもシートを参照することができるのです。

```
Sheet2.Range("A1").Value = "日付"
```

そして、この規則はブックにもそのまま当てはまります。以下のステートメントは、ブックをオブジェクト名（CodeName）で参照しています。

```
ThisWorkbook.Worksheets("入金台帳").Range("A1").Value = "日付"
```

ただし、以下のようにブック、シートともにオブジェクト名（CodeName）で参照することはできませんので注意してください。

●図18-9　ブック、シートともにオブジェクト名で参照しようとした例

ブックやシートのNameプロパティ（Excel上のブック名やシート名）とCodeName（VBE上のオブジェクト名）は連動していません。Nameプロパティを変更しても、オブジェクト名（CodeName）は変更されない点に注意してください。

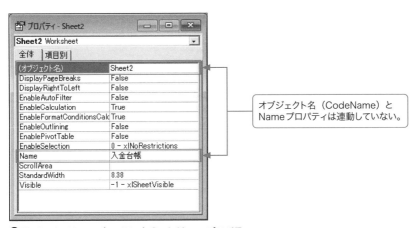

●図18-10　NameプロパティとCodeNameプロパティ

18-2 ブックのイベント

ブックのイベントの種類

それでは、各オブジェクトごとにイベントを整理しながら、重要なものをいくつかピックアップしていくことにしましょう。最初に取り上げるのはブックに対して発生するイベントです。

ブックのイベントの種類は下表のとおりです。アミカケしたものは本書で解説します。

●表18-1　Workbookオブジェクトのイベント

イベント	イベントが発生するタイミング
Activate	ブックがアクティブになったときに発生する
AddinInstall	ブックがアドインとして組み込まれたときに発生する
AddinUninstall	ブックのアドイン組み込みを解除したときに発生する
AfterSave	ブックを保存したあとに発生する
AfterXmlExport	ブックのデータをXMLデータファイルにエクスポートしたあとに発生する
AfterXmlImport	XMLデータがブックにインポートされたあとに発生する
BeforeClose	ブックを閉じる前に発生する
BeforePrint	ブックを印刷する前に発生する
BeforeSave	ブックを保存する前に発生する
BeforeXmlExport	ブックのデータをXMLデータファイルにエクスポートする前に発生する
BeforeXmlImport	XMLデータがブックにインポートされる前に発生する
Deactivate	ブックが非アクティブになったときに発生する
ModelChange	Excelデータモデルが変更されたあとに発生する
NewChart	新しいグラフを作成したときに発生する
NewSheet	新しいシートを作成したときに発生する
Open（既定のイベント）	ブックを開いたときに発生する
PivotTableCloseConnection	ピボットテーブルレポート接続が閉じたあとに発生する
PivotTableOpenConnection	ピボットテーブルレポート接続が開いたあとに発生する
RowsetComplete	OLAPピボットテーブルに対する行セットアクションを呼び出したときに発生する
SheetActivate	シートがアクティブになったときに発生する
SheetBeforeDelete	シートが削除されたときに発生する
SheetBeforeDoubleClick	ワークシートをダブルクリックしたときに発生する
SheetBeforeRightClick	ワークシートを右クリックしたときに発生する
SheetCalculate	再計算したときに発生する
SheetChange	セルの値が変更されたときに発生する
SheetDeactivate	シートが非アクティブになったときに発生する
SheetFollowHyperlink	ハイパーリンクをクリックしたときに発生する

SheetLensGalleryRenderComplete	ワークシートの引き出し線ギャラリーの表示が完了したあとに発生する
SheetPivotTableAfterValueChange	ピボットテーブル内のセル範囲が編集または再計算されたあとに発生する
SheetPivotTableBeforeAllocateChanges	ピボットテーブルが変更される前に発生する
SheetPivotTableBeforeCommitChanges	ピボットテーブルのOLAPデータソースが変更される前に発生する
SheetPivotTableBeforeDiscardChanges	ピボットテーブルの変更が破棄される前に発生する
SheetPivotTableChangeSync	ピボットテーブルが変更されたあとに発生する
SheetPivotTableUpdate	ピボットテーブルレポートのシートが更新されたあとに発生する
SheetSelectionChange	ワークシートで選択範囲を変更したときに発生する
SheetTableUpdate	シートテーブルが更新されたあとに発生する
Sync	※以前のバージョンとの互換性を保つために残されているイベント。Excel 2019では使用しない
WindowActivate	ウィンドウがアクティブになったときに発生する
WindowDeactivate	ウィンドウが非アクティブになったときに発生する
WindowResize	ウィンドウサイズを変更したときに発生する

　この表の中には、ピボットテーブルや外部データベースとの接続などに伴って発生する、本書の内容を超えるイベントも含まれています。「NewSheet」など、本書で詳細に解説している以外のイベントについては、各自でヘルプを参照してください。

新しいシートを作成したときに発生するイベント

■NewSheetイベントマクロを体験する

　親マクロがサブルーチンに引数を渡すことができるように、イベントの中にはイベントマクロに引数を渡せるものがあります。新しいシートを作成したときに発生するNewSheetイベントもその1つです。

　サンプルブック［18-2.xlsm］には、このNewSheetイベントを使ったイベントマクロが用意されています。［18-2.xlsm］を開いて「Sheet1」をアクティブにしたら、このイベントマクロを実際に体験してみましょう。

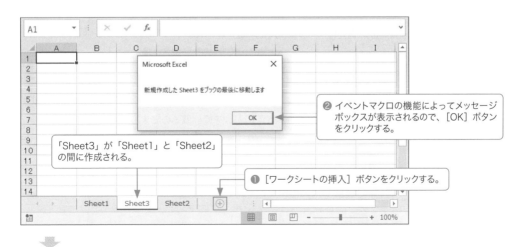

427

●図18-11　NewSheetイベントマクロ

■NewSheetイベントマクロの特徴

　以上の現象は、新規シートを作成したときに自動実行される「Workbook_NewSheet」イベントマクロによって発生したものです。421ページでは、「Workbook_BeforePrint」イベントマクロの作成方法を解説しましたが、「Workbook_NewSheet」イベントマクロも同様の手順で作成します。

　「Workbook_NewSheet」イベントマクロを作成するとマクロタイトルの横に引数が付加されます。

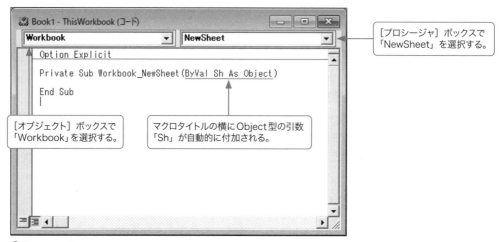

●図18-12　「Workbook_NewSheet」イベントマクロの作成方法

　この引数「Sh」には、新しく作成したシートがObject型で格納されています。つまり、サブルーチンが親マクロから引数を受け取るように、「Workbook_NewSheet」イベントマクロは、NewSheetイベントから「新しく作成したシート」というObject型の引数を受け取るのです。

　この引数には当然値が格納されていますので、変数として宣言することなくそのままマクロの中で利用できます。そして完成したのが、先ほど体験してもらった新規シートをブックの最後に移動するイベントマクロなのです。

　そのコードは以下のとおりです。

●事例152　新しいシートを作成したときに実行するイベントマクロ（[18-2.xlsm] ThisWorkbook）

```
Private Sub Workbook_NewSheet(ByVal Sh As Object)

    MsgBox "新規作成した " & Sh.Name & " をブックの最後に移動します"          ―❶

    Sh.Move After:=Sheets(Sheets.Count)                                  ―❷

End Sub
```

❶で、新規シートの名前を取得しています。そして、❷で、新規シートをブックの最後に移動しています。

ブックを閉じるときに発生するイベント

■ BeforeClose イベントマクロを体験する

　421ページで紹介した「Workbook_BeforePrint」イベントマクロのように、イベントマクロの中には引数に「Cancel」を持つものがあります。ここで取り上げる「Workbook_BeforeClose」イベントマクロもその1つですが、ここでは「Workbook_BeforeClose」イベントマクロの事例を通して引数「Cancel」の意味について考えてみましょう。

　サンプルブック［18-2.xlsm］には、このBeforeCloseイベントを使ったイベントマクロが用意されています。［18-2.xlsm］を開き、「Sheet2」を表示して、セルB1が空白であることを確認したら、右上の［×］ボタンでブックを閉じてください。

　下図のように、メッセージボックスが表示されて、ブックを閉じることができないことがわかります。

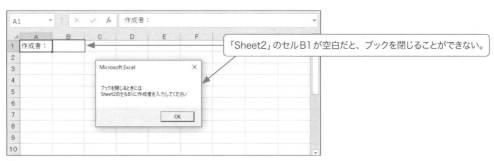

●図18-13　BeforeClose イベントマクロ

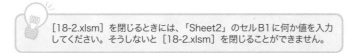

　［18-2.xlsm］を閉じるときには、「Sheet2」のセルB1に何か値を入力してください。そうしないと［18-2.xlsm］を閉じることができません。

これは、「ブックを閉じる」というイベントがキャンセルされたことを意味します。

では、この処理を実行しているマクロを見てみましょう。

◉事例153　ブックを閉じるときに実行するイベントマクロ（[18-2.xlsm] ThisWorkbook）

```
Private Sub Workbook_BeforeClose(Cancel As Boolean)

    If Sheet2.Range("B1").Value = "" Then
        MsgBox "ブックを閉じるときには" & vbCrLf & _
            "Sheet2のセルB1に作成者を入力してください"
        Sheet2.Activate
        Range("B1").Activate

        Cancel = True                                        ─❶
    End If

End Sub
```

　ブックを閉じるときに発生するBeforeCloseイベントは、「Workbook_BeforeClose」イベントマクロの引数「Cancel」にFalseを渡します。これは、「イベントをキャンセルしない」という意味です。

　しかし、「Workbook_BeforeClose」イベントマクロの中で、Sheet2のセルB1が空白のときには、❶で引数「Cancel」にTrueを代入しています。これは、「イベントをキャンセルする」、つまりブックを閉じる処理を中断するという意味です。

　このように、「Workbook_BeforeClose」イベントマクロを使うと、特定の条件を満たしていなければユーザーがブックを閉じられないようにすることができるのです。

Column　引数「Cancel」を持つイベントマクロ

　ブックに対して作成できるイベントマクロの中で引数「Cancel」を持つもの、つまりイベントを中断できる主なイベントマクロは以下に挙げる5つです。

◉表18-2　引数「Cancel」を持つイベントマクロ

イベント	引数「Cancel」にTrueを代入した場合
BeforeClose	ブックを閉じる処理が無効になる
BeforePrint	印刷処理が無効になる
BeforeSave	保存処理が無効になる
SheetBeforeDoubleClick	既定のダブルクリックの操作が無効になる
SheetBeforeRightClick	既定の右クリックの操作が無効になる

18-3 シートのイベント

シートのイベントの種類

シートに対して発生するイベントの種類は下表のとおりです。アミカケしたものは本書で解説します。

●表18-3　Worksheetオブジェクトのイベント

イベント	イベントが発生するタイミング
Activate	ワークシートがアクティブになったときに発生する
BeforeDelete	ワークシートが削除される前に発生する
BeforeDoubleClick	ワークシートをダブルクリックしたときに発生する
BeforeRightClick	ワークシートを右クリックしたときに発生する
Calculate	ワークシートを再計算したときに発生する
Change	セルの値が変更されたときに発生する
Deactivate	ワークシートが非アクティブになったときに発生する
FollowHyperlink	ワークシートのハイパーリンクをクリックしたときに発生する
LensGalleryRenderComplete	引き出し線ギャラリーの表示が完了したときに発生する
PivotTableAfterValueChange	ピボットテーブル内のセル範囲が編集または再計算されたあとに発生する
PivotTableBeforeAllocateChanges	ピボットテーブルが変更される前に発生する
PivotTableBeforeCommitChanges	ピボットテーブルのOLAPデータソースが変更される前に発生する
PivotTableBeforeDiscardChanges	ピボットテーブルの変更が破棄される前に発生する
PivotTableChangeSync	ピボットテーブルが変更されたあとに発生する
PivotTableUpdate	ピボットテーブルレポートがワークシート上で更新されたあとに発生する
SelectionChange（既定のイベント）	ワークシートで選択範囲を変更したときに発生する
TableUpdate	データモデルに接続されているクエリテーブルがワークシートで更新されたあとに発生する

　この表の中には、ピボットテーブルや外部データベースとの接続などに伴って発生する、本書の内容を超えるイベントも含まれています。「Activate」など、本書で詳細に解説している以外のイベントについては、各自でヘルプを参照してください。

●表18-4　Chartオブジェクトのイベント

イベント	イベントが発生するタイミング
Activate（既定のイベント）	グラフシートがアクティブになったときに発生する
BeforeDoubleClick	グラフシートをダブルクリックしたときに発生する
BeforeRightClick	グラフシートを右クリックしたときに発生する
Calculate	グラフシートを再計算したときに発生する
Deactivate	グラフシートが非アクティブになったときに発生する

DragOver	セル範囲をグラフにドラッグしたときに発生する
DragPlot	セル範囲をグラフにドラッグアンドドロップしたときに発生する
MouseDown	グラフシートでマウスボタンを押したときに発生する
MouseMove	グラフシートでマウスポインタの位置を変更したときに発生する
MouseUp	グラフシートでマウスボタンを離したときに発生する
Resize	グラフのサイズを変更したときに発生する
Select	グラフの要素を選択したときに発生する
SeriesChange	グラフのデータ要素の値を変更したときに発生する

Chartオブジェクトは、グラフシートと埋め込みグラフを表すオブジェクトです。したがって、紹介した一覧表のイベントは埋め込みグラフに対しても発生します。

また、DragOverやDragPlotイベントは、埋め込みグラフに対してのみ発生し、グラフシートに対しては発生しません。また、埋め込みグラフでイベントを使用するためには、440ページで解説している「クラスモジュール」という特殊なモジュールを使用しなければなりません。

なお、本書ではChartオブジェクトのイベントは解説していませんので、各自でヘルプを参照してください。

シートをアクティブにしたときに発生するイベント

「シートをアクティブにする」というユーザー操作もイベントの一種です。このイベントの場合には、一見、対象となるオブジェクトはシートであるように思われます。また、実際にこれはシートに対するイベントです。しかし、実はブックもこのイベントを検知することができるのです。

こうしたケースでは、どちらのオブジェクトをイベントの対象とすべきかを、目的に応じて判断しなければなりません。

■シートに対してイベントマクロを作成する

サンプルブック [18-3.xlsm] の「Worksheet_Activate」イベントマクロは、ワークシートを対象に作成されています。[18-3.xlsm] を開いて「Sheet2」をアクティブにすると、このイベントマクロの機能により警告メッセージが表示されます。

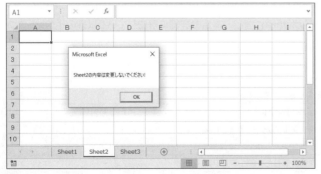

●図18-14　Worksheet_Activateイベントマクロ

そして、以下のコードがこのメッセージボックスを表示しているイベントマクロです。

● 事例154　特定のシートをアクティブにしたときに実行するイベントマクロ（[18-3.xlsm] Sheet2）

```
Private Sub Worksheet_Activate()
    Dim myWSName As String

    myWSName = ActiveSheet.Name
    MsgBox myWSName & "の内容は変更しないでください!"
End Sub
```

このマクロは、Sheet2モジュールに対して作成されています。つまり、プロジェクトエクスプローラで「Sheet2」を選択してコードウィンドウを開き、［オブジェクト］ボックスで「Worksheet」、［プロシージャ］ボックスで「Activate」を選択して作成したものです。

このマクロの役割は、Sheet2の内容をユーザーが任意に変更しないように注意を促すことです。したがって、Sheet2以外のシートがアクティブになったときにはマクロを実行する必要はありません。だからこそ、「Sheet2」にイベントマクロを作成しているのです。結果として、別のシートをアクティブにしてもメッセージボックスは表示されません。

Column　シートのコードウィンドウの開き方

シートのコードウィンドウは、シート見出しを右クリックしてショートカットメニューから［コードの表示］を実行することで、Excel上からも開くこともできます。

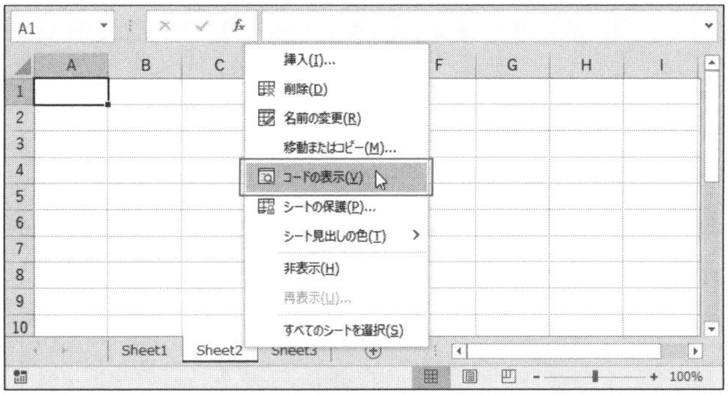

● 図18-15　シートのショートカットメニュー

■ブックに対してイベントマクロを作成する

今度は、「シートをアクティブにする」というまったく同じイベントに反応するマクロを、ブックを対象に作成した例を紹介しましょう。使用するサンプルブックは［18-4.xlsm］です。

［18-4.xlsm］を開いたら、シートの表示をいろいろと切り替えてみてください。［18-3.xlsm］のときと同じく警告メッセージが表示されますが、［18-4.xlsm］の場合には、どのシートをアクティブにしてもメッセージボックスが表示されます。

　[18-3.xlsm] と [18-4.xlsm] のマクロの役割はどちらも同じですが、実行されるタイミングはまったく異なります。いずれのシートをアクティブにしてもメッセージボックスを表示したいときに、[18-3.xlsm] の「Worksheet_Activate」イベントマクロを個々のシートを対象に作成するのは明らかに非効率です。シートの数だけ同じイベントマクロを作らなければなりません。

　そこで、シートの親オブジェクトであるブックをイベントの対象オブジェクトと考えてマクロを作成するのです。以下は、そのイベントマクロ、「Workbook_SheetActivate」のコードです。

　「ThisWorkbook」のコードウィンドウを開いて、[オブジェクト] ボックスで「Workbook」、[プロシージャ] ボックスで「SheetActivate」を選択して作成したものです。

◉事例155　不特定のシートをアクティブにしたときに実行するイベントマクロ（[18-4.xlsm] ThisWorkbook）

```
Private Sub Workbook_SheetActivate(ByVal Sh As Object)

    MsgBox Sh.Name & "の内容は変更しないでください!"

End Sub
```

　このように、「Workbook_SheetActivate」イベントマクロは、事例152の「Workbook_NewSheet」イベントマクロと同様に、アクティブとなったSheetオブジェクトの参照を引数として受け取って、マクロの中で使用できます。

■ セルの値が変更されたときに発生するイベント

　セルの値が変更されたときにもイベントが発生します。このイベントは、ブックレベルではSheetChangeイベントとして、また、シートレベルではChangeイベントとして認識されます。ここでは、シートレベルのChangeイベントを紹介することにしましょう。

　サンプルブック [18-5.xlsm] のSheet1（Excel上のシート名は「売上入力」）には、「Worksheet_Change」イベントマクロが作成されています。

　このマクロは、プロジェクトエクスプローラで「Sheet1」を選択してコードウィンドウを開き、[オブジェクト] ボックスで「Worksheet」、[プロシージャ] ボックスで「Change」を選択して作成したものです。

　[18-5.xlsm] では、「売上入力」シートのセルD5に顧客コードを入力すると、「Worksheet_Change」イベントマクロの機能によって、そのコードに対応する顧客名がセルF5に表示されます。

● 図18-16　Worksheet_Changeイベントマクロ

以下が、「Worksheet_Change」イベントマクロのコードです。

● 事例156　セルの値が変更されたときに実行するイベントマクロ（[18-5.xlsm] Sheet1）

```
Private Sub Worksheet_Change(ByVal Target As Excel.Range)
    Dim r As Integer, myRange As Range

    Set myRange = Worksheets("顧客").Range("顧客コード")

    With Target
        '変更されたセルがD5だったら
        If .Row = 5 And .Column = 4 Then

            '顧客コードの位置を取得
            r = Application.WorksheetFunction _
                .Match(Target.Value, myRange, 0)

            'セルに顧客名を表示
            Range("F5") = Worksheets("顧客").Range("B1").Offset(r - 1).Value
        End If
    End With
End Sub
```

> 引数「Target」には、値が変更されたセルが「Excel.Range」というObject型で格納されている。

　事例156の「Worksheet_Change」イベントマクロでは、入力された顧客コードが「顧客」シートに存在しない場合などのエラー処理は一切行っていません。したがって、存在しない顧客コードを入力したり、入力した顧客コードを Delete キーなどで消去すると、エラーが発生してマクロの実行は中断します。エラーへの対処法についてはChapter 19で解説します。

　また、このマクロでは360ページで解説したとおり、顧客コードを検索するときに、

```
r = Application.WorksheetFunction.Match(Target.Value, myRange, 0)
```

と、ExcelのMATCHワークシート関数を使用しています。

　ここで解説しているテクニックをマスターすると、ワークシートだけでも機能的に十分なアプリケーションが構築できるようになります。

Column　イベントマクロの実行を回避する

　Excel VBAには、「ある特定のセルが変更されたときにのみ発生するイベント」がありません。そこで、事例156のようにイベントマクロの中で変更されたセルを判断して、そのセルが目的のセル（事例156ではセルD5）だったら適切な処理を行う、というコードを書く必要があります。

　つまり、「Worksheet_Change」イベントマクロを作成すると、ユーザーがワークシート（事例156では「売上入力」シート）に入力を行うたびにイベントマクロが実行されてしまうのです。これは非常に無駄のように思えますが、この無駄を回避することはできません。

　ただし、「Worksheet_Change」イベントマクロは、ユーザー操作ではなくほかのマクロの中で
セルの値を変更したときにも実行されてしまいますが、このケースは話が異なります。

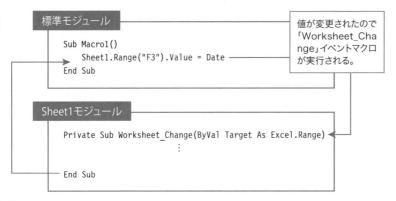

●図18-17　ほかのマクロによりイベントマクロが実行されるケース

　それは、この場合にはEnableEventsプロパティを使えばこうした無駄を回避できるからです。

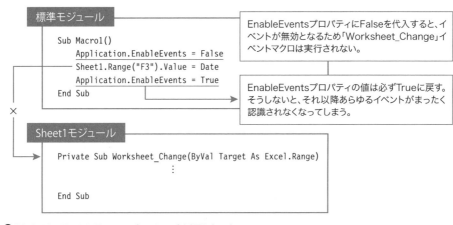

●図18-18　EnableEventsプロパティを活用したマクロ

　EnableEventsプロパティを使って無用なイベントマクロの実行を回避するこのテクニックは、ぜ
ひともマスターしてください。

選択範囲を変更したときに発生するイベント

　ワークシートで選択範囲を変更すると、SelectionChangeイベントが発生します（ブックレベルでは
SheetSelectionChangeイベントが発生します）。このイベントも、事例156のようにワークシートに
入力用フォームを設計したときなどに威力を発揮します。

サンプルブック［18-5.xlsm］のSheet1（Excel上のシート名は「売上入力」）では、「商品名」セル（セルD8:D11）が選択できないように設計されています。

●図18-19　特定のセルを選択できないワークシート

ここでは、商品名は商品コードを入力したときに自動表示される項目と位置付けて、ユーザーが任意に入力できないようにワークシートを設計しています。そして、これを実現しているのが以下の「Worksheet_SelectionChange」イベントマクロです。

● 事例157　選択範囲を変更したときに実行するイベントマクロ（[18-5.xlsm] Sheet1）

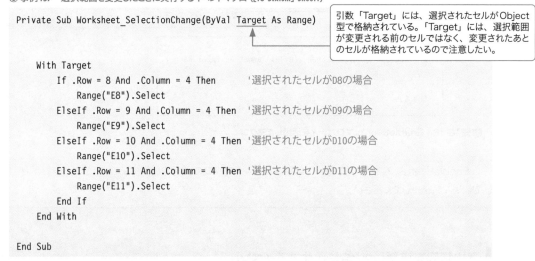

このマクロは、プロジェクトエクスプローラで「Sheet1」を選択してコードウィンドウを開き、［オブジェクト］ボックスで「Worksheet」、［プロシージャ］ボックスで「SelectionChange」を選択して作成したものです。

18-4 アプリケーションのイベント

アプリケーションのイベントの種類

アプリケーションに対して発生するイベントの種類は下表のとおりです。本書では、Applicationオブジェクトの既定のイベントである、アミカケした「NewWorkbook」のみを取り上げます。

●表18-5 Applicationオブジェクトのイベント

イベント	イベントが発生するタイミング
AfterCalculate	計算作業が完了したあとに発生する
NewWorkbook（既定のイベント）	新しいブックを作成したときに発生する
ProtectedViewWindowActivate	［保護されたビュー］ウィンドウがアクティブになったときに発生する
ProtectedViewWindowBeforeClose	［保護されたビュー］ウィンドウが閉じるときに発生する
ProtectedViewWindowBeforeEdit	［保護されたビュー］ウィンドウでブックの編集が有効になる前に発生する
ProtectedViewWindowDeactivate	［保護されたビュー］ウィンドウが非アクティブになったときに発生する
ProtectedViewWindowOpen	ブックを［保護されたビュー］ウィンドウで開いたときに発生する
ProtectedViewWindowResize	［保護されたビュー］ウィンドウのサイズを変更したときに発生する
SheetActivate	シートがアクティブになったときに発生する
SheetBeforeDelete	シートが削除される前に発生する
SheetBeforeDoubleClick	ワークシートをダブルクリックしたときに発生する
SheetBeforeRightClick	ワークシートを右クリックしたときに発生する
SheetCalculate	再計算したときに発生する
SheetChange	セルの値が変更されたときに発生する
SheetDeactivate	シートが非アクティブになったときに発生する
SheetFollowHyperlink	ハイパーリンクをクリックしたときに発生する
SheetLensGalleryRenderComplete	引き出し線ギャラリーの表示が完了したあとに発生する
SheetPivotTableAfterValueChange	ピボットテーブル内のセル範囲が編集または再計算されたあとに発生する
SheetPivotTableBeforeAllocateChanges	ピボットテーブルが変更される前に発生する
SheetPivotTableBeforeCommitChanges	ピボットテーブルのOLAPデータソースが変更される前に発生する
SheetPivotTableBeforeDiscardChanges	ピボットテーブルの変更が破棄される前に発生する
SheetPivotTableUpdate	ピボットテーブルレポートのシートが更新されたあとに発生する
SheetSelectionChange	ワークシートで選択範囲を変更したときに発生する
SheetTableUpdate	ワークシートのテーブルが更新されたときに発生する
WindowActivate	ウィンドウがアクティブになったときに発生する
WindowDeactivate	ウィンドウが非アクティブになったときに発生する
WindowResize	ウィンドウサイズを変更したときに発生する
WorkbookActivate	ブックがアクティブになったときに発生する
WorkbookAddinInstall	ブックがアドインとして組み込まれたときに発生する

WorkbookAddinUninstall	ブックのアドイン組み込みを解除したときに発生する
WorkbookAfterSave	ブックが保存されたあとに発生する
WorkbookAfterXmlExport	XMLデータをエクスポートしたあとに発生する
WorkbookAfterXmlImport	XMLデータがインポートされたあとに発生する
WorkbookBeforeClose	ブックを閉じる前に発生する
WorkbookBeforePrint	ブックを印刷する前に発生する
WorkbookBeforeSave	ブックを保存する前に発生する
WorkbookBeforeXmlExport	XMLデータをエクスポートする前に発生する
WorkbookBeforeXmlImport	XMLデータがインポートされる前に発生する
WorkbookDeactivate	ブックが非アクティブになったときに発生する
WorkbookModelChange	データモデルが更新されるときに発生する
WorkbookNewChart	新しいグラフを作成したときに発生する
WorkbookNewSheet	新しいシートを作成したときに発生する
WorkbookOpen	ブックを開いたときに発生する
WorkbookPivotTableCloseConnection	ピボットテーブルレポート接続が閉じたあとに発生する
WorkbookPivotTableOpenConnection	ピボットテーブルレポート接続が開いたあとに発生する
WorkbookRowsetComplete	OLAPピボットテーブルで行セットアクションを起動するか、レコードセットを詳細表示するときに発生する
WorkbookSync	※以前のバージョンとの互換性を保つために残されているイベント。Excel 2019では使用しない

この表の中には、ピボットテーブルや外部データベースとの接続などに伴って発生する、本書の内容を超えるイベントも含まれていますので、各自でヘルプを参照してください。

アプリケーションのイベントマクロを作成する

Excel VBAでは、基本的にほとんどのマクロは標準モジュールに作成します。また、ユーザーフォームやその上に配置するコントロールはユーザーフォームのモジュールに、そして、本章で解説しているイベントマクロはオブジェクトモジュールに作成します。この3種類のモジュールがあれば十分のような気もしますが、実はExcel VBAにはもう1つ、「クラスモジュール」と呼ばれるモジュールがあります。そして、Applicationオブジェクトのイベントマクロは、このクラスモジュールに作成します。

新しいブックを作成すると、Applicationオブジェクトに対してNewWorkbookイベントが発生します。ここでは、「クラスモジュールとは何か」という難しい概念は後回しにして、まずはNewWorkbookイベントマクロの作成にチャレンジしてもらいます。

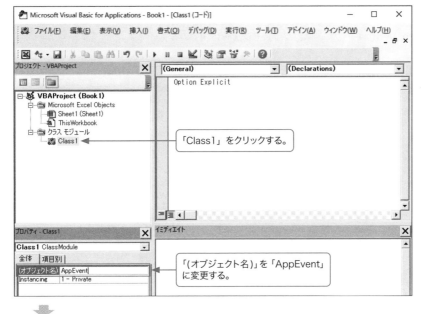

●図18-20　クラスモジュールの作成方法

　クラスモジュール名は「AppEvent」である必要はありません。任意の名前に変更することができます。また、名前を変更せずに「Class1」のままでもかまいません。

　ここでは、クラスモジュールにApplicationオブジェクトのイベントマクロを作成するので、それを想像できる名前ということで「AppEvent」と変更しました。

また、変数の宣言の、

```
Public WithEvents App As Application
```

は、Application型のオブジェクト変数「App」を定義しているステートメントです。

では、WithEventsキーワードとは一体何でしょうか。このあとの解説を読み進めるとわかりますが、Applicationオブジェクトに対して発生したイベントは、変数「App」が検知します。つまり、このあとは変数「App」に対してイベントマクロを作成していきます。

このように、イベントを検知することができる特殊な変数を定義するときには、WithEventsキーワードを使います。WithEventsキーワードは、クラスモジュール内でのみ有効です。

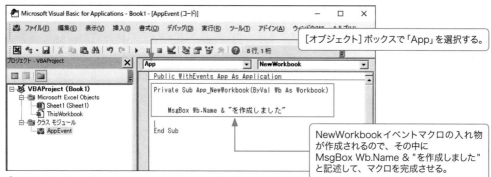

●図18-21　NewWorkbookイベントマクロの作成方法

Applicationオブジェクトのイベントマクロは、これで完成ではありません。もう1つ、「クラスからインスタンスを生成する」ためのマクロを作らなければなりません。

クラスやインスタンスについては後述しますので、このまま作業を続けましょう。

標準モジュールを挿入して、以下のように変数の宣言を行ってマクロを作成してください。

```
Dim myClass As New AppEvent

Sub SetAppEvent()

    Set myClass.App = Application

End Sub
```

では、標準モジュールのマクロ「SetAppEvent」を F5 キーで実行してください。

そして、Excelに表示を切り替えて新規ブックを作成すると、下図のようにメッセージボックスが表示されます。

●図18-22　作成したマクロの実行結果

アプリケーションのイベントマクロのコード

それでは、前述の手順で作成したマクロのコードを見ていきましょう。

●事例158-1　アプリケーションのイベントマクロ（[18-6.xlsm] AppEvent）

```
Public WithEvents App As Application

Private Sub App_NewWorkbook(ByVal Wb As Workbook)

    MsgBox Wb.Name & "を作成しました"

End Sub
```

●事例158-2　クラスからインスタンスを生成する（[18-6.xlsm] Module1）

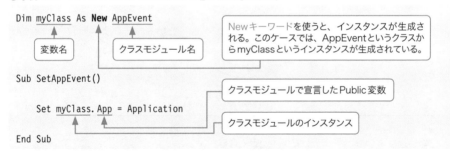

```
Dim myClass As New AppEvent
```
変数名　　クラスモジュール名

Newキーワードを使うと、インスタンスが生成される。このケースでは、AppEventというクラスからmyClassというインスタンスが生成されている。

```
Sub SetAppEvent()

    Set myClass.App = Application

End Sub
```
クラスモジュールで宣言したPublic変数
クラスモジュールのインスタンス

Note	埋め込みグラフに対するイベントの処理

埋め込みグラフに対するイベントを処理するときも、ほぼ同様の手順でイベントマクロを作成します。違いは、「Application」という部分が「Chart」になる点です。

クラスとインスタンス

クラスモジュールは、「クラス」を作成するためのモジュールです。では、クラスとは一体何なのでしょうか。一言で言うと、「オブジェクトの雛型」です。VBAは、あくまでもオブジェクトを操作したり、また、オブジェクトに対して発生したイベントを処理するプログラミング言語です。

ここで、もう一度思い出してください。事例158では、「AppEvent」クラスモジュールに変数とイベントマクロを作成しました。みなさんは、これだけで十分だと思いませんでしたか。しかし、実際には、標準モジュールに作成した事例158-2のようなコードを書いて実行しなければ、アプリケーションのイベントマクロは機能しません。その理由は、

```
Public WithEvents App As Application
```

で宣言された変数「App」が、厳密にはオブジェクト変数ではないからです。この宣言ステートメントが標準モジュールに記述されていれば、変数「App」はApplicationを意味するオブジェクト変数となります。しかし、クラスモジュールで宣言された変数「App」は、オブジェクトではなく、あくまでもオブジェクトの雛型なのです。

身近な例で、タイヤキを考えてください。私たちが食べられるのはタイヤキであって、鉄で作られたタイヤキの型ではありません。

これと同じことがそっくりそのままクラスとオブジェクトにも当てはまります。クラスというのは、タイヤキの型なのです。そして、そこに標準モジュールという器を使って「Newキーワード」という材料を流し込みます。その結果、オブジェクト、つまりタイヤキが作られるのです。

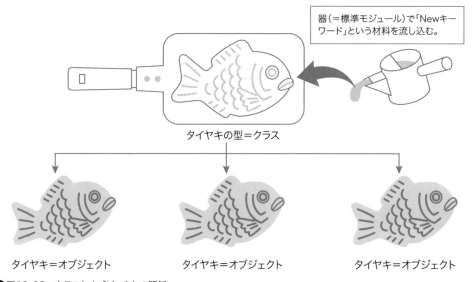

器（＝標準モジュール）で「Newキーワード」という材料を流し込む。

タイヤキの型＝クラス

タイヤキ＝オブジェクト　　　　タイヤキ＝オブジェクト　　　　タイヤキ＝オブジェクト

●図18-23　クラスとオブジェクトの関係

また、こうして作られたオブジェクト（タイヤキ）は、クラス（タイヤキの型）の複製でもあります。そこで、このような複製されたオブジェクトのことを「インスタンス」と呼ぶのです。

クラスからインスタンスを生成するときには、標準モジュールの変数の宣言ステートメントで「New

「キーワード」を使います。このキーワードを使うことによって、VBAで扱うことのできるオブジェクト（クラスの複製）、言い換えれば私たちが食べることのできるタイヤキが作成されます。ちなみに、事例158-2では、

```
Dim myClass As New AppEvent
```

と宣言して、「AppEvent」というクラスから「myClass」というクラスの複製を生成しています。

　そして、この「myClass」は「AppEvent」クラスモジュールの複製ですから、中には当然、変数「App」も含まれています。そこで、

```
Set myClass.App = Application
```

とSetステートメントを実行して変数「App」にApplicationオブジェクトを代入し、これでやっと、クラスモジュールに作成した変数とイベントマクロが有効となるわけです。何とも複雑な話ですね。

　また、今回のケースでは、AppEventというタイヤキの型からmyClassというタイヤキを1つしか作成していませんので、インスタンス（複製）の概念がつかみづらいかもしれませんが、実際には、

```
Dim myClass1 As New AppEvent
Dim myClass2 As New AppEvent
```

のように変数を宣言すれば、1つのクラスから複数のオブジェクト、つまりインスタンス（複製）が生成される様子がわかります。

■ Applicationオブジェクトのイベントマクロの有効期間

　Applicationオブジェクトのイベントマクロは、イベントを有効にするマクロを実行した直後から待機状態になります。事例158では、標準モジュールに作成した事例158-2の「SetAppEvent」を実行することがその合図となります。

　「SetAppEvent」を実行すると、変数「myClass」は「AppEvent」クラスモジュールを表すようになります。つまり、この変数「myClass」が値を保持している間は、Applicationオブジェクトのイベントは有効なのです。

　逆に、変数「myClass」が値を失った瞬間にApplicationオブジェクトのイベントは無効になります。ですから、変数「myClass」は絶対にマクロレベル変数として定義してはならないのです。マクロレベル変数にしてしまうと、「SetAppEvent」の実行が終了すると同時に変数「myClass」が値を失いますので、結果的にApplicationオブジェクトのイベントを有効にすることができません。事例158-2で変数「myClass」をモジュールレベル変数で定義しているのは、「SetAppEvent」の実行が終了したあとも値を失わないようにするためなのです。

したがって、Applicationオブジェクトのイベントを有効にするマクロ（事例158では「SetAppEvent」）が保存されているブックが閉じられると、その瞬間にApplicationオブジェクトのイベントは無効となります。

以上のことから、基本的にApplicationオブジェクトのイベントを有効にするマクロは、通常は開きっぱなしの個人用マクロブックの「Workbook_Open」イベントマクロの中に記述するのがよいでしょう。

個人用マクロブックに関しては、各自でヘルプを参照してください。

Column　**Applicationオブジェクトのイベントを利用するメリット**

事例158で取り上げたNewWorkbookイベントは、Applicationオブジェクトに対してのみ発生するイベントです。しかし、そのほかのイベントはWorksheetオブジェクトやWorkbookオブジェクトに対しても発生します。

ただし、432ページの「シートをアクティブにしたときに発生するイベント」で解説したように、より上位のオブジェクトに対してイベントマクロを作成すれば、同じイベントマクロを複数作成しなくても済みます。たとえば、ブックを開いたときに必ず何らかの処理を行いたい場合、すべてのブックにOpenイベントマクロを作成するのはあまりに非現実的です。このような場合には、Applicationオブジェクトに対してWorkbookOpenイベントマクロを作成すれば、いかなるブックを開いても、それをイベントと検知して処理を実行できるようになります。

Column　**クラスとインスタンスを体験する**

以下のマクロを見てください。

> このマクロは［18-7.xlsm］に収録されています。

```
'クラスモジュールに作成
Public c_intNum As Integer

Sub NumAdd1(n1 As Integer)
    c_intNum = c_intNum + n1
End Sub

'標準モジュールに作成
Sub MainProc()
    Dim i As Integer

    '2つのインスタンスの生成
    Dim myClass1 As New Class1
    Dim myClass2 As New Class1

    '1つ目のインスタンスの実行
    For i = 1 To 10
        myClass1.NumAdd1 i
    Next
```

```
        '2つ目のインスタンスの実行
        For i = 11 To 20
            myClass2.NumAdd1 i
        Next

        MsgBox "1つ目のインスタンスの変数の合計：  " & myClass1.c_intNum
        MsgBox "2つ目のインスタンスの変数の合計：  " & myClass2.c_intNum

        'インスタンスの破棄
        Set myClass1 = Nothing
        Set myClass2 = Nothing
    End Sub
```

　1から10までの数値と、11から20までの数値を加算しています。

　一見、何の変哲もない処理のように映りますが、「MainProc」を見ると、変数が「c_intNum」の1つだけしか使用されていません。本来ならば、2種類の加算処理を1つのマクロの中で実行しているわけですから、変数も2種類定義しなければならないはずです。しかし、クラスモジュールを使うと、このように変数もサブルーチンも1つで済んでしまうのです。

　443ページで述べたように、1つのクラスからは互いに独立して動く複数のインスタンスが作成できます。この特性を上手に利用して並列処理を行っているのが上のマクロなのです。

エラー処理

19-1 エラーを適切に処理する

エラーが発生した場合に備える

どんなに精度の高いマクロを作成しても防げないエラーがあります。リムーバブルディスクのファイル
を検索するマクロを想像してください。マクロを実行したときに、もしリムーバブルディスクが用意され
ていなければ、そのマクロは実行時エラーとともに強制終了してしまいます。しかし、このエラーはユー
ザーの意識の問題で、プログラミングでは回避できません。このように、エラーの発生そのものが回避
できないときには、あらかじめエラーが発生した場合を想定してマクロを開発する必要があるのです。

発生したエラーに適切に対処することを「エラーのトラップ」と呼びます。それでは、エラーをトラッ
プするためのステートメントを順に紹介していきましょう。

On Error GoTo ステートメント

「On Error GoTo ステートメント」は、エラーが発生したら、エラー処理ルーチンに分岐するステート
メントです。

● 事例159　On Error GoToステートメントのサンプル（[19.xlsm] Module1）

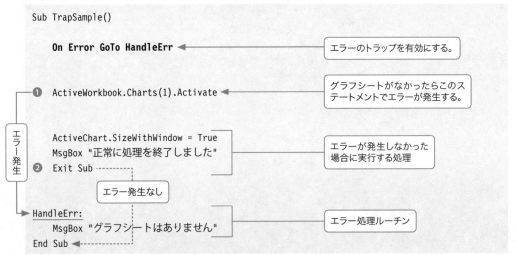

サンプルブック［19.xlsm］を開いて、事例159のマクロを実行すると、グラフシートがありませんの
で、「グラフシートはありません」とエラーメッセージが表示されます。しかし、これはマクロが表示して

いるメッセージで、実行時エラーが発生しているわけではありません。

　On Error GoToステートメントは、エラーの発生が予測されるステートメントよりも必ず前に記述しておきます。そうしないと、エラーのトラップが有効になりません。

　そして、On Error GoToステートメントの引数には、エラー処理の分岐先を指定します。引数には行番号も指定できますが、通常は「行ラベル」を指定します。事例159のマクロでは、❶のステートメントでエラーが発生したら、行ラベル「HandleErr」に処理が分岐します。行ラベルは、

```
HandleErr:
```

のように、任意の文字列にコロン（:）を付けて宣言します。

　なお、エラー発生時の処理の分岐先を「エラー処理ルーチン」と呼びますが、エラー処理ルーチンは必ずマクロの最後に記述するように心掛けましょう。

　また、エラーが発生しなかったときにエラー処理ルーチンを実行してしまわないように、エラー処理ルーチンの直前には❷のように必ずExit Subステートメントを記述して、マクロを抜けることを忘れてはいけません。

On Error Resume Nextステートメント

　「On Error Resume Nextステートメント」は、エラーが発生しても、実行を中断せずに次のステートメントを実行するためのコマンドです。

◉ **事例160　On Error Resume Nextステートメントのサンプル（[19.xlsm] Module1）**

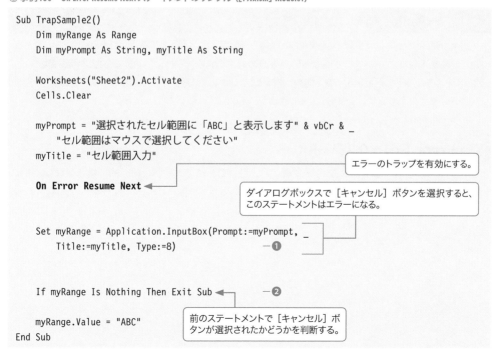

```
Sub TrapSample2()
    Dim myRange As Range
    Dim myPrompt As String, myTitle As String

    Worksheets("Sheet2").Activate
    Cells.Clear

    myPrompt = "選択されたセル範囲に「ABC」と表示します" & vbCr & _
        "セル範囲はマウスで選択してください"
    myTitle = "セル範囲入力"

    On Error Resume Next

    Set myRange = Application.InputBox(Prompt:=myPrompt, _
        Title:=myTitle, Type:=8)          ―❶

    If myRange Is Nothing Then Exit Sub          ―❷

    myRange.Value = "ABC"
End Sub
```

エラーのトラップを有効にする。

ダイアログボックスで［キャンセル］ボタンを選択すると、このステートメントはエラーになる。

前のステートメントで［キャンセル］ボタンが選択されたかどうかを判断する。

サンプルブック［19.xlsm］で事例160のマクロを実行すると、ダイアログボックスが表示されます。そこで、セル範囲を選択して［OK］ボタンを押すと、指定したセル範囲に文字が入力されます。

一方、［キャンセル］ボタンが押された場合には、何も処理は実行されません。

事例160のマクロで、ダイアログボックスで［キャンセル］ボタンが選択されると、「myRange」というオブジェクト型変数にFalseというBoolean型の値が代入されるため、❶でデータ型の不一致によるエラーが発生します。

そこで、あらかじめOn Error Resume Nextステートメントを記述して、エラーが発生しても無視して次のステートメントを実行する命令を与えておきます。

そして、❷で変数「myRange」の値を調べて、Nothingの場合にはオブジェクトの参照が代入されていない、つまりダイアログボックスで［キャンセル］ボタンが選択されたことを意味しますので、Exit Subステートメントでマクロを抜けています。

なお、On Error Resume Nextステートメントは、そのマクロ内でのみ有効です。したがって、事例160のマクロを実行したあと、エラーをトラップしていない別のマクロ内でエラーが発生したら、そのマクロは強制終了します。

エラーが発生してもマクロをそのまま継続実行できるOn Error Resume Nextステートメントは、手軽なためについ多用してしまいがちです。しかし、これはあくまでもプログラミングでは防げないエラーをトラップするためのステートメントです。決して、バグ（プログラミングミス）を覆い隠すために使用してはいけません。

Note **InputBoxメソッドの戻り値**

InputBoxメソッドは、引数Typeの値によって、数値、文字列、セル参照（Rangeオブジェクト）などの値を返します。よく似たコマンドにInputBox関数がありますが、両者の機能は若干異なります。InputBoxメソッドとInputBox関数の詳細については、163ページの8-3「ダイアログボックスでデータの入力を促す」を参照してください。

On Error GoTo 0ステートメント

On Errorステートメントによるトラップ機能は、マクロの終了と同時に自動的に無効になりますが、マクロの中で「これ以降のステートメントでエラーが発生することはあり得ない」、つまり「これ以降のステートメントで発生したエラーはバグである」というときには、「On Error GoTo 0ステートメント」でトラップ機能を無効にします。

◉「On Error GoTo 0 ステートメント」の仕組み

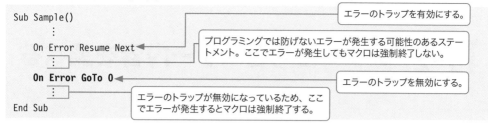

```
Sub Sample()
    ︙
    On Error Resume Next ◀
    ︙
    On Error GoTo 0 ◀
    ︙
End Sub
```

エラーのトラップを有効にする。

プログラミングでは防げないエラーが発生する可能性のあるステートメント。ここでエラーが発生してもマクロは強制終了しない。

エラーのトラップを無効にする。

エラーのトラップが無効になっているため、ここでエラーが発生するとマクロは強制終了する。

Resume ステートメント／Resume Next ステートメント

「Resume ステートメント」を引数なしで使うと、エラーの原因となったステートメントに制御が戻ります。引数に行ラベルまたは行番号を指定して、そのマクロ内の任意のステートメントから処理を再開することもできます（以下のフローチャート参照）。

また、エラーの原因となったステートメントの次のステートメントから処理を再開するときには、「Resume Next ステートメント」を使います（以下のフローチャート参照）。

◉「Resume ステートメント」を使ったエラー処理の流れ

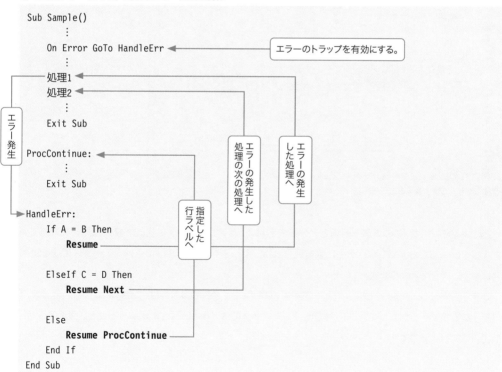

```
Sub Sample()
    ︙
    On Error GoTo HandleErr ◀        エラーのトラップを有効にする。
処理1 ◀
処理2 ◀
    ︙
    Exit Sub

ProcContinue: ◀
    ︙
    Exit Sub

HandleErr:
    If A = B Then
        Resume

    ElseIf C = D Then
        Resume Next

    Else
        Resume ProcContinue
    End If
End Sub
```

エラー発生

エラーの発生した処理へ

エラーの発生した処理の次の処理へ

指定した行ラベルへ

19-2 エラー番号とエラー内容を調べる

Err.NumberとErr.Description

すべてのエラーには、エラー番号とエラー内容が割り当てられています。これは、以下のような単純な実行時エラーを発生させることで確認できます。

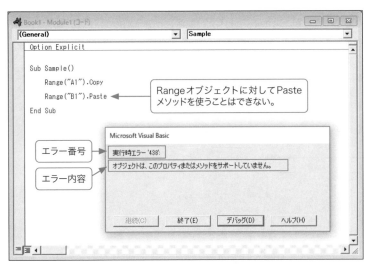

●図19-1　エラー番号とエラー内容

Excel VBAでは、このエラー番号とエラー内容は、Errオブジェクトに格納される仕組みになっています。そして、Numberプロパティの値を調べればエラー番号が、Descriptionプロパティの値を調べればエラー内容がわかります。

つまり、「Err.Number」というステートメントでエラー番号を取得すれば、番号に応じた処理分岐が可能となるのです。また、エラー内容を明示したいときには「Err.Description」というステートメントを記述すればよいのです。

サンプルブック[19.xlsm]の事例161のサンプルは、セルB1の値をセルB2の値で除算するものです。

セルB2に「0」を入力した状態と、「0以外の数値」を入力した状態で、実際に動作を確認してください。セルB2に「0」を入力したときには、エラー番号とエラー内容がメッセージボックスに表示され、商（セルB3の値）は仮の計算結果として「0」となります。

●事例161　エラー番号とエラー内容を調べる（[19.xlsm] Module1）

```vb
Sub DisplayErr()
    Dim myMsg As String

    Worksheets("Sheet3").Activate

    On Error GoTo HandleErr

    Range("B3").Value = Range("B1").Value / Range("B2").Value

    Exit Sub

HandleErr:
    myMsg = "エラー番号： " & Err.Number & vbCrLf & _
        "エラー内容： " & Err.Description
    MsgBox myMsg

    Range("B3").Value = 0
End Sub
```

> セルB2の値が「0」だったら除算エラーが発生する。

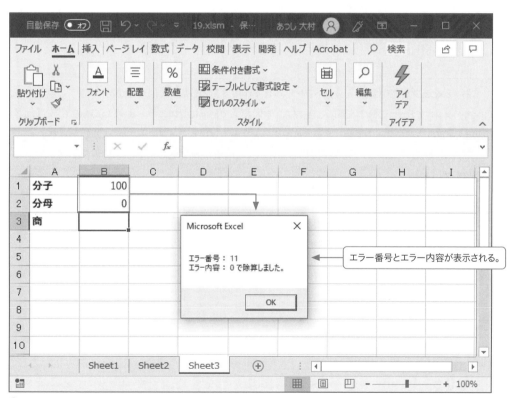

> エラー番号とエラー内容が表示される。

●図19-2　事例161の実行結果

　事例161のマクロは、セルB2の値が「0」だったら除算しない、というようにプログラミングすれば、エラーをトラップする必要はありません。あくまでも、「Err.Number」と「Err.Description」を体験してもらうためのマクロと考えてください。

> Column　**Errオブジェクトの Number プロパティの省略**
>
> 　Numberプロパティは、Errオブジェクトの既定のプロパティです。したがって、以下のようにNumberプロパティを省略しても、エラー番号を取得することができます。
>
> ```
> MsgBox "エラー番号：" & Err
> ```
>
> 　もっとも、省略してもマクロの可読性が下がるだけですので、Numberプロパティの省略はお勧めできません。

■ エラーの種類によって処理を分岐する

　それでは、実際にエラーの種類によって処理を分岐するサンプルを紹介しましょう。ここでは、あらかじめリムーバブルディスクのテキストファイルをOpenステートメントで開く際に発生し得るエラーを想定して処理を分岐します。

　なお、Excelブックではなくテキストファイルを操作の対象としたのには理由があります。と言うのも、OpenメソッドでExcelブックを開くときには、原因が何であるにせよエラー番号1004のエラーしか発生しませんので、「エラーの種類によって処理を分岐する」というテーマにふさわしくないためです。
　事例162では、リムーバブルディスクのテキストファイルを開く際に発生し得る以下の7個のエラーを想定しています。

● 表19-1　事例162で想定しているエラー

エラー番号	エラー内容
52	ファイル名または番号が不正です
53	ファイルが見つかりません
55	ファイルは既に開かれています
68	デバイスが準備されていません
71	ディスクが準備されていません
75	パス名が無効です
76	パスが見つかりません

　テキストファイルをOpenステートメントで開いたり、Line Input #ステートメントで読み込んだり、また、Closeステートメントで閉じる方法については、Chapter 22で解説します。
　また、VarType関数が登場しますが、これは引数のデータ型を調べるもので、事例162では、ダイアログボックスに入力されたデータがString型かどうかを調べています。

```
Sub OpenFile()
    Dim myDN As Variant, myFN As Variant
    Dim myPrompt As String, myMsg As String
    Dim myBuf As String

    MsgBox "ルートディレクトリにtxtファイルを準備してください" _
        & vbCr & "ファイル名は任意でかまいません"

InputDN:
    myPrompt = "ドライブ名を入力してください"
    myDN = Application.InputBox(Prompt:=myPrompt)
    If VarType(myDN) <> vbString Then Exit Sub

InputFN:
    myPrompt = "ファイル名を入力してください"
    myFN = Application.InputBox(Prompt:=myPrompt)
    If VarType(myFN) <> vbString Then Exit Sub

    On Error GoTo HandleErr

    Open myDN & ": ￥" & myFN For Input As #1

    Do Until EOF(1)
        Line Input #1, myBuf
    Loop

    MsgBox "正常に処理が終了しました"
    Close #1

    Exit Sub

HandleErr:
    Select Case Err.Number
        Case 52, 53
            MsgBox Err.Description & vbCr &
                "ファイル名を再入力してください"
            Resume InputFN

        Case 55
            MsgBox Err.Description
            Resume Next

        Case 68, 71
            MsgBox Err.Description & vbCr & vbCr &
                "無効なドライブを指定しました" & vbCr & _
                "ドライブ名を再入力してください"
            Resume InputDN

        Case 75, 76
            myMsg = Err.Description & vbCr & _
                "原因を取り除いて処理を続行しますか"
            If MsgBox(myMsg, vbExclamation + vbYesNo) = vbYes Then
                Resume
            Else
                Exit Sub
            End If
    End Select

End Sub
```

ファイルが見つからない、もしくは不正なファイルです。

ファイルは既に開かれています。

デバイス、もしくはディスクが準備されていません。

パス名が無効、もしくは見つかりません。

Column 「パス名が無効です」エラーへの対処

456ページの表に示したように、エラー番号の「75」はパス名が無効のときに発生します。

では、「パス名が無効」とはどのような状況なのでしょうか。

これは、そもそもは「読み取り専用ファイル」に対して書き込みができないようにするためのエラーでした。

ですから、たとえば「会員.txt」というテキストファイルがあって、これが読み取り専用ファイルのときに、以下のコードのように書き込むためのOutputキーワード（521ページ参照）で「会員.txt」を開くと、「パス名が無効です」のエラーが発生します。

```
Open "C:¥会員.txt" For Output As #1
```

●図19-3　パス名が無効のときのエラー

しかし、Windows 7やWindows 10などでは、セキュリティ機能の1つであるユーザーアカウント制御によってアクセスが制限されて「パス名が無効です」のエラーが発生するケースのほうが圧倒的に多くなっています。

したがって、「パス名が無効です」エラーが発生したら、Windowsのユーザーアカウント制御を真っ先に疑ってください。特に、Windows 10の初期設定ではCドライブ直下のファイルは書き込みができない可能性が高いので注意してください。

画面表示と
組み込みダイアログボックス

20-1 Excelのタイトルバーの文字列を変更する

ApplicationとWindowオブジェクトのCaptionプロパティ

通常は、Excelのタイトルバーには、以下のようにウィンドウ名とアプリケーション名が表示されています。

●図20-1　ウィンドウ名とアプリケーション名

この図で表示されている「Book1」という文字列は、厳密にはブック名ではなくウィンドウ名です。

1つのブックに対して1つのウィンドウしか開いていないときには、このようにウィンドウ名の欄にはブック名が表示されます。しかし、1つのブックに対して2つ以上のウィンドウを開けば、タイトルバーに表示されているのがブック名ではなくウィンドウ名であることがわかります。

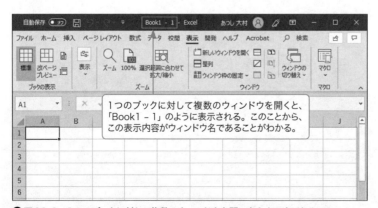

●図20-2　1つのブックに対して複数のウィンドウを開いたときのタイトルバー

　タイトルバーの表示文字列がブック名ではなくてウィンドウ名であるということは、Excel VBAに置き換えると、この表示文字列の対象オブジェクトは、WorkbookオブジェクトではなくWindowオブジェクトであるということになります。これは、重要なポイントです。

　それでは、以上の点を踏まえて、Excelのタイトルバーの文字列を変更する事例を紹介しましょう。

◉事例163　**Excelのタイトルバーの文字列を変更する ([20.xlsm] Module1)**

```
Sub ChangeTitleBar()
    Application.Caption = "フェニックス(株)"          ―❶
    ActiveWindow.Caption = "販売管理システム"         ―❷
End Sub
```

　❶で、ApplicationオブジェクトのCaptionプロパティに値を設定しています。

　そして、❷でWindowオブジェクトのCaptionプロパティに値を設定しています。

　結果、このマクロを実行すると、Excelのタイトルバーは下図のようになります。

●図20-3　**事例163の実行結果**

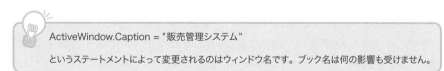

　　ActiveWindow.Caption = "販売管理システム"

　　というステートメントによって変更されるのはウィンドウ名です。ブック名は何の影響も受けません。

　なお、Excelのタイトルバーを元の状態に戻すときには、ApplicationオブジェクトのCaptionプロパティに空の文字列を代入します。また、ウィンドウ名にはブック名を代入すればよいでしょう。したがって、

```
Application.Caption = ""
ActiveWindow.Caption = ActiveWorkbook.Name
```

というステートメントを実行すれば、Excelのタイトルバーは元の状態に戻ります。

　また、Excelを再起動すれば、やはり初期状態に戻ります。

20-2 画面のちらつきを抑止する

マクロの実行中に画面表示の動きを停止する

　マクロの中に、ブックやシートを切り替えたり、また、データの並べ替え処理を行うステートメントがあると、マクロの実行時に表示内容が変化して画面が目まぐるしく動きます。この画面のちらつきをなくし、マクロの実行速度を向上させるときには、Application オブジェクトのScreenUpdatingプロパティにFalseを代入します。

●事例164　画面のちらつきを抑止する（[20.xlsm] Module1）

```
Sub StopScreen()
    Dim i As Integer

    Application.ScreenUpdating = False          ─❶

    For i = 1 To 10                             ─❷
        Worksheets(1).Activate
        Worksheets(2).Activate
    Next i

    Application.ScreenUpdating = True           ─❸
End Sub
```

　❶でScreenUpdatingプロパティにFalseを代入して、画面表示の動きを停止しています。

　そして、❷でシート表示を切り替えています。本来ならばこのステートメントによって画面表示は目まぐるしく動きますが、ScreenUpdatingプロパティがFalseになっているため、画面表示の動きは停止して、バックグラウンドでシートが切り替わります。

　最後に、❸でScreenUpdatingプロパティの値を既定のTrueに戻していますが、このステートメントがなくても、マクロの実行が終了したら、ScreenUpdatingプロパティの値は自動的にTrueに戻ります。

　しかし、今後のExcel VBAのバージョンアップによって、マクロの実行が終了してもScreenUpdatingプロパティの値が自動的にTrueに戻らなくなる可能性もゼロではありませんので、❸のステートメントは必ず記述したほうがよいでしょう。

20-3 確認／警告メッセージを非表示にする

シートの削除確認のメッセージを非表示にする

Excelでは、特定の操作を実行するとさまざまな確認／警告メッセージが表示されます。たとえば、シートを削除するときには以下の注意メッセージが表示されます。

●図20-4 シートを削除するときの注意メッセージ

ほかにも、変更のあったブックを保存せずに閉じようとしたり、また、同名のファイルが存在するときに名前を付けて保存しようとするときに表示されるメッセージもよく目にします。これらの確認／警告メッセージは、マクロの中で処理を行うときも同様に表示されます。しかし、このメッセージは作業の自動化を著しく妨げますから、マクロの中でメッセージが表示されないようにする必要が生じることもあります。こうした確認／警告メッセージを非表示にするときには、DisplayAlertsプロパティにFalseを代入します。

●事例165 確認メッセージを表示せずにシートを削除する（[20.xlsm] Module1）

```
Sub StopAlertMsg()
    Application.DisplayAlerts = False                          ─❶

    Worksheets.Add.Name = "Dummy"
    MsgBox "ワークシート「Dummy」を追加しました" & vbCrLf & _
        "これから「Dummy」を削除します"

    Worksheets("Dummy").Delete                                ─❷

    Application.DisplayAlerts = True                          ─❸
End Sub
```

❶で、DisplayAlertsプロパティにFalseを代入して、確認メッセージを表示しないようにしています。❷ではシートを削除していますが、DisplayAlertsプロパティがFalseになっているため、確認メッセージは表示されません。

最後に、❸でDisplayAlertsプロパティの値を既定のTrueに戻していますが、このステートメントがなくても、マクロの実行が終了したら、DisplayAlertsプロパティの値は自動的にTrueに戻ります。

しかし、今後のExcel VBAのバージョンアップによって、マクロの実行が終了してもDisplayAlertsプロパティの値が自動的にTrueに戻らなくなる可能性もゼロではありませんので、❸のステートメントは必ず記述したほうがよいでしょう。

20-4 ステータスバーに メッセージを表示する

ステータスバーに処理の進捗状況を表示する

マクロの処理時間が長いときには、処理の実行状況を明示したほうがユーザーのストレスは軽減されます。実際に、私たちがダウンロードやインストールを行うときなどは、大抵、処理の進捗状況が表示されます。248ページでは、ラベルをプログレスバーとして利用する方法を紹介しましたが、ここではステータスバーを利用してみましょう。

下図を見てください。ステータスバーにマクロの処理の進捗状況が表示されています。

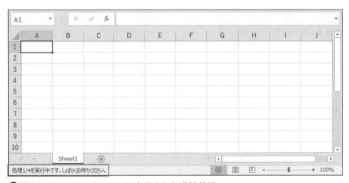

この図は、以下の事例166のマクロの実行結果ではありません。

●図20-5　ステータスバーに表示された進捗状況

それでは、ステータスバーの利用例を1つ紹介することにしましょう。

●事例166　ステータスバーにメッセージを表示する（[20.xlsm] Module1）

```
Sub DispStatusBar()
    Dim myStatusBar As Boolean
    Dim myCell As Range

    Worksheets("Sheet2").Activate

    myStatusBar = Application.DisplayStatusBar           ―❶

    Application.DisplayStatusBar = True                  ―❷

    For Each myCell In Range("A1:C5")
        myCell.Value = "ABC"
```

```
        Application.StatusBar = myCell.Address & "に書き込み中"        —❸

        Application.Wait Now + TimeValue("00:00:01")                  —❹
    Next myCell

    Application.StatusBar = False                                     —❺

    Application.DisplayStatusBar = myStatusBar                        —❻
End Sub
```

　❶では、現在ステータスバーが表示されているかいないか、その状態を変数に格納しています。
DisplayStatusBarプロパティは、ステータスバーの状態をブール型の値で返すプロパティです。

　❷では、ステータスバーを表示しています。

　そして、❸でステータスバーにメッセージを表示しています。このように、StatusBarプロパティに値
を代入すれば、その値がステータスバーに表示されます。

　❹は、Waitメソッドでマクロの実行を1秒間中断するもので、今回は、ステータスバーにメッセージ
が表示される様子を実感してもらうためにこのメソッドを記述しています。

　なお、ステータスバーに文字列を代入すると、マクロの実行が終了してもその文字列がステータス
バーに残ってしまいます。そこで、❺ではこの文字列を消してステータスバーの表示内容をExcelの既
定値に戻しています。

　最後に、❻でステータスバーの状態をマクロの実行前の状態に戻しています。もし、マクロの実行前
にステータスバーが表示されていなかった場合、このステートメントによってステータスバーそのものが
非表示になります。

　それでは、サンプルブック［20.xlsm］の「事例166」のボタンをクリックし、ステータスバーにメッ
セージが表示される様子を実際に確認してください。

20-5 組み込みダイアログボックス

Excelの組み込みダイアログボックスを開く

　マクロの記録は操作の結果しか記録しませんので、ダイアログボックスでどのような設定を行ったのかは記録されますが、「ダイアログボックスを開く」という操作自体は記録されません。しかし、Excelに組み込まれている膨大なダイアログボックスは、Dialogsプロパティを使えばVBAからでも開くことができます。

　たとえば、以下のステートメントを実行すると、Excelの［ファイルを開く］ダイアログボックスが表示されます。

●図20-6　［ファイルを開く］ダイアログボックス

　そして、VBAで表示されたこのダイアログボックスでも、手作業でこのダイアログボックスを開いたときとまったく同様の操作をすることが可能です。

　それでは、そのほかの例を2つ紹介しましょう。

　以下のステートメントは、［名前を付けて保存］ダイアログボックスを開きます。

```
Application.Dialogs(xlDialogSaveAs).Show
```

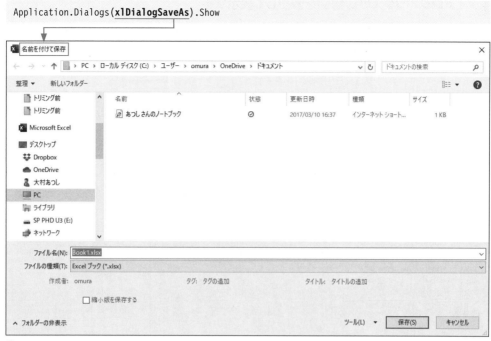

● 図20-7　［名前を付けて保存］ダイアログボックス

以下のステートメントは［ページ設定］ダイアログボックスを開きます。

```
Application.Dialogs(xlDialogPageSetup).Show
```

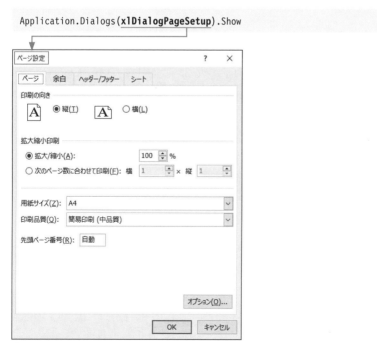

● 図20-8　［ページ設定］ダイアログボックス

ダイアログボックスの初期値を変更して表示する

Showメソッドには、「Arg」という引数名で、さまざまな引数を指定することができます。この引数に値を指定すると、ダイアログボックスは初期値が変更されて表示されます。ここが、VBAがユーザー操作よりも優れている点です。

たとえば、初期値を変更して、[印刷範囲] を「3」ページから「5」ページまで、という設定値で [印刷] ダイアログボックスを表示するステートメントは以下のようになります。

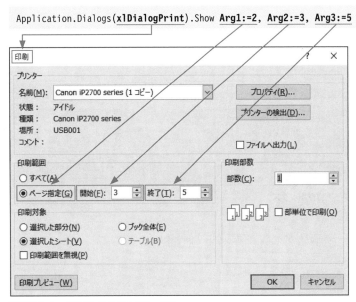

●図20-9　[印刷] ダイアログボックス

引数「Arg」は、arg1……arg30まで、最大30個指定できます。この引数の個数は、当然ダイアログボックスによって異なります。ちなみに、[印刷] ダイアログボックス（Dialogs(xlDialogPrint)）では、arg1……arg15まで15個の引数が指定できます。

Excel VBAでは、250種類を超える組み込みダイアログボックスが利用できますが、各ダイアログボックスに対応する定数を調べるときには、ヘルプの「XlBuiltInDialog 列挙」を参照してください。

Showメソッドの戻り値を利用する

　Showメソッドは、組み込みダイアログボックスでユーザーが［OK］ボタンをクリックするとTrueを返し、［キャンセル］ボタンをクリックするとFalseを返すので、以下のような処理の分岐が可能です。

●事例167　組み込みダイアログボックスで処理を分岐する（［20.xlsm］Module1）

```
Sub DispBuiltinDialog()
    Dim myRtn As Boolean

    myRtn = Application.Dialogs(xlDialogOptionsView).Show
```

```
    If myRtn = False Then
        MsgBox "［キャンセル］が選択されました" & vbCrLf & _
            "処理を終了します"
        Exit Sub
    End If

    MsgBox "処理を続行します"
    '
    '   処理実行
    '

End Sub
```

20-6 ダイアログボックスで指定された ファイル名を取得する

■ GetOpenFilenameメソッドで［ファイルを開く］ダイアログボックスを開く

20-5「組み込みダイアログボックス」で解説したとおり、

```
Application.Dialogs(組み込み定数).Show
```

というステートメントを使えば、250種類を超える組み込みダイアログボックスを開くことができます。そして、ダイアログボックスで設定した情報は、そのままExcelにも反映されます。

しかし、このステートメントには1つ、大きな欠点があります。たとえば、

```
Application.Dialogs(xlDialogOpen).Show
```

で、［ファイルを開く］ダイアログボックスでユーザーがファイルを開いても、マクロがそのファイル名を取得することはできません。取得できるのは、選択されたボタンが［OK］なのか［キャンセル］なのかだけで、Showメソッドはダイアログボックスで設定した情報までは返してくれないのです。

それでは、この欠点が作業の自動化を妨げてしまう例を1つ紹介しましょう。VBAのコードで［ファイルを開く］ダイアログボックスを表示して、ユーザーに任意のテキストファイルを選択してもらうケースを想定してください。

```
Application.Dialogs(xlDialogOpen).Show　を実行する。
```

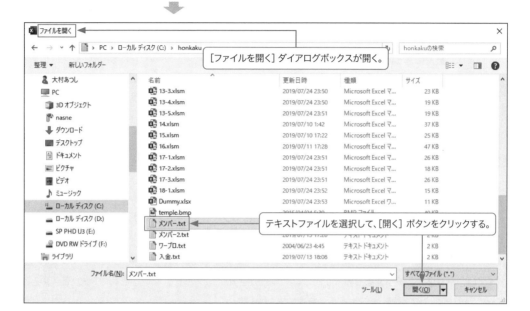

[ファイルを開く] ダイアログボックスが開く。

テキストファイルを選択して、[開く] ボタンをクリックする。

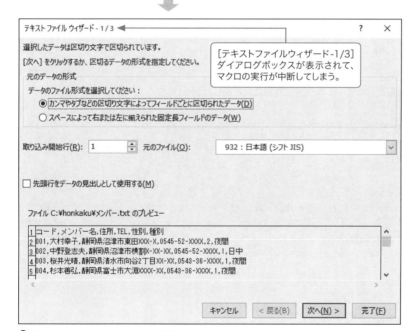

[テキストファイルウィザード-1/3]
ダイアログボックスが表示されて、
マクロの実行が中断してしまう。

●図20-10　Showメソッドの問題点

Note	Showメソッドの返す値

469ページで、「Showメソッドは、[OK] ボタンがクリックされるとTrueを返し、[キャンセル] ボタンがクリックされるとFalseを返す」と解説しましたが、[ファイルを開く] ダイアログボックスでは、Showメソッドは、[開く] ボタンがクリックされるとTrueを返し、[キャンセル] ボタンがクリックされるとFalseを返します。

つまり、厳密に言うと、Showメソッドは、[キャンセル] ボタンがクリックされるとFalseを返し、それ以外の「OK」を意味するボタンがクリックされるとTrueを返す、ということになります。

このように、

```
Application.Dialogs(xlDialogOpen).Show
```

では、作業の流れが寸断してしまいます。

そこで、ユーザーが [ファイルを開く] ダイアログボックスで選択したファイル名を取得して、マクロの中で利用する方法を紹介します。

Excel VBAには、GetOpenFilenameというメソッドがあります。このメソッドも [ファイルを開く] ダイアログボックスを表示するものですが、ユーザーがダイアログボックスで [開く] ボタンをクリックすると、戻り値として選択したファイル名を返してくれます。

ただし、ファイル名を返すだけで、ファイルは開きません。したがって、その戻り値を変数に代入して、ファイルを開くコードを別途記述する必要がありますが、この方法を使えば、テキストファイルウィザードを起動せずにテキストファイルを開くことができるのです。

それでは、その処理を実行している事例をご覧いただきましょう。

◉ 事例168　GetOpenFilenameメソッドでテキストファイルを開く（[20.xlsm] Module1）

```
Sub OpenTxtFile()
    Dim myFName As String

    myFName = Application. _
        GetOpenFilename("テキスト ファイル,*.txt;*.csv")          ―❶

    If myFName <> "False" Then                                ―❷
        Workbooks.OpenText Filename:=myFName, Comma:=True      ―❸
    End If
End Sub
```

❶のステートメントを実行すると、下図のダイアログボックスが開きます。

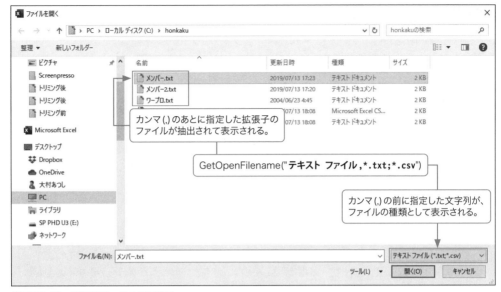

●図20-11　事例168　❶の実行結果

GetOpenFilenameメソッドでは、[ファイルを開く] ダイアログボックス内に表示するファイルは、カンマ (,) のあとのファイル拡張子で抽出します。そして、上図のように複数のファイル拡張子で抽出するときには、ファイル拡張子の間をセミコロン (;) で区切ります。

GetOpenFilenameメソッドは、[キャンセル] ボタンが選択されるとブール型のFalseを返しますので、❷のステートメントのように条件分岐することができます。

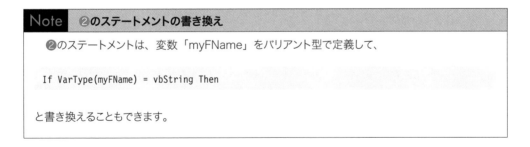

Note	❷のステートメントの書き換え

❷のステートメントは、変数「myFName」をバリアント型で定義して、

```
If VarType(myFName) = vbString Then
```

と書き換えることもできます。

❸のステートメントのOpenTextメソッドについては、Chapter 22で解説します。

では、実際にサンプルブック [20.xlsm] で「事例168」のボタンをクリックして、[メンバー.txt] を開いてください。[テキストファイルウィザード] ダイアログボックスが表示されることなく、[メンバー.txt] が開くことが確認できます。すなわち、VBAによって作業が中断することなく完全に自動化されたわけです。

GetOpenFilenameメソッドで［ファイルを開く］ダイアログボックスを開いたときには、ファイル名が空白のままでは［開く］ボタンをクリックできません。

また、存在しないファイルを指定して［開く］ボタンをクリックすると、エラーメッセージが表示されます。

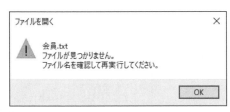

●図20-12　存在しないファイルを指定したことによるエラーメッセージ

つまり、マクロの中で、ユーザーが指定したファイルが存在するかどうかをチェックする必要がないこともGetOpenFilenameメソッドの大きな特徴です。

Column ダイアログボックスで選択したブックを開くメソッド

GetOpenFilenameメソッドは、ブックのパスと名前を取得するだけで、実際にブックを開くわけではありません。

ブックを開くときには、そのブック名を引数にOpenメソッドを使わなければなりません。

しかし、FindFileメソッドを以下のように使用すると、［ファイルを開く］ダイアログボックスが表示されて、選択したブックを開くことができます。

```
Application.FindFile
```

イミディエイトウィンドウで実行するとわかりますが、このステートメントを実行して、ダイアログボックスでファイルを選択して［開く］ボタンをクリックするだけでブックが開きます。

また、［キャンセル］ボタンを押しても何も起きませんので、押されるボタンによって条件判断をする必要もありません。

そうであるなら、FindFileメソッドを最初から使えばいいように思えますが、FindFileメソッドではダイアログボックスに表示する「ファイルの種類（拡張子）」を指定できません。

ですから、ファイルの種類を指定したいときにはGetOpenFilenameメソッド、その必要がないときにはFindFileメソッドというように使い分けるのがよいかもしれませんね。

GetSaveAsFilenameメソッドで [ファイル名を付けて保存] ダイアログボックスを開く

　[ファイルを開く] ダイアログボックスを表示するGetOpenFilenameメソッドと対になるのが、[名前を付けて保存] ダイアログボックスを表示するGetSaveAsFilenameメソッドです。

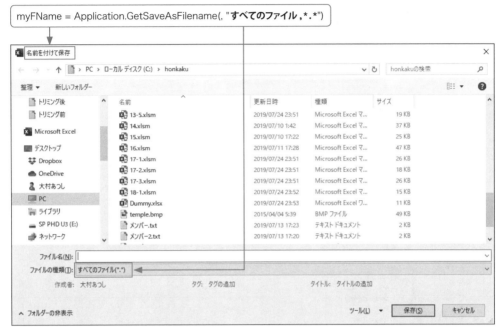

●図20-13　GetSaveAsFilenameメソッド

　GetSaveAsFilenameメソッドも、ユーザーがダイアログボックスで指定したファイル名を戻り値として返します。しかし、[保存] ボタンをクリックしてもファイルは保存されません。したがって、プログラミング的には、取得したファイル名をSaveAsメソッドに引き渡してファイルを保存することになります。

Column　フォルダーを選択するダイアログボックスを開く

　これまでは「ブックを開く」「ブックを保存する」と、ブックに関するダイアログボックスを取り上げてきましたが、フォルダーを選択するダイアログボックスを表示するには、引数に「msoFileDialogFolderPicker」を指定してFileDialogプロパティを使用します。

　そして、Showメソッドでダイアログボックスを表示するわけですが、[OK] ボタンを押すとTrueが、[キャンセル] ボタンを押すとFalseが戻り値になります。

　また、選択したフォルダーのパスを取得するには、SelectedItemsプロパティに格納されている配列の最初の値を取得します。

　以下のマクロは、[20.xlsm] のModule2に収録されています。

```
Sub SelectFolder()
    With Application.FileDialog(msoFileDialogFolderPicker)

        .Title = "フォルダー選択"

        If .Show = True Then
            ChDrive .SelectedItems(1)
            ChDir .SelectedItems(1)
        End If
    End With
End Sub
```

　このマクロを [F5] キーで実行すると、以下の［フォルダー選択］ダイアログボックスが表示されます。

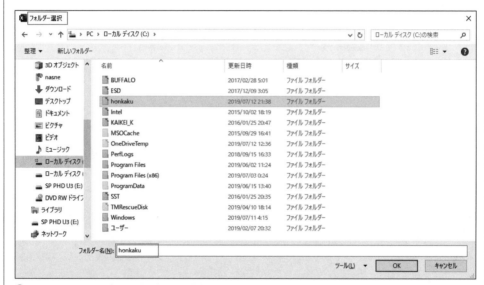

●図20-14　［フォルダー選択］ダイアログボックス

　そして、このダイアログボックスでフォルダーを選択して［OK］ボタンをクリックすると、ChDriveステートメントによって選択したフォルダーがあるドライブがカレントドライブに変更され、ChDirステートメントによって選択したフォルダーがカレントフォルダーになります。

　ちなみに、カレントフォルダーを取得するときには、以下のようにCurDir関数を使用してください。

```
MsgBox "カレントフォルダー：" & CurDir
```

Column　任意のタイトルをダイアログボックスに表示する

　GetOpenFilenameメソッドには、タイトルを任意に変更した上でダイアログボックスを表示できるという隠れた機能があります。つまり、ダイアログボックスの実体は［ファイルを開く］ダイアログボックスなのですが、以下のようなステートメントを実行すると、「ファイルを開く」という文字列を変更することができるのです。

```
myFName = Application.GetOpenFilename(FileFilter:="すべてのファイル(*.*),*.*", _
    Title:="ファイルのコピー (コピー元の指定)")
```

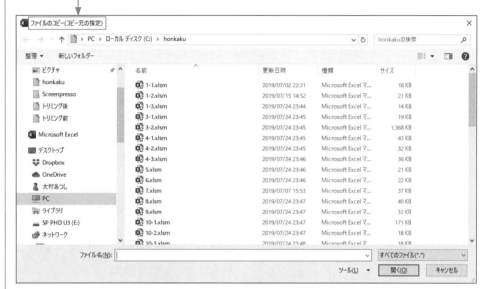

●図20-15　タイトルが変更された［ファイルを開く］ダイアログボックス

　同様に、GetSaveAsFilenameメソッドでも、［名前を付けて保存］ダイアログボックスのタイトルを変更して表示することができます。

```
myFName = Application.GetSaveAsFilename(FileFilter:="すべてのファイル (*.*),*.*", _
    Title:="ファイルのコピー (コピー先の指定)")
```

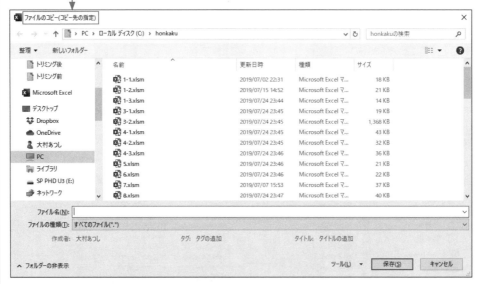

●図20-16　タイトルが変更された [名前を付けて保存] ダイアログボックス

　このような工夫をすることで、ユーザーにファイルをコピーさせるマクロも開発できます。コピーは、531ページで紹介しているFileCopyステートメントを使ったり、もしくは、コピーの対象がExcelブックだったら、そのブックを開いて名前を付けて保存するなど、自由に開発するといいでしょう。

グラフをVBAで操作する

21-1 データ範囲と系列を指定してグラフを作成する

データ範囲と系列を指定する

Chapter 21のテーマはグラフです。まずは、データ範囲と系列を指定してグラフを作成する方法を解説します。ここで紹介するのは、SetSourceDataメソッドです。

では早速、サンプルブック［21.xlsm］を開いて、下図のようなワークシートに対して事例169のマクロを実行してみましょう。

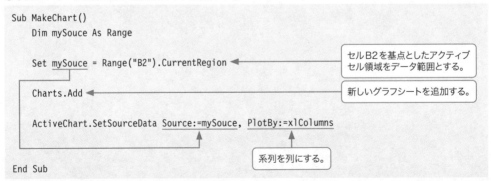

▲	A	B	C	D	E
1					
2		4月度売上高	東京	大阪	
3		Ｅｘｃｅｌ	43,200	59,455	系列：列
4		Ａｃｃｅｓｓ	31,500	37,070	
5		Ｗｏｒｄ	22,500	30,800	
6		Ｏｕｔｌｏｏｋ	6,300	6,380	
7		ＰｏｗｅｒＰｏｉｎｔ	3,150	3,267	
8					
9		系列：行			
10					

●図21-1　事例169でグラフを作成するデータ

●事例169　データ範囲と系列を指定してグラフを作成する（［21.xlsm］Module1）

```
Sub MakeChart()
    Dim mySouce As Range

    Set mySouce = Range("B2").CurrentRegion      ← セルB2を基点としたアクティブ
                                                    セル領域をデータ範囲とする。

    Charts.Add                                   ← 新しいグラフシートを追加する。

    ActiveChart.SetSourceData Source:=mySouce, PlotBy:=xlColumns
                                                    系列を列にする。

End Sub
```

すると、下図のようなグラフが作成されます。

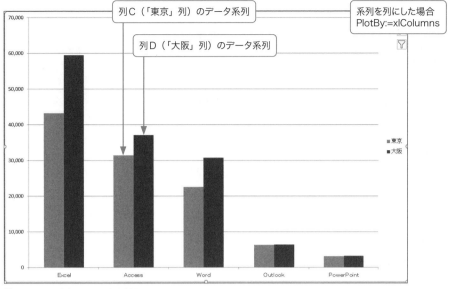

●図21-2　事例169の実行結果

また、引数PlotByに「xlRows」を指定すると、下図のように系列を行としたグラフが作成されます。

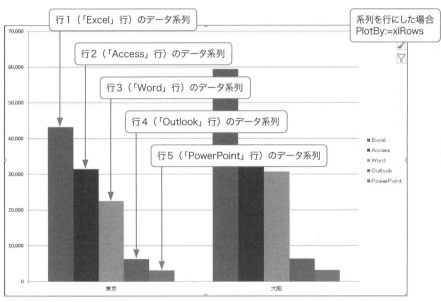

●図21-3　系列を行にしたグラフ

　ちなみに、引数PlotByは省略可能ですが、省略した場合には表の形状に応じてExcelが自動的に判断しますので、意図したグラフが作成されない場合があります。必ず引数PlotByは指定するようにしましょう。

以下、Chapter 21に出てくるサンプルマクロでは、

Charts("グラフ1").Activate

のように、グラフシート名が「グラフ1」になっていますが、これはExcel 2016からの変更点で、Excel 2016より前のバージョンで、

Charts.Add

を実行すると、グラフシート名は「Graph1」になる点に注意してください。

グラフの種類を変更する

グラフの種類は、作成後に変更することができます。具体的には、グラフを表すChartオブジェクトのChartTypeプロパティに任意の定数を代入すれば、グラフの種類が変わります。

以下のマクロは、事例169で作成した集合縦棒グラフを3-D集合縦棒に変更するものです。

```vba
Sub ChangeType()
    Charts("グラフ1").Activate

    ActiveChart.ChartType = xl3DColumnClustered          ─❶
End Sub
```

❶で、グラフの種類を3-D集合縦棒にしています。

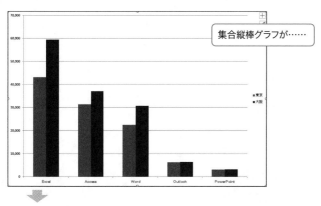

集合縦棒グラフが……

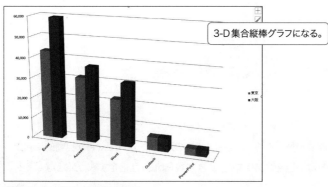

3-D集合縦棒グラフになる。

●図21-4　グラフの種類の変更

ChartTypeプロパティで使用する定数の一覧は下表のとおりです。

●表21-1　ChartTypeプロパティで使用する定数一覧

グラフの種類	詳細	定数
縦棒	集合縦棒	xlColumnClustered
	3-D集合縦棒	xl3DColumnClustered
	積み上げ縦棒	xlColumnStacked
	3-D積み上げ縦棒	xl3DcolumnStacked
	100%積み上げ縦棒	xlColumnStacked100
	3-D 100%積み上げ縦棒	xl3DColumnStacked100
	3-D縦棒	xl3DColumn
横棒	集合横棒	xlBarClustered
	3-D集合横棒	xl3DBarClustered
	積み上げ横棒	xlBarStacked
	3-D積み上げ横棒	xl3DBarStacked
	100%積み上げ横棒	xlBarStacked100
	3-D 100%積み上げ横棒	xl3DBarStacked100
折れ線	折れ線	xlLine
	データマーカー付き折れ線	xlLineMarkers
	積み上げ折れ線	xlLineStacked
	データマーカー付き積み上げ折れ線	xlLineMarkersStacked
	100%積み上げ折れ線	xlLineStacked100
	データマーカー付き100%積み上げ折れ線	xlLineMarkersStacked100
	3-D折れ線	xl3DLine
円	円	xlPie
	分割円	xlPieExploded
	3-D円	xl3DPie
	分割3-D円	xl3DPieExploded
	補助円グラフ付き円	xlPieOfPie
	補助縦棒グラフ付き円	xlBarOfPie
散布図	散布図	xlXYScatter
	平滑線付き散布図	xlXYScatterSmooth
	平滑線付き散布図（データマーカーなし）	xlXYScatterSmoothNoMarkers
	折れ線付き散布図	xlXYScatterLines
	折れ付き散布図（データマーカーなし）	xlXYScatterLinesNoMarkers
バブル	バブル	xlBubble
	3-D効果付きバブル	xlBubble3DEffect
面	面	xlArea
	3-D面	xl3DArea
	積み上げ面	xlAreaStacked
	3-D積み上げ面	xl3DAreaStacked
	100%積み上げ面	xlAreaStacked100
	3-D 100%積み上げ面	xl3DAreaStacked100
ドーナツ	ドーナツ	xlDoughnut
	分割ドーナツ	xlDoughnutExploded

レーダー	レーダー	xlRadar
	データマーカー付きレーダー	xlRadarMarkers
	塗りつぶしレーダー	xlRadarFilled
等高線	3-D等高線	xlSurface
	等高線（トップビュー）	xlSurfaceTopView
	3-D等高線（ワイヤフレーム）	xlSurfaceWireframe
	等高線（トップビュー - ワイヤフレーム）	xlSurfaceTopViewWireframe
株価	高値 - 安値 - 終値	xlStockHLC
	出来高 - 高値 - 安値 - 終値	xlStockVHLC
	始値 - 高値 - 安値 - 終値	xlStockOHLC
	出来高 - 始値 - 高値 - 安値 - 終値	xlStockVOHLC
円柱	集合円柱縦棒	xlCylinderColClustered
	集合円柱横棒	xlCylinderBarClustered
	積み上げ円柱縦棒	xlCylinderColStacked
	積み上げ円柱横棒	xlCylinderBarStacked
	100%積み上げ円柱縦棒	xlCylinderColStacked100
	100%積み上げ円柱横棒	xlCylinderBarStacked100
	3-D円柱縦棒	xlCylinderCol
円錐	集合円錐縦棒	xlConeColClustered
	集合円錐横棒	xlConeBarClustered
	積み上げ円錐縦棒	xlConeColStacked
	積み上げ円錐横棒	xlConeBarStacked
	100%積み上げ円錐縦棒	xlConeColStacked100
	100%積み上げ円錐横棒	xlConeBarStacked100
	3-D円錐縦棒	xlConeCol
ピラミッド	集合ピラミッド縦棒	xlPyramidColClustered
	集合ピラミッド横棒	xlPyramidBarClustered
	積み上げピラミッド縦棒	xlPyramidColStacked
	積み上げピラミッド横棒	xlPyramidBarStacked
	100%積み上げピラミッド縦棒	xlPyramidColStacked100
	100%積み上げピラミッド横棒	xlPyramidBarStacked100
	3-Dピラミッド縦棒	xlPyramidCol

21-2 グラフタイトルを設定する

グラフタイトルの文字列を設定する

　ここでは、21-1で作成したグラフにグラフタイトルを設定します。

　グラフタイトルを設定するためには、まずHasTitleプロパティにTrueを指定して、グラフタイトルを表すChartTitleオブジェクトを作成しなければなりません。そして、そのChartTitleオブジェクトのTextプロパティでタイトルの文字列を設定します。

●事例170　グラフタイトルの文字列を設定する（[21.xlsm] Module1）

```
Sub MakeChartTitle()
    Charts("グラフ1").Activate

    With ActiveChart
        .HasTitle = True                        ─❶
        .ChartTitle.Text = "4月度売上高"        ─❷
    End With
End Sub
```

　❶で、グラフタイトルを表示しています。

　❷で、グラフタイトルの文字列を設定しています。

　サンプルブック[21.xlsm]の事例170のマクロを実行すると、下図のようにグラフタイトルが設定されます。

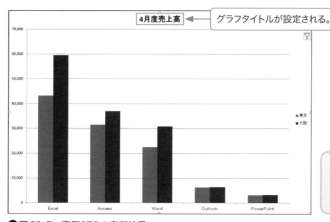

●図21-5　事例170の実行結果

> 事例170のマクロは、事例169のマクロで「グラフ1」シートを作成しておかないとエラーが発生します。

グラフタイトルの配置位置を設定する

デフォルトの状態では、グラフタイトルはグラフエリア上部の中央に配置されます。グラフタイトルの配置場所を指定するときには、ChartTitleオブジェクトのTopプロパティで上端位置を、Leftプロパティで左端位置を設定します。

サンプルブック［21.xlsm］で、事例170を実行後に以下の事例171のマクロを実行すると、グラフタイトルの表示位置はグラフエリアの左上端に移動します。

◉事例171　グラフタイトルの配置位置を設定する（[21.xlsm] Module1）

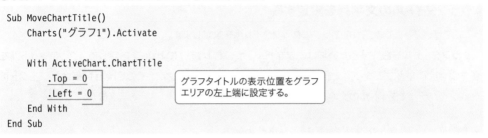

```
Sub MoveChartTitle()
    Charts("グラフ1").Activate

    With ActiveChart.ChartTitle
        .Top = 0
        .Left = 0
    End With
End Sub
```

グラフタイトルの表示位置をグラフエリアの左上端に設定する。

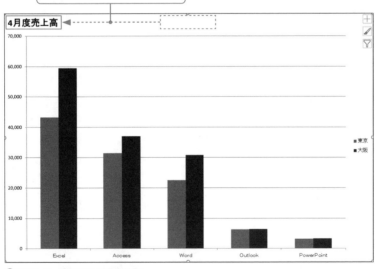

グラフタイトルの表示位置がグラフエリアの左上端に移動する。

●図21-6　事例171の実行結果

486

21-3 軸と目盛線を設定する

横棒グラフの項目軸を反転する

Excelで横棒グラフを作成すると、項目軸の順序と元の表の並び順は正反対になるため、手作業の場合、以下の操作で項目軸を反転させなければなりません。

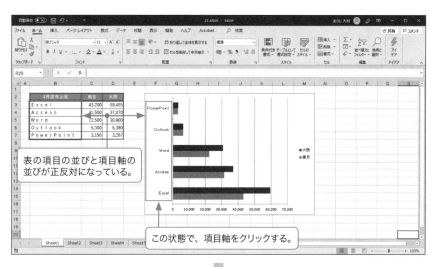

表の項目の並びと項目軸の並びが正反対になっている。

この状態で、項目軸をクリックする。

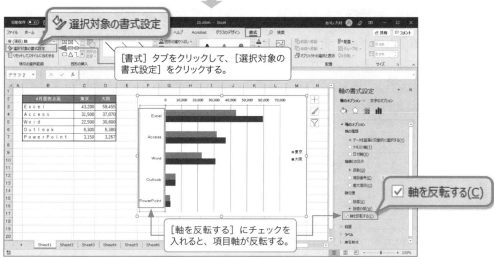

[書式] タブをクリックして、[選択対象の書式設定] をクリックする。

[軸を反転する] にチェックを入れると、項目軸が反転する。

●図21-7　グラフの軸の反転

本書では、Excel 2019のグラフを元に解説しています。グラフに関しては、Excelのバージョンごとに操作方法が異なりますので、ご自分のExcelのバージョンに応じて操作してください。

この作業をVBAにすると、AxesオブジェクトのReversePlotOrderプロパティを使った、事例172のマクロのようになります。

◉事例172　横棒グラフの項目軸を反転する（[21.xlsm] Module1）

```
Sub ReverseAxes()
    Worksheets("Sheet1").ChartObjects(1).Activate
    ActiveChart.Axes(xlCategory).ReversePlotOrder = True

End Sub
```

項目軸を参照する。　軸を反転する。

Axesオブジェクトを参照するAxesメソッドの引数Typeで使用する定数の種類は下表のとおりです。

◉表21-2　Axesメソッドの引数Typeで使用する定数

定数	値	内容
xlCategory	1	項目軸
xlValue	2	数値軸
xlSeriesAxis	3	系列軸（3Dグラフのみ）

軸ラベルを設定する

グラフタイトルや軸ラベルの設定を手作業で行うには、［グラフのデザイン］タブに用意されている［グラフタイトル］、［軸ラベル］からそれぞれの要素の配置を決めます。そのあとで、タイトルやラベルを入力します。

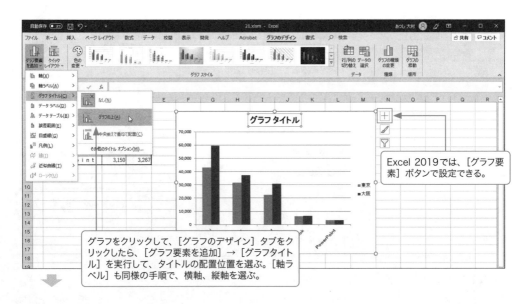

Excel 2019では、［グラフ要素］ボタンで設定できる。

グラフをクリックして、［グラフのデザイン］タブをクリックしたら、［グラフ要素を追加］→［グラフタイトル］を実行して、タイトルの配置位置を選ぶ。［軸ラベル］も同様の手順で、横軸、縦軸を選ぶ。

21
グラフをVBAで操作する

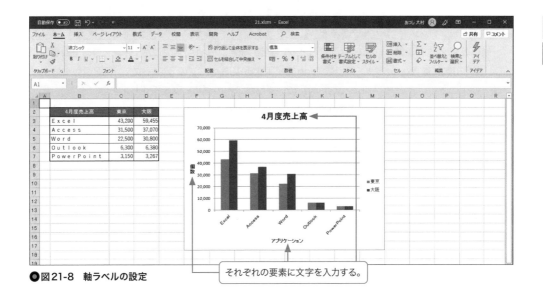

●図21-8　軸ラベルの設定

それぞれの要素に文字を入力する。

　VBAでは、AxesメソッドでAxisオブジェクトを参照し、さらにHasTitleプロパティにTrueを設定すると、軸ラベルを表すAxisTitleオブジェクトが作成されます。したがって、上図のような軸ラベルをグラフに設定するときには、事例173のようなマクロを作成します。

●事例173　軸ラベルを設定する（[21.xlsm] Module1）

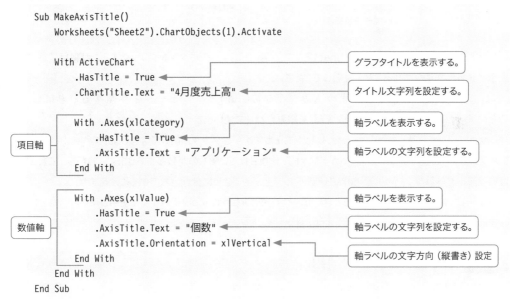

```
Sub MakeAxisTitle()
    Worksheets("Sheet2").ChartObjects(1).Activate

    With ActiveChart
        .HasTitle = True
        .ChartTitle.Text = "4月度売上高"

        With .Axes(xlCategory)
            .HasTitle = True
            .AxisTitle.Text = "アプリケーション"
        End With

        With .Axes(xlValue)
            .HasTitle = True
            .AxisTitle.Text = "個数"
            .AxisTitle.Orientation = xlVertical
        End With
    End With
End Sub
```

グラフタイトルを表示する。

タイトル文字列を設定する。

軸ラベルを表示する。

軸ラベルの文字列を設定する。

軸ラベルを表示する。

軸ラベルの文字列を設定する。

軸ラベルの文字方向（縦書き）設定

項目軸

数値軸

　軸の表示／非表示は、HasAxisプロパティで設定します。HasAxisプロパティは2つの引数を取り、第1引数にはAxesメソッドの引数Typeで使用する488ページの表の定数を、第2引数には主軸（xlPrimary）、第2軸（xlSecondary）のいずれかの軸のグループを指定します。

　以下のステートメントは、第2軸の数値軸を非表示にするものです。

```
ActiveChart.HasAxis(xlValue, xlSecondary) = False
```

目盛線を設定する

　HasMajorGridlinesプロパティにTrueを代入すると、主軸の目盛線が表示されます。逆に、Falseを代入すると、主軸の目盛線は非表示となります。

　この特性を生かして、ボタンをクリックするたびに主軸の目盛線の表示／非表示を切り替えられるようにしたのが事例174のマクロです。

◉事例174　目盛線の表示／非表示を切り替える（[21.xlsm] Module1）

```
Sub ToggleMajorGridlines()
    With ActiveSheet.ChartObjects(1).Chart.Axes(xlCategory)
        .HasMajorGridlines = Not .HasMajorGridlines
    End With
End Sub
```

項目軸

プロパティの値を反転させる。

　サンプルブック［21.xlsm］の「Sheet2」で、「事例174」のボタンをクリックするたびに目盛線の表示／非表示が切り替わることを確認してください。

　なお、事例174のように、埋め込みグラフのChartオブジェクトを参照するときには、ChartObjectsメソッドとChartプロパティを組み合わせて使います。

　Chartプロパティはともかく、Axesメソッドもそうですが、グラフに関しては、ChartObjectsのようにオブジェクトを参照するキーワードがメソッドに分類されているものが数多くあります。しかし、これには特段深い意味はなく、単にExcel VBAのヘルプ上、そのように分類されているに過ぎません。

　ちなみに、補助目盛線を設定するときには、HasMinorGridlinesプロパティを使用します。

　また、第2軸に目盛線を設定することはできません。

　事例174のマクロのChartObjectsメソッドの引数には、作成した順に付けられるインデックス番号のほかに、埋め込みグラフの名前を指定することもできます。

　ワークシートに複数の埋め込みグラフを作成してあとからVBAで操作するときには、インデックス番号を使うよりも、グラフ作成時に名前を付けてしまい、その名前をChartObjectsメソッドの引数に指定するほうがより便利でしょう。

21-4 凡例とデータテーブルを設定する

凡例を設定する

　HasLegendプロパティにTrueを代入すると、凡例が表示されます。逆に、Falseを代入すると、凡例は非表示になります。

　事例175のマクロは、シートの1つ目の埋め込みグラフに凡例を表示し、凡例の表示位置をグラフの上部に設定するものです。

●事例175　凡例を設定する（[21.xlsm] Module1）

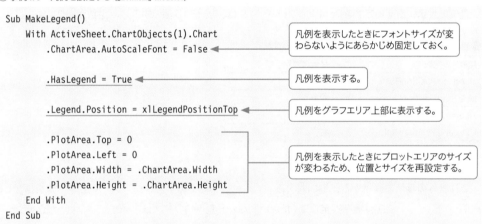

```
Sub MakeLegend()
    With ActiveSheet.ChartObjects(1).Chart
        .ChartArea.AutoScaleFont = False          凡例を表示したときにフォントサイズが変
                                                  わらないようにあらかじめ固定しておく。

        .HasLegend = True                         凡例を表示する。

        .Legend.Position = xlLegendPositionTop    凡例をグラフエリア上部に表示する。

        .PlotArea.Top = 0
        .PlotArea.Left = 0                        凡例を表示したときにプロットエリアのサイズ
        .PlotArea.Width = .ChartArea.Width        が変わるため、位置とサイズを再設定する。
        .PlotArea.Height = .ChartArea.Height
    End With
End Sub
```

　下図がマクロの実行結果です。実際に、サンプルブック［21.xlsm］の「Sheet3」の「事例175」のボタンをクリックして確認してください。

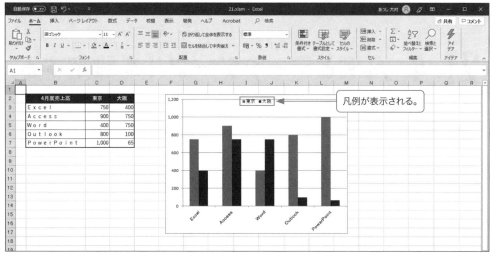

● 図21-9　事例175の実行結果

　凡例の表示位置を指定するPositionプロパティには、以下の5個の組み込み定数があります。

● 表21-3　凡例の表示位置を指定する組み込み定数

組み込み定数	凡例の表示位置
xlLegendPositionBottom	下
xlLegendPositionCorner	右上
xlLegendPositionLeft	左
xlLegendPositionRight	右
xlLegendPositionTop	上

　これ以外の場所に表示するときには、LegendオブジェクトのTopプロパティで上端位置を指定し、Leftプロパティで左端位置を指定してください。なお、凡例のサイズはHeightプロパティとWidthプロパティで設定します。

データテーブルを設定する

　HasDataTableプロパティにTrueを代入すると、データテーブルが表示されます。逆に、Falseを代入すると、データテーブルは非表示になります。

　事例176のマクロは、シートの1つ目の埋め込みグラフにデータテーブルを表示するものです。

●事例176　データテーブルを設定する（[21.xlsm] Module1）

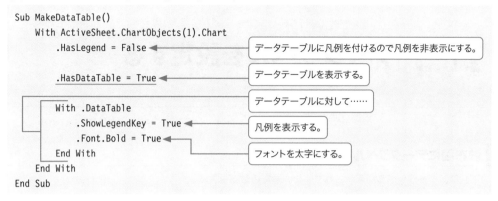

```
Sub MakeDataTable()
    With ActiveSheet.ChartObjects(1).Chart
        .HasLegend = False ◀──── データテーブルに凡例を付けるので凡例を非表示にする。

        .HasDataTable = True ◀──── データテーブルを表示する。

                          ┌──── データテーブルに対して……
        With .DataTable
            .ShowLegendKey = True ◀──── 凡例を表示する。
            .Font.Bold = True ◀──── フォントを太字にする。
        End With
    End With
End Sub
```

　下図がマクロの実行結果です。凡例が非表示になり、データテーブルが表示されています。サンプルブック［21.xlsm］の「Sheet3」の「事例176」のボタンをクリックして確認してください。

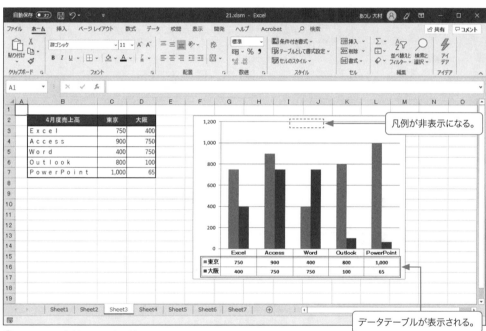

●図21-10　事例176の実行結果

　なお、DataTableオブジェクトのShowLegendKeyプロパティの動作は不安定で、Trueを代入しても凡例が表示されないときがあります。たとえばですが、事例176だけを実行したときにはデータテーブルに凡例が表示されますが、事例175を実行したあとでは凡例が表示されないときがあります。これはVBAのバグだと思われますが、この点には注意してください。

21-5 データラベルを設定する

散布図にデータラベルを表示する

下図は、データラベルが表示されていない通常の散布図です。

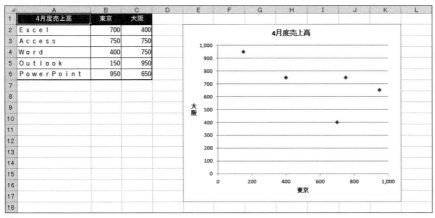

●図21-11　データラベルが表示されていない散布図

そして、ここでは下図のように、この散布図にデータラベルを表示するマクロを作成します。

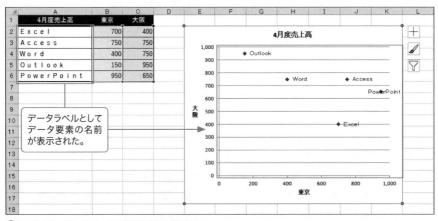

●図21-12　データラベルが表示された散布図

グラフ、データ系列、あるいはデータ要素にデータラベルを設定するときにはApplyDataLabelsメソッドを使います。そして、データラベルの種類は、下表のように引数Typeで指定します。

●表21-4　ApplyDataLabelsメソッドでデータラベルの種類を指定する定数

定数	値	内容	グラフの種類
xlDataLabelsShowNone	-4142	データラベルなし	全種類
xlDataLabelsShowValue	2	データ要素の値（既定値）	全種類
xlDataLabelsShowPercent	3	パーセンテージ	円グラフ、ドーナツグラフ
xlDataLabelsShowLabel	4	データ要素の属する項目名	全種類
xlDataLabelsShowLabelAndPercent	5	パーセンテージと要素の項目名	円グラフ、ドーナツグラフ
xlDataLabelsShowBubbleSizes	6	バブルサイズ	バブルチャート

以上のことから、アクティブグラフにパーセンテージのデータラベルを設定するには、

```
ActiveChart.ApplyDataLabels Type:=xlDataLabelsShowPercent
```

というステートメントを実行すればよいことがわかります。

また、データ要素の値のデータラベルを設定する場合には、引数Typeは既定値として省略できますので、

```
ActiveChart.ApplyDataLabels
```

というステートメントを実行します。

次に押さえておきたい点ですが、VBAではグラフのデータ系列はSeriesオブジェクトとして表されます。そして、このSeriesオブジェクトを参照するためのメソッドがSeriesCollectionメソッドです。また、データ系列の個々のデータ要素はPointオブジェクトとして表され、このオブジェクトはPointsメソッドで参照します。

以下の事例177のマクロでは、1番目のデータ系列（Seriesオブジェクト）の個々のデータ要素（Pointオブジェクト）のデータラベル（DataLabelオブジェクト）に、セルに入力された商品名をループしながら順番に設定することによって、前図のように散布図にデータラベルを表示しています。

●事例177　散布図にデータラベルを表示する（[21.xlsm] Module1）

```
Sub MakeDataLabels()
    Dim myRange As Range
    Dim i As Long

    Set myRange = Range("A2", Range("A2").End(xlDown))  ◀──

    ActiveSheet.ChartObjects(1).Activate
```

> データラベルとして表示するセル範囲（商品名）をオブジェクト変数に代入する。

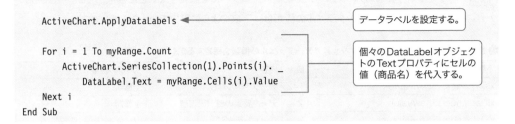

```
    ActiveChart.ApplyDataLabels ◄─────────────────────     データラベルを設定する。

    For i = 1 To myRange.Count
        ActiveChart.SeriesCollection(1).Points(i). _          個々のDataLabelオブジェク
            DataLabel.Text = myRange.Cells(i).Value           トのTextプロパティにセルの
                                                              値（商品名）を代入する。
    Next i
End Sub
```

サンプルブック［21.xlsm］の「Sheet4」の「事例177」のボタンをクリックして確認してください。

21-6 データ系列とグラフ種類グループを設定する

データ系列を参照する

　データからプロットされた関連するデータ要素の集まりを「データ系列」と呼びます。下図では、「売上」「経費」「利益率」がデータ系列です。

　VBAでは、単一データ系列はSeriesオブジェクトとして表され、SeriesCollectionメソッドで参照します。SeriesCollectionメソッドのインデックス番号は、データ系列がグラフに追加された順番と一致します。

　さて、下図のグラフを見ると、3番目のデータ系列の「利益率」が表示されていません。

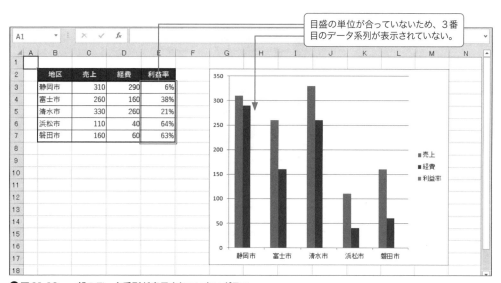

●図21-13　一部のデータ系列が表示されていないグラフ

　以下のマクロは、この図に対して、3番目のデータ系列のグラフの種類を折れ線にし、第2数値軸でプロットするように変更するものです。

497

●事例178　データ系列を参照する1（[21.xlsm] Module2）

```
Sub SeriesSample()
    ActiveSheet.ChartObjects(1).Activate

    With ActiveChart.SeriesCollection(3)            ─❶
        .ChartType = xlLineMarkers                  ─❷
        .AxisGroup = xlSecondary                    ─❸
    End With
End Sub
```

❶で、3番目のデータ系列を参照しています。

❷で、グラフの種類を変更しています。

❸で、第2軸に変更しています。

下図が、事例178の実行結果です。サンプルブック［21.xlsm］の「Sheet5」の「事例178」の
ボタンをクリックして確認してください。

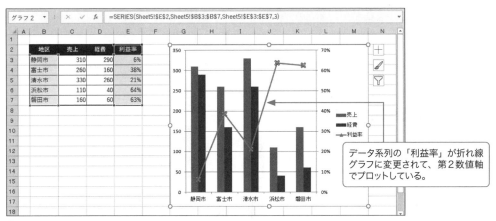

●図21-14　事例178の実行結果

Seriesオブジェクトのコレクションは SeriesCollectionコレクション

通常は、オブジェクトのコレクションは「s」の付いた複数形になります。Workbookオブジェクトの
コレクションはWorkbooksコレクション、という具合です。

しかし、単一のデータ系列を表すSeriesオブジェクトは、すでに複数形となっています。そこで、
Excel VBAでは、SeriesオブジェクトのコレクションはSeriesCollectionコレクションで表されます。

以下のマクロは、SeriesオブジェクトがSeriesCollectionコレクションのメンバーであることを証明
するもので、図21-13の各データ系列（Seriesオブジェクト）の名前と参照範囲を取得しています。
サンプルブック［21.xlsm］の「Sheet5」の「事例179」のボタンをクリックして確認してください。

● 事例179　データ系列を参照する2（[21.xlsm] Module2）

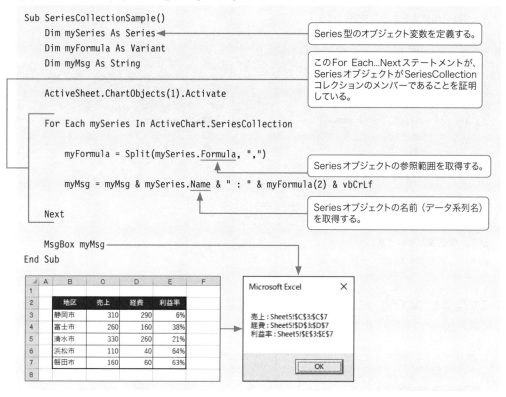

```
Sub SeriesCollectionSample()
    Dim mySeries As Series ◄──────────  Series 型のオブジェクト変数を定義する。
    Dim myFormula As Variant
    Dim myMsg As String                このFor Each…Nextステートメントが、
                                       Seriesオブジェクトが SeriesCollection
                                       コレクションのメンバーであることを証明
    ActiveSheet.ChartObjects(1).Activate している。

    For Each mySeries In ActiveChart.SeriesCollection

        myFormula = Split(mySeries.Formula, ",")
                                            Seriesオブジェクトの参照範囲を取得する。

        myMsg = myMsg & mySeries.Name & " : " & myFormula(2) & vbCrLf

    Next                                    Seriesオブジェクトの名前（データ系列名）
                                            を取得する。

    MsgBox myMsg
End Sub
```

	A	B	C	D	E	F
1						
2		地区	売上	経費	利益率	
3		静岡市	310	290	6%	
4		富士市	260	160	38%	
5		清水市	330	260	21%	
6		浜松市	110	40	64%	
7		磐田市	160	60	63%	
8						

Microsoft Excel ✕

売上 : Sheet5!$C$3:$C$7
経費 : Sheet5!$D$3:$D$7
利益率 : Sheet5!$E$3:$E$7

OK

グラフ種類グループを参照する

　「グラフ種類グループ」とは、グラフの種類が同じで、かつ、同じ軸にプロットされたデータ系列のグループのことです。たとえば、下図のような2軸上の折れ線と縦棒グラフは、縦棒のグラフ種類グループと折れ線のグラフ種類グループの2種類から構成されています。

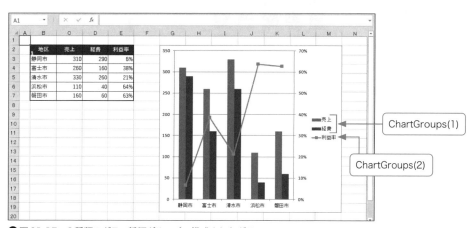

● 図21-15　2種類のグラフ種類グループで構成されたグラフ

それでは、以上のことを踏まえて、1番目のグラフ種類グループである縦棒グラフのプロパティを変更するマクロを作成することにしましょう。

●事例180　グラフ種類グループを参照する ([21.xlsm] Module2)

```
Sub ChartGroupsSample()
    ActiveSheet.ChartObjects(1).Activate

    With ActiveChart.ChartGroups(1)          ─❶
        .Overlap = 100                       ─❷
        .GapWidth = 50                       ─❸
    End With
End Sub
```

❶で、1番目のグラフ種類グループを参照しています。

❷で、棒を重ねています。

❸で、棒の間隔を50にしています。

このマクロを実行すると、グラフは以下のように変化します。サンプルブック [21.xlsm] の「Sheet6」の「事例180」のボタンをクリックして確認してください。

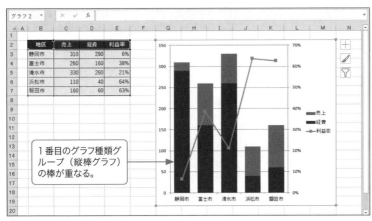

●図21-16　事例180の実行結果

21-7 データ要素とマーカーを設定する

データ要素を参照する

　データからプロットされた関連するデータ要素の集まりがデータ系列です。21-6では、このデータ系列について学習しましたので、ここではその構成要素である個々のデータ、「データ要素」を取り上げましょう。

　データ要素は、Excel VBAではPointオブジェクトとして表されます。Pointsメソッドでデータ要素を参照すると、データ要素単位でデータラベルを設定したり、マーカーのサイズや形状を変更することができます。

　事例181のマクロは、折れ線グラフのデータ系列の中で最大値を示すデータ要素だけマーカーのサイズを10ポイントに設定するもので、実行結果は下図のようになります。

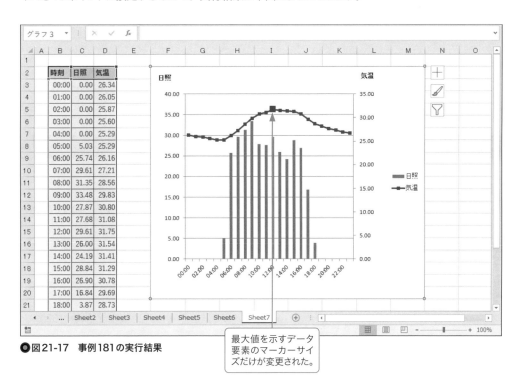

●図21-17　事例181の実行結果

最大値を示すデータ
要素のマーカーサイ
ズだけが変更された。

● 事例181　データ要素を参照する（[21.xlsm] Module2）

```
Sub PointsSample()
    Dim myFormula As Variant, myRange As Range, i As Long

    ActiveSheet.ChartObjects(1).Activate

    With ActiveChart.SeriesCollection(2)

        .MarkerSize = 5                            ← データ系列のマーカーサイズ
                                                      を5ポイントに設定する。

        myFormula = Split(.Formula, ",")           ← 参照データの範囲を配列に格納する。

        Set myRange = Range(myFormula(2))          ← データ部分の参照セル
                                                      範囲をセットする。

        For i = 1 To myRange.Count

                                                      参照データの中で最大の値を見つけた時点でループを
                                                      抜ける。なお、「myRange.Cells(i)」は、「Points(i)」
                                                      が返すPointオブジェクトと対応している。

            If myRange.Cells(i).Value = _
                Application.WorksheetFunction.Max(myRange) Then
                Exit For
            End If
        Next

        .Points(i).MarkerSize = 10                 ← 最大値のデータ要素のマーカー
                                                      サイズを変更する。
    End With
End Sub
```

　サンプルブック［21.xlsm］の「Sheet7」の「事例181」のボタンをクリックして確認してください。

　なお、この事例では、最大値を見つけるためにMAXワークシート関数を利用している点にも注目してください。

Column	マクロの記録ではできないグラフの操作

　ここで紹介した事例181や、散布図にデータラベルを表示する事例177のマクロはPointオブジェクトをVBAで操作するものです。

　グラフとVBAと言うと、とかくマクロの記録で済んでしまう事例をよく見かけますが、事例177と181のマクロはマクロの記録では作成できない、VBAならではの処理と言えるでしょう。

　こうした上級テクニックをマスターして、VBAはグラフの操作にも威力を発揮することを実感してください。

マーカーを参照する

MarkerStyleプロパティは、折れ線グラフ、散布図、レーダーチャートで、データ要素やデータ系列のマーカーのスタイルを設定するプロパティです。設定には下表の定数を使用します。

●表21-5　データ要素やデータ系列のマーカーのスタイルを設定する定数一覧

定数	値	意味
xlMarkerStyleNone	-4142	マーカーなし
xlMarkerStyleAutomatic	-4105	自動マーカー
xlMarkerStyleSquare	1	四角形のマーカー
xlMarkerStyleDiamond	2	ひし形のマーカー
xlMarkerStyleTriangle	3	三角形のマーカー
xlMarkerStyleX	-4168	X 印付きの四角形のマーカー
xlMarkerStyleStar	5	アスタリスク（∗）付きの四角形のマーカー
xlMarkerStyleDot	-4118	短い棒のマーカー
xlMarkerStyleDash	-4115	長い棒のマーカー
xlMarkerStyleCircle	8	円形のマーカー
xlMarkerStylePlus	9	プラス記号（+）付きの四角形のマーカー
xlMarkerStylePicture	-4147	画像マーカー

たとえば、1番目のデータ系列のマーカーをひし形に、2番目のデータ系列のマーカーを三角形に、3番目のデータ系列のマーカーを円形にするときには、以下のようなステートメントを記述します。

```
With ActiveChart
    .SeriesCollection(1).MarkerStyle = xlMarkerStyleDiamond    'ひし形
    .SeriesCollection(2).MarkerStyle = xlMarkerStyleTriangle   '三角形
    .SeriesCollection(3).MarkerStyle = xlMarkerStyleCircle     '円形
End With
```

また、マーカーの色は、前景色はMarkerForegroundColorプロパティ、背景色はMarkerBackgroundColorプロパティで、それぞれRGB値で設定します。以下のステートメントは、マーカーの前景色を赤に、背景色を白に設定するものです。

```
With ActiveChart.SeriesCollection(1)
    .MarkerForegroundColor = RGB(255, 0, 0)       '前景色を赤に
    .MarkerBackgroundColor = RGB(255, 255, 255)   '背景色を白に
End With
```

Column プロットエリアとグラフエリア

最後に、プロットエリアとグラフエリアについて簡単に触れておきましょう。

まず、以下のマクロは、プロットエリアの書式をクリアするものです。

```
Sub Sample()
    ActiveChart.PlotArea.ClearFormats
End Sub
```

そして、以下のマクロは、グラフエリアのフォントサイズを11ポイントに設定するものです。

```
Sub Sample()
    ActiveChart.ChartArea.Font.Size = 11
End Sub
```

ファイルの操作

22-1 テキストファイルの種類とテキストファイルウィザード

テキストファイルの種類

基本的な話ですが、「データベース」は「フィールド」と「レコード」から構成されます。顧客データベースであれば、顧客コード・顧客名・住所・電話番号などがフィールドで、１件１件の顧客データがレコードです。見慣れたExcelのワークシートに置き換えると、各列に縦方向に入力された情報がフィールドで、各行に横方向に入力された情報がレコードということになります。

	A	B	C	D	E	F
1	コード	顧客名	〒	住所	TEL	
2	3004	井出倉庫	454-0807	愛知県名古屋市中川区愛知町XX	068-444-XXXX	
3	2005	エプスタイン企画	421-2221	静岡県静岡市中沢XXX	0549-67-XXXX	
4	3002	OA流通センター	460-0006	愛知県名古屋市中区葵XX-XXX	066-442-XXXX	
5	4004	太田量販店	518-0415	三重県名張市富貴ヶ丘2番町XX	0734-25-XXXX	
6	5004	オンラインシステムズ	527-0063	滋賀県八日市市大森町XX	0817-96-XXXX	
7	5005	カルタン設計所	521-0311	滋賀県坂田郡伊吹町伊吹XX-XXX	0818-97-XXXX	
8	4003	サーカスPC事業部	511-0036	三重県桑名市伊賀町X-X	0733-24-XXXX	
9	1003	静岡電子開発	506-0835	岐阜県高山市春日町XXX	0445-33-XXXX	
10	5003	システムアスコム	525-0041	滋賀県草津市青地町XXX-X	0816-95-XXXX	

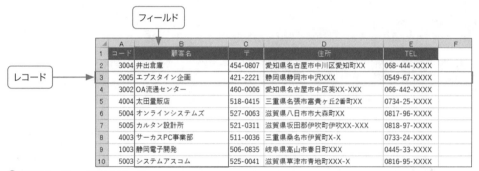

◎図22-1　フィールドとレコード

そして、このルールはそっくりそのままテキストファイルにも当てはまります。テキストファイルの内容をデータベースと認識するためには、やはりフィールドという縦方向の区切りが必要です。この区切り方によって、テキストファイルは以下の２種類に分類されます。

■区切り文字で各データが区切られた「区切り文字形式」

タブ、セミコロン（;）、カンマ（,）、スペースなどの文字で各データが区切られているテキストファイルです。下図では、各データがカンマで区切られています。

```
コード,メンバー名,住所,TEL,性別,種別
001,大村幸子,静岡県沼津市東田XXX-X,0545-52-XXXX,2,夜間
002,中野登志夫,静岡県沼津市横割X-XX-XX,0545-52-XXXX,1,日中
003,桜井光晴,静岡県清水市向谷2丁目XX-XX,0543-36-XXXX,1,夜間
004,杉本善弘,静岡県富士市大淵XXXX-XX,0543-36-XXXX,1,夜間
005,大村和美,静岡県清水市大島XXX-X,0545-51-XXXX,2,夜間
```

◎図22-2　区切り文字形式のテキストファイル

■各列ごとにデータサイズが統一された「固定長フィールド形式」

　もう1つは、下図のように各列（フィールド）ごとにデータサイズが統一された形式です。この形式では、各列のデータサイズが等しいわけですから、結果的に列全体（レコード）ごとのサイズも当然等しくなります。

```
コードメンバー名住所                         TEL           性別種別
001   大村幸子   静岡県沼津市東田XXX-X        0545-52-XXXX2   夜間
002   中野登志夫 静岡県沼津市横割X-XX-XX      0545-52-XXXX1   日中
003   桜井光晴   静岡県清水市向谷2丁目XX-XX   0543-36-XXXX1   夜間
004   杉本善弘   静岡県富士市大淵XXX-XX       0543-36-XXXX1   夜間
005   大村和美   静岡県清水市大島XXX-X        0545-51-XXXX2   夜間
```

●図22-3　固定長フィールド形式のテキストファイル

　固定長フィールド形式では、データの長さが異なるときには空白を挿入して長さを揃えます。そのときに、文字列の場合には右に空白を挿入し、数値の場合には左に空白を挿入するのが一般的です。

手作業でテキストファイルを開く

　それでは、Excelでテキストファイルを手作業で開く手順を見てみましょう。

　まず、［ファイル］→［開く］で［ファイルを開く］ダイアログボックスを表示します。ここでは、［ファイルを開く］ダイアログボックスで「honkaku」フォルダーを指定し、「メンバー.txt」を開いてください。

❶［ファイルの種類］は「テキスト ファイル (*.prn; *.txt; *.csv)」を選択する。

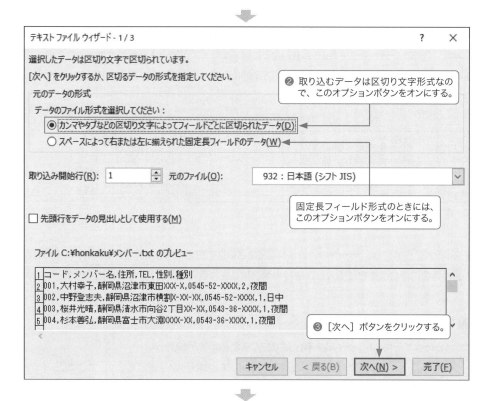

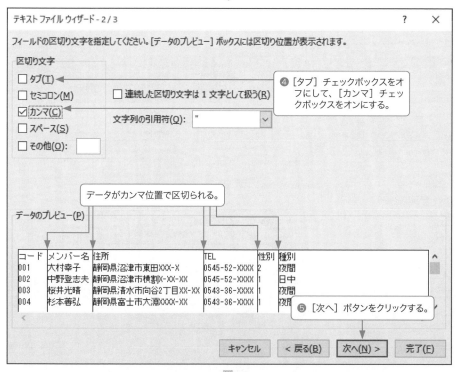

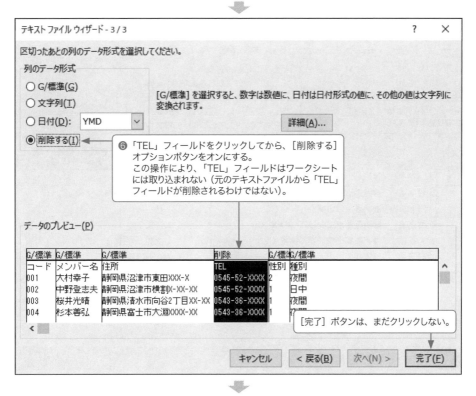

テキストファイル ウィザード - 3 / 3　　　　　　　　　　　　　　　　　？　×

区切ったあとの列のデータ形式を選択してください。

列のデータ形式

○ G/標準(G)
○ 文字列(T)　　　　　　　　　[G/標準] を選択すると、数字は数値に、日付は日付形式の値に、その他の値は文字列に
○ 日付(D)：　YMD　▼　　　　変換されます。
● 削除する(I)　　　　　　　　　　　　　　　　　詳細(A)...

❻「TEL」フィールドをクリックしてから、[削除する]
オプションボタンをオンにする。
この操作により、「TEL」フィールドはワークシート
には取り込まれない（元のテキストファイルから「TEL」
フィールドが削除されるわけではない）。

データのプレビュー(P)

G/標準	G/標準	G/標準	削除	G/標準	G/標準
コード	メンバー名	住所	TEL	性別	種別
001	大村幸子	静岡県沼津市東田XXX-X	0545-52-XXXX	2	夜間
002	中野登志夫	静岡県沼津市横割X-XX-XX	0545-52-XXXX	1	日中
003	桜井光晴	静岡県清水市向谷2丁目XX-XX	0543-36-XXXX	1	夜間
004	杉本善弘	静岡県富士市大淵XXXX-XX	0543-36-XXXX	1	夜間

[完了] ボタンは、まだクリックしない。

キャンセル　　< 戻る(B)　　次へ(N) >　　完了(F)

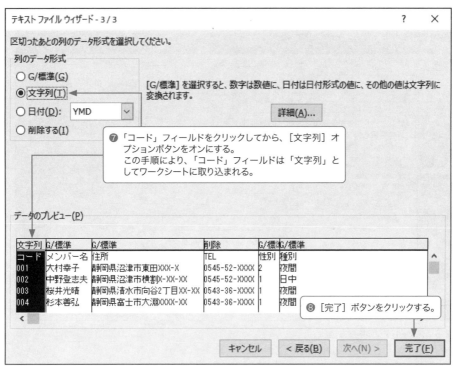

テキストファイル ウィザード - 3 / 3　　　　　　　　　　　　　　　　　？　×

区切ったあとの列のデータ形式を選択してください。

列のデータ形式

○ G/標準(G)
● 文字列(T) ◄　　　　　　　　[G/標準] を選択すると、数字は数値に、日付は日付形式の値に、その他の値は文字列に
○ 日付(D)：　YMD　▼　　　　変換されます。
○ 削除する(I)　　　　　　　　　　　　　　　　　詳細(A)...

❼「コード」フィールドをクリックしてから、[文字列] オ
プションボタンをオンにする。
この手順により、「コード」フィールドは「文字列」と
してワークシートに取り込まれる。

データのプレビュー(P)

文字列	G/標準	G/標準	削除	G/標準	G/標準
コード	メンバー名	住所	TEL	性別	種別
001	大村幸子	静岡県沼津市東田XXX-X	0545-52-XXXX	2	夜間
002	中野登志夫	静岡県沼津市横割X-XX-XX	0545-52-XXXX	1	日中
003	桜井光晴	静岡県清水市向谷2丁目XX-XX	0543-36-XXXX	1	夜間
004	杉本善弘	静岡県富士市大淵XXXX-XX	0543-36-XXXX	1	夜間

❽ [完了] ボタンをクリックする。

キャンセル　　< 戻る(B)　　次へ(N) >　　完了(F)

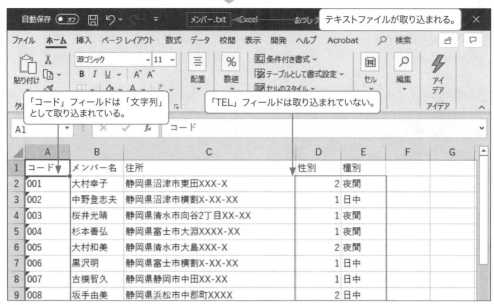

●図22-4 テキストファイルの取り込み

Column　スマートタグの削除

　Excelでは、数字を文字列として取り込むと、スマートタグが貼り付けられ、セルの左上に緑の三角マークが表示されます。このスマートタグを削除する方法を紹介します。

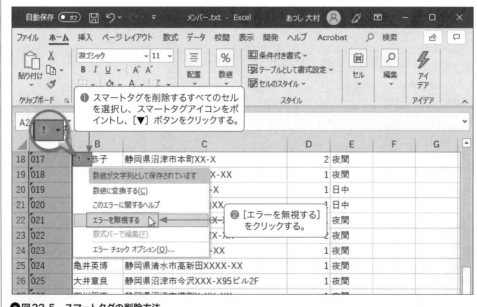

●図22-5 スマートタグの削除方法

　これで、「コード」フィールドのスマートタグが削除されます。

22-2 OpenTextメソッドでテキストファイルを開く

カンマ区切りのテキストファイルを開く

VBAでテキストファイルを開くときにはOpenTextメソッドを使います。OpenTextメソッドは、22-1で紹介した3ページのテキストファイルウィザードの情報（「元のデータの形式」「区切り文字」「列のデータ形式」）がそのまま引数となりますから、構文は必然的に複雑なものとなります。22-2では、いくつかのサンプルを通してOpenTextメソッドを使うコツをマスターしてもらいます。

まずは、カンマ区切りのテキストファイルを開くシンプルなサンプルです。

◉事例182　カンマ区切りのテキストファイルを開く（[22-1.xlsm] Module1）

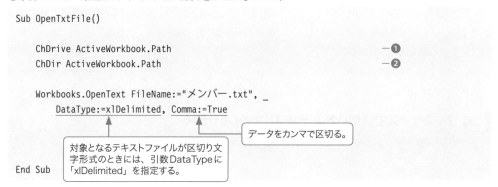

```
Sub OpenTxtFile()

    ChDrive ActiveWorkbook.Path                              ─①
    ChDir ActiveWorkbook.Path                               ─②

    Workbooks.OpenText FileName:="メンバー.txt", _
        DataType:=xlDelimited, Comma:=True

End Sub
```

データをカンマで区切る。

対象となるテキストファイルが区切り文字形式のときには、引数DataTypeに「xlDelimited」を指定する。

①でカレントドライブを、②でカレントフォルダーをアクティブブックのある場所に変更しているので、[22-1.xlsm] と [メンバー.txt] が同じフォルダーにあれば、このマクロでエラーは発生しません。これは、以降のマクロも同様です。

Note	「DataType:=xlDelimited」は省略しない

引数DataTypeの既定値は「xlDelimited」です。したがって、「DataType:=xlDelimited」の部分はそっくり省略できますが、この引数は対象となるテキストファイルが区切り文字形式であることを明示する大切なキーワードですから、省略しないほうがマクロは読みやすくなります。

事例182のマクロを実行すると、以下のようにテキストファイルがExcelのワークシートに取り込まれます。実際に、サンプルブック [22-1.xlsm] の「事例182」のボタンをクリックして確認してください。

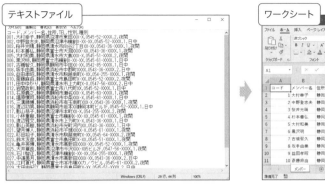

●図22-6　事例182の実行結果

Column　**データが「引用符」で囲まれているテキストファイル**

　ファイルによっては、データがシングルクォーテーション（'）やダブルクォーテーション（"）などの「引用符」で囲まれていることがあります。（"）で囲まれているときには問題ありませんが、（'）で囲まれているときには、引数TextQualifierに「xlTextQualifierSingleQuote」を指定してください。

　また、データが引用符で囲まれているときに引数TextQualifierに「xlTextQualifierNone」を指定すると、（'）や（"）の引用符もデータとして取り込まれます。

　いずれにせよ、引数TextQualifierは、データが（"）で囲まれているとき、もしくは引用符で囲まれていないときには省略可能です。したがって、データが（'）で囲まれている場合を除けば、通常は意識する必要はありません。

カンマ＋スペースで区切られたテキストファイルを開く

　次に、データがカンマ＋スペースで区切られたテキストファイルを開くサンプルをご覧いただきましょう。

●事例183　カンマ＋スペースで区切られたテキストファイルを開く（[22-1.xlsm] Module1）

```
Sub OpenTxtFile2()
    Workbooks.OpenText FileName:="メンバー2.txt", _
        DataType:=xlDelimited, ConsecutiveDelimiter:=True, _
        Comma:=True, Space:=True



End Sub
```

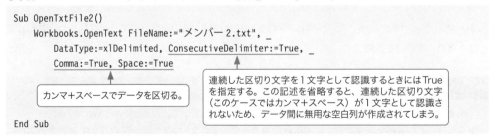

　事例183のマクロを実行すると、以下のようにテキストファイルがExcelのワークシートに取り込まれます。サンプルブック［22-1.xlsm］の「事例183」のボタンをクリックして確認してください。

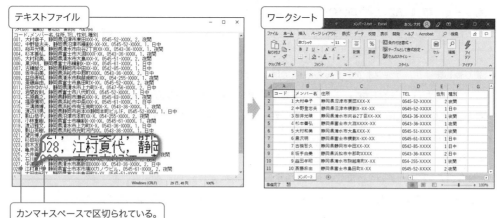

カンマ＋スペースで区切られている。

●図22-7　事例183の実行結果

Column　テキストファイルはOpenTextメソッドで開く

実は、テキストファイルは、以下のようにOpenメソッドでも開くことができます。

```
Workbooks.Open FileName:="C:\メンバー.txt", Format:=2
```

しかし、より柔軟な指定ができるOpenTextメソッドを常に使うように心掛けましょう。何よりも、OpenTextメソッドを使っていれば、開く対象のファイルがテキストファイルであることが誰の目にも明らかになります。

数値データを文字列として取り込む

以下のテキストファイルを見ると、「コード」が数値データとして入力されています。

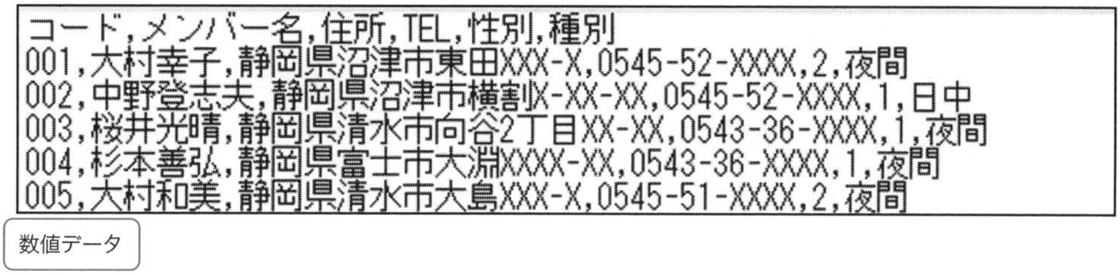

```
コード,メンバー名,住所,TEL,性別,種別
001,大村幸子,静岡県沼津市東田XXX-X,0545-52-XXXX,2,夜間
002,中野登志夫,静岡県沼津市横割X-XX-XX,0545-52-XXXX,1,日中
003,桜井光晴,静岡県清水市向谷2丁目XX-XX,0543-36-XXXX,1,夜間
004,杉本善弘,静岡県富士市大淵XXX-XX,0543-36-XXXX,1,夜間
005,大村和美,静岡県清水市大島XXX-X,0545-51-XXXX,2,夜間
```

数値データ

●図22-8　数値データが含まれているテキストファイル

　この数値データは、いわゆる「演算用の数値」ではなく、あくまでも「数字を使った文字列」です。しかし、このテキストファイルを事例182のマクロ「OpenTxtFile」で取り込んだときには、「コード」は数値としてワークシートに展開されました。

もう一度、事例182のマクロ「OpenTxtFile」を実行して、「コード」が「数値」と認識されるために、頭の「0」が取り込まれずに、かつ、セル内で右寄りに表示されることを確認してください。

繰り返しますが、テキストファイルの段階では、「コード」の「001」などは「数値」ではなく「文字列」です。しかし、Excelはこれらのデータを「数値」と認識して取り込んでしまいます。

このような問題を回避して、「001」などのデータを「文字列」として取り込むためには、OpenTextメソッドに引数FieldInfoを指定します。

以下の事例184のマクロを実行すると、「コード」は「文字列」として取り込まれます。さらに、事例184では「TEL」を取り込まないように指定しています。

サンプルブック［22-1.xlsm］の「事例184」のボタンをクリックして確認してください。

◉事例184　数値データを文字列として取り込む（[22-1.xlsm] Module1）

```
Sub OpenTxtFile3()
    Workbooks.OpenText FileName:="メンバー.txt", _
        DataType:=xlDelimited, Comma:=True, _
        FieldInfo:=Array(Array(1, 2), Array(2, 1), Array(3, 1), _
                         文字列        標準        標準
        Array(4, 9), Array(5, 1), Array(6, 1))
             削除        標準        標準
End Sub
```

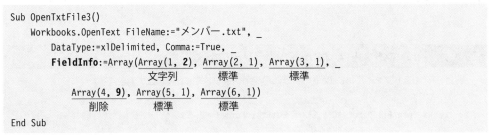

「TEL」フィールドは取り込まれていない。

「文字列」と認識されるため、頭の「0」が取り込まれる。また、「文字列」と認識されるため、「コード」が左寄りに表示される。

スマートタグを削除する方法は510ページを参照してください。

●図22-9　事例184の実行結果

引数FieldInfoのArray関数では、1番目の要素が列番号を表し、2番目の要素が変換方法を表します。

```
FieldInfo:=Array(Array(1, 2), Array(2, 1), Array(3, 1), Array(4, 9) ……
```

列番号　変換方法

また、2番目の要素に指定する数値（組み込み定数）と変換方法の関係は下表のとおりです。

●表22-1　Array関数の変換方法一覧

数値	組み込み定数	変換方法
1	xlGeneralFormat	一般（標準）
2	xlTextFormat	テキスト（文字列）
3	xlMDYFormat	MDY（月日年）形式の日付
4	xlDMYFormat	DMY（日月年）形式の日付
5	xlYMDFormat	YMD（年月日）形式の日付
6	xlMYDFormat	MYD（月年日）形式の日付
7	xlDYMFormat	DYM（日年月）形式の日付
8	xlYDMFormat	YDM（年日月）形式の日付
9	xlSkipColumn	スキップ列（その列は削除）
10	xlEMDFormat	EMD（台湾年月日）形式の日付

Note　引数FieldInfoの省略

　事例182のマクロのように、全フィールドを「G/標準」で取り込むときには、引数FieldInfoそのものをそっくり省略することができます。引数FieldInfoをマスターすると、以下のように引数FieldInfoのArray関数の2番目の要素にすべて「1（「G/標準」）」を指定するステートメントを書いてしまう人がいますが、これはマクロが読みづらくなるだけですので、このようなケースでは引数FieldInfoは省略するようにしましょう。

```
FieldInfo:=Array(Array(1, 1), Array(2, 1), Array(3, 1), _
    Array(4, 1), Array(5, 1), Array(6, 1), _
    Array(7, 1), Array(8, 1))
```

Array関数の2番目の要素にすべて「1」を指定した無駄なステートメント

固定長フィールド形式のテキストファイルを開く

　固定長フィールド形式のテキストファイルを開くときには、引数DataTypeに「xlFixedWidth」を指定します。この引数は省略できません。また、区切り文字がありませんので、必ず引数FieldInfoでデータの区切り位置を指定しなければなりません。

　下図のような固定長フィールド形式のテキストファイルを開くときには、事例185のマクロを実行します。

```
0 文字目 5 文字目 13 文字目 17 文字目                    47 文字目

         00001 19980131 B001 コペルシステム              50000
         00002 19980131 E003 シャープビジネス            263340
         00003 19980131 C003 富士バイオ商事              826980
         00004 19980131 A001 ＳＫ北海道システム          1351980
         00005 19980131 E001 システムアスコム           1725340
```

●図22-10　固定長フィールド形式のテキストファイル

◉事例185　固定長フィールド形式のテキストファイルを開く（[22-1.xlsm] Module1）

```
Sub OpenTxtFile4()
    Workbooks.OpenText FileName:="入金.txt", DataType:=xlFixedWidth, _
                                              固定長フィールド形式

        FieldInfo:=Array(Array(0, 2), Array(5, 5), Array(13, 1), _
                         文字位置   変換方法
            Array(17, 1), Array(47, 1))
End Sub
```

　このマクロでは、最初のフィールドは「文字列」で、2番目のフィールドは「日付（YMD形式）」で取り込んでいます。サンプルブック［22-1.xlsm］の「事例185」のボタンをクリックして確認してください。

　また、引数FieldInfoのArray関数の第1引数の「文字位置」は「0」から始まる点に注意してください。

22-3 ブックを開かずに テキストファイルの入出力を行う

ブックを開かずにテキストファイルを読み込む

Excel VBAでは、テキストファイルを新規ブックではなく、すでに開いているブックのワークシートに取り込むこともできます。

たとえば、[22-2.xlsm] を開いて事例186のマクロを実行すると、[22-2.xlsm] の「メンバー」シートに、[メンバー.txt] のデータが転記されます。このとき、OpenTextメソッドを使ったときのように新規ブックが作成されることはありません。

この処理を実行しているのが以下のマクロです。

◉ 事例186　ブックを開かずにテキストファイルを読み込む ([22-2.xlsm] Module1)

```
Option Base 1

Sub ReadTxt()
    Dim myTxtFile As String
    Dim myBuf(6) As String
    Dim i As Integer, j As Integer

    Application.ScreenUpdating = False

    myTxtFile = ActiveWorkbook.Path & "¥メンバー.txt"

    Worksheets("メンバー ").Activate

    Open myTxtFile For Input As #1                          —①

    Do Until EOF(1)
        Input #1, myBuf(1), myBuf(2), myBuf(3), myBuf(4), _
            myBuf(5), myBuf(6)                              —②

        i = i + 1
        For j = 1 To 6                                      —③
            Cells(i, j) = myBuf(j)
        Next j
    Loop

    Close #1                                                —④
End Sub
```

> 読み込んだテキストファイルのデータをワークシートに展開する。

517

■ Openステートメントでテキストファイルを開く（❶）

テキストファイルを読み込む際には、まずそのファイルを開かなければなりません。VBAでは、Open ステートメントでテキストファイルを開くことができます。

Openステートメントを使うときには、「モード」を指定します。簡単に言うと、読み込むために開くのか、書き込むために開くのかを指定するということです。❶のステートメントの「Input」は、シーケンシャル入力モード、つまりそのファイルを読み込むために開くことを宣言するキーワードです。

● 表22-2　Openステートメントのモード一覧

ファイルを開くときのモード	キーワード
追加モード	Append
バイナリモード	Binary
入力モード	Input
出力モード	Output
ランダムアクセスモード	Random

また、Openステートメントを使うときには、「As #1」のように開くファイルに対してファイル番号を与えます。そして、マクロの中では、このステートメント以降、このファイル番号を使って、データの読み込みやファイルのクローズを行います。ファイル名を使ってデータを読み込んだり、ファイルを閉じるわけではありませんので注意してください。

なお、Openステートメントは、Workbookを開くOpenメソッドとはまったくの別物ですので、この点も注意してください。

Note	絶対パスの省略

事例186のマクロでは、アクティブブックが保存されているフォルダーの中の［メンバー.txt］を操作の対象としていますが、以下のステートメントのように絶対パスを省略すると、カレントフォルダーのファイルが対象となります。

```
Open "メンバー.txt" For Input As #1
```

■ Input #ステートメントでデータを読み込む（❷）

ファイルを開いたら、次は実際にデータを読み込みます。Input #ステートメントは、カンマ区切りまでを1データと識別します。また、行の終わりのキャリッジリターン(Chr(13))、もしくは改行コード(Chr(13)+Chr(10))もデータの区切りとして識別します。

❷のステートメントでは、［メンバー.txt］の各レコードのデータ数が6列ですから、6要素の配列変数に各データを格納しています。

なお、Input #ステートメントは、データを囲むダブルクォーテーション(")、データを区切るカンマ(,)、また行の終わりのキャリッジリターンや改行コードはデータとして取り込みません。

■データをセルに展開する（❸）

Input #ステートメントでレコードを順次読み込んでファイルの末尾に達すると、EOF関数はTrueを返します。したがって、事例186のマクロでは、EOF関数がTrueを返すまでセルへの転記処理をループしています。

なお、「EOF(1)」の「1」は、Openステートメント実行時に割り当てられたファイル番号です。

■Closeステートメントでファイルを閉じる（❹）

処理が済んだら、Closeステートメントでそのファイルを閉じます。また、Closeステートメントが実行されると、そのファイルに割り当てられていたファイル番号は解放されます。

なお、Closeステートメントは、Workbookを閉じるCloseメソッドとはまったくの別物ですので注意してください。

Column　**ファイル番号の重複の回避**

1つのマクロの中で複数のファイルを扱う際には、Openステートメント実行時に個々のファイルに「As #2」「As #3」と異なる番号を振らなければなりません。しかし、この方法ですと、ファイル番号の重複を避けるために気を配らなければならない上、後々のマクロのメンテナンスも煩雑になります。

そこで、こうしたケースではFreeFile関数を利用します。使用可能なファイル番号（空き番号）を返すこの関数を使えば、プログラマーは意識することなくファイル番号の重複を確実に避けることができます。FreeFile関数の具体的な使用法は、今後の事例を通してマスターしてください。

文書形式のテキストファイルを読み込む

次に、データ形式ではない、ワープロのような文書形式のテキストファイルを読み込む方法を解説します。

この場合には、ファイルを1行ずつ読み込むLine Input #ステートメントを使用します。このステートメントを使えば、キャリッジリターンや改行コードの直前までのすべての文字列を1データとして読み込むことができます。ただし、キャリッジリターンと改行コードはデータとして取り込まれません。

以下が、Line Input #ステートメントのサンプルです。

◉事例187　文書形式のテキストファイルを読み込む（[22-2.xlsm] Module1）

```
Sub ReadTxt2()
    Dim myTxtFile As String, myFNo As Integer, myBuf As String
    Dim i As Integer

    Application.ScreenUpdating = False

    myTxtFile = ActiveWorkbook.Path & "¥ワープロ.txt"

    Worksheets("文書形式").Activate
```

```
    myFNo = FreeFile                                              ─❶
    Open myTxtFile For Input As #myFNo

    Do Until EOF(myFNo)
        Line Input #myFNo, myBuf                                  ─❷

        i = i + 1
        Cells(i, 1) = myBuf                                       ─❸
    Loop

    Close #myFNo
End Sub
```

❶で、使用可能なファイル番号を取得しています。

❷で、データを1行単位で読み込んで変数「myBuf」に代入しています。

❸で、データをワークシートに展開しています。

サンプルブック［22-2.xlsm］の事例187のマクロを実行すると、以下のようにワープロのような文書形式のデータがセルに転記されます。

●図22-11　事例187の実行結果

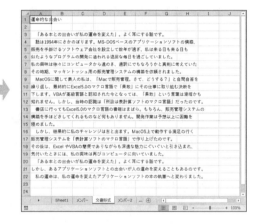

ワークシートの内容をCSV形式で保存する

Excelでは、SaveAsメソッドでブックをCSV(Comma Separated Value)形式で保存できます。しかし、この場合にはExcelのブック名が変更されてしまうという問題があります。もっとも、ワークシートを新規ブックにコピーして、その新規ブックをCSV形式で保存すればオリジナルのブック名は変更されませんが、これではあまりスマートな方法とは言えません。

そこで、ここでは、SaveAsメソッドを使わずにワークシートの内容をCSV形式で保存する方法を紹介します。下図のように、各セルを1つのデータとしてカンマ区切りでテキストファイルに出力するときには、Write #ステートメントを使います。

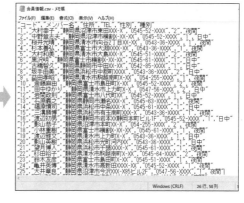

●図22-12　事例188の実行結果

　以下が、この処理を実行しているマクロです。サンプルブック［22-2.xlsm］の「事例188」のボタンをクリックして実行結果を確認してください。

●事例188　ワークシートの内容をCSV形式で保存する（[22-2.xlsm] Module1）

```
Sub WriteCsv()
    Dim myTxtFile As String, myFNo As Integer
    Dim myLastRow As Long, i As Long

    Application.ScreenUpdating = False

    myTxtFile = ActiveWorkbook.Path & "¥会員情報.csv"

    Worksheets("メンバー2").Activate
    myLastRow = Range("A1").CurrentRegion.Rows.Count

    myFNo = FreeFile
    Open myTxtFile For Output As #myFNo

    For i = 1 To myLastRow
        Write #myFNo, Cells(i, 1), Cells(i, 2), Cells(i, 3), _
            Cells(i, 4), Cells(i, 5), Cells(i, 6)
    Next

    Close #myFNo
End Sub
```

> アクティブセル領域の行数（全データ件数）を算出する。

> ファイルに出力するときには、入力のときとは逆にOutputキーワード（シーケンシャル出力モード）を使う。

> 全データの件数分ループする。

> Write # ステートメントでセルのデータをテキストファイルに書き込む。

　Openステートメントに Output キーワードを指定した場合、そのファイルが存在したらデータは追加ではなく上書きされます。また、ファイルが存在しない場合には、指定したファイル名でファイルが新規に作成されます。

　データを上書きではなく追加したいときには、Output キーワードではなく Append キーワードを指定してください。Append キーワードの場合も、ファイルが存在しないときにはファイルが新規に作成されます。

Write # ステートメントは、自動的にデータ間にカンマを挿入しますので、結果的に出力された
ファイルは CSV 形式となります。また、各データはすべてダブルクォーテーション (") で囲まれて出
力されます。さらに、Write # ステートメントは、各行の最後のデータを出力したあと、改行文字も
自動的に挿入します。

そして、518 ページで解説したとおり、このような形式のファイルを読み込むのに適しているのが
Input # ステートメントです。つまり、Write # ステートメントと Input # ステートメントは、対にな
るコマンドなのです。

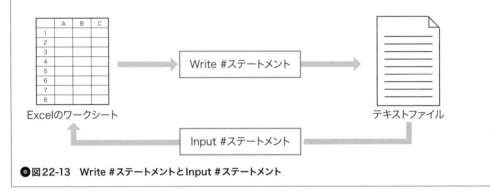

●図 22-13　Write # ステートメントと Input # ステートメント

CSV ファイルはテキストファイルの一種ですが、Excel で拡張子が CSV のファイルを開いても「テ
キストファイルウィザード」は起動しません。もっとも、フィールド間はカンマで区切られていますの
で、データ自体はきちんと各セルに割り振られます。また、VBA で開くときには、以下のように
Open メソッドが使えます。

```
Workbooks.Open FileName:="Uriage.csv"
```

しかし、CSV ファイルを Excel で扱うときには大きな制限があることも事実です。ユーザー操作で
テキストファイルウィザードが起動しないということは、OpenText メソッドでは CSV ファイルが開け
ないことを意味します。厳密には開けるのですが、列単位で「標準」とか「文字列」といった表示
形式を設定することはできません。

したがって、列単位で表示形式を細かく設定した上で VBA で CSV ファイルを開く際には、拡張
子を「txt」に変更した上で OpenText メソッドで開くという裏技が要求されるケースも発生します。

なお、ファイル名を VBA で変更するときは、531 ページで解説している Name ステートメントを
使用します。

ワークシートの内容を文書形式で保存する

ワークシートの内容を、カンマで区切ったデータファイルとしてではなく、区切りのない連続した文書形式でテキストファイルに出力するときには、Print # ステートメントを使います。

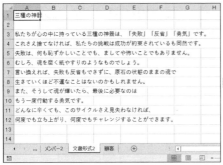

●図22-14　事例189の実行結果

以下が、この処理を実行しているマクロです。サンプルブック［22-2.xlsm］の「事例189」のボタンをクリックして実行結果を確認してください。

●事例189　ワークシートの内容を文書形式で保存する（[22-2.xlsm] Module1）

```
Sub WriteTxt()
    Dim myTxtFile As String, myFNo As Integer
    Dim myLastRow As Long, i As Long

    Application.ScreenUpdating = False

    myTxtFile = ActiveWorkbook.Path & "¥コラム.txt"

    Worksheets("文書形式2").Activate
    myLastRow = ActiveSheet.Cells.SpecialCells(xlCellTypeLastCell).Row

    myFNo = FreeFile
    Open myTxtFile For Output As #myFNo

    For i = 1 To myLastRow
        Print #myFNo, Cells(i, 1)
    Next

    Close #myFNo
End Sub
```

最終セルの行番号を取得している。

全行数分ループする。

Print # ステートメントでセルのデータをテキストファイルに書き込む。

22
ファイルの操作

> **Note** **Print #ステートメントとLine Input #ステートメント**
>
> 　Print #ステートメントは、データ間に区切り文字を挿入しない上、内容をダブルクォーテーション(")で囲むこともありません。また、データ項目間のスペースもファイルに出力されますので、ワープロのような文書形式のデータを出力するのに適しています。
>
> 　つまり、Print #ステートメントで出力されたファイルのデータは、519ページで解説したファイルを1行ずつ読み込むLine Input #ステートメントで読み込めばよいことがわかります。この2つのステートメントは、対になるコマンドなのです。
>
>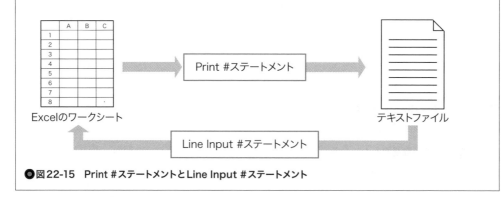
>
> ●図22-15　Print #ステートメントとLine Input #ステートメント

固定長フィールド形式のテキストファイルに保存する

　これまでの解説で、Excel VBAでテキストファイルを扱うことができるようになったと思いますが、最後に、Write #ステートメントで下図のようなワークシートのデータを固定長フィールド形式で出力するマクロについて考えてみましょう。

	A	B	C	D	E	F	G
1	A001	SK北海道システム	エスケイホッカイドウシステム	004-0015	北海道札幌市厚別区下野幌テクノパークX-X-X	011-809-XXXX	011-809-XXXX
2	A002	ビーコンシステムエンジニア	ビーコンシステムエンジニア	981-3100	宮城県仙台市泉区X-X-X	022-371-XXXX	022-371-XXXX
3	A003	日本電子開発	ニホンデンシカイハツ	981-3100	宮城県仙台市青葉区一番町X-X	022-272-XXXX	022-272-XXXX
4	A004	ソリマチ技術研究所	ソリマチギジュツケンキュウショ	940-0094	新潟県長岡市中島X-X-X	0258-37-XXXX	0258-37-XXXX
5	A005	日本興行通信	ニホンコウギョウツウシン	030-0145	青森県青森市金浜X-X-X	0256-55-XXXX	0256-55-XXXX
6	A006	ラネックス	ラネックス	990-2435	山形県山形市青田X-X-X	0248-36-XXXX	0248-36-XXXX
7	A007	PCサイエンス	ピーシーサイエンス	960-1108	福島県福島市成川X-X-X	0249-16-XXXX	0249-16-XXXX
8	B001	コペルシステム	コペルシステム	108-0014	東京都港区芝X-X-X	03-3454-XXXX	03-3454-XXXX
9	B002	MEC情報システム	エムイーシージョウホウシステム	153-0064	東京都目黒区下目黒X-X-X	03-5731-XXXX	03-5731-XXXX
10	B003	さくら情報事業部	サクラジョウホウジギョウブ	275-0024	千葉県習志野市茜浜X-X-X	0474-54-XXXX	0474-54-XXXX
11	B004	四谷商事	ヨツヤショウジ	210-0024	神奈川県川崎市川崎区日進町X-X-X	044-246-XXXX	044-246-XXXX
12	B005	富士通パソコンラボ	フジツウパソコンラボ	210-0001	神奈川県川崎市川崎区本町X-X-X	048-645-XXXX	048-645-XXXX
13	B006	リョーサン	リョーサン	311-4141	茨城県水戸市赤塚X-X-X	0489-49-XXXX	0489-49-XXXX
14	B007	安全電算機器	アガネデンサンキキ	213-0012	神奈川県川崎市高津区坂戸X-X-X	044-812-XXXX	044-812-XXXX
15	C001	富士システムクリニック	フジシステムクリニック	416-0906	静岡県富士市本市場X-X-X	0545-63-XXXX	0545-63-XXXX

| 4バイトで出力 | 30バイトで出力 | 40バイトで出力 | 8バイトで出力 | 50バイトで出力 | 12バイトで出力 | 12バイトで出力 |

●図22-16　固定長フィールド形式で出力するワークシート

　この処理を実現する鍵は2つあります。1つは、Excel VBAでは、文字列はUnicodeで処理される点です。つまり、半角文字も全角文字も、1文字は2バイトとして処理されるのです。

　しかし、ワークシートのデータを固定長フィールド形式で出力するためには、半角1文字は1バイト、

全角1文字は2バイトに換算しなければなりません。つまり、Unicode文字列からANSI文字列への変換処理が必要となるのです。この変換処理は、334ページで解説したStrConv関数で行います。

　もう1つは、セルのデータのバイト数が、決められたバイト数に満たないときには、スペースを出力して各フィールドの長さを揃えなければならない点です。この処理は、LenB関数でデータのバイト数を算出し、Space関数で不足しているバイト数分のスペースを出力することで実現します。

　この2点に留意しながら、以下のマクロを見てください。

● 事例190　ワークシートの内容を固定長フィールド形式で保存する（[22-2.xlsm] Module1）

```
Sub WriteTxt2()
    Dim myTxtFile As String
    Dim myBuf As String
    Dim myLastRow As Integer
    Dim i As Integer
    Dim r As Long

    Application.ScreenUpdating = False

    myTxtFile = ActiveWorkbook.Path & "¥顧客.txt"

    Worksheets("顧客").Activate
    r = ActiveSheet.Rows.Count
    myLastRow = Cells(r, 1).End(xlUp).Row

    Open myTxtFile For Output As #1

    For i = 1 To myLastRow
        '4バイトで固定
        myBuf = Cells(i, 1)
        '30バイトで固定
        myBuf = myBuf & Cells(i, 2) & _
            Space(30 - LenB(StrConv(Cells(i, 2), vbFromUnicode)))        —❶
        '40バイトで固定
        myBuf = myBuf & Cells(i, 3) & _
            Space(40 - LenB(StrConv(Cells(i, 3), vbFromUnicode)))
        '8バイトで固定
        myBuf = myBuf & Cells(i, 4)
        '50バイトで固定
        myBuf = myBuf & Cells(i, 5) & _
            Space(50 - LenB(StrConv(Cells(i, 5), vbFromUnicode)))
        '12バイトで固定
        myBuf = myBuf & Cells(i, 6) & _
            Space(12 - LenB(StrConv(Cells(i, 6), vbFromUnicode)))
        '12バイトで固定
        myBuf = myBuf & Cells(i, 7) & _
            Space(12 - LenB(StrConv(Cells(i, 7), vbFromUnicode)))

        Print #1, myBuf
        myBuf = ""
```

```
    Next i

    Close #1
End Sub
```

このマクロを実行すると、下図のようにワークシートの内容が固定長フィールド形式で出力されます。サンプルブック［22-2.xlsm］の「事例190」のボタンをクリックして実行結果を確認してください。

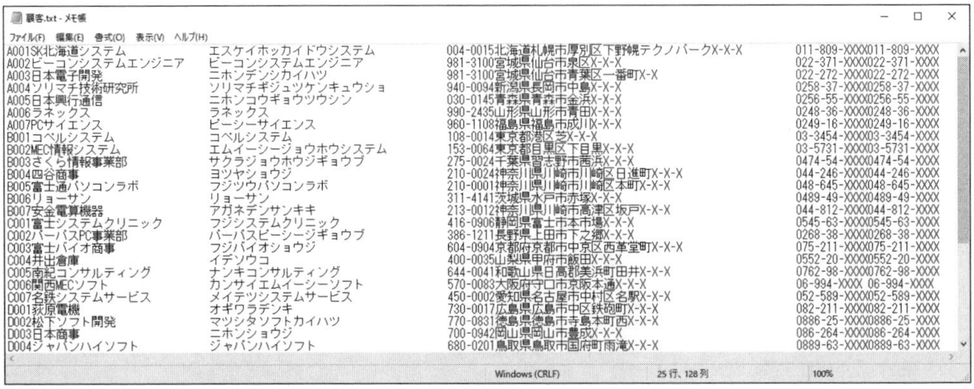

●図22-17　事例190の実行結果

事例190のマクロは、たとえば❶のステートメントでは、

```
Space(30 - LenB(StrConv(Cells(i, 2), vbFromUnicode)))
```

と、列Bのデータが30バイトになるようにSpace関数でスペースを出力していますが、元々のデータが30バイトより大きいと、Space関数の引数がマイナスになるため、実行時エラーが発生します。

ですから、マイナスにならないようにあらかじめワークシートのデータを30バイト以内に収めるか、事例190のマクロではそうした処理はしていませんが、

```
myString = LeftB(myString, 30)
```

のように、30バイトを超える部分は切り捨てる必要があります。

ちなみに、Unicodeでは半角／全角ともに1文字は2バイトなので、30文字（60バイト）で切り捨てるときは、以下のようにLeftBの引数は「60」になります。

```
myString = LeftB(myString, 60)
```

22-4 ファイルを操作するステートメントと関数

フォルダー内のファイルを削除する

　業務の過程で一時的に作成したファイルを業務の終了時に削除するというケースは多々あります。たとえば、各社員が個別にExcelで作成した出張旅費用のブックを、1つのブックにまとめて清算したあとに削除するようなケースです。

　それでは、フォルダー内のファイルを検索して削除する処理をVBAで自動化してみましょう。フォルダー内のファイルを取得するときにはDir関数を使います。Dir関数は以下の構文で使用します。

●Dir関数の構文

```
Dir(pathname, attributes)
```

検索するファイル名、もしくはフォルダー名　　属性（下表参照）

　引数attributesの定数と内容は以下のとおりです。

●表22-3　引数attributesの定数一覧

定数	値	内容
vbNormal	0	標準ファイル（既定値）
vbReadOnly	1	読み取り専用ファイル
vbHidden	2	隠しファイル
vbSystem	4	システムファイル
vbVolume	8	ボリュームラベル
vbDirectory	16	フォルダー

　Dir関数は、引数pathnameで指定したファイルもしくはフォルダーが存在するときにはその名前を返し、存在しないときには空の文字列("")を返します。

　事例191のマクロでは、ドライブCの「honkaku」フォルダーに「DataBook.xlsx」というファイルがあるかどうかを検索して、Dir関数が空の文字列を返さなかったら、つまりそのファイルが存在したら、Killステートメントで削除しています。

527

```
Sub KillFile()
    If Dir("C:\honkaku\DataBook.xlsx") <> "" Then          ─❶
        Kill "C:\honkaku\DataBook.xlsx"                    ─❷
    Else
        MsgBox "DataBook.xlsxは見つかりません"              ─❸
    End If
End Sub
```

❶で、「C:\honkaku\DataBook.xlsx」を検索しています。

❷で、「C:\honkaku\DataBook.xlsx」を削除しています。

❸は、「C:\honkaku\DataBook.xlsx」が存在しない場合の処理です。

　Killステートメントは、複数のファイルを指定するためのアスタリスク(*)や疑問符(?)のワイルドカード文字が使用できます。以下のステートメントは、カレントフォルダーの拡張子が「txt」のテキストファイルをすべて削除するものです。

```
Kill "*.txt"
```

フォルダー内のファイルを複数検索する

　Killステートメント同様に、Dir関数でもアスタリスクや疑問符のワイルドカード文字が使用できます。そして、指定条件に合致するファイルが複数あるときには、最初に検索できたファイル名を返します。

　Dir関数で複数のファイルを検索する場合には、その構文は若干変形します。まずはサンプルを見てください。

●事例192　フォルダー内のファイルを複数検索する（[22-3.xlsm] Module1）

```
Sub SearchFile()
    Dim myPath As String
    Dim myFname As String
    Dim i As Integer

    Worksheets("ファイル検索").Activate
    i = 1
    Cells(i, 1).Value = "ファイル名"
    Cells(i, 2).Value = "ファイルサイズ"
    Cells(i, 3).Value = "ファイル作成/修正日付"

    myPath = ActiveWorkbook.Path & "\"

    myFname = Dir(myPath & "*.xlsm")                          ─❶

    Do While myFname <> ""          ❷のステートメントが空の文字列を返すまでループする。
        i = i + 1
```

22
ファイルの操作

```
        Cells(i, 1).Value = myFname
        Cells(i, 2).Value = FileLen(myPath & myFname)    ← ファイルのサイズを取得する。
        Cells(i, 3).Value = FileDateTime(myPath & myFname)
                                                         ← ファイルの作成/修正日時を取得する。

        myFname = Dir()                                  —❷
    Loop
End Sub
```

　このマクロでは、変数「myPath」にはアクティブブックが保存されているドライブ名とフォルダー名が格納されているため、ファイルの検索はそのフォルダー内で行われます。また、フォルダー名を省略すると、カレントフォルダーが対象となります。

　ここで注目してほしいのは、❶と❷のステートメントです。❶では、

```
Dir(myPath & "*.xlsm")
```

と指定して、拡張子「xlsm」の全ファイルを検索しています。しかし、このステートメントによって返されるのは、最初に見つかったExcelブックだけです。
　そこで、2回目以降の検索に移るわけですが、そのときには❷のように、引数を省略して単に、

```
Dir()
```

と記述します。
　そして、❷のステートメントが空の文字列を返すまで検索処理をループしています。この手法は、フォルダー内のファイルを複数検索するときの標準形として覚えてください。

　サンプルブック［22-3.xlsm］の事例192のマクロを実行すると、下図のような結果が得られます（これは筆者の環境での実行結果で、みなさんの環境ではファイルの並び順や「ファイル作成/修正日付」などは異なる可能性があります）。

	A	B	C	D	E	F
1	ファイル名	ファイルサイズ	ファイル作成/修正日付			
2	1-1.xlsm	17883	2019/7/2 22:31			
3	1-2.xlsm	21356	2019/7/15 14:52			
4	1-3.xlsm	14140	2019/7/24 23:44			
5	10-1.xlsm	175092	2019/7/24 23:47			
6	10-2.xlsm	18174	2019/7/24 23:47			
7	10-3.xlsm	18076	2019/7/24 23:48			
8	10-4.xlsm	18265	2019/7/24 23:48			
9	10-5.xlsm	18842	2019/7/24 23:48			
10	11-1.xlsm	22099	2019/7/24 23:48			
11	11-2.xlsm	24373	2019/7/24 23:49			
12	11-3.xlsm	31392	2019/7/8 18:30			
13	11-4.xlsm	60434	2019/7/24 23:49			
14	11-5.xlsm	13623	2019/7/24 23:49			
15	12-1.xlsm	20087	2019/7/24 23:49			
16	12-2.xlsm	23783	2019/7/8 22:05			
17	12-3.xlsm	20872	2019/7/24 23:49			
18	12-4.xlsm	26626	2019/7/24 23:50			
19	12-5.xlsm	24133	2019/7/24 23:50			
20	13-1.xlsm	30741	2019/7/9 18:52			

●図22-18　事例192の実行結果

Dir関数は、ファイルをアルファベット順のような文字コード順に検索するわけではありません。

フォルダーとファイルの操作に関するキーワード一覧

　ここでは、フォルダーとファイルの操作に関するキーワードをまとめて紹介します。なお、ChDriveステートメント・ChDirステートメント・CurDir関数・Dir関数・Killステートメント・FileLen関数・FileDateTime関数は除きます。

■ SetAttr ステートメント

ファイルの属性を設定します。

```
SetAttr "Test.xlsx", vbHidden + vbReadOnly
```

■ GetAttr 関数

ファイルまたはフォルダーの属性を取得します。

```
myAttr = GetAttr("Test.xlsx")
```

■ FileCopyステートメント

ファイルをコピーします。ファイル名を変えてコピーすることもできます。

```
FileCopy "C:¥Temp¥mSample.txt", "D:¥Sample2.txt"
```

■ MkDirステートメント

フォルダーを作成します。

```
MkDir "C:¥Temp"
```

■ RmDirステートメント

フォルダーを削除します。指定したフォルダー内にファイルが存在しているとエラーが発生するので、フォルダーを削除する前にKill ステートメントですべてのファイルを削除しておかなければなりません。

```
RmDir "C:¥Temp"
```

■ Nameステートメント

ファイルまたはフォルダーの名前を変更します。もしくはファイルを移動します。ファイル名を変更して移動することもできます。

ただし、フォルダーの移動はできません。また、ワイルドカード文字も指定できません。

なお、現在開いているファイルに対して Nameステートメントを実行するとエラーが発生します。

```
ファイル名を変更して移動する   : Name "C:¥Temp¥Sample.txt" As "D:¥Sample2.txt"
フォルダー名を変更する      : Name "C:¥Temp" As "C:¥Temp3"
```

22-5 ファイルシステムオブジェクト

ファイルシステムオブジェクトの構成要素とコマンド

Windows 98以降のWindowsは、「ファイルシステムオブジェクト」（以下、「FSO」）という機能を搭載していて、Excel VBAでもこのFSOを使うことができます。そして、FSOを使うと、極めて簡単にディスク、フォルダー、ファイルを操作することができ、従来のDir関数の煩雑なループ処理もFSOによって非常に簡素化されます。

このFSOですが、簡単に言うと、ディスク、フォルダー、ファイルを操作するための機能（プロパティ・メソッド）の集まりで、以下のようなオブジェクトとコレクションから構成されています。

●表22-4　ファイルシステムオブジェクトを構成する機能

FileSystemObjectオブジェクト	ドライブ、フォルダー、ファイルを操作する
Drivesコレクション	ドライブの数などを取得する
Driveオブジェクト	ドライブ関連の情報を取得する
Foldersコレクション	フォルダーの数などを取得する
Folderオブジェクト	フォルダー関連の情報を取得する
Filesコレクション	ファイルの数などを取得する
Fileオブジェクト	ファイル関連の情報を取得する
TextStreamオブジェクト	ファイルの入出力処理を行う

さらに、各オブジェクトやコレクションには、下表のようなプロパティ、メソッドが備わっています。表を見れば、FSOにはいかに便利なコマンドが搭載されているかがよくわかるでしょう。

●表22-5　FSOを構成するオブジェクトとプロパティ、メソッドの一覧

オブジェクト・コレクション	プロパティ・メソッド	内容
FileSystemObject オブジェクト	Drives	ドライブのコレクションを取得する
	BuildPath	既存のパスおよび名前からパスを作成する
	CopyFile	ファイルをコピーする
	CopyFolder	フォルダーをコピーする
	CreateFolder	フォルダーを作成する
	CreateTextFile	TextStreamオブジェクトとしてファイルを作成する
	DeleteFile	ファイルを削除する
	DeleteFolder	フォルダーを削除する
	DriveExists	ドライブが存在するかどうかを調べる
	FileExists	ファイルが存在するかどうかを調べる
	FolderExists	フォルダーが存在するかどうかを調べる

	GetAbsolutePathName	絶対パスを返す
FileSystemObject オブジェクト	GetBaseName	ファイルのベース名を返す
	GetDrive	ドライブを取得する
	GetDriveName	ドライブ名を返す
	GetExtensionName	ファイルの拡張子を返す
	GetFile	ファイルを取得する
	GetFileName	ファイル名を返す
	GetFolder	フォルダーを取得する
	GetParentFolderName	1つ上の親フォルダーのパスを返す
	GetSpecialFolder	特別なフォルダーを返す
	GetTempName	一時ファイルの名前として使用する名前を作成する
	MoveFile	ファイルを移動する
	MoveFolder	フォルダーを移動する
	OpenTextFile	ファイルをTextStreamオブジェクトとして開く
Drives コレクション	Count	ドライブの数を取得する
	Item	ドライブを取得する
Drive オブジェクト	AvailableSpace	ドライブの使用可能な容量を取得する
	DriveLetter	ドライブ文字を取得する
	DriveType	ドライブの種類を取得する
	FileSystem	ファイルシステムの種類を取得する
	FreeSpace	ドライブの空き容量を取得する
	IsReady	ディスクが使用可能かどうかを調べる
	Path	パスを取得する
	RootFolder	ルートフォルダーを取得する
	SerialNumber	シリアル番号を取得する
	ShareName	共有名を取得する
	TotalSize	ドライブ全体の容量を返す
	VolumeName	ボリューム名を取得する
Folders コレクション	Count	フォルダーの数を取得する
	Item	フォルダーを取得する
	Add	新規のフォルダーを作成する
Folder オブジェクト	Attributes	フォルダーの属性を取得する
	DateCreated	作成日時を取得する
	DateLastAccessed	アクセス日時を取得する
	DateLastModified	更新日を取得する
	Drive	フォルダーの含まれているドライブを取得する
	Files	ファイルのコレクションを取得する
	IsRootFolder	ルートフォルダーかどうかを調べる
	Name	フォルダー名を取得する
	ParentFolder	1つ上の親フォルダーを取得する
	Path	フォルダーのパスを取得する
	ShortName	短い名前を取得する
	ShortPath	短いパスを取得する
	Size	ファイルおよびサブフォルダーの合計サイズを返す
	SubFolders	フォルダーのコレクションを取得する

Folderオブジェクト	Type	タイプ識別子を取得する
	Copy	フォルダーをコピーする
	CreateTextFile	TextStreamオブジェクトとしてファイルを作成する
	Delete	フォルダーを削除する
	Move	フォルダーを移動する
Filesコレクション	Count	ファイルの数を取得する
	Item	ファイルを取得する
Fileオブジェクト	Attributes	ファイルの属性を取得する
	DateCreated	作成日時を取得する
	DateLastAccessed	アクセス日時を取得する
	DateLastModified	更新日時を取得する
	Drive	ファイルを含むドライブを取得する
	Name	ファイル名を取得する
	ParentFolder	ファイルを含むフォルダーを取得する
	Path	ファイルのパスを取得する
	ShortName	短い名前を取得する
	ShortPath	短いパスを取得する
	Size	ファイルの容量を取得する
	Type	タイプ識別子を取得する
	Copy	ファイルをコピーする
	Delete	ファイルを削除する
	Move	ファイルを移動する
	OpenAsTextStream	ファイルをTextStreamオブジェクトとして開く
TextStreamオブジェクト	AtEndOfLine	現在の位置は行の末尾かどうかを返す
	AtEndOfStream	現在の位置はストリームの最後かどうかを返す
	Column	現在の行頭からの文字数を返す
	Line	現在の行番号を返す
	Close	ストリームを閉じる
	Read	指定した数の文字を文字列に読み込む
	ReadAll	ストリーム全体を文字列に読み込む
	ReadLine	行全体を文字列に読み込む
	Skip	指定した文字数をスキップする
	SkipLine	行をスキップする
	Write	ストリームに文字列を書き込む
	WriteBlankLines	ストリームに複数の空白行を書き込む
	WriteLine	ストリームに文字列と行末コードを書き込む

FSOを使うためには

まず、以下のサンプルを実際に実行してみてください。

◉事例193　ファイルを作成してデータを上書きする (1) ([22-4.xlsm] Module1)

```
Sub FSOSample1()
    Dim myFSO As Object, myTS As Object

    ChDrive ActiveWorkbook.Path
    ChDir ActiveWorkbook.Path


    Set myFSO = CreateObject("Scripting.FileSystemObject")       ─❶
    Set myTS = myFSO.CreateTextFile("FSOSample1.txt", True)

    myTS.WriteLine "ExcelVBAとファイルシステムオブジェクト(1)  " & _
        "作成日:" & Date

    myTS.Close
End Sub
```

すると、CreateTextFileメソッドによってアクティブブックのあるフォルダーに「FSOSample1.txt」というファイルが作成されて、WriteLineメソッドで下図のようにデータが書き込まれます。

サンプルブック［22-4.xlsm］の「事例193」のボタンをクリックして確認してください。

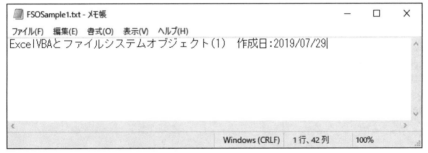

◉図22-19　事例193の実行結果

事例193のマクロの鍵を握っているのは、CreateObject関数を使った❶のステートメントです。このステートメントでFileSystemObjectオブジェクトのインスタンスを作成して、変数「myFSO」に代入しています。これが、いわばFSOを使うための作法です。

しかし、さらに一歩進んで、CreateObject関数を使わない以下の方法があります。

まず、VBEで［ツール］→［参照設定］をクリックし、［参照設定］ダイアログボックスで［Microsoft Scripting Runtime］チェックボックスをオンにして［OK］ボタンをクリックします。

535

●図22-20 ［参照設定］ダイアログボックス

その上で、事例193のマクロを以下のように書き換えます。

●事例194　ファイルを作成してデータを上書きする (2) （[22-4.xlsm] Module1）

```vba
Sub FSOSample2()
    Dim myFSO As New FileSystemObject                              ─❶

    ChDrive ActiveWorkbook.Path
    ChDir ActiveWorkbook.Path

    With myFSO.CreateTextFile("FSOSample1.txt", True)              ─❷

        .WriteLine "ExcelVBAとファイルシステムオブジェクト(2)  " & _
            "作成日:" & Date                                       ─❸

        .Close                                                     ─❹
    End With
End Sub
```

 ［参照設定］ダイアログボックスで ［Microsoft Scripting Runtime］を参照せずに事例194のマクロを実行するとエラーが発生します。これは、このあとで解説する事例も同様です。

❶で、NewキーワードでFileSystemObjectオブジェクトのインスタンスを生成しています。

❷で、ファイルを上書きモードで作成しています。これで、TextStreamオブジェクトが返されます。

❸で、ファイルにデータを書き込んでいます。

❹で、ファイルを閉じています。

このマクロでは、事例193で使われていたCreateObject関数は使用していません。その代わりに、

```
Dim myFSO As New FileSystemObject
```

と、NewキーワードでFileSystemObjectオブジェクトのインスタンスを生成しています。

ちなみに、[Microsoft Scripting Runtime]を参照設定しない方法を「実行時バインディング」と呼び、参照設定する方法を「事前バインディング」と呼びます。

そして、「事前バインディング」のマクロ・事例194は、「実行時バインディング」のマクロ・事例193よりも処理が高速な上、「CreateTextFile」のようなキーワードを入力すると、大文字・小文字が自動変換されるなど、開発効率も向上します。

では、サンプルブック[22-4.xlsm]の「事例194」のボタンをクリックして確認してください。

Note **事例194のマクロの書き換え**

事例194のマクロでは、事例193で宣言されていた変数「myTS」が姿を消していますが、これは、[参照設定]ダイアログボックスで[Microsoft Scripting Runtime]を参照したからではありません。ちなみに、事例194のマクロをもう1つオブジェクト変数を使って記述すると以下のようになります。

```
Sub FSOSample2()
    Dim myFSO As New FileSystemObject
    Dim myTS As TextStream

    ChDrive ActiveWorkbook.Path
    ChDir ActiveWorkbook.Path

    Set myTS = myFSO.CreateTextFile("FSOSample1.txt", True)

    myTS.WriteLine "ExcelVBAとファイルシステムオブジェクト(2) " & _
            "作成日:" & Date

    myTS.Close
End Sub
```

このように、事例194のマクロは、変数を使う代わりにWith...End Withステートメントを使ったものなのです。

ドライブの容量を調べる

DriveオブジェクトのTotalSizeプロパティはドライブの総容量を、AvailableSpaceプロパティは空き領域を返します。

事例195のマクロは、Cドライブの空き領域、使用領域、総容量を求めるものです。「Dim myDrv

As Drive」とDrive型の変数を使う代わりに、With…End Withステートメントを使っています。

◉事例195　ドライブの容量を調べる（[22-4.xlsm] Module1）

```
Sub FSOSample3()
    Dim myFSO As New FileSystemObject
    Dim myDS1 As Variant, myDS2 As Variant

    With myFSO.GetDrive("C")                                    ─❶

        myDS1 = .TotalSize                                     ─❷

        myDS2 = .AvailableSpace                                ─❸

    End With

    MsgBox "使用領域：" & Format(myDS1 - myDS2, "#,##0") & vbCrLf & _
        "空き領域：" & Format(myDS2, "#,##0") & vbCrLf & vbCrLf & _
        "総容量：" & Format(myDS1, "#,##0") & vbCrLf
End Sub
```

❶で、Cドライブを参照しています。

❷で、Cドライブの総容量を求めています。

❸で、Cドライブの空き領域を求めています。

サンプルブック［22-4.xlsm］の「事例195」のボタンをクリックして確認してください。

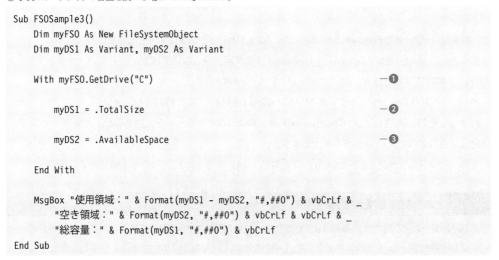

●図22-21　事例195の実行結果

 使用領域と空き領域は、Windowsで何らかの操作をすると変わることがあるので、上図のようにFSOの結果とエクスプローラの［プロパティ］コマンドの結果が微妙に異なることがあります。

AvailableSpaceプロパティとFreeSpaceプロパティは、通常は同じ値を返します。

ドライブの種類を調べる

Drive オブジェクトの DriveLetter プロパティはドライブ名を返します。また、DriveType プロパティは下表のような数値でドライブの種類を返します。

● 表22-6　ドライブの種類を示す値

値	種類
0	不明
1	リムーバブルディスク
2	ハードディスク
3	ネットワークドライブ
4	CD-ROM
5	RAMディスク

それでは、すべてのドライブの種類を取得するマクロをご覧いただきましょう。サンプルブック［22-4.xlsm］の「事例196」のボタンをクリックして確認してください。

● 事例196　ドライブの種類を調べる（[22-4.xlsm] Module1）

```vba
Sub FSOSample4()
    Dim myFSO As New FileSystemObject
    Dim myDrv As Drive                          ← Drive型の変数を定義する。
    Dim myMsg As String
                                                すべてのドライブに対してループする。
    For Each myDrv In myFSO.Drives

        myMsg = myMsg & myDrv.DriveLetter & " : "   ← ドライブ名を取得する。

        Select Case myDrv.DriveType              ← ドライブの種類を取得する。
            Case 0
                myMsg = myMsg & "不明" & vbCrLf
            Case 1
                myMsg = myMsg & "リムーバブルディスク" & vbCrLf
            Case 2
                myMsg = myMsg & "ハードディスク" & vbCrLf
            Case 3
                myMsg = myMsg & "ネットワークドライブ" & vbCrLf
            Case 4
                myMsg = myMsg & "CD-ROM" & vbCrLf
            Case 5
                myMsg = myMsg & "RAMディスク" & vbCrLf
        End Select
    Next

    MsgBox myMsg
End Sub
```

●図22-22　事例196の実行結果

デバイスの準備ができているかを調べる

456ページで、リムーバブルディスクが用意されていない場合にはエラーをトラップする方法を紹介しました。もちろん、これも理想的なプログラミングの1つですが、DriveオブジェクトのIsReadyプロパティを使うと、デバイスの準備ができているかどうかを取得することができます。

以下のマクロは、IsReadyプロパティを使って、CD-ROMドライブ（ここではEドライブ）にディスクが用意されているかどうかを調べるものです。

●事例197　デバイスの準備ができているかを調べる（[22-4.xlsm] Module1）

```
Sub FSOSample5()
    Dim myFSO As New FileSystemObject

    If myFSO.Drives("E").IsReady = True Then
        MsgBox "ディスクは用意されています"
    Else
        MsgBox "ディスクは用意されていません"
    End If
End Sub
```

 事例197の「Eドライブ」の箇所は、各自のパソコンの環境に合わせてドライブ名を書き換えてください。

サブフォルダーを取得する

フォルダー内のサブフォルダーは、Foldersコレクションとして表されますが、このFoldersコレクションを取得するには、FolderオブジェクトのSubFoldersプロパティを使います。

以下は、「C:¥Windows」フォルダー内のすべてのサブフォルダーを取得して、その名前をセルに表示するマクロです。

●事例198　サブフォルダーを取得する（[22-4.xlsm] Module1）

```
Sub FSOSample6()
    Dim myFSO As New FileSystemObject
```

```
    Dim myFld As Folder                                     ─❶
    Dim i As Integer

    Worksheets("Sheet2").Activate
    i = 1

    With myFSO.GetFolder("C:\Windows")                      ─❷

        For Each myFld In .SubFolders                       ─❸

            i = i + 1
            Cells(i, 1).Value = myFld.Name                  ─❹

        Next
    End With
End Sub
```

❶で、Folder型の変数を定義しています。

❷で、Folderオブジェクトを返しています。

❸で、サブフォルダーを取得しています（Foldersコレクションを返しています）。

❹で、フォルダーの名前を取得しています。

サンプルブック［22-4.xlsm］の「事例198」のボタンをクリックしてください。下図のように、「Sheet2」にサブフォルダー名が入力されます（これは筆者の環境での実行結果で、みなさんの環境では表示されるフォルダーが異なる可能性があります）。

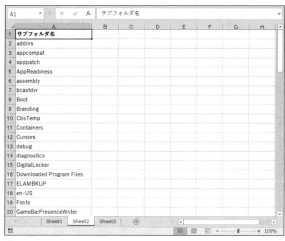

●図22-23　事例198の実行結果

フォルダー内のファイルとサブフォルダーの合計サイズを取得する

コードは提示しませんが、Excel VBAのDir関数とFileLen関数を組み合わせてフォルダー内のファイルとサブフォルダーの合計サイズを取得するマクロは、極めて複雑かつ煩雑なものになります。

少なくとも、Excel VBAでは、このようなケースでDir関数とFileLen関数を使うべきではありません。なぜなら、FSOを使うと、FolderオブジェクトのSizeプロパティの値を調べるだけで済むからです。

以下のマクロは、「C:¥honkaku」内のファイルとサブフォルダーの合計サイズを取得するものです。

◉事例199　フォルダー内のファイルとサブフォルダーの合計サイズを取得する（[22-4.xlsm] Module1)

```
Sub FSOSample7()
    Dim myFSO As New FileSystemObject
    Dim mySize1 As Variant, mySize2 As Variant

    With myFSO.GetFolder("C:¥honkaku")

        mySize1 = .Size                                          —❶
        mySize2 = mySize1 / 1024                                 —❷

        MsgBox _
            "C:¥honkaku のファイルの合計サイズ" & vbCrLf & vbCrLf & _
            Format(mySize2, "#,##0.0") & "KB" & " (" & _
            Format(mySize1, "#,##0") & "バイト)"

    End With
End Sub
```

❶で、フォルダー内のファイルとサブフォルダーの合計サイズを取得しています。

❷で、KB（キロバイト）に換算しています。

サンプルブック［22-4.xlsm］の「事例199」のボタンをクリックして確認してください。

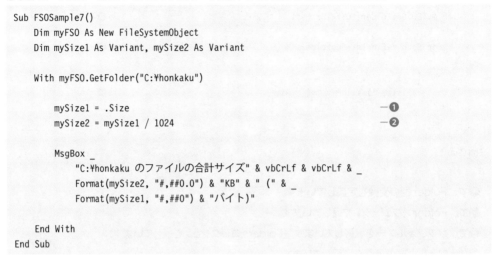

●図22-24　事例199の実行結果

 さまざまな理由で、FSOの結果とエクスプローラの［プロパティ］コマンドの結果が一致せずに微妙に異なることがあります。

ベースネームや拡張子などのファイル情報を取得する

FSOの最後として、ファイルに関する以下の情報を取得するサンプルを紹介します。

●表22-7 取得するファイルの情報

ベースネーム	GetBaseName メソッド
拡張子	GetExtensionName メソッド
作成日	DateCreated プロパティ
最終アクセス日	DateLastAccessed プロパティ
最終更新日	DateLastModified プロパティ
ルートドライブ名	Drive プロパティ
親フォルダー	ParentFolder プロパティ
サイズ	Size プロパティ
タイプ	Type プロパティ

この中で特に注目してほしいのは、GetBaseNameメソッドとParentFolderプロパティです。

GetBaseNameメソッドは、ファイルの「ベースネーム」を取得します。ベースネームとは、ファイル名から拡張子を除いたもので、たとえばファイル名が「C:¥honkaku¥Dummy.xlsx」の場合は「Dummy」を取得します。

また、ParentFolderプロパティを使うと、指定したファイルやフォルダーを格納しているフォルダー、つまり親フォルダーが取得できます。ベースネームを取得する場合も親フォルダーを取得する場合も、同じ処理をExcel VBAで実行するためには、StrReverseやLeft、Midなどの文字列関数を使わなければなりませんので、GetBaseNameメソッドやParentFolderプロパティがいかに便利なコマンドかがわかると思います。

では、サンプルをご覧ください。以下のマクロは、「C:¥honkaku¥Dummy.xlsx」に関するさまざまな情報を取得しています。

● 事例200 ベースネームや拡張子などのファイル情報を取得する（[22-4.xlsm] Module1）

```
Sub FSOSample8()
    Dim myFso As New FileSystemObject
    Const myFN As String = "C:¥honkaku¥Dummy.xlsx"

    Worksheets("Sheet3").Activate

    With myFso
        Range("B1").Value = .GetBaseName(myFN)            'ベースネーム
        Range("B2").Value = .GetExtensionName(myFN)       '拡張子

        With .GetFile(myFN)
            Range("B3").Value = .DateCreated              '作成日
            Range("B4").Value = .DateLastAccessed         '最終アクセス日
            Range("B5").Value = .DateLastModified         '最終更新日
```

```
            Range("B6").Value = .Drive                        'ルートドライブ名
            Range("B7").Value = .ParentFolder                 '親フォルダー
            Range("B8").Value = Int(.Size / 1024) & "KB"      'サイズ
            Range("B9").Value = .Type                         'タイプ
        End With

    End With

End Sub
```

サンプルブック[22-4.xlsm]の「事例200」のボタンをクリックしてください。下図のように「Sheet3」に情報が展開されます。

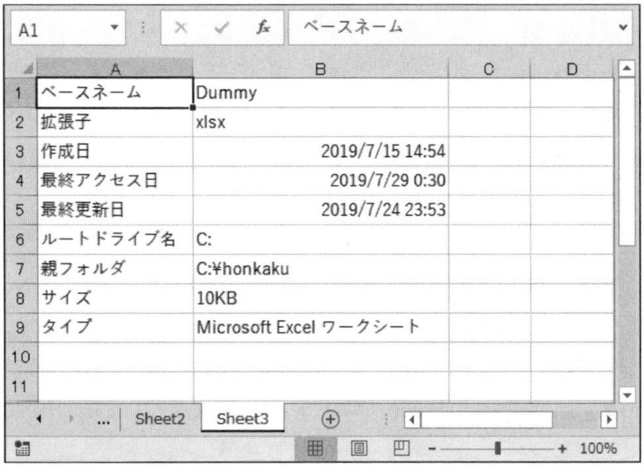

	A	B	C	D
1	ベースネーム	Dummy		
2	拡張子	xlsx		
3	作成日	2019/7/15 14:54		
4	最終アクセス日	2019/7/29 0:30		
5	最終更新日	2019/7/24 23:53		
6	ルートドライブ名	C:		
7	親フォルダ	C:¥honkaku		
8	サイズ	10KB		
9	タイプ	Microsoft Excel ワークシート		
10				
11				

●図22-25　事例200の実行結果

Column　FSOを使いこなそう

FSOに関する解説はこれくらいにしておきます。ただし、まだまだ便利なテクニックが目白押しです。

たとえば、Excel VBAのRmDirステートメントの場合には、フォルダー内にファイルが存在すると実行に失敗します。あらかじめ、Killステートメントですべてのファイルを削除しておかなければならないのです。しかし、FolderオブジェクトのDeleteメソッドを使えば、その中に存在するファイルやサブフォルダーも含めてフォルダーを削除することができます。

そのほかにも、ファイルの拡張子を取得するGetExtensionNameメソッド、ファイル内のデータを一度に読み込むReadAllメソッドなど、枚挙にいとまがないほどです。

みなさんも、532ページの「FSOを構成するオブジェクトとプロパティ、メソッドの一覧」を参照しながら、FSOを自在に使いこなすテクニックを身に付けてください。

Appendix

付録

A-1

VBAキーワード当てゲーム『ロロナを救え!』の遊び方と超絶マクロテクニック

『ロロナを救え!』の遊び方

10ページを参照してサンプルファイルをダウンロードすると、『ロロナを救え』というフォルダーがあります。まずは、このフォルダーにある［ロロナを救え.xlsm］を起動してください。

この『ロロナを救え!』とは、「Excel VBAのキーワード当てゲーム」です。遊び方については下図のようにExcelのワークシートに説明がありますので、そちらを参照していただくのが早いと思いますが、ここでも説明しましょう。

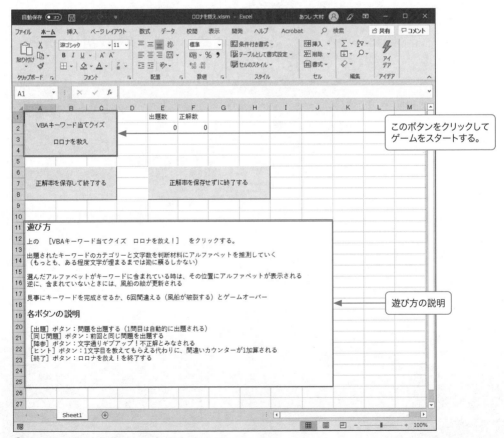

●図A1-1 『ロロナを救え!』のワークシート

　ゲームを開始するには、ワークシート左上の［VBAキーワード当てクイズ　ロロナを救え］ボタンをクリックします。

　すると、以下のようなユーザーフォームが表示されます（問題はランダムに表示されます）。

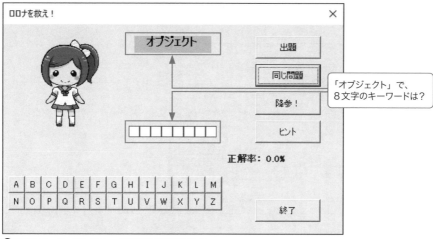

●図A1-2　ユーザーフォームで問題が出題される

　これは、オブジェクトで8文字のキーワードを問う問題です。

　もちろん、これだけでは何もわかりませんので、最初は適当にアルファベットを選んでいきます。ちなみに、キーワードの最頻出となるアルファベットは「E」なので、試しに「E」を選んでみます。

　すると、4文字目に「E」が表示されました。4文字目が「E」であると同時に、1〜3文字目と5〜8文字目は「E」ではないことがわかります。

　これでもまだ推測するのは難しいので、「M」と「P」を選んでみましょう。

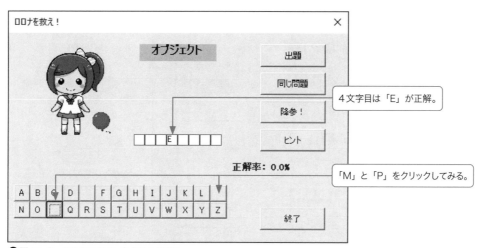

●図A1-3　アルファベットをクリックする

すると、どちらもキーワードには含まれていないことがわかり、これで「間違いカウンター」が2回加算され、風船の絵が大きくなります。

そして、「間違いカウンター」が「6」になると風船が破裂して「不正解」となります。

このように、勘が当たらずに苦戦したときには［ヒント］ボタンをクリックしてみましょう。「間違いカウンター」が1回加算されてしまいますが、1文字目がわかります。

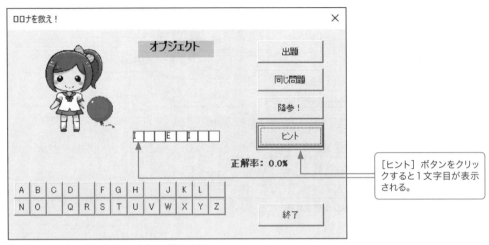

●図A1-4 ［ヒント］ボタンで1文字目がわかる

これで、1文字目が「I」とわかりました（上図では、6文字目も「I」になっています）。

このように、［ヒント］ボタンを上手に使いながら、6回間違えるまでにキーワードを当てることができれば「正解」です。

そして、下図が正解した画面です。

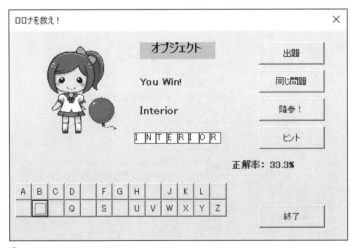

●図A1-5 正解したところ

「正解」もしくは「不正解」だったあと、新しい問題にチャレンジしたいときには［出題］ボタンを、もう一度同じキーワードでチャレンジしたいときには［同じ問題］ボタンを、降参のときには文字どおり［降参！］ボタンをクリックしてください。なお、降参したときには「不正解」とみなされます。

ゲームの遊び方は以上ですが、Excel VBAのキーワードをすべて知っている筆者でも、［ヒント］ボタンを使わないと正解率は30％台と、なかなか手ごわいゲームになっています。

また、このVBAのキーワードはワークシートに入力されていますが、初期状態では非表示になっています。ワークシートを表示するときには、VBEで目的のシートを選択し、［プロパティ］ウィンドウの［Visible］欄で「xlSheetVisible」を選択してください。

『ロロナを救え！』はマクロの超絶テクニックの宝庫

本書では解説しませんでしたが（他書でも解説しているのを見たことがありませんが）、実はExcel VBAでは「プロパティを自作する」ことができます。

私たちは通常は、SubプロシージャかFunctionプロシージャだけを使います。そして、Subプロシージャは通常のマクロ、Functionプロシージャは「ユーザー定義関数」と呼ばれる自作の関数になります。すなわち、みなさんは関数を自作できることはすでに知っているわけですが、実はプロパティも自作できるのです。

ここでは詳細は述べませんが、「Class1」というクラスモジュールに作成されているのが「Propertyプロシージャ」、すなわちプロパティを自作するプロシージャです。

◉ クラスモジュールに作成されたPropertyプロシージャ（Class1）

```
Public Property Get Cmd() As MSForms.CommandButton
    Set Cmd = myCmd
End Property


Public Property Let Cmd(ByVal cmdNewValue As MSForms.CommandButton)
    Set myCmd = cmdNewValue
End Property


Public Property Get Index() As Integer
    Index = n
End Property


Public Property Let Index(ByVal intNewValue As Integer)
    n = intNewValue
End Property
```

さらに『ロロナを救え！』は、Excel VBAでは不可能と多くの人が思い込んでいる、「コントロールを配列化するテクニック」も用いるなど、マクロの超絶テクニックの宝庫です。

● コントロールを配列化するテクニック (Module2)

```vba
Public Sub S_SetAlphabets()
    Dim i As Integer

    For i = 65 To 90
        UserForm1.Controls("Cmd" & Chr(i)).Caption = Chr(i)
    Next i
End Sub

Public Sub S_FillLabels()
    Dim i As Integer, j As Integer

    i = Len(myAnswer2)

    With UserForm1
        For j = 1 To i
            .Controls("lbl" & j).BorderStyle = fmBorderStyleSingle
            .Controls("lbl" & j).BackColor = &HFFFFFF
            .Controls("lbl" & j).Caption = ""
        Next j

        For j = i + 1 To 10
            .Controls("lbl" & j).BorderStyle = fmBorderStyleNone
            .Controls("lbl" & j).BackColor = &H8000000F
            .Controls("lbl" & j).Caption = ""
        Next j
    End With
End Sub
```

決して大げさではなく、『ロロナを救え！』のマクロが理解できて、かつ、自分でも同じようなマクロが開発できるようになれば、「VBA開発者」として生活できるようになると言っても過言ではありません。

ぜひ、ゲームを楽しむだけでなく、マクロを読んでVBAの学習に役立ててください。

A-2　プロパティ・メソッド・イベントの一覧表

ActiveXコントロールのプロパティ、メソッド、イベントの対応表と一覧表を掲載します。対応表はマトリクスになっていますので、「テキストボックスでこのプロパティは使えるかな？」「このイベントを搭載しているコントロールはどれかな？」といったことが一目でわかります。コントロールのリファレンスとして手元に置いて活用してください。

●表A2-1　コントロールとプロパティの対応表

プロパティ ＼ コントロール	フォーム	ラベル	テキストボックス	コンボボックス	リストボックス	チェックボックス	オプションボタン	トグルボタン	フレーム	コマンドボタン	タブストリップ	マルチページ	スクロールバー	スピンボタン	イメージ	RefEdit
Accelerator		○				○	○	○		○						
ActiveControl	○								○							
Alignment						○	○	○								
AutoLoad		○	○	○	○	○	○	○		○			○	○	○	○
AutoSize		○	○	○		○	○	○		○					○	○
AutoTab			○	○												○
AutoWordSelect			○	○												
BackColor	○	○	○	○	○	○	○	○	○	○	○	○	○	○	○	○
BackStyle		○	○	○		○	○	○		○					○	○
BorderColor	○	○	○	○	○				○						○	○
BorderStyle	○	○	○	○	○				○						○	○
BoundColumn				○	○											
BoundValue			○	○	○	○	○	○		○		○	○	○		
Cancel										○						○
CanPaste	○		○	○						○						○
CanRedo	○									○						
CanUndo	○									○						
Caption	○	◎				○	○	○	○	○						
ClientHeight												○				
ClientLeft												○				
ClientTop												○				
ClientWidth												○				
Column				○	○											
ColumnCount				○	○											

プロパティ＼コントロール	フォーム	ラベル	テキストボックス	コンボボックス	リストボックス	チェックボックス	オプションボタン	トグルボタン	フレーム	コマンドボタン	タブストリップ	マルチページ	スクロールバー	スピンボタン	イメージ	RefEdit
ColumnHeads				○	○											
ColumnWidths				○	○											
ControlSource			○	○	○	○	○	○					○	○		○
ControlTipText		○	○	○	○	○	○	○	○	○	○	○	○	○	○	○
Count																
CurLine			○													○
CurTargetX			○	○												○
CurX			○	○												○
Cycle	○								○							
Default										○						○
Delay													○	○		
DragBehavior			○	○												○
DrawBuffer	○								○							
DropButtonStyle			○	○												
Enabled	○	○	○	○	○	○	○	○	○	○	○	○	○	○	○	○
EnterFieldBehavior			○	○												○
EnterKeyBehavior			○													○
Font		○	○	○	○	○	○	○		○	○	○				
ForeColor	○	○	○	○	○	○	○	○	○	○	○	○	○	○		○
GroupName						○	○									
Height	○	○	○	○	○	○	○	○	○	○	○	○	○	○	○	○
HelpContextID	○		○	○	○	○	○	○	○	○	○	○	○	○		○
HideSelection			○	○												○
IMEMode			○	○	○											○
Index																
InsideHeight	○								○							
InsideWidth	○								○							
IntegralHeight			○		○											○
KeepScrollBarsVisible	○								○							
LargeChange													○			
LayoutEffect		○	○	○	○	○	○	○	○	○	○	○	○	○	○	○
Left	○	○	○	○	○	○	○	○	○	○	○	○	○	○	○	○
LineCount			○	○												○
LinkedCell				○	○	○	○	○					○	○		○
List				○	○											
ListCount				○	○											
ListIndex				○	○											
ListRows				○												
ListStyle				○	○											
ListWidth				○												

コントロール／プロパティ	フォーム	ラベル	テキストボックス	コンボボックス	リストボックス	チェックボックス	オプションボタン	トグルボタン	フレーム	コマンドボタン	タブストリップ	マルチページ	スクロールバー	スピンボタン	イメージ	RefEdit
Locked		○	○	○	○	○	○	○		○			○	○	○	○
MatchEntry				○	○											
MatchFound				○												
MatchRequired				○												
Max													○	○		
MaxLength			○	○												○
Min													○	○		
MouseIcon	○	○	○	○	○	○	○	○	○	○	○	○	○	○	○	○
MousePointer	○	○	○	○	○	○	○	○	○	○	○	○	○	○	○	○
MultiLine			○													○
MultiRow											○	○				
MultiSelect					○											
Name	○	○	○	○	○	○	○	○	○	○	○	○	○	○	○	○
Object		○	○	○	○	○	○	○	○	○	○	○	○	○	○	○
OldHeight		○	○	○	○	○	○	○	○	○	○	○	○	○	○	○
OldLeft		○	○	○	○	○	○	○	○	○	○	○	○	○	○	○
OldTop		○	○	○	○	○	○	○	○	○	○	○	○	○	○	○
OldWidth		○	○	○	○	○	○	○	○	○	○	○	○	○	○	○
Orientation													○	○		
Parent		○	○	○	○	○	○	○	○	○	○	○	○	○	○	○
PasswordChar			○													○
Picture	○	○				○	○	○	○	○					○	
PictureAlignment	○								○						○	
PicturePosition		○				○	○	○		○						
PictureSizeMode	○								○						○	
PictureTiling	○								○						○	
Placement		○	○	○	○	○	○	○		○			○	○	○	○
PrintObject		○	○	○	○	○	○	○		○			○	○	○	○
ProportionalThumb													○			
RightToLeft	○															
RowSource				○	○											○
ScrollBars	○		○						○							○
ScrollHeight	○								○							
ScrollLeft	○								○							
ScrollTop	○								○							
ScrollWidth	○								○							
Selected					○											
SelectedItem											◎	○				
SelectionMargin			○	○												○

◎印：既定のプロパティ

プロパティ \ コントロール	フォーム	ラベル	テキストボックス	コンボボックス	リストボックス	チェックボックス	オプションボタン	トグルボタン	フレーム	コマンドボタン	タブストリップ	マルチページ	スクロールバー	スピンボタン	イメージ	RefEdit
SelLength			○	○												○
SelStart			○	○												○
SelText			○	○												○
Shadow		○	○	○	○	○	○	○		○			○	○	○	○
ShowDropButtonWhen			○	○												
SmallChange													○	○		
SpecialEffect	○	○	○	○	○	○	○	○	○						○	○
StartUpPosition	○															
Style				○							○	○				
TabFixedHeight											○					
TabFixedWidth											○					
TabIndex		○	○	○	○	○	○	○	○	○	○	○	○	○		○
TabKeyBehavior			○													○
TabOrientation											○					
TabStop		○	○	○	○	○	○	○	○	○	○	○	○	○		○
Tag	○	○	○	○	○	○	○	○	○	○	○	○	○	○	○	○
TakeFocusOnClick										○						
Text			○	○	○											○
TextAlign		○	○	○												○
TextColumn				○	○											
TextLength			○	○												○
Top	○	○	○	○	○	○	○	○	○	○	○	○	○	○	○	○
TopIndex			○	○												
TransitionEffect																
TransitionPeriod																
TripleState						○	○	○								
Value			◎	◎	◎	◎	◎	◎		◎	○	◎	◎	◎		◎
VerticalScrollbarSide	○								○							
Visible	○	○	○	○	○	○	○	○	○	○	○	○	○	○	○	○
WhatsThisButton	○															
WhatsThisHelp	○															
Width	○	○	○	○	○	○	○	○	○	○	○	○	○	○	○	○
WordWrap		○	○			○	○	○		○						○
Zoom	○								○							

◎印：既定のプロパティ

プロパティ	概　要
Accelerator	コントロールのアクセスキーを設定する。値の取得も可能
ActiveControl	フォーカスを持っているコントロールを調べたり操作するときに設定する
Alignment	コントロール内におけるキャプションの位置を設定する
AutoLoad	Trueの場合、ブックが開かれると自動的にOLEオブジェクトを読み込む
AutoSize	オブジェクトのサイズを表示内容の大きさに合わせて自動的に調整するかどうかを設定する
AutoTab	テキストボックスまたはコンボボックスのテキストボックス領域に最大文字数が入力されたとき、フォーカスを自動的に次のコントロールに移すかどうかを設定する
AutoWordSelect	選択範囲を広げるときの選択の基本単位を単語にするか文字にするかを設定する
BackColor	オブジェクトの背景色を設定する
BackStyle	オブジェクトの背景のスタイルを設定する。値の取得も可能
BorderColor	オブジェクトの境界線の色を設定する
BorderStyle	コントロールまたはフォームの境界線のスタイルを設定する
BoundColumn	複数の列があるコンボボックスまたはリストボックスのデータソースを設定する
BoundValue	コントロールがフォーカスを受け取るときのコントロールの値を表示する
Cancel	コマンドボタンをそのフォームのキャンセルボタンにするかどうかを設定する。値の取得も可能
CanPaste	オブジェクトがサポートしている形式のデータがクリップボードにあるかどうかを表す値を返す
CanRedo	最後に行った元に戻す操作を取り消すことができるようにするかどうかを設定する
CanUndo	直前にユーザーが行った操作を元に戻すことができるようにするかどうかを設定する
Caption	オブジェクトの上に表示するオブジェクト名または説明テキストを設定する
ClientHeight	タブストリップの表示領域の大きさと位置を設定する
ClientLeft	タブストリップの表示領域の大きさと位置を設定する
ClientTop	タブストリップの表示領域の大きさと位置を設定する
ClientWidth	タブストリップの表示領域の大きさと位置を設定する
Column	リストボックスまたはコンボボックス内の1つまたは複数の項目を設定する
ColumnCount	リストボックスまたはコンボボックスに表示する列の数を設定する
ColumnHeads	コンボボックス、リストボックスまたは列見出しを使用できるオブジェクトで、列の見出しを表示するかどうかを設定する
ColumnWidths	複数の列があるコンボボックスまたはリストボックスで各列の幅を設定する
ControlSource	コントロールのValueプロパティに設定、または格納するデータの位置を設定する。またValueプロパティにリンクさせるExcelワークシートのセル範囲を指定する
ControlTipText	マウスをクリックせずにマウスポインタをコントロールの上に置いたときに表示する文字列を設定する
Count	コレクションにあるオブジェクトの数を返す
CurLine	コントロールの現在の行を設定する
CurTargetX	複数行のテキストの取得と表示が設定されているテキストボックスまたはコンボボックスでのカーソルの優先水平位置を返す
CurX	複数行のテキストの取得と表示が設定されているテキストボックスまたはコンボボックスでのカーソルの現在の水平位置を指定する
Cycle	フレームまたはPageオブジェクト上の最後のコントロールにフォーカスがあるときに Tab キーが押された場合の動作を設定する
Default	フォームの既定のコマンドボタンにするかどうかを設定する
Delay	スピンボタンまたはスクロールバーで、SpinUpイベント、SpinDownイベントおよびChangeイベントを発生させる際の遅延時間を設定する
DragBehavior	テキストボックスまたはコンボボックスのドラッグ＆ドロップ機能をオンにするかどうかを設定する

プロパティ	概　　要
DrawBuffer	フレームを描画するときにディスプレイ表示以外のメモリを確保するために、表示しないピクセル数を指定する
DropButtonStyle	コンボボックスのドロップボタンに表示する記号を設定する
Enabled	コントロールがフォーカスを取得できるかどうか、およびユーザーの操作で発生したイベントに応答するかどうかを設定する
EnterFieldBehavior	テキストボックスまたはコンボボックスがフォーカスを取得したときの選択動作を設定する
EnterKeyBehavior	テキストボックスにフォーカスがあるときに Enter キーを押した場合の動作を設定する
Font	オブジェクトのフォントを返す
ForeColor	オブジェクトの前景色を設定する
GroupName	オプションボタンのグループを作成する
Height	オブジェクトの高さをポイント単位で指定する
HelpContextID	ユーザーが独自に作成したヘルプファイル内のトピックをコントロールと関連付ける
HideSelection	コントロールにフォーカスがないときでも選択されている文字列を強調表示のままにしておくかどうかを設定する
IMEMode	コントロールがフォーカスを取得したときの日本語入力システム（IME）の既定の実行時モードを設定する
Index	Tabs コレクション内における Tab オブジェクトの位置、または Pages コレクション内における Page オブジェクトの位置を設定する
InsideHeight	フォームの中のクライアント領域の高さをポイント単位で返す
InsideWidth	フォームの中のクライアント領域の幅をポイント単位で返す
IntegralHeight	リストボックスまたはテキストボックスのリストの中にすべてのテキスト行を表示するか一部のテキスト行を表示するかを設定する
KeepScrollBarsVisible	スクロールバーを常に表示するかどうかを設定する
LargeChange	スクロールバーの矢印ボタンとスクロールボックスの間の領域をクリックしたときに移動するスクロール量を設定する
LayoutEffect	レイアウトの変更中にコントロールの位置が動かされたかどうかを返す
Left	コントロールの位置をフォームの左端からの距離を基準にして設定する
LineCount	テキストボックスまたはコンボボックスに入力されているテキストの行数を返す
LinkedCell	リンクしたセル範囲を示す文字列を設定する
List	リストボックスまたはコンボボックスのリストの項目を設定する。値の取得も可能
ListCount	コントロールのリストの項目数を返す
ListIndex	リストボックスまたはコンボボックスで現在選択されている項目を返す
ListRows	コンボボックスのリストに一度に表示できる行の最大数を設定する
ListStyle	リストボックスまたはコンボボックスのリスト部分の表示スタイルを設定する
ListWidth	コンボボックスのリスト部分の幅を設定する
Locked	コントロールを編集可能にするかどうかを設定する
MatchEntry	リストボックスまたはコンボボックスで、ユーザーの文字入力に基づいてリストの項目を検索する際の規則を設定する。値の取得も可能
MatchFound	ユーザーがコンボボックスに入力した文字列と一致する項目がリストの中にあるかどうかを返す
MatchRequired	コンボボックスのテキスト部分に値を入力する際に、リスト内にすでにある項目と一致する値しか入力できないようにするかどうかを設定する
Max	スピンボタンまたはスクロールバーの Value プロパティに設定できる最大値を設定する
MaxLength	テキストボックスまたはコンボボックスに入力できる最大文字数を設定する
Min	スピンボタンまたはスクロールバーの Value プロパティに設定できる最小値を設定する
MouseIcon	オブジェクトに割り当てるユーザー定義のアイコンを設定する

プロパティ	概　　要
MousePointer	指定したオブジェクトの上にマウスポインタを置いたときに表示するマウスポインタの形状を設定する
MultiLine	テキストボックスで複数行のテキストの取得と表示を許可するかどうかを設定する
MultiRow	複数行のタブの表示を許可するかどうかを設定する
MultiSelect	オブジェクトに複数選択を許可するかどうかを設定する
Name	コントロールまたはオブジェクトの名前を設定する
Object	標準と同じ名前のプロパティまたはメソッドを持つコントロールを使用するときに、標準のプロパティまたはメソッドに代えて使用できるように設定する
OldHeight	コントロールの変更前の高さをポイント単位で返す
OldLeft	コントロールが前回あった位置をフォームの左端からの距離を基準としてポイント単位で返す
OldTop	コントロールが前回あった位置をフォームの上端からの距離を基準としてポイント単位で返す
OldWidth	コントロールの変更前の幅をポイント単位で返す
Orientation	スピンボタンまたはスクロールバーを垂直方向に配置するか水平方向に配置するかを設定する
Parent	指定したコントロール、オブジェクト、またはコレクションを含んでいるフォーム、オブジェクト、またはコレクションの名前を返す
PasswordChar	テキストボックスで、実際に入力された文字の代わりにプレースホルダー文字を表示するかどうかを設定する
Picture	オブジェクトの上に表示するビットマップを設定する
PictureAlignment	背景に表示するピクチャの位置を設定する
PicturePosition	ピクチャの位置をピクチャが持つキャプションの位置を基準にして設定する
PictureSizeMode	コントロール、フォーム、またはPageオブジェクトの背景に表示するピクチャの表示方法を設定する
PictureTiling	フォームまたはページの全体にピクチャを並べて表示するかどうかを設定する
Placement	オブジェクトとその下にあるセルとの位置関係を設定する
PrintObject	Trueの場合、シートの印刷時にオブジェクトも印刷する
ProportionalThumb	スクロールボックスのサイズをスクロール領域に合わせて可変にするか固定するかを設定する
RightToLeft	指定したフォームが両方向機能をサポートするかどうかを指定する
RowSource	コンボボックスまたはリストボックスのリストのソースを設定する
ScrollBars	コントロール、フォーム、またはページに垂直スクロールバー、水平スクロールバーを表示するかどうかを設定する
ScrollHeight	コントロール、フォーム、またはページのスクロールバーを動かすことによって表示できる領域全体の高さをポイント単位で設定する
ScrollLeft	論理的なフォーム、ページ、またはコントロールの左端から、表示されているフォームの左端までの距離をポイント単位で指定する
ScrollTop	論理的なフォーム、ページ、またはコントロールの上端から、表示されているフォームの上端までの距離をポイント単位で指定する
ScrollWidth	コントロール、フォーム、またはページのスクロールバーを動かすことによって表示できる領域全体の幅をポイント単位で設定する
Selected	リストボックスにおける各項目の選択状況を設定する。値の取得も可能
SelectedItem	現在選択されているTabオブジェクトまたはPageオブジェクトを返す
SelectionMargin	文字列の左側の余白部分をクリックするだけで、その行の文字列を選択できるようにするかどうかを設定する
SelLength	テキストボックスまたはコンボボックスのテキスト部分で選択されている文字数を返す
SelStart	選択されている文字列の先頭位置を返す。選択されている文字列がない場合は挿入ポインタの位置を返す
SelText	コントロール内の選択する文字列を設定する。値の取得も可能

プロパティ	概　　要
Shadow	True の場合、フォントやオブジェクトに影付きを設定する
ShowDropButtonWhen	コンボボックスまたはテキストボックスの右端の下向き矢印を表示するタイミングを設定する
SmallChange	スクロールバーまたはスピンボタンのスクロール矢印をクリックしたときのスクロール量を設定する
SpecialEffect	オブジェクトの表示スタイルを設定する
StartUpPosition	UserFormを最初に表示するときの位置を表す値を設定する
Style	コンボボックスでは、値の選択方法または設定方法を設定する。マルチページおよびタブストリップでは、Tabsコレクションのスタイルを設定する
TabFixedHeight	タブの固定サイズの高さをポイント単位で指定する。値の取得も可能
TabFixedWidth	タブの固定サイズの幅をポイント単位で指定する。値の取得も可能
TabIndex	フォームのタブオーダーにおけるオブジェクトの位置を設定する
TabKeyBehavior	編集領域の中でタブ文字を許可するかどうかを設定する
TabOrientation	マルチページまたはタブストリップで、タブを表示する位置を設定する
TabStop	Tab キーを使ってフォーカスを移動したときにオブジェクトがフォーカスを取得できるかどうかを設定する
Tag	オブジェクトに関する補足的な情報を設定する
TakeFocusOnClick	コントロールがクリックされたときにフォーカスを取得できるかどうかを設定する
Text	テキストボックスに文字列を設定する。値の取得も可能。コンボボックスおよびリストボックスで選択されている行を変更する
TextAlign	コントロールの中で文字列をどのように配置するかを設定する
TextColumn	ユーザーが行を選択したときにTextプロパティに格納する、コンボボックスまたはリストボックスの列を設定する
TextLength	テキストボックスまたはコンボボックスの編集領域にある文字列の文字数を返す
Top	コントロールの位置をフォームの上端からの距離を基準にして設定する
TopIndex	リストの先頭に表示される項目を設定する。値の取得も可能
TransitionEffect	ページを変えるときに表示する視覚的な特殊効果を設定する
TransitionPeriod	ページの移動に伴う特殊効果にかける時間をミリ秒単位で設定する
TripleState	チェックボックスまたはトグルボタンで、Null値の状態を指定できるようにするかどうかを設定する
Value	コントロールの状態、またはその内容を設定する
VerticalScrollbarSide	垂直スクロールバーを表示するとき、フォーム、ページの左右どちらに表示するかを設定する
Visible	オブジェクトを表示するか非表示にするかを設定する
WhatsThisButton	UserFormのタイトルバーに [?] ボタンを表示するかどうかを表す値を返す
WhatsThisHelp	コンテキストヘルプやメインヘルプウィンドウを使用するかどうかを表す値を返す
Width	オブジェクトの幅をポイント単位で指定する
WordWrap	コントロールの内容を行の最後で自動的にワードラップさせるかどうかを設定する
Zoom	オブジェクトの表示サイズの拡大率を設定する

● 表A2-3　コントロールとメソッドの対応表

メソッド ＼ コントロール	フォーム	ラベル	テキストボックス	コンボボックス	リストボックス	チェックボックス	オプションボタン	トグルボタン	フレーム	コマンドボタン	タブストリップ	マルチページ	スクロールバー	スピンボタン	イメージ	RefEdit
Add																
AddItem				○	○											
Clear				○	○											
Copy	○		○	○					○							○
Cut	○		○	○					○							○
DropDown				○												
GetFormat																
GetFromClipboard																
GetText																
Hide	○															
Item																
Move	○	○	○	○	○	○	○	○	○	○	○	○	○	○	○	○
Paste	○		○	○					○							○
PrintForm	○															
PutInClipboard																
RedoAction	○								○							
Remove																
RemoveItem				○	○											
Repaint	○								○							
Scroll	○								○							
SetDefaultTabOrder	○								○							
SetFocus			○	○		○	○	○		○		○	○	○	○	○
SetText																
Show	○															
StartDrag																
UndoAction	○								○							
WhatsThisMode	○															
ZOrder		○	○	○	○	○	○	○		○	○	○	○	○		○

● 表A2-4　メソッドの一覧表

メソッド	概　　要
Add	タブストリップにTabオブジェクトを追加または挿入する。または、マルチページにPageオブジェクトを追加または挿入する。または、プログラムID（ProgID）に従ってページまたはフォームにコントロールを追加する
AddItem	単一行のテキストの取得と表示が設定されているリストボックスまたはコンボボックスの場合は、リストに項目を追加する。複数行のテキストの取得と表示が設定されているリストボックスまたはコンボボックスの場合は、一覧に行を追加する
Clear	オブジェクトまたはコレクションからすべてのオブジェクトを削除する
Copy	オブジェクトの内容をクリップボードにコピーする
Cut	選択されている情報をオブジェクトから削除した上でクリップボードに転送する

メソッド	概　　要
DropDown	コンボボックスのリスト部分を表示する
GetFormat	指定したデータ形式がDataObjectオブジェクトの中にあるかどうかを示す整数値を返す
GetFromClipboard	クリップボードからDataObjectオブジェクトへデータをコピーする
GetText	指定したデータ形式に従ってDataObjectオブジェクトからテキスト文字列を取り出す
Hide	UserFormを非表示にするがアンロードはしない
Item	コレクションのメンバーを表すインデックスまたは名前を返す
Move	フォームまたはコントロールを移動する。または、Controlsコレクション内のすべてのコントロールを移動する
Paste	クリップボードの内容をオブジェクトに転送する
PrintForm	UserFormのイメージをビット単位でプリンターに送る
PutInClipboard	DataObjectオブジェクトのデータをクリップボードに移動する
RedoAction	最後に行った元に戻す操作を取り消す
Remove	コレクションからメンバーを削除する。フレーム、Pageオブジェクトまたはフォームからコントロールを削除する
RemoveItem	リストボックスまたはコンボボックスのリストから行を削除する
Repaint	フォームまたはページを描画し直すことによってその表示内容を更新する
Scroll	オブジェクトのスクロールバーを移動する
SetDefaultTabOrder	既定のタブオーダーの規則（上から下、左から右）に従ってフォーム上にある各コントロールのTabIndexプロパティを設定し直す
SetFocus	オブジェクトのインスタンスにフォーカスを移す
SetText	指定したデータ形式に従ってテキスト文字列をDataObjectオブジェクトにコピーする
Show	UserFormを表示する
StartDrag	DataObjectオブジェクトに対してドラッグ＆ドロップ操作を開始する
UndoAction	直前のアクションを取り消す。ただし、取り消せるアクションは［元に戻す］コマンドをサポートするものに限られる
WhatsThisMode	選択されたオブジェクトに関するヘルプを表示できる状態にする
ZOrder	指定されたオブジェクトの同一コンテナ内でのZオーダーを変更する

● 表A2-5　コントロールとイベントの対応表

イベント ＼ コントロール	フォーム	ラベル	テキストボックス	コンボボックス	リストボックス	チェックボックス	オプションボタン	トグルボタン	フレーム	コマンドボタン	タブストリップ	マルチページ	スクロールバー	スピンボタン	イメージ	RefEdit
Activate	○															
AddControl	○								○			○				
AfterUpdate			○	○										○		○
BeforeDragOver	○	○	○	○	○	○	○	○	○	○	○	○	○	○	○	◎
BeforeDropOrPaste	○	○	○	○	○	○	○	○	○	○	○	○	○	○	○	○
BeforeUpdate			○	○										○		○
Change			◎	◎	○	○	○	○			◎	◎	◎	◎		○
Click	◎	◎		○	○	◎	◎	◎	○	◎	○				◎	
DblClick	○	○	○	○	○	○	○	○	○	○	○				○	○
Deactivate	○															
DropButtonClick			○	○												○

◎印：既定のイベント

イベント																
Enter			○	○	○	○	○	○	○	○	○	○	○	○		○
Error	○	○	○	○	○	○	○	○	○	○	○	○	○	○	○	○
Exit			○	○	○	○	○	○	○	○	○	○	○	○		○
KeyDown	○		○	○	○	○	○	○	○	○	○	○	○	○		○
KeyPress	○		○	○	○	○	○	○	○	○	○	○	○	○		○
KeyUp	○		○	○	○	○	○	○	○	○	○	○	○	○		○
Layout	○								○			○				
MouseDown	○		○	○	○	○	○	○	○	○	○	○	○		○	○
MouseMove	○		○	○	○	○	○	○	○	○	○	○	○		○	○
MouseUp	○		○	○	○	○	○	○	○	○	○	○	○		○	○
RemoveControl	○								○			○				
Scroll	○								○			○	○			
SpinDown															○	
SpinUp															○	
Terminate	○															
Zoom	○								○			○				

●表A2-6　イベントの一覧表

イベント	イベントが発生するタイミング
Activate	オブジェクトがアクティブになったときに発生する
AddControl	フォーム、フレーム、またはマルチページのPageオブジェクトにコントロールを挿入すると発生する
AfterUpdate	ユーザーの操作によってコントロールのデータを変更したあとに発生する
BeforeDragOver	ドラッグ＆ドロップ操作の実行中に発生する
BeforeDropOrPaste	データをオブジェクトにドロップしようとするか、または貼り付けようとすると発生する
BeforeUpdate	コントロールのデータを変更したときに、実際にデータが変更される前に発生する
Change	Valueプロパティを変更したときに発生する
Click	次の2つの場合のいずれかで発生する。マウスでコントロールをクリックしたとき。1つ以上の値を持つコントロールの値を正確に選択したとき
DblClick	ユーザーがオブジェクトをポイントしながらマウスのボタンを2回クリックすると発生する
Deactivate	オブジェクトが非アクティブになったときに発生する
DropButtonClick	選択項目のリストをドロップダウンで表示するか、または非表示にすると発生する
Enter	同一フォーム上にある別のコントロールからフォーカスを実際に受け取る前に発生する
Error	コントロールでエラーが検出され、呼び出し元のプログラムにエラー情報を返せないときに発生する
Exit	同一フォーム上にある別のコントロールにフォーカスを移す直前に発生する
KeyDown	キーを押すと発生する
KeyPress	ANSIコードまたはシフトJISコードに対応する文字キーのいずれかを押すと発生する
KeyUp	キーを離すと発生する
Layout	フォーム、フレームまたはマルチページのサイズを変更すると発生する
MouseDown	マウスボタンを押したときに発生する
MouseMove	マウスポインタを動かすと発生する
MouseUp	マウスボタンを離したときに発生する
RemoveControl	コントロールをコンテナから削除すると発生する
Scroll	スクロールバー上のスクロールボックスを動かすと発生する
SpinDown	下向きまたは左向きのスピンボタン矢印をクリックすると発生する
SpinUp	上向きまたは右向きのスピンボタン矢印をクリックすると発生する
Terminate	オブジェクトのインスタンスへのすべての参照がメモリから削除されたときに発生する
Zoom	Zoomプロパティの値を変更すると発生する

A-3 VBA関数リファレンス

　すべてのVBA関数をアルファベット順に掲載します。重要度や難易度の観点から本書の中では触れていない関数も含まれていますが、関数名、機能、構文を掲載していますので、リファレンスとして活用してください。

◉構文　Abs 関数

Abs(number)

→引き渡した数値の絶対値を同じバリアント型で返す。

◉構文　Array 関数

Array(arglist)

→配列が格納されたバリアント型の値を返す。

◉構文　Asc 関数

Asc(string)

→整数型の値を返す。指定した文字列内にある先頭の文字の文字コードを返す変換関数。

◉構文　Atn 関数

Atn(number)

→指定した数値のアークタンジェントを倍精度浮動小数点数型で返す。

◉構文　CallByName 関数

CallByName(object, procname, calltype[, args()])

→指定したオブジェクトのメソッドの実行、あるいはプロパティの値の取得や設定を行う。

◉構文　データ型変換関数

CBool(expression)　　　　CDec(expression)　　　　CSng(expression)
CByte(expression)　　　　CInt(expression)　　　　CStr(expression)
CCur(expression)　　　　CLng(expression)　　　　CVar(expression)
CDate(expression)　　　　CLngLng(expression)
CDbl(expression)　　　　CLngPtr(expression)

→各関数は式を特定のデータ型に変換する。

◉構文　Choose 関数

Choose(index, choice-1[, choice-2, ...[, choice-n]])

→引数のリストから値を選択して返す。

◉構文　Chr 関数

Chr(charcode)

→指定した文字コードに対応する文字をバリアント型の値で返す。

◉構文　**Command**関数

Command

→Microsoft Visual BasicまたはVisual Basicで開発した実行可能なプログラムを起動させるために使用するコマンドラインの引数の部分を返す。Visual BasicのCommand関数はMicrosoft Officeアプリケーションでは使用できない。

◉構文　**Cos**関数

Cos(number)

→指定した角度のコサインを倍精度浮動小数点数型で返す。

◉構文　**CreateObject**関数

CreateObject(class[, servername])

→ActiveXオブジェクトへの参照を作成して返す。

◉構文　**CurDir**関数

CurDir[(drive)]

→指定したドライブの現在のパスを表すバリアント型（内部処理形式StringのVariant）の値を返す。

◉構文　**CVErr**関数

CVErr(errornumber)

→ユーザーが指定した数値（エラー番号）を、バリアント型の内部処理形式であるエラー値に変換した値を返す変換関数。

◉構文　**Date**関数

Date

→現在のシステムの日付を含むバリアント型（内部処理形式DateのVariant）の値を返す。

◉構文　**DateAdd**関数

DateAdd(interval, number, date)

→指定された時間間隔を加算した日付をバリアント型（内部処理形式StringのVariant）の値で返す。

◉構文　**DateDiff**関数

DateDiff(interval, date1, date2[, firstdayofweek[, firstweekofyear]])

→2つの指定した日付の時間間隔を表すバリアント型（内部処理形式DateのVariant）の値を指定する。

◉構文　**DatePart**関数

DatePart(interval, date[, firstdayofweek[, firstweekofyear]])

→日付の指定した部分を含むバリアント型（内部処理形式IntegerのVariant）の値を返す。

◉構文　**DateSerial**関数

DateSerial(year, month, day)

→引数に指定した年、月、日に対応するバリアント型（内部処理形式DateのVariant）の値を返す関数。

◉構文　**DateValue**関数

DateValue(date)

→日付を表すバリアント型（内部処理形式DateのVariant）の値を返す。

◉構文　**Day**関数

Day(date)

→月の何日かを表す1〜31の範囲の整数を表すバリアント型（内部処理形式IntegerのVariant）の値を返す。

◉構文　**DDB**関数

DDB(cost, salvage, life, period[, factor])

→倍精度浮動小数点数型の値を返す。倍率法などの指定した方法を使って特定の期における資産の減価償却費を返す。

● 構文　Dir 関数

Dir[(pathname[, attributes])]

→指定したパターンやファイル属性と一致するファイルまたはフォルダーの名前を表す文字列型の値を返す。ドライブのボリュームラベルも取得できる。

● 構文　DoEvents 関数

DoEvents()

→発生したイベントがオペレーティングシステムによって処理されるように、プログラムで占有していた制御をオペレーティングシステムに渡すフロー制御関数。整数型の値を返す。

● 構文　Environ 関数

Environ({envstring | number})

→オペレーティングシステムの環境変数に割り当てられた文字列をバリアント型で返す。

● 構文　EOF 関数

EOF(filenumber)

→ランダムアクセスモード（Random）またはシーケンシャル入力モード（Input）で開いたファイルの現在位置がファイルの末尾に達している場合、ブール型の値を返す。

● 構文　Error 関数

Error[(errornumber)]

→指定したエラー番号に対応するエラーメッセージを返す。バリアント型の値を返す。

● 構文　Exp 関数

Exp(number)

→指数関数（eを底とする数式のべき乗）を計算する数値演算関数。

● 構文　FileAttr 関数

FileAttr(filenumber, returntype)

→Open ステートメントで開いたファイルのファイルモードを示す長整数型（Long）の値を返す。

● 構文　FileDateTime 関数

FileDateTime(pathname)

→指定したファイルの作成日時または最後に修正した日時を示すバリアント型（内部処理形式 Date の Variant）の値を返す。

● 構文　FileLen 関数

FileLen(pathname)

→ファイルのサイズをバイト単位で表す長整数型（Long）の値を返す。

● 構文　Filter 関数

Filter(sourcesrray, match[, include[, compare]])

→指定されたフィルター条件に基づいた文字列配列のサブセットを含むゼロベースの配列を返す。

● 構文　Fix 関数

Fix(number)

→指定した数値の整数部分をバリアント型で返す。

● 構文　Format 関数

Format(expression[, format[, firstdayofweek[, firstweekofyear]]])

→式を指定した書式に変換し、その文字列を示すバリアント型（内部処理形式 String の Variant）の値を返す。

● 構文　FormatCurrency 関数

FormatCurrency(Expression[, NumDigitsAfterDecimal[, IncludeLeadingDigit[,

UseParensForNegativeNumbers[, GroupDigits]]]])

→システムの［コントロールパネル］で定義されている書式を使って通貨形式の文字列を返す文字列処理関数。

◉ 構文　**FormatDateTime 関数**

FormatDateTime(Date[, NamedFormat])

→日付形式または時刻形式の文字列を返す文字列処理関数。

◉ 構文　**FormatNumber 関数**

FormatNumber(Expression[, NumDigitsAfterDecimal[, IncludeLeadingDigit[,

UseParensForNegativeNumbers[, GroupDigits]]]])

→数値形式の文字列を返す。

◉ 構文　**FormatPercent 関数**

FormatPercent(Expression[, NumDigitsAfterDecimal[, IncludeLeadingDigit[,

UseParensForNegativeNumbers[, GroupDigits]]]])

→100で乗算したパーセント形式の式にパーセント記号（%）を付加した文字列を返す。

◉ 構文　**FreeFile 関数**

FreeFile[(rangenumber)]

→使用可能なファイル番号を整数型の値で返すファイル入出力関数。

◉ 構文　**FV 関数**

FV(rate, nper, pmt[, pv[, type]])

→倍精度浮動小数点数型の値を返す。定額の支払いを定期的に行い、利率が一定であると仮定して、投資の将来価値を返す。

◉ 構文　**GetAllSettings 関数**

GetAllSettings(appname, section)

→Microsoft Windowsのレジストリにあるアプリケーションの項目から、SaveSetting ステートメントを使って作成された項目内のすべてのキー設定および各キー設定に対応する値のリストを返す。

◉ 構文　**GetAttr 関数**

GetAttr(pathname)

→ファイルまたはフォルダーの属性を表す整数型の整数を返す。

◉ 構文　**GetObject 関数**

GetObject([pathname][, class])

→ファイルから取得したActiveX オブジェクトへの参照を返す。

◉ 構文　**GetSetting 関数**

GetSetting(appname, section, key[, default])

→Microsoft Windowsのレジストリにあるアプリケーションの項目からキー設定値を文字列型で返す。

◉ 構文　**Hex 関数**

Hex(number)

→指定した値を16進数で表した文字列をバリアント型で返す。

◉ 構文　**Hour 関数**

Hour(time)

→1日の時刻を表す0〜23の範囲の整数を表すバリアント型（内部処理形式Integer の Variant）の値を返す。

◉ 構文　**IIf 関数**

IIf(expr, truepart, falsepart)

→式の評価結果によって2つの引数のうち1つを返す。

◉ 構文　**IMEStatus 関数**

IMEStatus

→整数型の値を返す。IMEの現在の状態を返す。

◉ 構文　**Input 関数**

```
Input(number, [#]filenumber)
```

→シーケンシャル入力モード（Input）またはバイナリモード（Binary）で開いたファイルから指定した文字数の文字列を読み込み、文字列型の値を返す。

◉ 構文　**InputBox 関数**

```
InputBox(prompt[, title][, default][, xpos][, ypos][, helpfile][, context])
```

→文字列型の値を返す。ダイアログボックスにメッセージとテキストボックスを表示し、ボタンをクリックするとテキストボックスの内容を返す。

◉ 構文　**InStr 関数**

```
InStr([start, ]string1, string2[, compare])
```

→バリアント型（内部処理形式 Long の Variant）の値を返す。ある文字列（string1）の中から指定した文字列（string2）を検索し、最初に見つかった文字位置（先頭からその位置までの文字数）を返す文字列処理関数。

◉ 構文　**InStrRev 関数**

```
InStrRev(stringcheck, stringmatch[, start[, compare]])
```

→長整数型の値を返す。ある文字列（string1）の中から指定された文字列（string2）を最後の文字位置から検索を開始し、最初に見つかった文字位置（先頭からその位置までの文字数）を返す文字列処理関数。

◉ 構文　**Int 関数**

```
Int(number)
```

→指定した数値の整数部分をバリアント型で返す。

◉ 構文　**IPmt 関数**

```
IPmt(rate, per, nper, pv[, fv[, type]])
```

→倍精度浮動小数点数型の値を返す。定額の支払いを定期的に行い、利率が一定であると仮定して、投資期間内の指定した期に支払う金利を返す。

◉ 構文　**IRR 関数**

```
IRR(values()[, guess])
```

→倍精度浮動小数点数型の値を返す。一連の定期的なキャッシュフロー（支払いと収益）に対する内部利益率を返す。

◉ 構文　**IsArray 関数**

```
IsArray(varname)
```

→変数が配列であるかどうかを調べ、結果をブール型で返す。

◉ 構文　**IsDate 関数**

```
IsDate(expression)
```

→式を日付に変換できるかどうかを調べ、結果をブール型で返す。

◉ 構文　**IsEmpty 関数**

```
IsEmpty(expression)
```

→変数が Empty 値かどうかを調べ、結果をブール型で返す。

◉ 構文　**IsError 関数**

```
IsError(expression)
```

→式がエラー値かどうかを調べ、結果をブール型で返す。

◉ 構文　**IsMissing 関数**

```
IsMissing(argname)
```

→プロシージャに省略可能なバリアント型の引数が渡されたかどうかを調べ、結果をブール型で返す。

◉ 構文　**IsNull 関数**

```
IsNull(expression)
```

→式に Null 値が含まれているかどうかを調べ、結果をブール型で返す。

● 構文　IsNumeric 関数

IsNumeric(expression)

→式が数値として評価できるかどうかを調べ、結果をブール型で返す。

● 構文　IsObject 関数

IsObject(identifier)

→識別子がオブジェクト変数を表しているかどうかを示すブール型の値を返す。

● 構文　Join 関数

Join(sourcearray[, delimiter])

→配列に含まれる各要素の内部文字列を結合して作成される文字列を返す。

● 構文　LBound 関数

LBound(arrayname[, dimension])

→配列の指定された次元で使用できる最小の添字を長整数型の値で返す。

● 構文　LCase 関数

LCase(string)

→アルファベットの大文字を小文字に変換する文字列処理関数。

● 構文　Left 関数

Left(string, length)

→バリアント型（内部処理形式 String の Variant）の値を返す。文字列の左端から指定した文字数分の文字列を返す。

● 構文　Len 関数

Len(string | varname)

→指定した文字列の文字数、または指定した変数に必要なバイト数を表す数値をバリアント型で返す。

● 構文　Loc 関数

Loc(filenumber)

→開いたファイル内の現在の読み込み位置または書き込み位置を示す長整数型の値を返す。

● 構文　LOF 関数

LOF(filenumber)

→Open ステートメントを使用して開いたファイルの長さをバイト単位で示す長整数型の値を返す。

● 構文　Log 関数

Log(number)

→倍精度浮動小数点数型の自然対数を返す数値演算関数。

● 構文　LTrim 関数

LTrim(string)

→指定した文字列から先頭のスペースを削除した文字列を表すバリアント型（内部処理形式 String の Variant）の値を返す。

● 構文　Mid 関数

Mid(string, start[, length])

→バリアント型（内部処理形式 String の Variant）の値を返す。文字列から指定した文字数分の文字列を返す。

● 構文　Minute 関数

Minute(time)

→時刻の分を表す 0 ～ 59 の範囲の整数を表すバリアント型（内部処理形式 Integer の Variant）の値を返す。

● 構文　MIRR 関数

MIRR(values(), finance_rate, reinvest_rate)

→倍精度浮動小数点数型の値を返す。一連の定期的なキャッシュフロー（支払いと収益）に基づいて修正内部利益率を返す。

● 構文　**Month** 関数

Month(date)

→1年の何月かを表す0～12の範囲の整数を表すバリアント型（内部処理形式IntegerのVariant）の値を返す。

● 構文　**MonthName** 関数

MonthName(month[, abbreviate])

→指定された月を表す文字列を返す。

● 構文　**MsgBox** 関数

MsgBox(prompt[, buttons][, title][, helpfile, context])

→整数型の値を返す。メッセージボックスにメッセージを表示し、ボタンがクリックされるのを待って、どのボタンがクリックされたのかを示す値を返す。

● 構文　**Now** 関数

Now

→コンピューターのシステムの日付と時刻の設定に基づいて、現在の日付と時刻を表すバリアント型（内部処理形式Dateの Variant）の値を返す。

● 構文　**NPer** 関数

NPer(rate, pmt, pv[, fv[, type]])

→倍精度浮動小数点数型の値を返す。定額の支払いを定期的に行い、利率が一定であると仮定して、投資に必要な期間を返す。

● 構文　**NPV** 関数

NPV(rate, values())

→倍精度浮動小数点数型の値を返す。一連の定期的なキャッシュフロー（支払いと収益）と割引率に基づいて投資の正味現在価値を返す。

● 構文　**Oct** 関数

Oct(number)

→引数に指定した値を8進数で表すバリアント型（内部処理形式StringのVariant）の値を返す。

● 構文　**Partition** 関数

Partition(number, start, stop, interval)

→ある数値が、区切られた複数の範囲のうち、どの範囲に含まれるかを示すバリアント型（内部処理形式StringのVariant）の文字列を返す。

● 構文　**Pmt** 関数

Pmt(rate, nper, pv[, fv[, type]])

→倍精度浮動小数点数型の値を返す。定額の支払いを定期的に行い、利率が一定であると仮定して、投資に必要な定期支払額を返す。

● 構文　**PPmt** 関数

PPmt(rate, per, nper, pv[, fv[, type]])

→倍精度浮動小数点数型の値を返す。定額の支払いを定期的に行い、利率が一定であると仮定して、指定した期に支払われる元金を返す。

● 構文　**PV** 関数

PV(rate, nper, pmt[, fv[, type]])

→倍精度浮動小数点数型の値を返す。定額の支払いを定期的に行い、利率が一定であると仮定して、投資の現在価値を返す。

● 構文　**QBColor** 関数

QBColor(color)

→指定した色番号に対応するRGBコードを表す長整数型の値を返す。

◉ 構文　Rate 関数

`Rate(nper, pmt, pv[, fv[, type[, guess]]])`

→倍精度浮動小数点数型の値を返す。投資期間を通じての利率を返す。

◉ 構文　Replace 関数

`Replace(expression, find, replace[, start[, count[, compare]]])`

→指定された文字列の一部を、別の文字列で指定された回数分で置換した文字列を返す。

◉ 構文　RGB 関数

`RGB(red, green, blue)`

→色のRGB値を表す長整数型の値を返す。

◉ 構文　Right 関数

`Right(string, length)`

→バリアント型（内部処理形式 String の Variant）の値を返す。文字列の右端から指定した文字数分の文字列を返す。

◉ 構文　Rnd 関数

`Rnd[(number)]`

→単精度浮動小数点数型の乱数を返す。

◉ 構文　Round 関数

`Round(expression[, numdecimalplaces])`

→指定された小数点位置で丸めた数値を返す。

◉ 構文　RTrim 関数

`RTrim(string)`

→指定した文字列から末尾のスペースを削除した文字列を表すバリアント型（内部処理形式 String の Variant）の値を返す。

◉ 構文　Second 関数

`Second(time)`

→時刻の秒を表す0〜59の範囲の整数を表すバリアント型（内部処理形式 Integer の Variant）の値を返す。

◉ 構文　Seek 関数

`Seek(filenumber)`

→Open ステートメントを使用して開いたファイルの現在の読み込み位置または書き込み位置を示す長整数型の値を返す。

◉ 構文　Sgn 関数

`Sgn(filenumber)`

→引数に指定した値の符号をバリアント型（内部処理形式 Integer の Variant）の値で返す数値演算関数。

◉ 構文　Shell 関数

`Shell(pathname[, windowstyle])`

→実行可能プログラムを実行し、実行が完了するとプログラムのタスクIDを示す倍精度浮動小数点数型の値を返す。プログラムの実行に問題が発生した場合は0を返す。

◉ 構文　Sin 関数

`Sin(number)`

→指定した角度のサインを倍精度浮動小数点数型の値で返す数値演算関数。

◉ 構文　SLN 関数

`SLN(cost, salvage, life)`

→倍精度浮動小数点数型の値を返す。定額法を用いて資産の1期あたりの減価償却費を返す。

◉ 構文　Space 関数

`Space(number)`

→バリアント型（内部処理形式 String の Variant）の値を返す。指定した数のスペースからなる文字列を返す文字列処理関数。

● 構文　**Spc 関数**

Spc(n)

→Print# ステートメントまたは Print メソッドとともに使用し、指定した数のスペースを挿入するファイル入出力関数。

● 構文　**Split 関数**

Split(expression[, delimiter[, limit[, compare]]])

→各要素ごとに区切られた文字列から 1 次元配列を作成し返す。

● 構文　**Sqr 関数**

Sqr(number)

→数式の平方根を倍精度浮動小数点数型の値で返す数値演算関数。

● 構文　**Str 関数**

Str(number)

→バリアント型 (内部処理形式 String の Variant) の値を返す。数式の値を文字列で表した値 (数字) で返す文字列処理関数。

● 構文　**StrComp 関数**

StrComp(string1, string2[, compare])

→文字列比較の結果を表すバリアント型 (内部処理形式 String の Variant) の値を返す。

● 構文　**StrConv 関数**

StrConv(string, conversion, LCID)

→変換した文字列をバリアント型 (内部処理形式 String の Variant) で返す。

● 構文　**StrReverse 関数**

StrReverse(expression)

→指定された文字列の文字の並びを逆にした文字列を返す。

● 構文　**String 関数**

String(number, character)

→バリアント型 (内部処理形式 String の Variant) の値を返す。指定した文字コード (ASCII またはシフト JIS コード) の示す
　文字または文字列の先頭文字を、指定した文字数だけ並べた文字列を返す文字列処理関数。

● 構文　**Switch 関数**

Switch(expr-1, value-1[, expr-2, value-2... [, expr-n, value-n]])

→式のリストを評価し、リストの中で真 (True) となる最初の式に関連付けられたバリアント型の値または式を返す。

● 構文　**SYD 関数**

SYD(cost, salvage, life, period)

→倍精度浮動小数点数型の値を返す。定額逓減法を使って指定した期の減価償却費を返す。

● 構文　**Tab 関数**

Tab[(n)]

→Print# ステートメントまたは Print メソッドとともに使用し、次の文字の出力位置を移動するファイル入出力関数。

● 構文　**Tan 関数**

Tan(number)

→指定した角度のタンジェントを倍精度浮動小数点数型の値で返す数値演算関数。

● 構文　**Time 関数**

Time

→現在のシステムの時刻を表すバリアント型 (内部処理形式 Date の Variant) の値を返す。

● 構文　**Timer 関数**

Timer

→午前 0 時から経過した秒数を表す単精度浮動小数点数型の値を返す。

◉構文　**TimeSerial 関数**

`TimeSerial(hour, minute, second)`

→引数で指定した時、分、秒に対応する時刻を含むバリアント型（内部処理形式 Dat の Variant）の値を返す。

◉構文　**TimeValue 関数**

`TimeValue(time)`

→時刻を表すバリアント型（内部処理形式 Date の Variant）の値を返す。

◉構文　**Trim 関数**

`Trim(string)`

→指定した文字列から先頭と末尾の両方のスペースを削除した文字列を表すバリアント型（内部処理形式 String の Variant）の値を返す。

◉構文　**TypeName 関数**

`TypeName(varname)`

→変数に関する情報を提供する文字列型の文字列を返す。

◉構文　**UBound 関数**

`UBound(arrayname[, dimension])`

→配列の指定された次元で使用できる添字の最大値を長整数型の値で返す。

◉構文　**UCase 関数**

`UCase(string)`

→バリアント型（内部処理形式 String の Variant）の値を返す。指定したアルファベットの小文字を大文字に変換する文字列処理関数。

◉構文　**Val 関数**

`Val(string)`

→指定した文字列に含まれる数値を倍精度浮動小数点数型に変換して返す。

◉構文　**VarType 関数**

`VarType(varname)`

→変数の内部処理形式を表す整数型の値を返す。

◉構文　**Weekday 関数**

`Weekday(date[, firstdayofweek])`

→何曜日であるかを表す整数を表すバリアント型（内部処理形式 Integer の Variant）の値を返す。

◉構文　**WeekdayName 関数**

`WeekdayName(weekday, abbreviate, firstdayofweek)`

→指定された曜日を表す文字列を返す。

◉構文　**Year 関数**

`Year(date)`

→年を表すバリアント型（内部処理形式 Integer の Variant）の値を返す。

Index

Index

■ 著者略歴

大村あつし（おおむら　あつし）

VBA を得意とするテクニカルライターであり、20 万部のベストセラー『エブリ リトル シング』の著者でもある小説家。Excel VBA の解説書は 30 冊以上出版しており、その解説のわかりやすさと正確さには定評がある。過去には Amazon の VBA 部門で 1 ～ 3 位を独占し、同時に上位 14 冊中 9 冊を占めたこともあり、「今後、永遠に破られない記録」と称された。

1997 年にその後国内最大級に成長することになる Microsoft Office のコミュニティサイト「moug.net」をたった一人で立ち上げた経験から、徹底的に読者目線、初心者目線で解説することを心がけている。また、VBA ユーザーの地位の向上のために、2003 年には新資格の「VBA エキスパート」を創設。

主な著書は『かんたんプログラミング Excel VBA』シリーズ、『いつもの作業を自動化したい人の Excel VBA 1 冊目の本』『Excel VBA で本当に大切なアイデアとテクニックだけ集めました。』（いずれも技術評論社）、『Excel VBA の神様～ボクの人生を変えてくれた人』（秀和システム）、『マルチナ、永遠の AI。～ AI と仮想通貨時代をどう生きるか』（ダイヤモンド社）など多数。静岡県富士市在住。

現在、動画で学ぶ『Excel VBA、意外に気付かないテクニック集』を鋭意公開中。
URL は　https://note.com/omuravba
もしくは「大村 note」で検索。

◆装丁：石間淳
◆本文デザイン：SeaGrape
◆ DTP：島津デザイン事務所

新装改訂版　Excel VBA 本格入門
~マクロ記録・If 文・ループによる日常業務の自動化から
高度なアプリケーション開発まで VBA のすべてを完全解説

2015 年 6 月 20 日	初　版	第 1 刷発行	
2020 年 2 月 4 日	新装改訂版	第 1 刷発行	
2024 年 6 月 18 日	新装改訂版	第 4 刷発行	

著　者　　大村 あつし

発行者　　片岡巖

発行所　　株式会社技術評論社
　　　　　東京都新宿区市谷左内町 21-13
　　　　　電話　03-3513-6150　販売促進部
　　　　　　　　03-3513-6185　書籍編集部

印刷／製本　昭和情報プロセス株式会社

定価はカバーに印刷してあります